# 超低压 SoC 处理器 C8051F9xx 应用解析

包海涛　编著

北京航空航天大学出版社

## 内 容 简 介

本书介绍新型超低压、超低功耗 SoC 处理器 C8051F9xx，共分为 17 章，具体内容包括：C8051F9xx 内核与功能总汇，可编程输入/输出端口与外设资源匹配，片上可编程基准电路与比较器，10 位低功耗突发模式自动平均累加 A/D 转换器，片上 DC/DC 转换器与高效率稳压器，具有加密功能的数据程序 Flash 存储器，增强型循环冗余检查单元(CRC0)，多模式外设总线扩展和片上 XRAM 的访问，系统复位源，多模式时钟发生源，smaRTClock 时钟单元，SMBus 总线，异步串口 UART0，增强型全双工同步串行外设接口 SPI0/SPI1，定时器，可编程计数器阵列，综合实例应用。综合实例应用中的例子均在 C8051F930 平台上调试通过，具有较强的针对性，读者可放心使用。本书所有的程序均采用 C 语言编程，有较强的可读性和移植性。

本书可作为工程技术人员进行 C8051F 系列单片机开发时的硬件和软件设计参考书，对其他类型单片机的开发也具有一定的参考借鉴价值。

**图书在版编目(CIP)数据**

超低压 SoC 处理器 C8051F9xx 应用解析/包海涛编著.
--北京：北京航空航天大学出版社，2010.5
ISBN 978-7-5124-0047-4

Ⅰ.①超… Ⅱ.①包… Ⅲ.微处理器 Ⅳ.
①TP332

中国版本图书馆 CIP 数据核字(2010)第 047878 号



**超低压 SoC 处理器 C8051F9xx 应用解析**
包海涛 编著
责任编辑 张少扬 孟 博 纪宁宁
*
北京航空航天大学出版社出版发行
北京市海淀区学院路 37 号(邮编 100191) http:www.buaapress.com.cn
发行部电话:(010)82317024 传真:(010)82328026
读者信箱: bhpress@263.net 邮购电话:(010)82316936
北京市媛明印刷厂印装 各地书店经销
*
开本:787×1 092 1/16 印张:27.25 字数:698 千字
2010 年 5 月第 1 版 2010 年 5 月第 1 次印刷 印数:4 000 册
ISBN 978-7-5124-0047-4 定价:49.00 元

# 前言

微处理器技术应用越来越普及，几乎渗透到了各行各业。随着技术的进步与市场的划分，处理器大致可分为4位、8位、16位、32位几大类。

32位系列是最近几年才发展起来的新系列，应用领域在迅速扩大，尤其是在一些信息量较大基于操作系统以及文件系统的应用场合，如掌上设备，便携媒体工具；其典型芯片有各公司生产的基于ARM内核的产品。16位产品种类较少，MCS96系列产品注定只能充当过渡角色，现在已很少见了，影响较大的如MSP430，走着低功耗手持应用的道路。16位机不能成为主流的原因有两个：一是在运算量小控制要求不是很复杂的中低端场合，4位或8位机更具性价比优势；二是中高端应用场合，其性能又无法和32位机相比，其价格优势也并不明显。

8位机是低端控制领域的主力军，这种趋势短时期不会改变。它所具有的结构简单、应用灵活方便、性价比高的特点使其很好地适应了中低端市场，并具有旺盛的生命力。在我国，普及程度最高的8位机非MCS51莫属，其实51系列相对于其他种类的8位机并没有绝对技术优势，甚至还有先天劣势，但认同就是硬道理。几十年的应用与普及，使其影响巨大，因此，各家公司开发的产品，许多都是基于51内核的。现在基于MCS51内核的系列单片机都进行了技术层面的发展与进步，性能提高与功能多样是改造的方向，新产品一般都比传统产品性能高出许多，同时片内集成了多种常用外设。处理器技术的革新使得单片机在CPU结构、外围模块及总线和集成开发环境等各个方面，都发生了巨大变化。单片机的设计也已经从积木扩展模式跨入了集成度、可靠性、性价比更高的片上系统SoC时代。

继承与创新是相辅相成的，二者不可偏废。绝大多数新型51系列产品都是在原有地址空间上增加外设及相应的控制寄存器，内核一般都继承了原有的指令，指令的执行效率因此大大提高。C8051F系列SoC单片机就是这样的改造路线。它最大程度地兼容了传统的MCS51，保留了所有MCS51的指令与8052的所有资源，同时尽可能地提升性能。该系列单片机把原51内核改造为功能更强大的CIP51内核，废除了原51单片机中的机器周期，由原来12个时钟执行1条指令改进为1个时钟执行1条单周期指令。大多数指令执行所需的时钟周期数与指令的字节数相同，运行速度和性能大大提高，平均性能约为同频MCS51的10倍。除此之外，还改变了原51系统外围模块单一、复杂系统必须扩展的缺陷，在片内扩展了丰富的外设，如Flash、XRAM、A/D转换器、D/A转换器、时钟源、基准源、PCA单元以及温度传感器，有的还扩展了smaRTClock、CRC引擎、触感输入等，使用户设计时不需要考虑太多的扩展，甚至可以单片完成设计任务。编译环境得到了KEIL C支持，而开发过程并没有改变，很好地适应了过去51

开发的方法和习惯。C8051F 系列 Soc 单片机采用强大的非侵入式 JTAG/C2 在系统调试手段，非传统仿真器调试模式所能比拟；内核和全部资源完全透明化和可操作化，可以方便地完成下载、硬件仿真，并且还不占用片内资源；C2 接口更是通过共享技术实现 I/O 口 0 占用；支持多种总线模式，除了 SMBus/$I^2C$、SPI、UART 这些必备的接口外，有的产品线还支持 CAN、USB、LIN 等；晶振和片上温度传感器等外设集成一体，除大幅减小 PCB 的占用面积外，还带来了可靠性的提高。交叉开关可灵活地将片内资源分配到 I/O 端口，使开发人员可以根据需要分配外设，对系统的总体规划非常有益。系统可以根据需要工作在多种电源模式下，使系统功耗进一步降低。

C8051F 系列产品划分为许多类，如通用型 C8051F02x、数据采集型 C8051F06x、USB 型 C8051F32x/F34x 等。不同系列有一个最佳应用方向，此举满足了产品设计科学化、个性化的需求。本书所论述的 C8051F9xx 是一个崭新的系列，它是面向超低压超低功耗场合设计的，这些场合一般使用电池供电，系统大多数时间处于低功耗的休眠态，仅在必要时内核处在活动态。这些特点使其对电池寿命有了苛刻的要求，电池的典型预期寿命会超过 3 年，有的场合甚至长达 15 年。为了提高电池使用效率以及能源管理的方便，在芯片内集成了 DC/DC，使电源电压降至 0.9 V 仍能保证系统正常工作。其供电范围为 0.9～3.6 V，包含了大部分电池的正常工作电压。

该芯片的设计思想就是低功耗，在内核与外设的应用细节处理上无不贯穿这一主线。片内多种基准源、多种振荡时钟源及多种唤醒源，尽可能地降低了模拟外设的工作电压，同样也是这一思想的体现。低功耗并不意味着低性能，它最大程度地兼容了 C8051F 系列的通用外设，前面所述的外设均集成在片内。除此之外，还扩展了外设的功能，比如增加了 CRC 单元、smaRTClock 单元、A/D 数据硬件累加功能，扩展了比较器的触感输入功能，扩展了定时器与 PCA 功能。

为了更准确地掌握芯片的使用，作者在编写本书时，参阅了英文原版资料，尽量使用第一手资料；各外设的应用代码，均经过在系统调试通过，所得到的数据也来源于实测。本书提供所有程序代码，需要的读者请到北航出版社网站 http://www.buaapress.com.cn 的“下载中心”中单击“超低压 SoC 处理器 C8051F9xx 应用解析”链接下载即可。

本书在编辑过程中得到了新华龙电子有限公司的大力支持，特别感谢门铎工程师，他为本书的编写给予了大力支持。参与本书编写工作的还有韩素英、包明洲、武丽敏、包初胜等，对他们的辛勤劳动表示衷心的感谢。

大连理工大学数字化研究所的各位同仁在本书的编写过程中给予了大力协助，他们是高媛、马雅丽、朱林剑、孙守林、毛范海、董慧敏、梁丰、陈庆红、杨光辉、钱峰、姜立学、陈观慈等。特别感谢所长王德伦教授的大力支持。

另外，韩素英、包明周、武丽敏、包初胜、尹云、王皓、刘建伟完成了资料收集与文字校对工作，在此一并感谢。

尽管作者非常认真地完成了本书的编写，但限于水平，肯定还存在一些缺陷，非常希望阅读此书的读者能批评指正。作者的联系方式是：soc_reader@yahoo.com.cn。作者还准备了一些测试板，需要请联系。

包海涛

2010 年 3 月

于大连理工大学东山

# 目 录

# 第1章

# C8051F9xx内核与功能总汇

C8051Fxxx单片机是混合信号系统级芯片，具有与8051兼容的微控制器内核，并且该内核有与传统MCS51兼容的指令集。它除了具有标准8052的数字外设部件之外，片内还集成了数据采集和控制系统中常用的模拟部件和其他数字外设及功能部件。

MCU中的外设或功能部件包括模拟多路选择器、可编程增益放大器、A/D转换器(ADC)、D/A转换器(DAC)、电压比较器、电压基准、温度传感器、SMBus/$I^2C$、UART、SPI、可编程计数器/定时器阵列(PCA)、定时器、数字I/O端口、电源监视器、看门狗定时器(WDT)和时钟振荡器等。所有器件都有内置的Flash程序存储器和256字节的内部RAM，有些器件内部还有位于外部数据存储器空间的RAM，即XRAM。

C8051Fxxx单片机采用流水线结构，机器周期由标准的12个系统时钟周期降为1个系统时钟周期，处理能力大大提高，峰值性能可达25 MIPS。

C8051Fxxx单片机是真正能独立工作的片上系统(SoC)。每个MCU都能有效地管理模拟和数字外设，可以关闭单个或全部外设以节省功耗。Flash存储器还具有在系统重新编程能力，可用于非易失性数据存储，并允许现场更新8051固件。

应用程序可以使用MOVC和MOVX指令对Flash进行读或改写，每次读或写一个字节。这一特性允许将程序存储器用于非易失性数据存储以及在软件控制下更新程序代码。

片内集成了调试支持功能，允许使用安装在最终应用系统上的产品MCU进行非侵入式(不占用片内资源)、全速、在系统调试。该调试系统支持观察和修改存储器和寄存器，支持断点、单步、运行和停机命令。在使用JTAG调试时，所有的模拟和数字外设都可全功能运行。

不同系列的单片机，其扩展的中断系统的中断源不同系列最多达到22个，而标准8051只有7个中断源，允许大量的模拟和数字外设中断微控制器。一个中断驱动的系统需要较少的MCU干预，却有更高的执行效率。在设计一个多任务实时系统时，这些增加的中断源是非常有用的。

SiliconLabs根据市场的需要开发了小体积、低功耗、高性能、低价格的新产品。C8051F9xx系列也符合这样的思想，但它与其他小体积的产品又有着不同的市场定位。该产品的主要应用目标是使用可换电池的系统。这些装置往往并不希望经常更换电池，有时可能不方便更换，可能期望电池的寿命超过3年，有些场合可能要长达15年。

为保证有效工作时间，对功耗的要求是非常严格的，通常这类系统主要的时间都是花费在超低电流睡眠状态，必要时或周期性地唤醒执行测量任务，然后再迅速地返回到它们的低功耗睡眠模式。

C8051F9xx系列器件采用先进的0.18 μm的CMOS处理工艺制造。相对于绝大多数8位MCU所使用的0.25 μm和0.35 μm工艺，它可以在较高的运行速度下只需要较低的电压支持以及电流消耗。它可以使众多的功能集成在一个 5 mm×5 mm 和 4 mm×4 mm 的 QFN 封装内。由于使用了 0.18 μm 的工艺水平，消耗电流做到 170 μA/MHz，这样就获得了较好的运行态电流消耗。

这是世界上第一款可工作在 0.9 V 的 51 内核微处理器，尽管还有一些其他内核的产品也宣称可以在 0.9 V 工作，但它们与 C8051F9xx 是有区别的。它们实现的方式无外乎两种情况。

- 为实现某一专用目的或特定要求而进行了相应的裁剪。应该说这样的芯片是不具备通用性的，只能工作在设计的范畴中，比较典型的如 MP3 播放器芯片。
- 一些低性能的 MCU 往往用在助听器、寻呼机及手表，它们对性能要求很低，靠低速度换来低功耗。一般指令执行能力低于 1 MIPS，这样的低性能也会对其应用产生制约。

反观 C8051F9xx 你会发现，它是一个通用的可在 0.9 V 运行的 Flash MCU，在以上 MCU 需求宽阔的中间地带，没有应用的限制；运行速度为 1～25 MIPS，Flash 为 8～64 KB，常用丰富的模拟和数字接口，这是 MCU 产品应用最常用的领域。

C8051F9xx 无疑是独一无二的可以在 0.9 V 以下运行的产品，也是具有竞争性的 MCU，当然你也可以把它应用在 3 V 供电的系统中。

C8051F9xx 系列超低功耗单片机继承了 C8051Fxx 系列的优点，其内部核心是相同的，区别只是制造工艺与片上外设。本章将主要介绍它的内核。

## 1.1 内核的兼容性与差异性

C8051F9xx 系列器件使用的微控制器核是 CIP51。这是一种脱胎于 MCS51 的内核，指令集与其完全兼容，因此与传统 51 系列编译器兼容。丰富的外设使它区别于一般的单片机，它除了保留 8052 全部的功能外，在此基础上还增加了许多有用的外设，使其功能更强大。

为改善指令执行的累加器瓶颈，CIP51 采用流水线结构，为提高指令的执行效率缩短了指令的执行周期，与标准的 8051 结构相比，指令执行速度提高很大。在标准的 8051 中，一般至少需要 12 个系统时钟周期，MUL 和 DIV 所需周期就更长。而对于 CIP51 核，70％的指令的执行时间为 1 或 2 个系统时钟周期，最长的指令亦可 8 个系统时钟周期完成。图 1.1 是 CIP51 内核原理图。

CIP51 内核工作在 25 MHz 的时钟频率时，指令执行的峰值速度可达到 25 MIPS。它的综合性能是普通 8051 的 10 倍左右。

表 1.1 列出了指令执行周期数分布关系。内核的 109 条指令执行的周期数是有差异的，具体指令对应的周期数见附录 A。

**表 1.1 指令执行周期数与指令数对应关系**

| 执行周期数 | 1 | 2 | 2/3 | 3 | 3/4 | 4 | 4/5 | 6 | 8 |
|---|---|---|---|---|---|---|---|---|---|
| 指令数 | 26 | 50 | 5 | 14 | 7 | 3 | 1 | 2 | 1 |

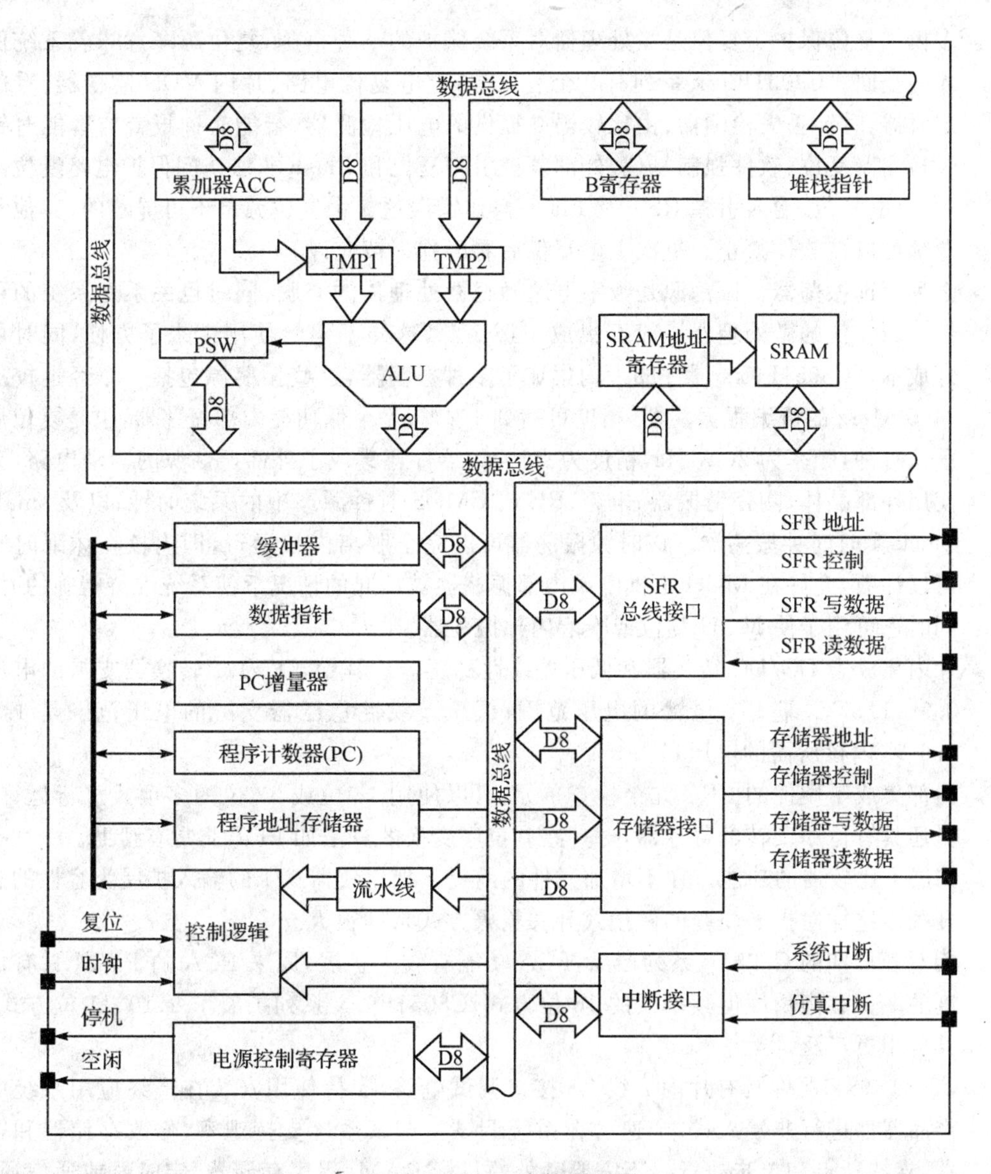


图 1.1 CIP51 内核原理图

## 1.2 功能的改进与扩展

C8051F9xx 系列在 CIP51 内核和外设方面有几项关键性的改进，提高了整体性能，更易于在系统中应用。

➢ 扩展的中断源。内核对众多外设的有效控制可通过中断系统协调，C8051F9xx 与传统 8051 相比增加了中断源的数量，允许大量的模拟和数字外设独立于微控制器工作，只在必要时中断微控制器。这样既保证了内核的工作效率，同时实时性也得到了保证。一个中断驱动的系统只需要较少的微控制器的干预，具有更高的执行效率，对多任务实时系统的实现很有帮助。

- 多模式复位保护。复位是微处理器对系统保护的一种措施,复位源多意味着系统保护才会全面。C8051F9xx 系列有 9 个复位源:上电复位电路、片内 VDD 监视器、看门狗定时器、时钟丢失检测器、由比较器 0 提供的电压检测器、智能时钟报警与智能时钟丢失检测器复位、软件强制复位、外部复位引脚复位和 Flash 非法访问保护电路复位。其中,上电复位、输入引脚 RST 及 Flash 操作错误这 3 个复位源是不可屏蔽的,其他复位源都可以被软件禁止。每次上电复位后看门狗都被允许。
- 多种可选振荡器。振荡源是数字电路乃至微处理器的心脏,同时也关系到系统的稳定性。新一代的微处理器一般都集成了振荡源,这样不但给使用带来了方便,同时可降低成本。C8051F9xx 器件的片内集成了多种振荡器,这些振荡源包括一个经过校准为 24.5 MHz 的可编程振荡器,精度可达到±2%;一个低功耗内部振荡器,也是复位后的默认时钟,频率为 20 MHz,精度为±10%;器件还集成了外部振荡源的驱动电路,允许使用外部晶体、陶瓷谐振器、电容、RC 或 CMOS 时钟源产生的系统时钟;以及 smaRT-Clock 实时时钟振荡器。该时钟振荡器可以完全脱离内核运行,即内核在休眠时它仍可以计数,允许在 MCU 不供电或内部振荡器被挂起的情况下使系统维持精确的时间,同时还可用于使 MCU 复位或唤醒内部振荡器。
- 片内集成了 DC/DC 转换器和低压差线性稳压器。其中,DC/DC 转换器支持的电压是 0.9~1.8 V,即 1 节电池的电压范围;低压差线性稳压器支持的电压范围是 1.8~3.6 V,内核所需的电压是 1.8 V。
- 内部集成了硬件的 CRC 冗余检查单元,可以使用 16 位或 32 位的多项式进行运算,同时还具有位序反转的寄存器,对一些有位序变换的算法如 FFT 非常有帮助。
- 扩展了比较器的功能。在不增加元件的前提下把比较器 0/1 的输入扩展为容性的触摸开关。这样对扩展新颖的触摸式开关输入方式帮助很大。
- 相对于早期的 C8051F 系列产品,PCA 功能有较大扩展,原来 PCA 的 PWM 只有低精度的 8 位和高精度但频率低的 16 位方式,C8051F9xx 系列扩展了 9、10、11 位方式,使其应用更广泛。
- C8051F9xx 器件具有片内 2 线 C2 接口调试电路,支持使用安装在最终应用系统中的产品器件进行非侵入式、全速的在系统调试。调试系统支持观察、修改存储器和寄存器,支持断点和单步执行。不需要额外的目标 RAM、程序存储器、定时器或通信通道。在调试时,所有的模拟和数字外设都正常工作。当 MCU 单步执行或遇到断点而停止运行时,所有的外设(ADC 和 SMBus 除外)都停止运行,以保持与指令执行同步。

## 1.3 存储空间的映射

C8051F9xx 程序与数据总线共用,与标准 8051 兼容。片内包括 256 字节的数据 RAM,其中高 128 字节为双映射。用间接寻址访问通用 RAM 即 IDATA 空间,用直接寻址访问 128 字节的寄存器地址空间。数据 RAM 的低 128 字节可用直接或间接寻址方式访问。前 32 字节为 4 个通用寄存器区,接下来的 16 字节是位寻址区,可以按位寻址。

C8051F9xx 片内包括了 Flash 存储器,其中 C8051F92x 的程序存储器为 32 KB,C8051F93x 的程序存储器为 64 KB。Flash 存储器可重复擦写,以 1 024 字节为一个扇区,可在系统编程，且不需要特别的编程电压，擦写次数可达到 10 000 次。图 1.2 所示为 C8051F93x 的存储器结构。

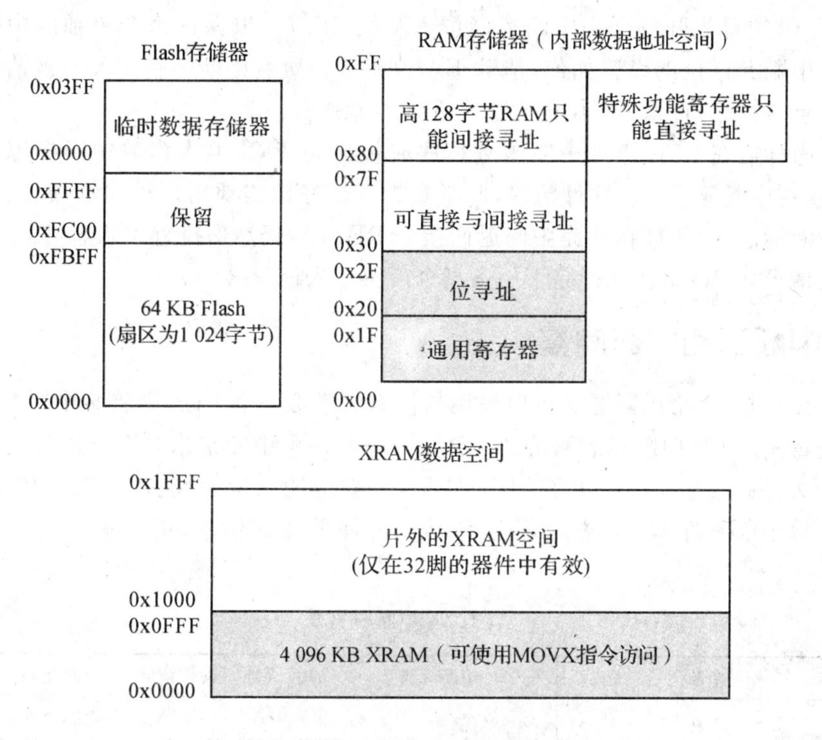


**图 1.2　C8051F93x 存储器的结构**

数据存储器的低 32 字节地址 0x00～0x1F 是 4 个通用寄存器区，每个区有编号为R0～R7 的 8 个寄存器，工作时只能选择一个寄存器区。程序状态字中的 RS0(PSW.3)和 RS1(PSW.4)位用于选择当前的寄存器区。寄存器区的切换可用于进入子程序或中断服务程序时的现场保护。间接寻址方式使用 R0 和 R1 作为间址寄存器。

除可按字节访问数据存储器外，0x20～0x2F 的 16 个数据存储器单元还可以作为 128 个独立寻址位访问。每个位有自己的位地址，为 0x00～0x7F。从 0x20 的最低位开始到 0x2F 的最高位，位地址按 0x00 到 0x7F 依次分布。寻址时只要指出对应的位地址即可找到对应的所在位。内核可以根据所用指令的类型来区分是位寻址还是字节寻址。

## 1.4　扩展的中断系统

C8051F9xx 支持多中断系统，可支持 18 个中断源，每个中断源有两个优先级。中断源与片内外设相关，随资源配置不同而有所区别。每个中断源至少有一个中断标志，发生中断后该标志置 1，作为发生中断的信号。当一个外设或外部源满足有效的中断条件时，相应的中断标志置为逻辑 1。

当一个中断源被允许时，中断标志置 1 时将产生中断请求。执行完正在执行的指令后，CPU 将跳转到预定地址，开始执行中断服务程序(ISR)。中断服务程序以 RETI 指令结束，返回后回到中断前执行的那条指令的下一条指令。如果中断未被允许，中断标志将被忽略，程序继续正常执行。标志位的置 1 与中断允许/禁止状态无关。

每个中断源都可以被开放或关闭,允许或禁止通过扩展中断允许寄存器中的对应允许位来设置,但是必须首先开放全局中断控制位 EA 位(IE.7),以保证每个单独的中断允许位有效。不管各中断允许位的设置如何,清除 EA 位将禁止所有中断。在 EA 位被清 0 期间所发生的中断请求被挂起,直到 EA 位被置 1 后才能得到服务。

某些中断标志在 CPU 进入中断服务程序时被自动清除,但大多数中断标志不是由硬件清除的,必须在中断返回前用软件清除,此举是为了较好地实现用户程序和硬件良好的握手。如果一个中断标志在 CPU 执行完中断返回指令 RETI 后仍然保持置 1 状态,则会立即产生一个新的中断请求,CPU 将在执行完下一条指令后再进入该 ISR。

## 1.4.1 中断源和中断向量

对应外设包括 18 个中断源。可以采用软件方法模拟一个中断,即将某个中断源的中断标志设置为逻辑 1。如果中断标志被允许,系统将产生一个中断请求,CPU 将转向与该中断标志对应的 ISR 地址。表 1.2 给出了 MCU 中断源、对应的向量地址、优先级和控制位一览表。关于外设有效中断条件和中断标志位工作状态方面的详细信息,请参见与特定外设相关的章节。

表 1.2 中断一览表

| 中断源 | 中断向量 | 优先级 | 中断标志 | 位寻址 | 硬件清除 | 中断允许 | 优先级控制 |
|---|---|---|---|---|---|---|---|
| 复位 | 0x0000 | 最高 | 无 | N/A | N/A | 始终允许 | 总是最高 |
| 外部中断 0 ($\overline{\text{INT0}}$) | 0x0003 | 0 | IE0 (TCON.1) | Y | Y | EX0 (IE.0) | PX0 (IP.0) |
| 定时器 0 溢出 | 0x000B | 1 | TF0 (TCON.5) | Y | Y | ET0 (IE.1) | PT0 (IP.1) |
| 外部中断 1 ($\overline{\text{INT1}}$) | 0x0013 | 2 | IE1 (TCON.3) | Y | Y | EX1 (IE.2) | PX1 (IP.2) |
| 定时器 1 溢出 | 0x001B | 3 | TF1 (TCON.7) | Y | Y | ET1 (IE.3) | PT1 (IP.3) |
| UART0 | 0x0023 | 4 | RI0 (SCON0.0)<br>TI0 (SCON0.1) | Y | N | ES0<br>(IE.4) | PS0<br>(IP.4) |
| 定时器 2 溢出 | 0x002B | 5 | TF2H (TMR2CN.7)<br>TF2L (TMR2CN.6) | Y | N | ET2<br>(IE.5) | PT2<br>(IP.5) |
| SPI0 | 0x0033 | 6 | SPIF (SPI0CN.7)<br>WCOL (SPI0CN.6)<br>MODF (SPI0CN.5)<br>RXOVRN(SPI0CN.4) | Y | N | ESPI0<br>(IE.6) | PSPI0<br>(IP.6) |
| SMB0 | 0x003B | 7 | SI (SMB0CN.0) | Y | N | ESMB0<br>(EIE1.0) | PSMB0<br>(EIP1.0) |
| smaRTClock 报警① | 0x0043 | 8 | ALRM<br>(RTC0CN.2) | N | N | ERTC0A<br>(EIE1.1) | PRTC0A<br>(EIP1.1) |
| ADC0 窗口比较 | 0x004B | 9 | AD0WINT<br>(ADC0CN.3) | Y | N | EWADC0<br>(EIE1.2) | PWADC0<br>(EIP1.2) |
| ADC0 转换结束 | 0x0053 | 10 | AD0INT<br>(ADC0CN.5) | Y | N | EADC0C<br>(EIE1.3) | PADC0<br>(EIP1.3) |

续表 1.2

| 中断源 | 中断向量 | 优先级 | 中断标志 | 位寻址 | 硬件清除 | 中断允许 | 优先级控制 |
|---|---|---|---|---|---|---|---|
| 可编程计数器阵列 | 0x005B | 11 | CF (PCA0CN.7)<br>CCFn (PCA0CN.n) | Y | N | EPCA0<br>(EIE1.4) | PPCA0<br>(EIP1.4) |
| 比较器 0 | 0x0063 | 12 | CP0FIF(CPT0CN.4)<br>CP0RIF(CPT0CN.5) | N | N | ECP0<br>(EIE1.5) | PCP0<br>(EIP1.5) |
| 比较器 1 | 0x006B | 13 | CP1FIF(CPT1CN.4)<br>CP1RIF(CPT1CN.5) | N | N | ECP1<br>(EIE1.6) | PCP1<br>(EIP1.6) |
| 定时器 3 溢出 | 0x0073 | 14 | TF3H(TMR3CN.7)<br>TF3L(TMR3CN.6) | N | N | ET3<br>(EIE1.7) | PT3<br>(EIP1.7) |
| VDD/DC+电源监视器早期报警② | 0x007B | 15 | VDDOK(VDM0CN.5) | N/A | N/A | EREG0<br>(EIE2.0) | PREG0<br>(EIP2.0) |
| 端口匹配 | 0x0083 | 16 | N/A | N/A | N/A | EMAT<br>(EIE2.1) | PMAT<br>(EIP2.1) |
| smaRTClock 振荡器故障② | 0x008B | 17 | OSCFAIL<br>(RTC0CN.5) | N | N | ERTC0F<br>(EIE2.2) | PRTC0F<br>(EIP2.2) |
| SPI1 | 0x0093 | 18 | SPIF (SPI1CN.7)<br>WCOL (SPI1CN.6)<br>MODF (SPI1CN.5)<br>RXOVRN(SPI1CN.4) | N | N | ESPI1<br>(EIE2.3) | PSPI1<br>(EIP2.3) |

注：① smaRTClock 报警以及 smaRTClock 振荡器故障的中断发生在间接存储器空间的寄存器上。

② VDD/DC+电源监视器早期报警的中断标志为只读。中断允许可以防止软件转向相应的中断服务程序。

### 1.4.2 中断的优先级与响应时间

每个中断源的优先级可编程可以选择两个优先级：低优先级或高优先级。低优先级的中断服务程序可以被高优先级的中断所中断，反之则不成立，此即中断嵌套。每个中断在 IP、EIP1 或 EIP2 寄存器中都有一个配置其优先级的中断优先级设置位，缺省值为低优先级。如果两个中断同时发生，具有高优先级的中断先得到服务。如果这两个中断的优先级相同，则由固定的优先级顺序决定哪一个中断先得到服务，优先级的具体情况见表 1.2。

中断响应时间并不是唯一的，还与中断发生时 CPU 的状态有关。中断系统在每个系统时钟周期对中断请求标志采样并对优先级译码。最快的响应时间为 7 个系统时钟周期：1 个周期用于检测中断，1 个周期用于执行 1 条指令，5 个周期用于完成对中断服务程序的长调用。如果中断标志有效时 CPU 正在执行 RETI 指令，则需要再执行一条指令才能进入中断服务程序。因此在没有其他中断正被服务或新中断具有较高优先级时，最长的中断响应时间发生在 CPU 正在执行 RETI 指令，而下一条指令是 DIV 的情况。在这种情况下，响应时间为 19 个系统时钟周期:1 个时钟周期检测中断,5 个时钟周期执行 RETI,8 个时钟周期完成 DIV 指令,5 个时钟周期执行对中断服务程序的长调用。如果 CPU 正在执行一个具有相同或更高优先级的中断的 ISR,则新中断要等到当前执行完中断服务程序,包括 RETI 和下一条指令时才能得到服务。

### 1.4.3 外部中断源

与传统 MCS51 一样,C8051F9xx 有两个外部中断源($\overline{\mathrm{INT0}}$和$\overline{\mathrm{INT1}}$),该中断源可被配置为低电平有效或高电平有效,边沿触发或电平触发。IT01CF 寄存器中的 IN0PL 和 IN1PL 位用于选择$\overline{\mathrm{INT0}}$与$\overline{\mathrm{INT1}}$是高电平有效还是低电平有效;TCON 中的 IT0 和 IT1 位用于选择是电平触发还是边沿触发。表 1.3 列出了$\overline{\mathrm{INT0}}$与$\overline{\mathrm{INT1}}$可能的配置组合。其中$\overline{\mathrm{INT1}}$与此类似。

**表 1.3　$\overline{\mathrm{INT0}}$与$\overline{\mathrm{INT1}}$可能的配置组合**

| IT0/IT1 | IN0PL/IN1PL | $\overline{\mathrm{INT0}}$/$\overline{\mathrm{INT1}}$中断 |
|---|---|---|
| 1 | 0 | 低电平有效,边沿触发 |
| 1 | 1 | 高电平有效,边沿触发 |
| 0 | 0 | 低电平有效,电平触发 |
| 0 | 1 | 高电平有效,电平触发 |

$\overline{\mathrm{INT0}}$和$\overline{\mathrm{INT1}}$所使用的端口引脚在 IT01CF 寄存器中定义。$\overline{\mathrm{INT0}}$和$\overline{\mathrm{INT1}}$的端口引脚分配与交叉开关的设置无关。$\overline{\mathrm{INT0}}$和$\overline{\mathrm{INT1}}$监视分配给它们的端口引脚,不影响交叉开关分配的相同引脚的外设。如果要将一个端口引脚只分配给$\overline{\mathrm{INT0}}$或$\overline{\mathrm{INT1}}$,则应使交叉开关跳过这个引脚。这可以通过设置寄存器 XBR0 中的相应位来实现(具体见本书第 2 章)。需注意的是外部中断的配置引脚,只能选择 P0 口,设计时要注意,如忽略这一点,不为外中断留位置可能造成无法使用它。如果系统中有外中断需求则应把对应的口线用 SKIP 寄存器预留。

IE0 寄存器的 TCON.1 位和 IE1 寄存器的 TCON.3 位分别为外部中断$\overline{\mathrm{INT0}}$和$\overline{\mathrm{INT1}}$的中断标志。如果$\overline{\mathrm{INT0}}$或$\overline{\mathrm{INT1}}$外部中断被配置为边沿触发,CPU 在转向中段服务程序的同时用硬件自动清除相应的中断标志。当被配置为电平触发时,在输入有效期间,根据极性控制位 IN0PL 或 IN1PL 的定义决定,中断标志将保持在逻辑 1 状态,在输入无效期间该标志保持逻辑 0 状态。电平触发的外部中断源必须一直保持输入有效直到中断请求被响应,在程序返回前必须使该中断请求无效,否则将产生另一个中断请求。

### 1.4.4 中断控制寄存器的使用与说明

中断系统对于提高系统响应的实时性来说很有效,但是不正确的设置可能导致不稳定性。下面介绍用于允许中断源和设置中断优先级的特殊功能寄存器。除支持传统 MCS51 的所有中断源外,C8051F9xx 扩展了许多外设的中断源,对它们的允许是通过扩展中断允许寄存器设置来实现。外部中断除支持所有的原有功能外,还扩展了中断输入引脚再分配,使设计应用更灵活方便了。关于外设有效中断条件和中断标志位工作状态方面的详细信息,请见与特定片内外设相关的章节。

表 1.4～表 1.12 给出了与中断相关的一些寄存器的定义。

**表 1.4　中断允许寄存器 IE**

寄存器地址：所有页的 0xA8　　复位值：00000000

| 位　号 | 位 7 | 位 6 | 位 5 | 位 4 | 位 3 | 位 2 | 位 1 | 位 0 |
| --- | --- | --- | --- | --- | --- | --- | --- | --- |
| 位定义 | EA | ESPI0 | ET2 | ES0 | ET1 | EX1 | ET0 | EX0 |
| 读写允许 | R/W | R/W | R/W | R/W | R/W | R/W | R/W | R/W |

IE 位功能说明如下：

➢ 位 7（EA）　允许所有中断。该位允许/禁止所有中断。它超越所有的单个中断屏蔽设置。

　0：禁止所有中断源。1：开放中断。每个中断由它对应的中断屏蔽设置决定。

➢ 位 6（ESPI0）　串行外设接口（SPI0）中断允许位。该位用于设置 SPI0 的中断屏蔽。

　0：禁止 SPI0 中断。1：允许 SPI0 的中断请求。

➢ 位 5（ET2）　定时器 2 中断允许位。该位用于设置定时器 2 的中断屏蔽。

　0：禁止定时器 2 中断。1：允许 TF2L 或 TF2H 标志的中断请求。

➢ 位 4（ES0）　UART0 中断允许位。该位设置 UART0 的中断屏蔽。

　0：禁止 UART0 中断。1：允许 UART0 中断。

➢ 位 3（ET1）　定时器 1 中断允许位。该位用于设置定时器 1 的中断屏蔽。

　0：禁止定时器 1 中断。1：允许 TF1 标志位的中断请求。

➢ 位 2（EX1）　外部中断 1 允许位。该位用于设置外部中断 1 的中断屏蔽。

　0：禁止外部中断 1。1：允许 $\overline{\text{INT1}}$ 引脚的中断请求。

➢ 位 1（ET0）　定时器 0 中断允许位。该位用于设置定时器 0 的中断屏蔽。

　0：禁止定时器 0 中断。1：允许 TF0 标志位的中断请求。

➢ 位 0（EX0）　外部中断 0 允许位。该位用于设置外部中断 0 的中断屏蔽。

　0：禁止外部中断 0。1：允许 $\overline{\text{INT0}}$ 引脚的中断请求。

**表 1.5　中断优先级寄存器 IP**

寄存器地址：0 页的 0xB8　　复位值：00000000

| 位　号 | 位 7 | 位 6 | 位 5 | 位 4 | 位 3 | 位 2 | 位 1 | 位 0 |
| --- | --- | --- | --- | --- | --- | --- | --- | --- |
| 位定义 | — | PSPI0 | PT2 | PS0 | PT1 | PX1 | PT0 | PX0 |
| 读写允许 | R/W | R/W | R/W | R/W | R/W | R/W | R/W | R/W |

IP 位功能说明如下：

➢ 位 7　未用。读返回值为 1，写无操作。

➢ 位 6（PSPI0）　串行外设接口（SPI0）中断优先级控制。该位设置 SPI0 中断的优先级。

　0：SPI0 为低优先级。1：SPI0 为高优先级。

➢ 位 5（PT2）　定时器 2 中断优先级控制。该位设置定时器 2 中断的优先级。

　0：定时器 2 为低优先级。1：定时器 2 为高优先级。

➢ 位 4（PS0）　UART0 中断优先级控制。该位设置 UART0 中断的优先级。

　0：UART0 为低优先级。1：UART0 为高优先级。

➢ 位 3（PT1） 定时器 1 中断优先级控制。该位设置定时器 1 中断的优先级。
  0：定时器 1 为低优先级。1：定时器 1 为高优先级。
➢ 位 2（PX1） 外部中断 1 优先级控制。该位设置外部中断 1 的优先级。
  0：外部中断 1 为低优先级。1：外部中断 1 为高优先级。
➢ 位 1（PT0） 定时器 0 中断优先级控制。该位设置定时器 0 中断的优先级。
  0：定时器 0 为低优先级。1：定时器 0 为高优先级。
➢ 位 0（PX0） 外部中断 0 优先级控制。该位设置外部中断 0 的优先级。
  0：外部中断 0 为低优先级。1：外部中断 0 为高优先级。

**表 1.6 扩展中断允许寄存器 1 EIE1**

寄存器地址：所有页的 0xE6　　复位值：00000000

| 位　号 | 位 7 | 位 6 | 位 5 | 位 4 | 位 3 | 位 2 | 位 1 | 位 0 |
|---|---|---|---|---|---|---|---|---|
| 位定义 | ET3 | ECP1 | ECP0 | EPCA0 | EADC0 | EWADC0 | ERTC0 | ESMB0 |
| 读写允许 | R/W | R/W | R/W | R/W | R/W | R/W | R/W | R/W |

EIE1 位功能说明如下：
➢ 位 7（ET3） 定时器 3 中断允许位。该位设置定时器 3 的中断屏蔽。
  0：禁止定时器 3 中断。1：允许 TF3L 或 TF3H 标志的中断请求。
➢ 位 6（ECP1） 比较器 1(CP1)中断允许位。该位设置 CP1 的中断屏蔽。
  0：禁止 CP1 中断。1：允许 CP1RIF 或 CP1FIF 标志产生的中断请求。
➢ 位 5（ECP0） 比较器 0(CP0)中断允许位。该位设置 CP0 的中断屏蔽。
  0：禁止 CP0 中断。1：允许 CP0RIF 或 CP0FIF 标志产生的中断请求。
➢ 位 4（EPCA0） 可编程计数器阵列(PCA0)中断允许位。该位设置 PCA0 的中断屏蔽。
  0：禁止所有 PCA0 中断。1：允许 PCA0 的中断请求。
➢ 位 3（EADC0） ADC0 转换结束中断允许位。该位设置 ADC0 转换结束中断屏蔽。
  0：禁止 ADC0 转换结束中断。1：允许 AD0INT 标志的中断请求。
➢ 位 2（EWADC0） ADC0 窗口比较中断允许位。该位设置 ADC0 窗口比较中断屏蔽。
  0：禁止 ADC0 窗口比较中断。
  1：允许 ADC0 窗口比较标志(AD0WINT)的中断请求。
➢ 位 1（ERTC0） smaRTClock 中断允许位。该位设置 smaRTClock 中断屏蔽。
  0：禁止 smaRTClock 中断。1：允许 ALRM 和 OSCFAIL 标志产生的中断请求。
➢ 位 0（ESMB0） SMBus 中断允许位。该位设置 SMBus(SMB0)的中断屏蔽。
  0：禁止 SMB0 中断。1：允许 SMB0 的中断请求。

**表 1.7 扩展中断优先级寄存器 1 EIP1**

寄存器地址：所有页的 0xF6　　复位值：00000000

| 位　号 | 位 7 | 位 6 | 位 5 | 位 4 | 位 3 | 位 2 | 位 1 | 位 0 |
|---|---|---|---|---|---|---|---|---|
| 位定义 | PT3 | PCP1 | PCP0 | PPCA0 | PADC0 | PWADC0 | PRTC0 | PSMB0 |
| 读写允许 | R/W | R/W | R/W | R/W | R/W | R/W | R/W | R/W |

EIP1 位功能说明如下：

➢ 位 7（PT3）　定时器 3 中断优先级控制。该位设置定时器 3 中断的优先级。
　0：定时器 3 中断为低优先级。1：定时器 3 中断为高优先级。
➢ 位 6（PCP1）　比较器 1(CP1)中断优先级控制。该位设置 CP1 中断的优先级。
　0：CP1 中断为低优先级。1：CP1 中断为高优先级。
➢ 位 5（PCP0）　比较器 0(CP0)中断优先级控制。该位设置 CP0 中断的优先级。
　0：CP0 中断为低优先级。1：CP0 中断为高优先级。
➢ 位 4（PPCA0）　可编程计数器阵列(PCA0)中断优先级控制。该位设置 PCA0 中断的优先级。
　0：PCA0 中断为低优先级。1：PCA0 中断为高优先级。
➢ 位 3（PADC0）　ADC0 转换结束中断优先级控制。该位设置 ADC0 转换结束中断的优先级。
　0：ADC0 转换结束中断为低优先级。1：ADC0 转换结束中断为高优先级。
➢ 位 2（PWADC0）　ADC0 窗口比较器中断优先级控制。该位设置 ADC0 窗口中断的优先级。
　0：ADC0 窗口中断为低优先级。1：ADC0 窗口中断为高优先级。
➢ 位 1（PRTC0）　smaRTClock 中断优先级控制。该位设置 smaRTClock 中断的优先级。
　0：smaRTClock 窗口中断为低优先级。1：smaRTClock 窗口中断为高优先级。
➢ 位 0（PSMB0）　SMBus(SMB0)中断优先级控制。该位设置 SMB0 中断的优先级。
　0：SMB0 中断为低优先级。1：SMB0 中断为高优先级。

**表 1.8　扩展中断允许寄存器 2 EIE2**

寄存器地址：所有页的 0xE7　　复位值：00000000

| 位　号 | 位 7 | 位 6 | 位 5 | 位 4 | 位 3 | 位 2 | 位 1 | 位 0 |
|---|---|---|---|---|---|---|---|---|
| 位定义 | — | — | — | — | ESPI1 | ERTC0F | EMAT | EREG0 |
| 读写允许 | R/W | R/W | R/W | R/W | R/W | R/W | R/W | R/W |

EIE2 位功能说明如下：

➢ 位 7～4　未用。读返回值均为 0，写不操作。
➢ 位 3（ESPI1）　串行外设借口(SPI1)中断允许位。该位开关 SPI1 的中断。
　0：禁止 SPI1 中断。
　1：允许 SPI1 中断。
➢ 位 2（ERTC0F）　smaRTClock 振荡器故障中断允许位。该位开关振荡器故障产生的中断请求。
　0：禁止 smaRTClock 振荡器故障中断。
　1：允许 smaRTClock 振荡器故障中断请求。
➢ 位 1（EMAT）　端口匹配中断允许位。该位设置端口匹配中断屏蔽。
　0：禁止端口匹配中断。1：允许端口匹配中断。
➢ 位 0（EREG0）　稳压器中断允许位。该位设置稳压器电压降落中断屏蔽。
　0：禁止稳压器电压降落中断。1：允许稳压器电压降落中断。

**表 1.9　扩展中断优先级寄存器 2 EIP2**

寄存器地址：所有页的 0xF7　　复位值：00000000

| 位　号 | 位 7 | 位 6 | 位 5 | 位 4 | 位 3 | 位 2 | 位 1 | 位 0 |
|---|---|---|---|---|---|---|---|---|
| 位定义 | — | — | — | — | PSPI1 | PRTC0F | PMAT | PREG0 |
| 读写允许 | R/W | R/W | R/W | R/W | R/W | R/W | R/W | R/W |

EIP2 位功能说明如下：

➢ 位 7～4　未用。读返回值均为 0,写不操作。

➢ 位 3 (PSPI1)　串行外设接口(SPI1)中断优先级控制。

　　0：将 SPI1 设为低优先级。1：将 SPI1 设为高优先级。

➢ 位 2(PRTC0F)　smaRTClock 振荡器故障中断优先级控制位。

　　0：smaRTClock 振荡器故障中断设为低优先级。

　　1：smaRTClock 振荡器故障中断设为高优先级。

➢ 位 1 (PMAT)　端口匹配中断优先级控制。该位设置端口匹配中断的优先级。

　　0：端口匹配中断为低优先级。1：端口匹配中断为高优先级。

➢ 位 0 (PREG0)　稳压器中断优先级控制。该位设置稳压器电压降落中断的优先级。

　　0：稳压器中断为低优先级。1：稳压器中断为高优先级。

**表 1.10　$\overline{\text{INT0}}$/$\overline{\text{INT1}}$配置寄存器 IT01CF**

寄存器地址：0 页的 0xE4　　复位值：00000000

| 位　号 | 位 7 | 位 6 | 位 5 | 位 4 | 位 3 | 位 2 | 位 1 | 位 0 |
|---|---|---|---|---|---|---|---|---|
| 位定义 | IN1PL | IN1SL2 | IN1SL1 | IN1SL0 | IN0PL | IN0SL2 | IN0SL1 | IN0SL0 |
| 读写允许 | R/W | R/W | R/W | R/W | R/W | R/W | R/W | R/W |

IT01CF 位功能说明如下：

➢ 位 7 (IN1PL)　$\overline{\text{INT1}}$极性选择。

　　0：$\overline{\text{INT1}}$为低电平有效。1：$\overline{\text{INT1}}$为高电平有效。

➢ 位 6～4 (IN1SL[2：0])　$\overline{\text{INT1}}$端口引脚选择位。这些位用于选择分配给$\overline{\text{INT1}}$的端口引脚。该引脚分配与交叉开关无关,$\overline{\text{INT1}}$将监视分配给它的端口引脚,但不影响交叉开关分配了相同引脚的外设。要希望将某引脚专门用于中断用途,通过将寄存器 P0SKIP 中的对应位置 1 来实现。表 1.11 是外中断$\overline{\text{INT1}}$输入引脚再分配。

**表 1.11　外中断$\overline{\text{INT1}}$输入引脚再分配**

| IN1SL[2：0] | $\overline{\text{INT1}}$端口引脚 | IN1SL[2：0] | $\overline{\text{INT1}}$端口引脚 |
|---|---|---|---|
| 000 | P0.0 | 100 | P0.4 |
| 001 | P0.1 | 101 | P0.5 |
| 010 | P0.2 | 110 | P0.6 |
| 011 | P0.3 | 111 | P0.7 |

➢ 位 3 (IN0PL)　$\overline{\text{INT0}}$极性选择。

　0：$\overline{\text{INT0}}$为低电平有效。1：$\overline{\text{INT0}}$为高电平有效。

➢ 位 2～0 (IN0SL[2：0])　$\overline{\text{INT0}}$端口引脚选择位。这些位用于选择分配给$\overline{\text{INT0}}$的端口引脚。该引脚分配与交叉开关无关，$\overline{\text{INT0}}$将监视分配给它的端口引脚，但不影响交叉开关分配了相同引脚的外设。要希望将某引脚专门用于中断用途，通过将寄存器 P0SKIP 中的对应位置 1 来实现。表 1.12 是外中断 INT0 输入引脚再分配。

**表 1.12　外中断$\overline{\text{INT0}}$输入引脚再分配**

| IN0SL[2：0] | $\overline{\text{INT0}}$端口引脚 | IN0SL[2：0] | $\overline{\text{INT0}}$端口引脚 |
|---|---|---|---|
| 000 | P0.0 | 100 | P0.4 |
| 001 | P0.1 | 101 | P0.5 |
| 010 | P0.2 | 110 | P0.6 |
| 011 | P0.3 | 111 | P0.7 |

## 1.5　内核指令集说明

片上系统内核的指令集与标准 MCS51 指令集完全兼容，可以使用标准 8051 的开发工具开发 CIP51 的软件。所有的指令在二进制码和功能上与同类的 MCS51 产品完全等价，包括操作码、寻址方式和对 PSW 标志的影响，但是指令时序与标准 8051 不同，这在一些时序速度慢的外设扩展时要有所考虑。

MCS51 是一个大家族，其衍生产品数量是惊人的，在很多的 8051 产品中，有着机器周期和时钟周期的差别，一般的机器周期在 2 到 12 个时钟周期之间，但是 CIP51 只基于时钟周期，所有指令时序都以时钟周期计算。

由于 CIP51 采用了流水线结构，大多数指令执行所需的时钟周期数与指令的字节数一致。条件转移指令在不发生转移时的执行周期数比发生转移时少 2 个。

MOVX 指令一般用于访问外部数据存储器空间的数据。在 CIP51 中，MOVX 指令还可用于写或擦除可重编程的片内 Flash 程序存储器。这一特性为 CIP51 提供了由用户程序更新程序代码和将程序存储器空间用于非易失性数据存储的机制。CIP51 指令一览表见附录 A，包括每条指令的助记符、字节数和时钟周期数。

## 1.6　C8051F9xx 的工作状态

C8051F9xx 与其他微处理器一样有多种工作状态可供选择，状态的选择与处理器工作的任务量、功耗有关。这些状态有的在一定的条件进入或退出，有的则是无条件的。

### 1.6.1　内核的几种工作模式

C8051F9xx 器件有 5 种工作状态：活动、空闲、停机、挂起、休眠。对应各种工作状态的功耗是有区别的。表 1.13 给出了工作状态一览表，给出了不同的状态实现条件与所对应的特性。

表 1.13 工作状态一览表

| 工作状态 | 特 性 | 功耗情况 | 唤醒源 |
|---|---|---|---|
| 活动 | 器件全功能运行 | 全功耗 | — |
| 空闲 | 外设可以全功能运行,CPU 不活动(不访问 Flash),但 SYSCLK 活动,此时可很方便地进入活动状态 | 低于全功耗的情况 | 任何被允许的中断或器件复位 |
| 停机 | 该方式是为兼容 MCS51 所设,此时 SYSCLK 不活动,CPU 不活动(不访问 Flash),数字外设不活动,模拟外设允许(但不工作)或禁止取决于用户设置 | 功耗很低,此时不执行代码,精密振荡器被禁止。 | 外部或 MCD(时钟丢失检测)复位 |
| 挂起 | 该方式与停机方式类似,但具有更短的唤醒时间。代码从挂起前的下一条指令恢复执行 | 功耗很低,此时不执行代码,所有内部振荡器被禁止,系统时钟解除 | smaRTClock、端口匹配、比较器 0、$\overline{\text{RST}}$ 引脚 |
| 休眠 | 极低的功耗和灵活的唤醒源。代码从下一条指令恢复执行。其中比较器 0 只可在双电池模式下工作 | 功耗极低,除 smaRTClock 外,所有振荡器都被禁止,电源最小化 | smaRTClock、端口匹配、比较器 0、$\overline{\text{RST}}$ 引脚 |

## 1.6.2 各工作状态的设置与功耗特点

### 1. 正常方式

MCU 在正常方式下全功能运行,包括 3 个电源为片上的各部分供电,分别是 VBAT、VDD/DC+和 1.8 V 的内核电源。其中 REG0、PMU0 和 smaRTClock 总是由 VBAT 引脚直接供电。所有模拟外设直接由 VDD/DC+引脚供电,VDD/DC+在单电池模式下状态为输出,在双电池模式下状态为输入。所有的数字外设和内核都是由 1.8 V 供电。RAM 在正常方式下也是由内核供电。具体请查看图 1.3。

### 2. 空闲方式

要进入空闲方式,需将空闲方式选择位 PCON.0 置 1,执行完对该位置 1 的指令后,MCU 立即进入空闲方式。此时内核将停止运行,断开 CPU 的时钟信号,但定时器、中断、串口和模拟外设保持活动状态,所有内部寄存器和存储器都保持原来的数据。所有模拟和数字外设在空闲方式期间都可以保持活动状态。

当有中断或复位发生时将结束空闲方式。中断发生后,空闲方式选择位 PCON.0 被清 0,CPU 将恢复为继续工作,跳转到中断服务程序。中断返回后将开始执行空闲方式选择位设置指令的下一条指令,此时如果没有再进入空闲方式的设置,将恢复为活动态。如果空闲方式因一个内部或外部复位而结束,则内核将进行正常的复位过程并从地址 0x0000 开始执行程序。内部的看门狗复位可以结束空闲方式,可以保护系统不会因为对 PCON 寄存器的意外写入而导致永久性停机。如果不需要这种功能,可以在进入空闲方式之前禁止 WDT。这将进一步节省功耗,允许系统一直保持在空闲状态,等待一个外部唤醒源使其退出此状态。

### 3. 停机方式

要进入停机方式,需将停机方式选择位 PCON.1 置 1,在执行完对该位置 1 的指令后

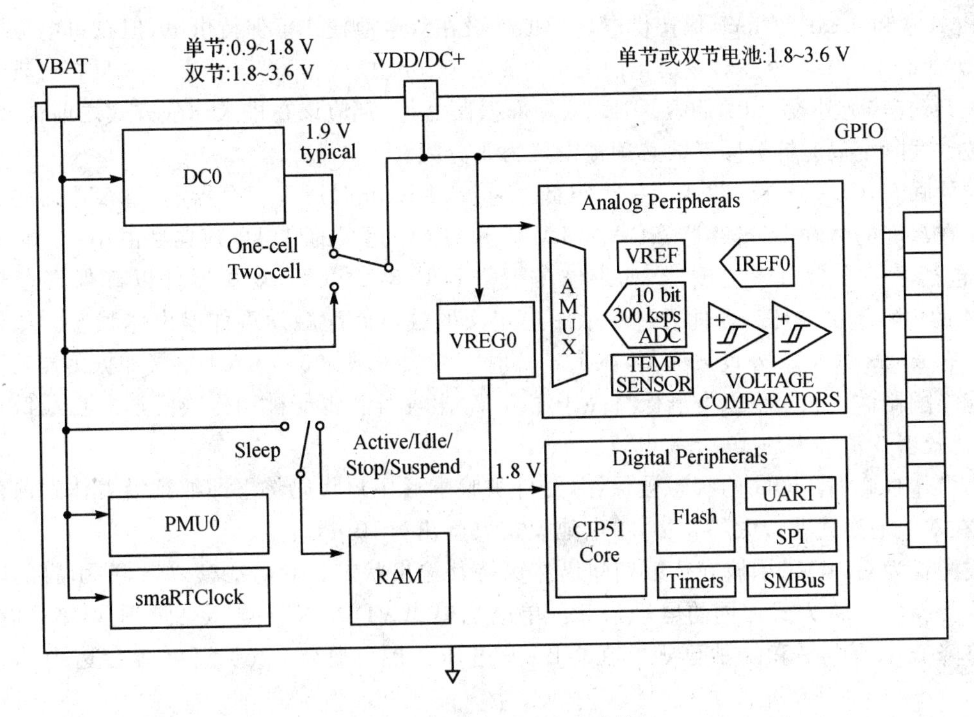


图 1.3　各外设的供电分布情况

MCU 立即进入停机方式。进入停机方式后，内部振荡器、CPU 和所有的数字外设都停止工作，但外部振荡器电路的状态不受影响。在进入停机方式之前，每个模拟外设包括外部振荡器电路都可以被单独关断。只有内部或外部复位能结束停机方式，复位时内核进行正常的复位过程并从地址 0x0000 开始执行程序。如果时钟丢失检测器被允许，将产生一个内部复位，从而结束停机方式。如果想要使 CPU 的休眠时间长于 100 μs，则应禁止时钟丢失检测器。

停机方式是为了兼容 51 内核而保留的一种电源方式，其实它并不是一种最佳的节电方式。如果需要 MCU 长期处于非活动状态，休眠或挂起方式是更好的低功耗节电方式。

## 4. 挂起方式

C8051F9xx 还扩展了一个低功耗的挂起方式，在该方式下解除系统时钟和禁止所有的内部振荡器，所有的数字逻辑包括定时器、通信外设、中断、CPU 等都停止工作，直到有唤醒事件发生。要进入该方式，需将 PMU0CF.6 位置 1，进入该方式时全局时钟分频系数必须被设置为 1 分频。将 C8051F9xx 从挂起方式唤醒的事件包括：

- smaRTClock 振荡器故障事件；
- smaRTClock 告警事件；
- 端口匹配事件；
- 比较器 0 上升沿。

另外，$\overline{\text{RST}}$引脚上出现宽度不足以使器件复位的短时间噪声脉冲会导致系统退出挂起方式。建议在$\overline{\text{RST}}$引脚接一个 4.7 kΩ 的上拉电阻到 VDD/DC＋来防止短时间的噪声脉冲。

## 5. 休眠方式

进入该方式后片内 RAM 的供电被切换到 VBAT 上。片内的大部分数字逻辑停止供电，只有 PMU0 和 smaRTClock 保持供电。模拟外设在双电池模式下保持供电，但在单电池模式下，因为此时 DC/DC 转换器被禁止而失去电源。双电池模式下，进入休眠方式只有比较器仍然工作，所有其他外设，如 ADC0、IREF0、外部振荡器等，都应该在进入休眠方式之前被禁止。进入该方式时全局时钟分频系数必须被设置为 1 分频。

在休眠态，C8051F9xx 进入了一个很低的电流状态，此时所有寄存器和 SRAM 的内容被保存。在深度的休眠态，寄存器、SRAM、PWU 和 GPIO 运行的供电电流典型值小于 100 nA。PMU 包括了一个低电压监测器，如果电压下降到 0.8 V 以下，复位器件以确保寄存器和 SRAM 的内容不被破坏。器件通过一个用户定义的端口匹配触发事件退出休眠态。如果进入休眠态 smaRTClock 外设被保留，在 1.8 V 时电流大概增加 500 nA。报警和振荡器功能失效也能唤醒器件。如果供电电压保持高于 1.8 V，比较器 0 也能被用作唤醒源。在最低功耗状态，比较器 0 消耗大约 400 nA 电流。

因为休眠态时 MCU 的状态被保存，器件被唤醒后用户代码将立即继续沿着休眠前代码执行，在双电池模式花费大约 2 μs，单电池模式大概花费 10 μs。

被配置为 GPIO 的引脚在休眠期间仍然保持其输出状态。双电池模式，这些引脚的驱动能力会保持与正常方式相同的电平指标。单电池模式 VDD/DC＋电压会降到 VBAT 电压，这样将降低开关电平和增加延迟。在 VBAT 电压范围的低端，该延迟可能会达到几百个纳秒。

只要 VBAT 电压下降至 VPOR 电压以下，RAM 和寄存器的内容就可以保持。PC 计数器以及其他现场状态信息都将保持，这也就允许器件从休眠状态被唤醒，恢复执行代码。可以将器件从休眠方式唤醒的事件包括：

➢ smaRTClock 振荡器故障事件；

➢ smaRTClock 告警事件；

➢ 端口匹配事件；

➢ 比较器 0 上升沿。

比较器 0 上升沿唤醒只有在双电池模式下，即至少有 1.8 V 供电的前提下才有效。另外 $\overline{\text{RST}}$引脚上出现宽度不足以使器件复位的短时间噪声脉冲会导致系统推出挂起方式。建议在 $\overline{\text{RST}}$引脚接一个 4.7 kΩ 的上拉电阻到 VDD/DC＋来防止短时间的噪声脉冲。电源电流与频率关系请参照图 1.4、图 1.5。

## 1.6.3 工作状态唤醒源的配置与识别

将 C8051F9xx 置于某种低功耗状态之前，应该配置好一个或多个唤醒源，防止器件始终保持在这样的低功耗状态。在空闲方式，任何中断都可使其唤醒，这一功能需要将对应中断允许。停机方式的退出依赖任何复位源，或者依赖 $\overline{\text{RST}}$引脚复位器件，也需要允许复位源。

挂起方式和休眠方式的唤醒源要 PMU0CF 寄存器来配置，对应唤醒源的控制位置 1 就可以允许某个唤醒源。但要注意每次器件进入挂起方式或休眠方式时都必须要重新允许唤醒源，允许唤醒源与将器件置于低功耗方式使用一个写操作。

从低功耗态退出有时需要知道唤醒源的来源，以便下一步的处理。从空闲方式被唤醒时，CPU 将转向唤醒它的中断，这样就自然识别了。而当从停机方式被唤醒时，判断唤醒源则通过读 RSTSRC 寄存器的值来确定最后一次发生复位的来源。

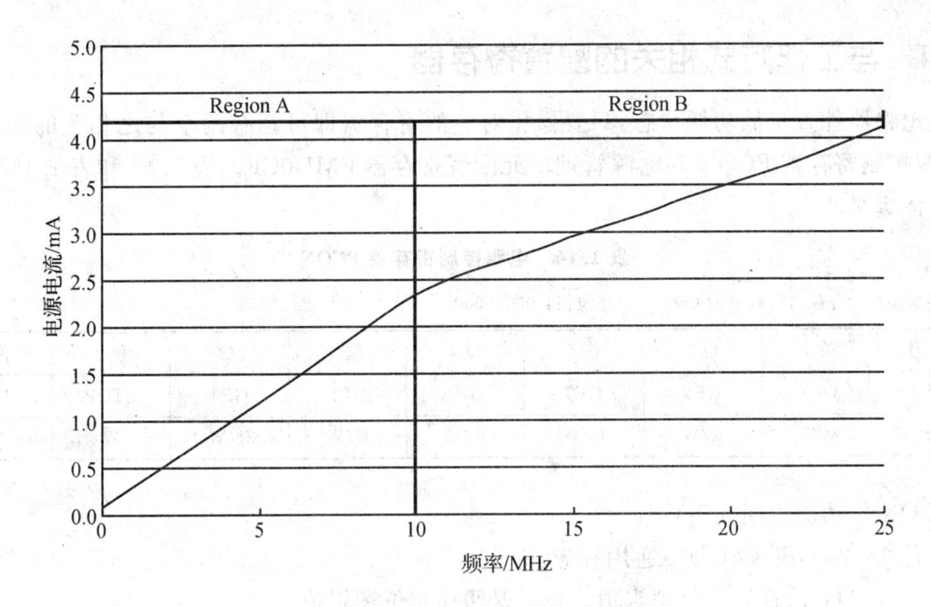


**图 1.4　正常活动状态电源电流与频率关系**

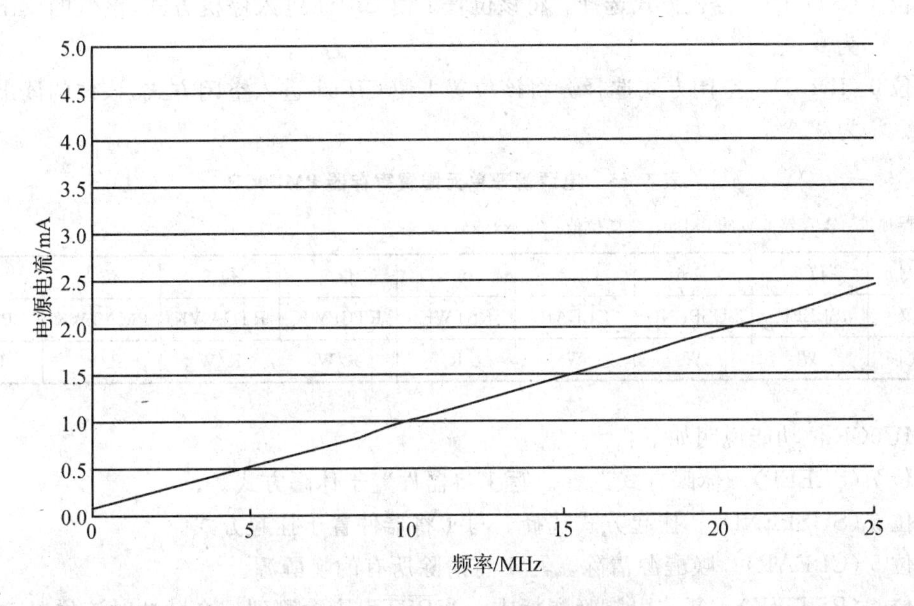


**图 1.5　空闲状态电源电流与频率关系**

当器件从挂起方式退出时，读 PMU0CF 寄存器中的唤醒标志就可以确定唤醒的事件。但要注意，如果器件被唤醒后接着还有其他的唤醒事件发生，则唤醒标志将继续被更新。唤醒标志位总是保持最新，即使它们没有被允许为唤醒源。为了很好识别唤醒标志位，在器件进入挂起方式或休眠方式之前 PMU0CF 中被允许为唤醒源的唤醒标志位必须被清 0，以保证从低功耗状态被唤醒后查询对应的标识，确定唤醒源。

还须注意的是：不要使用 ORL、ANL 指令操作 PMU0CF，每次 SLEEP、SUSPEND 置 1 时要重新允许唤醒源。任何唤醒源标志位为 1，则低功耗内部振荡器就不能被禁止，器件也不能进入挂起或休眠方式。因此每次退出挂起或休眠方式时都应该软件清除所有唤醒源。

## 1.6.4 与工作方式相关的配置寄存器

要想将器件置于低功耗状态，只要操作对应的寄存器即可。有两个与之相关的配置寄存器：电源控制寄存器 PCON 和电源管理单元配置寄存器 PMU0CF。表 1.14 和表 1.15 介绍它们的具体定义。

**表 1.14 电源控制寄存器 PCON**

寄存器地址：寄存器所有页的 0x87　　复位值：00000000

| 位 号 | 位 7 | 位 6 | 位 5 | 位 4 | 位 3 | 位 2 | 位 1 | 位 0 |
|---|---|---|---|---|---|---|---|---|
| 位定义 | GF5 | GF4 | GF3 | GF2 | GF1 | GF0 | STOP | IDLE |
| 读写允许 | R/W | R/W | R/W | R/W | R/W | R/W | W | W |

PCON 位功能说明如下：

➢ 位 7～2 (GF[5：0]) 通用标志。

写：设置标志位逻辑值。读：返回标志位逻辑值。

➢ 位 1 (STOP) 停机方式选择。将该位置 1 使 CIP51 进入停机方式，该位的读出值总是为 0。

➢ 位 0 (IDLE) 空闲方式选择。将该位置 1 使 CIP51 进入空闲方式，该位的读出值总是为 0。

**表 1.15 电源管理单元配置寄存器 PMU0CF**

寄存器地址：寄存器 0 页的 0xB5　　复位值：000xxxxx

| 位 号 | 位 7 | 位 6 | 位 5 | 位 4 | 位 3 | 位 2 | 位 1 | 位 0 |
|---|---|---|---|---|---|---|---|---|
| 位定义 | SLEEP | SUSPEND | CLEAR | RSTWK | RTCFWK | RTCAWK | PMATWK | CPT0WK |
| 读写允许 | W | W | W | R | R/W | R/W | R/W | R/W |

PMU0CF 位功能说明如下：

➢ 位 7 (SLEEP) 休眠方式选择。写 1 将器件置于休眠方式。

➢ 位 6 (SUSPEND) 挂起方式选择。写 1 将器件置于挂起方式。

➢ 位 5 (CLEAR) 唤醒源清除。写 1 将清除所有的唤醒源。

➢ 位 4 (RSTWK) 复位引脚唤醒标志。当 $\overline{\text{RST}}$ 引脚检测到一个脉冲时该位置 1。

➢ 位 3 (RTCFWK) smaRTClock 振荡器故障唤醒允许和标志。

写 0：禁止 smaRTClock 振荡器故障为唤醒源。

1：允许 smaRTClock 振荡器故障为唤醒源。

读 smaRTClock 振荡器故障时该位置 1。

➢ 位 2 (RTCAWK) smaRTClock 告警唤醒允许和标志。

写 0：禁止 smaRTClock 告警为唤醒源。1：允许 smaRTClock 告警为唤醒源。

读 smaRTClock 告警时该位置 1。

➢ 位 1 (PMATWK) 端口匹配唤醒源允许和标志。

写 0：禁止端口匹配事件为唤醒源。1：允许端口匹配事件为唤醒源。

读　发生端口匹配事件时该位置 1。

➢ 位 0（CPT0WK）　比较器 0 唤醒源允许和标志位。

写　0：禁止比较器 0 上升沿为唤醒源。1：允许比较器 0 上升沿为唤醒源。

读　发生比较器 0 上升沿时该位置 1。

## 1.7　特殊功能寄存器

从 0x80 到 0xFF 的直接寻址存储器空间为特殊功能寄存器。这些寄存器提供对内核以及外设资源的控制与数据交换。该空间包括了标准 8051 中的全部寄存器，还扩展了一些用于配置和访问外设的专有子系统的寄存器。此举保证了与 MCS51 指令集的兼容，扩展的新外设强化了芯片的功能。

程序的堆栈用于程序执行的现场保护。堆栈指针可以指向 256 字节数据存储器中的任何位置。堆栈指针 SP 地址为 0x81 指定堆栈区域。SP 总是指向最后使用的位置，下一个压入堆栈的数据将被存放在 SP+1，然后 SP 加 1。复位后堆栈指针被初始化为地址 0x07，指针如不改变，则第一个被压入堆栈的数据将被存放在地址 0x08，这也是寄存器区 1 的第一个寄存器 R0。如果使用不止一个寄存器区，SP 应被初始化为数据存储器中不用于数据存储的位置。堆栈深度最大可达 256 字节。

### 1.7.1　寄存器的分页

传统 51 内核的特殊寄存器就分布在 0x80～0xFF 的存储器空间内。这一空间地址非常有限。随着技术的发展，内核功能被扩展，需要更多的地址空间。为保持向下的兼容性，现在广泛采用寄存器分页机制，即扩展的页地址范围也是在 0x80～0xFF。由于彼此处于不同页，即使地址相同也不会冲突。

C8051F9xx 的内核也用了寄存器分页，有两个页：0 页和 0x0F 页。默认状态下寄存器页处于 0 页，一些外设要初始化时可能要访问 0x0F 页。进入 0x0F 页访问寄存器要按下述步骤：

① 保存当前中断状态。

② 禁止中断。

③ 设置存储器分页为 0x0F，SFRPAGE＝0x0F。

④ 访问 0x0F 页内的存储器。

⑤ 将存储器页设为 0 页，SFRPAGE＝0x00。

⑥ 恢复中断。

### 1.7.2　特殊功能寄存器的分布

特殊功能寄存器分布在 0x80～0xFF 的存储器空间内。任何时刻可以用直接寻址方式访问它们。其中地址以 0x0 或 0x8 结尾的寄存器，如 P0、TCON、IE 等，既可以按字节寻址也可以按位寻址，所有其他寄存器只能按字节寻址。寄存器空间中未使用的地址保留为将来使用，访问这些地址会产生不确定的结果，应避免。表 1.16 是 0 页的特殊功能寄存器的地址分布，表 1.17 是 0x0F 页特殊功能寄存器地址分布。

表 1.16 特殊功能寄存器地址分布(0 页)

| F8 | SPI0CN | PCA0L | PCA0H | PCA0CPL0 | PCA0CPH0 | PCA0CPL4 | PCA0CPH4 | VDM0CN |
|---|---|---|---|---|---|---|---|---|
| F0 | B | P0MDIN | P1MDIN | P2MDIN | IDA1L | IDA1H | EIP1 | EIP2 |
| E8 | ADC0CN | PCA0CPL1 | PCA0CPH1 | PCA0CPL2 | PCA0CPH2 | PCA0CPL3 | PCA0CPH3 | RSTSRC |
| E0 | ACC | XBR0 | XBR1 | PFE0CN | IT01CF | — | EIE1 | EIE2 |
| D8 | PCA0CN | PCA0MD | PCA0CPM0 | PCA0CPM1 | PCA0CPM2 | PCA0CPM3 | PCA0CPM4 | CRC0FLIP |
| D0 | PSW | REF0CN | PCA0CPL5 | PCA0CPH5 | P0SKIP | P1SKIP | P2SKIP | P0MAT |
| C8 | TMR2CN | REG0CN | TMR2RLL | TMR2RLH | TMR2L | TMR2H | PCA0CPM5 | P1MAT |
| C0 | SMB0CN | SMB0CF | SMB0DAT | ADC0GTL | ADC0GTH | ADC0LTL | ADC0LTH | P0MASK |
| B8 | IP | IDA0CN | ADC0TK | ADC0MX | ADC0CF | ADC0L | ADC0H | P1MASK |
| B0 | P0ODEN | OSCXCN | OSCICN | OSCICL | — | IDA1CN | FLSCL | FLKEY |
| A8 | IE | CLKSEL | EMI0CN | CLKMUL | RTC0ADR | RTC0DAT | RTC0KEY | ONESHOT |
| A0 | P2 | SPI0CFG | SPI0CKR | SPI0DAT | P0MDOUT | P1MDOUT | P2MDOUT | — |
| 98 | SCON0 | SBUF0 | CPT1CN | CPT0CN | CPT1MD | CPT0MD | CPT1MX | CPT0MX |
| 90 | P1 | TMR3CN | TMR3RLL | TMR3RLH | TMR3L | TMR3H | IDA0L | IDA0H |
| 88 | TCON | TMOD | TL0 | TL1 | TH0 | TH1 | CKCON | PSCTL |
| 80 | P0 | SP | DPL | DPH | CRC0CN | CRC0IN | CRC0DAT | PCON |
| | 0(8) | 1(9) | 2(A) | 3(B) | 4(C) | 5(D) | 6(E) | 7(F) |

注：阴影部分区域为既可字节寻址也可位寻址。

表 1.17 特殊功能寄存器地址分布(0x0F 页)

| F8 | | | | | | | | |
|---|---|---|---|---|---|---|---|---|
| F0 | B | | | | | | EIP1 | EIP2 |
| E8 | | | | | | | | |
| E0 | ACC | | | | | | EIE1 | EIE2 |
| D8 | | | | | | | | |
| D0 | PSW | | | | | | | |
| C8 | | | | | | | | |
| C0 | | | | | | | | |
| B8 | | | ADC0PWR | | | ADC0TK | | |
| B0 | | | | | | | | |
| A8 | IE | CLKSEL | | | | | | |
| A0 | P2 | | | | P0DRV | P1DRV | P2DRV | SFRPAGE |
| 98 | | | | | | | | |
| 90 | P1 | CRC0DAT | CRC0CN | CRC0IN | CRC0FLIP | | CRC0AUTO | CRC0CNT |
| 88 | | | | | | | | |
| 80 | P0 | SP | DPL | DPH | | TOFFL | TOFFH | PCON |
| | 0(8) | 1(9) | 2(A) | 3(B) | 4(C) | 5(D) | 6(E) | 7(F) |

注：阴影部分区域为既可字节寻址也可位寻址。

### 1.7.3 特殊功能寄存器的定义

片上系统集成了各种功能模块，每种外设都包含了一些功能寄存器。对外设的操作实际就是对寄存器操作，或是对某一特定的地址单元操作。有关特殊功能寄存器的定义与名称以及具体的功能，本书做了详细介绍。

## 1.8 芯片的仿真与调试和 C2 端口共享

单片机开发过程中使用仿真器可以提高开发速度，降低开发难度，对初学者更是如此。仿真器的生产在国内有多年的历史，其中使用的技术根据时间和性能的不同大约分成以下几种：

① 仿真开发系统。这种技术主要在仿真器的初级阶段被广泛采用。当时没有好的仿真技术或仿真芯片，仿真器设计成了一个双平台的系统，并根据用户的要求在监控系统和用户系统中切换。这种仿真系统性能完全依赖于设计者的水平，实际的最终性能厂家之间相差很大，产品质量参差不齐。不过所有的产品或多或少需要占用一定的用户资源并且设计复杂，现在基本上已经淘汰，只在一些开发学习系统中使用。

② Bondout 技术。一般来说，人们常常说的专用仿真芯片其实就是 Bondout。这种仿真芯片一般也是一种单片机，但是内部具有特殊的配合仿真的时序。当进入仿真状态后，可以冻结内部的时序运行，可以查看/修改静止时单片机内部的资源。使用 Bondout 制作的仿真器一般具有时序运行准确、设计制作成本低等优点。Bondout 芯片一般是由单片机生产厂家提供的，因此它只能仿真该厂商指定的单片机，仿真的品种很少。

③ HOOKS 仿真技术。它是 PHILIPS 公司拥有的一项仿真技术，主要解决不同品种单片机的仿真问题。使用该专利技术就可以仿真所有具有 HOOKS 特性的单片机，即使该单片机是不同厂家制造的。使用 HOOKS 技术制造的仿真器可以兼容仿真不同厂家的多种单片机，而且仿真的电气性能非常接近于真实的单片机。但是 HOOKS 技术对仿真器的制造厂家的技术要求特别高，不同的仿真器生产厂家同时得到 HOOKS 技术的授权，但是设计的仿真器的性能差别很大。即使到了今天，也是如此。

随着芯片技术的发展，很多单片机生产厂商在芯片内部增加了仿真功能，一般通过 JTAG 接口进行控制。应用 JTAG 可以很方便地实现在系统编程，但需要芯片专门留有接口，也就是说浪费了口线，C8051Fxxx 系列片上系统就是这种情况，多引脚大系统的芯片一般采用 JTAG 接口与用户板连接。对于少引脚的 C8051F3xx、C8051F4xx、C8051F9xx 来说本来 I/O 口就有限，浪费是“不可容忍的”，此时一般采用 C2 接口模式，它采用 2 线制，所使用口线的其他功能不受影响，下文将对其做详细介绍。

### 1.8.1 内置的 C2 仿真接口

C8051F9xx 器件内集成了一个 2 线 C2 调试接口，该接口是仿真、调试、编程接口，支持 Flash 的在应用编程。C2 接口使用一个时钟信号（C2CK）和一个双向的 C2 数据信号（C2D）在器件和宿主机之间传送信息。其中 C2CK 共用 $\overline{RST}$ 引脚，C2D 共用 P2.7 引脚，有关 C2 协议的详细信息见 C2 接口规范。下面对与 Flash 编程有关的 C2 寄存器进行说明。对所有 C2 寄存器的访问都要通过 C2 接口实现。表 1.18～表 1.24 说明了 C2 口相关寄存器的情况。

**表 1.18　C2 地址寄存器 C2ADD**

寄存器地址*　　复位值：00000000

| 位　号 | 位 7 | 位 6 | 位 5 | 位 4 | 位 3 | 位 2 | 位 1 | 位 0 |
|---|---|---|---|---|---|---|---|---|
| 位定义 | D7 | D6 | D5 | D4 | D3 | D2 | D1 | D0 |
| 读写允许 | R/W | R/W | R/W | R/W | R/W | R/W | R/W | R/W |

*　外部调试器仿真时使用 C2ADD，利用这个寄存器间接访问 C2 的其他内部寄存器，芯片内部是无法访问完的。

C2ADD 位功能说明如下：

➢ 位 7～0　C2ADD 寄存器选择 C2 数据读和数据写命令的目标数据寄存器。C2 地址含义见表 1.19。

**表 1.19　C2 地址含义**

| 地　址 | 说　明 |
|---|---|
| 0x00 | 选择器件 ID 寄存器(数据读指令) |
| 0x01 | 选择版本 ID 寄存器(数据读指令) |
| 0x02 | 选择 C2 Flash 编程控制寄存器(数据读/写指令) |
| 0xB4 | 选择 C2 Flash 编程数据寄存器(数据读/写指令) |

**表 1.20　C2 器件 ID 寄存器 DEVICEID**

寄存器地址：C2 的地址 0x00　　复位值：00010110

| 位　号 | 位 7 | 位 6 | 位 5 | 位 4 | 位 3 | 位 2 | 位 1 | 位 0 |
|---|---|---|---|---|---|---|---|---|
| 位定义 | D7 | D6 | D5 | D4 | D3 | D2 | D1 | D0 |
| 读写允许 | R | R | R | R | R | R | R | R |

注：该只读寄存器返回 8 位的器件 ID 号，0x16 为 C8051F9xx。

**表 1.21　C2 版本 ID 寄存器 REVID**

寄存器地址：C2 的地址 0x01　　复位值：可变

| 位　号 | 位 7 | 位 6 | 位 5 | 位 4 | 位 3 | 位 2 | 位 1 | 位 0 |
|---|---|---|---|---|---|---|---|---|
| 位定义 | D7 | D6 | D5 | D4 | D3 | D2 | D1 | D0 |
| 读写允许 | R | R | R | R | R | R | R | R |

注：该只读寄存器返回 8 位的版本 ID 号，0x00 为版本 A。

**表 1.22　C2 Flash 编程控制寄存器 FPCTL**

寄存器地址：C2 的地址 0x02　　复位值：00000000

| 位　号 | 位 7 | 位 6 | 位 5 | 位 4 | 位 3 | 位 2 | 位 1 | 位 0 |
|---|---|---|---|---|---|---|---|---|
| 位定义 | D7 | D6 | D5 | D4 | D3 | D2 | D1 | D0 |
| 读写允许 | R/W | R/W | R/W | R/W | R/W | R/W | R/W | R/W |

FPCTL 位功能说明如下：

➢ 位 7～0 (FPCTL) Flash 编程控制寄存器。该寄存器用于允许通过 C2 接口对 Flash 编程。为了允许 C2 Flash 编程，必须按顺序写代码：0x02、0x01。一旦 C2 Flash 编程被允许，必须进行一次系统复位才能恢复正常工作。

**表 1.23 C2 Flash 编程数据寄存器 FPDAT**

寄存器地址：C2 的地址 0xB4　　复位值：00000000

| 位　号 | 位 7 | 位 6 | 位 5 | 位 4 | 位 3 | 位 2 | 位 1 | 位 0 |
|---|---|---|---|---|---|---|---|---|
| 位定义 | D7 | D6 | D5 | D4 | D3 | D2 | D1 | D0 |
| 读写允许 | R/W | R/W | R/W | R/W | R/W | R/W | R/W | R/W |

FPDAT 位功能说明如下：

➢ 位 7～0 (FPDAT) Flash 编程数据寄存器。该寄存器用于在 C2 Flash 访问期间传递 Flash 编程命令、地址和数据。下面列出了有效的编程命令。有效编程命令字见表 1.24。

**表 1.24 有效的编程命令字**

| 代　码 | 命　令 | 代　码 | 命　令 |
|---|---|---|---|
| 0x06 | 读 Flash | 0x08 | 擦除 Flash 页 |
| 0x07 | 写 Flash | 0x03 | 擦除器件 |

## 1.8.2 C2 引脚共享

一般片内附加了仿真功能的芯片，仿真引脚是专用的，例如满足 JTAG 协议的接口。C2 协议允许 C2 引脚与用户功能共享，可以进行在系统调试和 Flash 编程。这在少引脚的芯片中无疑可以提高端口的利用率。

这种共享之所以可能，是因为 C2 通信通常发生在器件的停止运行状态。在这种状态下片内外设和用户软件停止工作，C2 接口可以安全地利用 C2CK，该引脚为芯片的 $\overline{\text{RST}}$ 引脚，C2D 为芯片的 P2.7 引脚。为了更好地使用这一多功能引脚，一般需要使用外部电阻对 C2 接口和用户应用进行隔离。C2 引脚共享的典型隔离电路如图 1.6 所示。其实这是考虑了对共享引脚的调试要求，如果正常使用而没有仿真要求，则可以不考虑隔音问题。

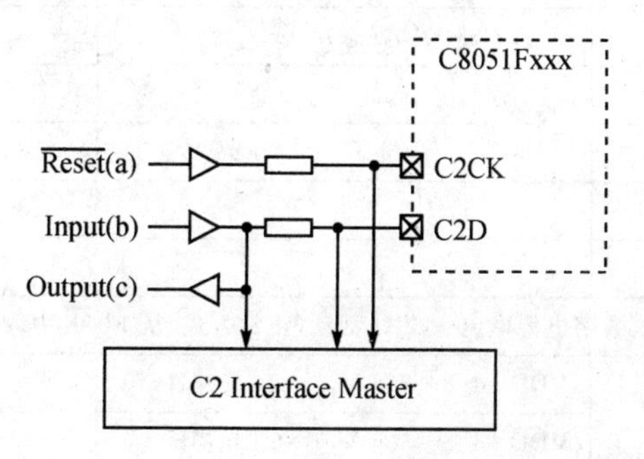


**图 1.6 C2 引脚共享的隔离电路**

以上电路应用的前提是：① 在目标器件的停止运行状态，用户输入(b)不能改变状态；

②目标器件的$\overline{\text{RST}}$引脚只能被作为输入使用。

## 1.9 芯片引脚定义及电气参数

使用该芯片一定要注意所对应的参数值，不按参数表的值进行应用设计，除不能达到设计的性能外，严重的会大大缩短芯片的寿命。表 1.25、表 1.26 给出了器件的极限参数值与总体直流电气特性。

表 1.25 器件的极限参数值

| 参 数 | 条 件 | 最小值 | 典型值 | 最大值 | 单 位 |
|---|---|---|---|---|---|
| 环境温度(上电的情况下) | | −55 | — | 125 | ℃ |
| 存储温度 | | −65 | — | 150 | ℃ |
| 任何端口或$\overline{\text{RST}}$的对地电压 | VDD>2.2 V | −0.3 | — | 5.8 | V |
| | VDD<2.2 V | −0.3 | — | VDD+3.6 | |
| VBAT 引脚对地电压 | 单电池模式 | −0.3 | — | 2.0 | V |
| | 双电池模式 | −0.3 | — | 4.0 | |
| VDD/DC+引脚对地电压 | 稳压器正常模式 | −0.3 | — | 4.0 | V |
| | 稳压器旁路模式 | −0.3 | — | 2.0 | |
| 通过 VBAT、DCEN、VDD/DC+或 GND 的最大电流 | | — | — | 500 | mA |
| $\overline{\text{RST}}$或任何端口所能输出的最大灌电流 | | — | — | 100 | mA |

注：超过这些极限参数可能导致器件损坏；长时间处于或超过极限参数状态可能影响器件的可靠性。

表 1.26 总体直流电气特性

| 参 数 | 条 件 | 最小值 | 典型值 | 最大值 | 单 位 |
|---|---|---|---|---|---|
| 电池电压(VBAT 引脚对地电压) | 单电池模式 | 0.9 | 1.5 | 1.8 | V |
| | 双电池模式 | 1.8 | 3.0 | 3.6 | |
| 电源电压(VDD/DC+引脚对地电压)① | 稳压器正常模式 | 1.8 | 3.0 | 3.6 | V |
| | 稳压器旁路模式 | 1.7 | 1.8 | 1.9 | |
| RAM 数据保持电源电压 | VDD(非休眠态) | — | TBD | — | V |
| | VBAT(进入休眠态) | — | TBD | TBD | |
| SYSCLK (系统时钟)② | | 0 | — | 25 | MHz |
| TSYSH (SYSCLK 高电平时间) | | 18 | — | — | ns |
| TSYSL (SYSCLK 低电平时间) | | 18 | — | — | ns |
| 额定工作温度范围 | | −40 | — | +85 | ℃ |
| 数字电源电流—CPU 活动(正常方式，从 Flash 中取指) | | | | | |
| IDD③④⑤ | VDD=1.8～3.6 V，$f$=24.5 MHz | — | 4.1 | TBD | mA |
| | VDD=1.8～3.6 V，$f$=1.25 MHz | — | 470 | — | μA |
| | VDD=1.8～3.6 V，$f$=32.768 kHz | — | 90 | — | |

续表 1.26

| 参　数 | 条　件 | 最小值 | 典型值 | 最大值 | 单　位 |
|---|---|---|---|---|---|
| IDD 频率敏感度③⑤ | VDD=1.8～3.6 V,$T$=25 ℃,$f<10$ MHz(单稳允许) | — | 226 | — | μA/MHz |
| | VDD=1.8～3.6 V,$T$=25 ℃,$f>10$ MHz(单稳旁路) | — | 120 | — | |
| 数字电源电流—CPU 不活动(空闲方式,不从 Flash 中取指) | | | | | |
| IDD③④⑥ | VDD=1.8～3.6 V,$f$=24.5 MHz | — | 2.5 | TBD | mA |
| | VDD=1.8～3.6 V,$f$=1.25 MHz | — | 400 | — | μA |
| | VDD=1.8～3.6 V,$f$=32.768 kHz | — | 84 | — | |
| IDD 频率敏感度③⑥ | VDD=1.8～3.6 V,$T$=25 ℃ | — | 95 | — | μA/MHz |
| 数字电源电流（挂起方式） | VDD=1.8～3.6 V | — | 77 | — | μA |
| 数字电源电流(休眠方式) | | | | | |
| smaRTClock 运行时 | VDD = 1.8 V,$T$ = 25 ℃(包括 smaRTClock、振荡器、VBAT 电源监视器和稳压器偏置电流) | — | 0.6 | — | μA |
| smaRTClock 没运行时 | VDD=1.8 V,$T$=25 ℃ | — | 50 | — | nA |
| | VDD=1.8 V,$T$=85 ℃(包括 VBAT 电源监视器) | — | 1.2 | — | μA |

注：−40 ℃到+85 ℃,25 MHz 系统时钟,典型值对应 25 ℃。

① 当 VDD 低于 1.8 V 时,模拟性能下降。

② 使用调试功能 SYSCLK 至少要 32 kHz。

③ 与器件有关未经产品测试。

④ 包括振荡器和稳压器电流。

⑤ 当频率不大于 10 MHz 时,可以通过简单的将使用的频率乘以该范围的频率敏感度来估算电流 IDD 。当使用的频率大于 10 MHz 时,估算时应为 25 MHz 时的电流减去有频率敏感度算出的电流差。例如：
VDD=3.0 V;$f$=20 MHz,则 IDD=4.1 mA−(25 MHz−20 MHz)×120 mA/MHz=3.5 mA。

⑥ 估算空闲方式的 IDD,估算值应该为 25 MHz 时的电流减去有频率敏感度算出的电流差。例如：
VDD=3.0 V;$f$=5 MHz,IDD=2.5 mA−(25 MHz−5 MHz)×0.095 mA/MHz=0.6 mA。

## 1.10 应用实例

### 中断设置与应用

本实例给出了中断的一般设置方法,告诉读者如何应用。中断应用一般要包括确定中断源,允许中断,设置中断优先级,确定中断向量,如果中断来源于片外还要定义它的输入端。

本实例实验的是外中断$\overline{\text{INT0}}$、$\overline{\text{INT1}}$,将二者匹配到了 P0.2 和 P0.3 引脚上,利用按键产生外中断所需的低电平,按一下按键,对应中断的 LED 灯改变一下状态。例子中还有包含了多个中断发生有效性的问题,尽管中断具有一定的优先级,但各中断响应却不具有并发性,即中断只能一个一个按优先级顺序响应,高优先级中断也不能使低优先级的中断服务程序强制退出。将在$\overline{\text{INT1}}$中断服务程序中设置陷阱，实验中可发现程序跳进陷阱，其他中断无效，并没有所说的嵌套。本实例很简单，但有些内容要注意，外中断只能匹配到 P0 口上，忽略这一点可能造成无口可用外中断，正确的方法是先把要用的输入端预留，利用 SKIP 实现。

```
#include <C8051F930.h>
#include <stdio.h>
#include <INTRINS.H>
#define uint unsigned int
#define uchar unsigned char
#define ulong unsigned long
#define nop() _nop_();_nop_();
//------------------------------------------------------------------------------
// 全局常量
//------------------------------------------------------------------------------
#define LED_ON  0
#define LED_OFF 1
//------------------------------------------------------------------------------
// I/O 定义
//------------------------------------------------------------------------------
sbit INT1_LED = P1^5;
sbit INT0_LED = P1^6;
sbit INT0_KEY = P0^2;
sbit INT1_KEY = P0^3;
//------------------------------------------------------------------------------
// 函数声明
//------------------------------------------------------------------------------
void Oscillator_Init (void);                    // 初始化系统时钟
void Port_Init (void);                          // 交叉开关 I/O 口功能分配
void Ext_Interrupt_Init (void);                 // (INT0/INT1)外中断初始化
void INT0_ISR(void);                            // INT0中断服务函数
void INT1_ISR(void);                            // INT1中断服务函数
void PCA_Init();
//------------------------------------------------------------------------------
// MAIN 函数
//------------------------------------------------------------------------------
void main (void)
{
    PCA_Init();
    Oscillator_Init();
    Port_Init ();
    Ext_Interrupt_Init();
    EA = 1;
    while(1);
```

```
}
//------------------------------------------------------------------------
//PCA 初始化函数
//------------------------------------------------------------------------
 void PCA_Init()
{
    PCA0MD &= ~0x40;
    PCA0MD = 0x00;
}
//------------------------------------------------------------------------
//时钟源初始化函数
//------------------------------------------------------------------------
void Oscillator_Init (void)
{
    //CLKSEL = 0x04;                     // 内部晶振 1 分频,使用片内 20 MHz 低功耗振荡器
    //CLKSEL = 0x14;                     // 内部晶振 2 分频
    CLKSEL = 0x24;                       // 内部晶振 4 分频
    //CLKSEL = 0x34;                     // 内部晶振 8 分频
    //CLKSEL = 0x44;                     // 内部晶振 16 分频
    //CLKSEL = 0x54;                     // 内部晶振 32 分频
    //CLKSEL = 0x64;                     // 内部晶振 64 分频
    //CLKSEL = 0x74;                     // 内部晶振 128 分频
    RSTSRC = 0x06;                       // 允许时钟丢失检测和掉电检测
}
//------------------------------------------------------------------------
//端口初始化及功能分配函数
//------------------------------------------------------------------------
void Port_Init (void)
{
   P0MDIN |= 0x0C;                       // P0.2、P0.3 数字端口
   P1MDIN |= 0x60;                       // P1.5、P1.6 数字端口
   P0MDOUT &= ~0x0C;                     // P0.2、P0.3 设置为开漏
   P0MDOUT |= 0x01;                      // P0.0 设置为推挽方式输出
   P1MDOUT |= 0x60;                      // P1.5、P1.6 设置为推挽方式输出
   P0 |= 0x0C;                           // 设置 P0.2、P0.3 锁存器为 1
   XBR0 = 0x08;                          // 系统时钟配置在 P0.0 输出
   XBR2 = 0x40;                          // 交叉开关允许,弱上拉允许
}
//------------------------------------------------------------------------
//中断初始化函数
//------------------------------------------------------------------------
void Ext_Interrupt_Init (void)
{
   TCON = 0x05;                          // /INT0、/INT1 为边沿触发
   IT01CF = 0x32;                        // 将外中断 /INT0 分配给 P0.2,且低电平有效
```

```
                                          // 将外中断INT1分配给 P0.3,且低电平有效
    EX0 = 1;                              // 允许 INT0中断
    EX1 = 1;                              // 允许 INT1中断
}
//-----------------------------------------------------------------------
// INT0服务函数
//-----------------------------------------------------------------------
 void INT0_ISR(void) INTERRUPT_INT0
{
    INT0_LED =! INT0_LED;
}
//-----------------------------------------------------------------------
// INT1服务函数
//-----------------------------------------------------------------------
 void INT1_ISR(void) INTERRUPT_INT1
{
    INT1_LED =! INT1_LED;
//   while(1);
}
```

# 第2章

# 可编程输入/输出端口与外设资源匹配

C8051F 系列单片机的一大特性是：可在系统重组，自由分配 I/O 口功能，比一些引脚功能固定的芯片方便得多。设计者可以根据设计需要利用交叉开关设置控制数字功能的引脚分配，定义引脚功能。不论交叉开关的设置如何，端口 I/O 引脚的状态总是可以被读到相应的端口锁存器。这种资源分配的灵活性是通过使用优先权交叉开关译码器实现的。此种分配方式与思想是 C8051F 片上系统的一大特色。

C8051F9xx 系列芯片最多有 32 引脚、24 个 I/O 端口可供使用，这些引脚被分配组织在 3 个 8 位端口（P0.0～P0.7、P1.0～P1.7、P2.0～P2.7）。每个端口引脚都可以被定义为通用 I/O，与一般单片机用法相似。同时也可以按一定规律使其重定义为模拟或数字功能，定义后内部数字和模拟功能模块被分配到引脚上可供使用。用于在线调试以及程序下载功能的 C2 接口也可用于通用 I/O。图 2.1 是端口 I/O 功能与交叉开关分配方式框图。

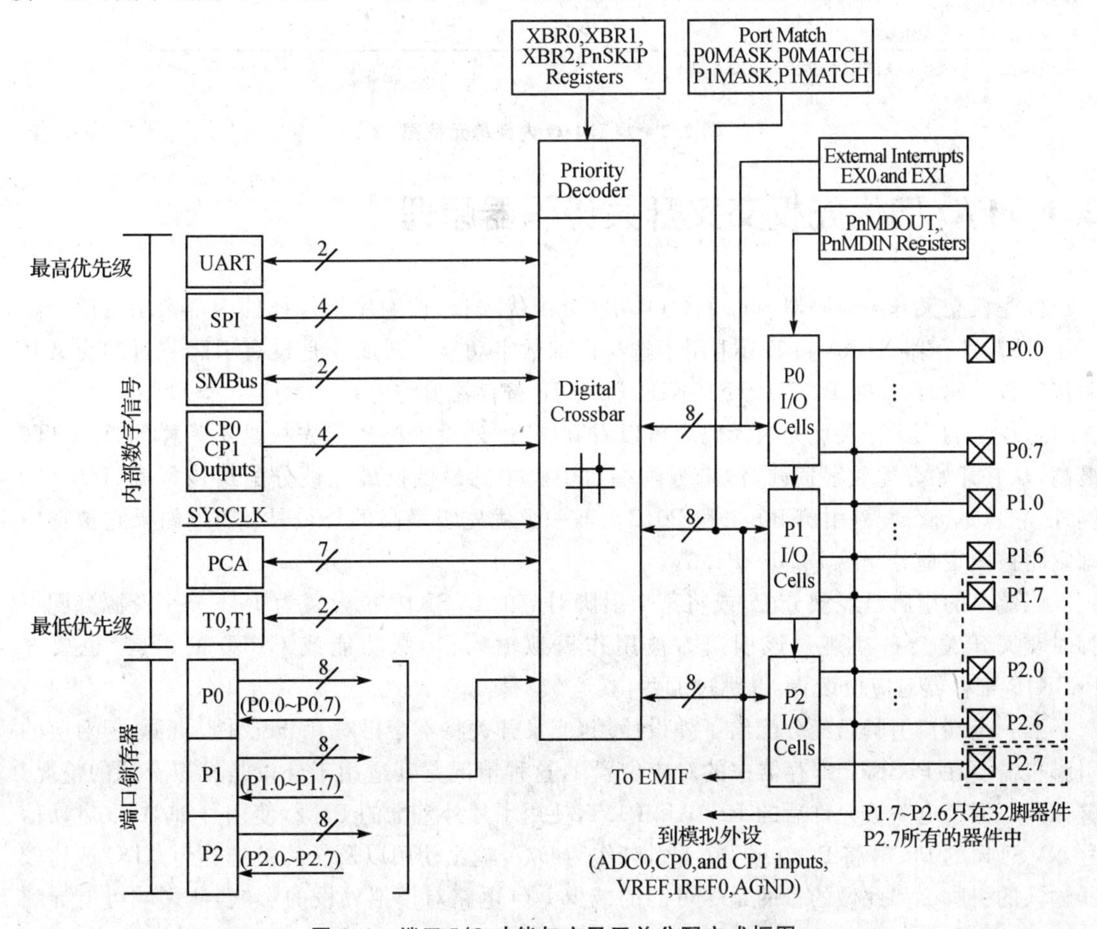


**图 2.1　端口 I/O 功能与交叉开关分配方式框图**

所有端口在数字输入以及漏极开路输出模式下都进行了 5 V 耐压设计，被配置为推挽输出的端口 I/O 上拉电流由 VDD/DC＋电源提供。用于模拟功能的端口最大工作电压达到了 VDD/DC＋的值。端口 I/O 单元可以方便地设置为漏极开路或推挽输出方式，可以通过设置 PnMDOUT 的值得到想要的输出方式，具体设置请参看寄存器的详细定义。图 2.2 为端口 I/O内部单元框图。

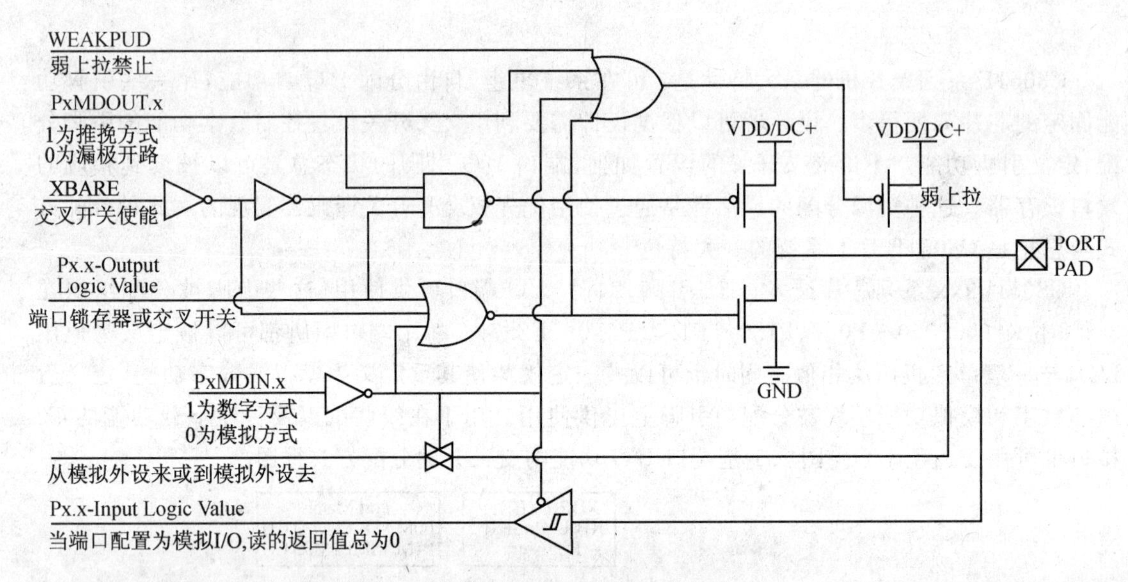


图 2.2　端口 I/O 内部单元框图

## 2.1　I/O 口优先权交叉开关译码器原理

优先权交叉开关译码器为每个 I/O 功能分配优先权，按顺序把选择的内部数字资源分配 I/O 引脚，寄存器 XBR0 和 XBR1 用于选择内部数字功能。图 2.3 是没有引脚跳过的交叉开关优先权译码表，此时 P0SKIP、P1SKIP、P2SKIP 寄存器值均为 00。

从以上的交叉开关优先权译码表可以看到，分配外设资源的优先权是不一样的，UART0 最高，从它开始分配数字资源时，未分配端口引脚中的最低位最先被分配给该资源，UART0 例外，它总是被分配到引脚 P0.4 和 P0.5。下一个优先级最高的外设是 SPI1，如果它被选中则它将被固定地分配给 P1.0～P1.3。

当端口的引脚已经被分配，或将某个引脚对应的 PnSKIP 位设置为 1，下一个资源分配引脚时交叉开关会自动跳过该引脚。被用作模拟输入、特殊功能或 GPIO 的引脚，也要在 PnSKIP 寄存器对应位设置，以跳过那些位。

当一个端口引脚已经分配给了外设使用，交叉开关将不会再对其分配外设资源，但对应的引脚也需要在 PnSKIP 寄存器中的对应位置 1，这种情况尤其适用于外设是模拟资源的情况。譬如外部振荡电路被允许后的 P1.0 和 P1.1，使用了片外基准的 P1.2，使用外部 A/D 启动信号 NVSTR 的 P0.6，将 P0.0 或 P0.1 引脚作为 D/A 输出使用以及任何被选择为 ADC 或比较器输入的引脚。如此做的目的是尽可能的减少 I/O 电路对模拟外设的影响，此影响可能导致输入或输出信号偏离真值。读者可以实验一下 PnSKIP 置 0 和置 1 对外设的影响。

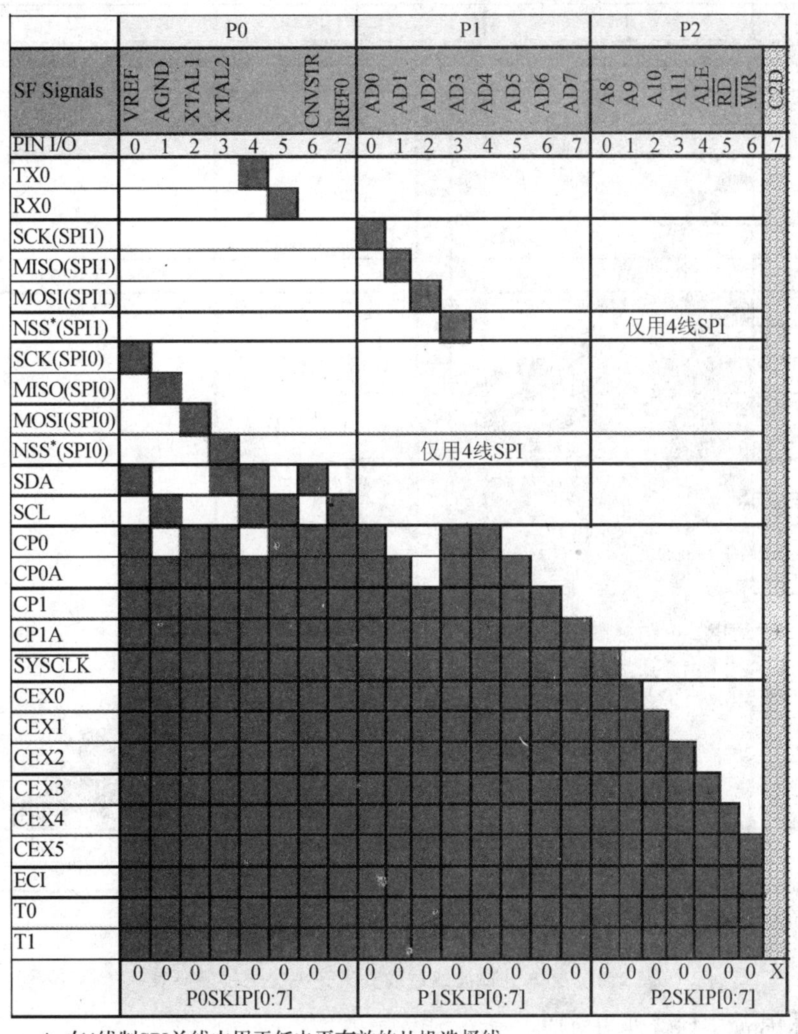


* 在4线制SPI总线中用于低电平有效的从机选择线。

**图 2.3　没有引脚跳过的交叉开关优先权译码表**

图 2.4 给出了 XTAL1(P1.0)脚和 XTAL2(P1.1)脚被跳过的情况下,对应 P1SKIP 为 0x03 的交叉开关优先权译码表。

寄存器 XBR0 和 XBR1 适用于将数字资源在 I/O 引脚上分配,譬如串口外设 UART、SMBus、SPI 等。但要注意的是这些外设的口线分配时也是有先后顺序的,交叉开关为SMBus 分配两个引脚,并且总是先分配 SDA 后分配 SCL。UART 的分配也是固定的,TX0 端总是被分配到 P0.4,RX0 端总是被分配到 P0.5。SPI 可以工作在三线或四线方式,它的三根口线 SCK、MISO、MOSI 分配也是按先后顺序的。如此分配是出于芯片设计的需要简化了难度。被优先功能以及跳过的引脚分配之后的 I/O,其端口仍是连续的,地址不变。需要注意的是 NSS 信号只在四线方式时出现,并可以连到端口引脚。

每个端口有漏极开路或推挽两种输出方式。输出方式的选择由寄存器 PnMDOUT 中的对应位决定。端口的输出方式都要进行设置,不管端口引脚是否已分配给某个数字外设。也存在唯一的例外,不管 PnMDOUT 的设置如何,SMBus 引脚 SDA 和 SCL 总是被配置为漏极

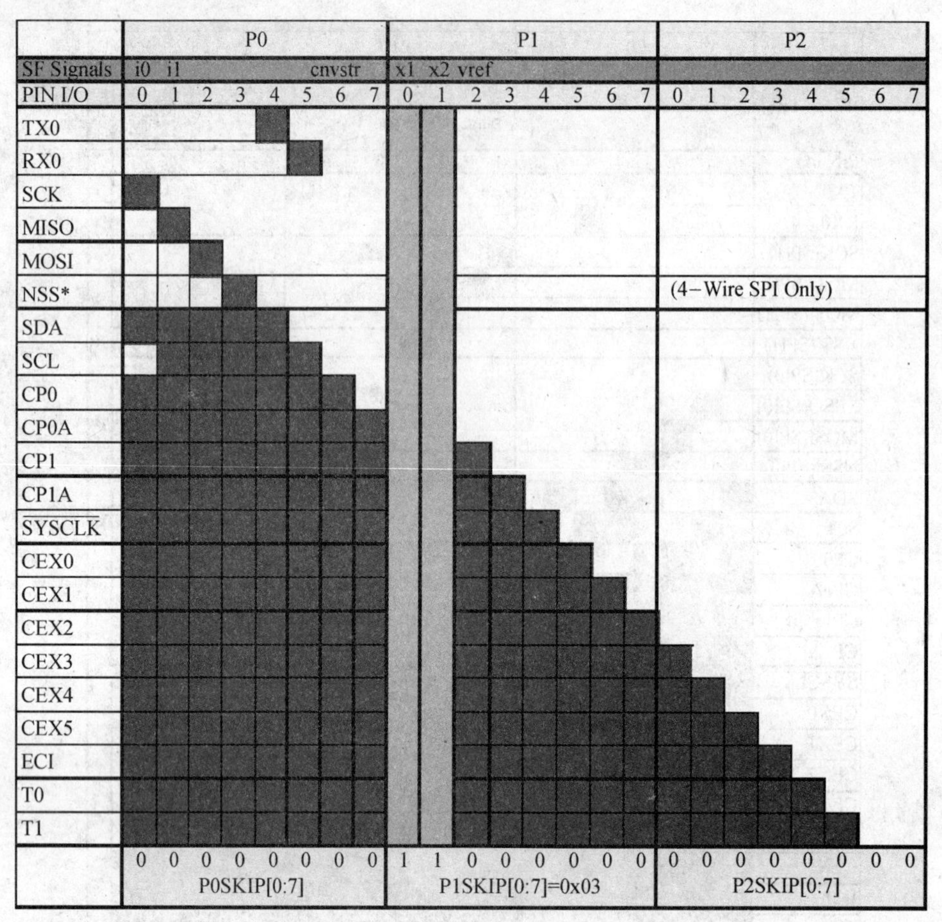


**图 2.4 晶体引脚被跳过的交叉开关优先权译码表**

开路，这与 SMBus 工作特性相对应。

## 2.2 外设资源初始化与配置

芯片上电后端口默认功能是通用 I/O 口，默认为输入。如果要改变端口的输入模式驱动方式，模拟及特定的数字端口功能都需要进行交叉开关功能分配与设置。具体操作步骤如下：

① 端口引脚输入方式的选择，即模拟方式还是数字方式。该设置通过端口输入方式寄存器 PnMDIN 完成。

② 选择端口引脚的输出方式，即漏极开路与推挽输出，通过端口输出方式寄存器 PnMDOUT设置实现。

③ 用端口跳过寄存器 PnSKIP 跳过保留不参加分配的引脚。

④ 将外设分配给引脚，利用 XBRn 寄存器。

⑤ 使以上设置生效，将交叉开关允许位 XBARE 置 1。

端口可配置为模拟或数字输入。配置为模拟输入用途的有比较器、A/D 输入、D/A 输出。引脚被配置为模拟输入后，内部驱动为弱上拉、数字驱动器和数字接收器都被禁止，如此设置是为了节省功耗并减小模拟输入的噪声。即使某端口被配置为数字输入的引脚，此时它仍可被模拟外设使用，只是这样做会对模拟信号有不利的影响。

### 2.2.1 端口引脚分配模拟功能

当某引脚作为模拟输入的引脚时，对应交叉开关应为跳过，即将 PnSKIP 寄存器中的对应位置 1 。数字驱动器应该被禁止，即 PnMDOUT. n 的对应位置 0，且端口锁存器为 1，这样这些引脚可以被分配为模拟功能。同时不会被交叉开关译码分配给其他外设。模拟功能分配与设置见表 2.1。

**表 2.1 模拟功能分配与设置**

| 模拟功能 | 可被分配的引脚 | 引脚分配所用的寄存器 |
| --- | --- | --- |
| ADC 输入 | P0.0～P2.6 | ADC0MX、PnSKIP |
| 比较器 0 输入 | P0.0～P2.6 | CPT0MX、PnSKIP |
| 比较器 1 输入 | P0.0～P2.6 | CPT1MX、PnSKIP |
| 电压基准(VREF0) | P0.0 | REF0CN、PnSKIP |
| 模拟地基准(AGND) | P0.1 | REF0CN、PnSKIP |
| 电流基准(IREF0) | P0.7 | IREF0CN、PnSKIP |
| 外部晶振输入(XTAL1) | P0.2 | OSCXCN、PnSKIP |
| 外部晶振输出(XTAL2) | P0.3 | OSCXCN、PnSKIP |

### 2.2.2 端口引脚分配数字功能

未作为模拟功能的端口都可以作为 GPIO 或分配给数字外设。数字外设的分配依赖于交叉开关，有些数字功能用与前面列出的模拟功能类似的方式旁路了交叉开关。这样的引脚要将 PnSKIP 寄存器中的对应位置 1 来跳过不参与分配。数字功能的端口分配见表 2.2。

**表 2.2 数字功能的端口分配**

| 数字功能 | 可被分配的引脚 | 引脚分配所用的寄存器 |
| --- | --- | --- |
| UART0、SPI1、SPI0、SMBus、CP0 和 CP1 输出、系统时钟输出 t、PCA0、Timer0 和 Timer1 外部输入 | P0.0～P2.6 任何 PnSKIP 位为 0 的引脚* | XBR0、XBR1、XBR2 |
| 可用于 GPIO 的引脚 | P0.0～P2.6 | P0SKIP、P1SKIP、P2SKIP |
| 外部存储空间接口 | P1.0～P2.6 | P1SKIP、P2SKIP、EMI0CF |

注：UART0、SPI1 总是分配到固定的引脚。

### 2.2.3 端口引脚分配外部数字及数字捕捉功能

I/O 端口可以配置为外部数字及数字捕捉功能，如一个数字 I/O 端口上状态的改变，将会触发中断或将器件从低功耗方式退出。数字捕捉功能不需要专用的引脚，它可以工作在 GPIO，需要将 PnSKIP 对应位置 1，也可以将 PnSKIP 对应位清 0，使用对应的引脚。但外部数字及捕捉功能不能配置给作为模拟功能使用的 I/O。外部数字及数字捕捉功能分配见表 2.3。

表 2.3　外部数字及数字捕捉功能分配

| 数字功能 | 可被分配的引脚 | 引脚分配所使用的寄存器 |
|---|---|---|
| 外中断 0 | P0.0～P0.7 | IT01CF |
| 外中断 1 | P0.0～P0.7 | IT01CF |
| 端口匹配 | P0.0～P1.7 | P0MASK、P0MATCH P1MASK、P1MATCH |

## 2.3　交叉开关译码功能寄存器的配置

控制交叉开关并为端口分配功能，是通过交叉开关寄存器的参与来实现的。它们的设置非常重要，关系到所选择的功能能否成功实现。这里包括了两个寄存器 XBR0 与 XBR1。

XBR2 寄存器中的 WEAKPUD 位是所有引脚的弱上拉允许位，当其设置为 0 时，输出方式为漏极开路的引脚将全为弱上拉，但配置为推挽方式的引脚则不受影响。当漏极开路输出被驱动为逻辑 0 或引脚被配置为模拟输入方式时，弱上拉被自动禁止以减少功率消耗。

为把数字外设功能模块匹配到对应的 I/O 上，寄存器 XBR0 和 XBR1 必须被设置正确的值。XBR2 中的 XBARE 位是允许交叉开关的允许位。在该位被允许之前，XBRn 寄存器的设置不影响引脚的状态，端口仍保持标准 I/O 输入方式。可以使用优先权译码表确定 I/O 引脚分配及 XBRn 的取值。为使端口 I/O 引脚工作在输出方式，交叉开关必须被允许。交叉开关被禁止时，端口输出驱动器也被禁止。表 2.4、表 2.5、表 2.6 给出了端口 I/O 交叉开关寄存器 0(XBR0)、端口 I/O 交叉开关寄存器 1(XBR1)和端口 I/O 交叉开关寄存器 2(XBR2)的一些定义。

表 2.4　端口 I/O 交叉开关寄存器 0 XBR0

寄存器地址：寄存器 0 页的 0xE1　　复位值：00000000

| 位　号 | 位 7 | 位 6 | 位 5 | 位 4 | 位 3 | 位 2 | 位 1 | 位 0 |
|---|---|---|---|---|---|---|---|---|
| 位定义 | CP1AE | CP1E | CP0AE | CP0E | SYSCKE | SMB0E | SPI0E | URT0E |
| 读写允许 | R/W | R/W | R/W | R/W | R/W | R/W | R/W | R/W |

XBR0 位功能说明如下：

➢ 位 7 (CP1AE)　比较器 1 异步输出允许位。

0：CP1A 不连到端口引脚；1：CP1A 连到端口引脚。

➢ 位 6 (CP1E)　比较器 1 输出允许位。

0：CP1 不连到端口引脚；1：CP1 连到端口引脚。

➢ 位 5 (CP0AE)　比较器 0 异步输出允许位。

0：CP0A 不连到端口引脚；1：CP0A 连到端口引脚。

➢ 位 4 (CP0E)　比较器 0 输出允许位。

0：CP0 不连到端口引脚；1：CP0 连到端口引脚。

➢ 位 3 (SYSCKE)　SYSCLK 输出允许位。

　0：SYSCLK 不连到端口引脚；1：SYSCLK 连到端口引脚。

➢ 位 2 (SMB0E)　SMBus I/O 允许位。

　0：SMBus I/O 不连到端口引脚；1：SMBus I/O 连到端口引脚。

➢ 位 1 (SPI0E)　SPI I/O 允许位。

　0：SPI I/O 不连到端口引脚；

　1：SPI I/O 连到端口引脚。(**注意**：SPI 可以被分配 3 个或 4 个 GPIO 引脚。)

➢ 位 0 (URT0E)　UART I/O 允许位。

　0：UART I/O 不连到端口引脚；

　1：UART TX0、RX0 连到端口引脚 P0.4 和 P0.5。

**表 2.5　端口 I/O 交叉开关寄存器 1 XBR1**

寄存器地址：寄存器 0 页的 0xE2　　复位值：00000000

| 位　号 | 位 7 | 位 6 | 位 5 | 位 4 | 位 3 | 位 2 | 位 1 | 位 0 |
|---|---|---|---|---|---|---|---|---|
| 位定义 | — | SPI1E | T1E | T0E | ECIE | PCA0ME | | |
| 读写允许 | R/W | R/W | R/W | R/W | R/W | R/W | R/W | R/W |

XBR1 位功能说明如下：

➢ 位 7　未用。读返回值为 0，写忽略操作。

➢ 位 6 (SPI1E)　SPI1 的 I/O 允许开关。

　0：SPI1 的 I/O 口不匹配到端口上；

　1：SPI1 的 SCK 匹配到 P1.0，SPI1 的 MISO 匹配到 P1.1，SPI1 的 MOSI 匹配到 P1.2，SPI1 的 NSS 在 4 线方式时匹配到 P1.3。

➢ 位 5(T1E)　T1 允许位；

　0：T1 不连到端口引脚；1：T1 连到端口引脚。

➢ 位 4(T0E)　T0 允许位。

　0：T0 不连到端口引脚；1：T0 连到端口引脚。

➢ 位 3(ECIE)　PCA0 外部计数输入允许位。

　0：ECI 不连到端口引脚；1：ECI 连到端口引脚。

➢ 位 2～0 (PCA0ME)　PCA 模块 I/O 允许位。

　　000：所有的 PCA I/O 都不连到端口引脚；

　　001：CEX0 连到端口引脚；

　　010：CEX0、CEX1 连到端口引脚；

　　011：CEX0、CEX1、CEX2 连到端口引脚；

　　100：CEX0、CEX1、CEX2、CXE3 连到端口引脚；

　　101：CEX0、CEX1、CEX2、CXE3、CXE4 连到端口引脚；

　　110：CEX0、CEX1、CEX2、CXE3、CXE4、CXE5 连到端口引脚；

　　111：保留。

**表 2.6 端口 I/O 交叉开关寄存器 2 XBR2**

寄存器地址：寄存器 0 页的 0xE3　　复位值：00000000

| 位　号 | 位 7 | 位 6 | 位 5 | 位 4 | 位 3 | 位 2 | 位 1 | 位 0 |
|---|---|---|---|---|---|---|---|---|
| 位定义 | WEAKPUD | XBARE | — | — | — | — | — | — |
| 读写允许 | R/W | R/W | R/W | R/W | R/W | R/W | R/W | R/W |

XBR2 位功能说明如下：

- 位 7 (WEAKPUD)　端口 I/O 弱上拉允许位。

  0：弱上拉允许(被配置为模拟方式的端口 I/O 引脚除外)；1：弱上拉禁止。

- 位 6 (XBARE)　交叉开关允许位。

  0：交叉开关禁止；1：交叉开关允许。

- 位 5～0　未用。读返回值均为 0，写忽略操作。

## 2.4 通用端口 I/O 功能配置

未分配外设的端口引脚以及没有被模拟外设使用的引脚都可以作为通用 I/O。可以通过对应的端口数据寄存器 P0～P2 访问它们，这些寄存器既可以按位也可以按字节寻址。端口的输出值、输出方式、驱动强度都是可编程的。其中 P0 、P1 还具有端口匹配的新功能，扩展了通用 I/O 的功能。

### 2.4.1 端口匹配功能的设置

C8051F9xx 除包括通用 I/O 的全部功能之外，P0 和 P1 口还具有端口匹配功能，即端口输入引脚的逻辑电平与一个软件控制的预设值匹配。如果 P0 & P0MASK 的值不等于 P0MATCH & P0MASK 的值，同样，如果 P1 & P1MASK 的值不等于 P1MATCH & P1MASK 的值，就会产生端口匹配事件。如果 EMAT(EIE2.1)置 1，端口匹配事件就可以产生中断。该功能允许在 P0 或 P1 输入引脚状态改变时，软件可以很方便地识别这种变化，该功能与 XBRn 的具体设置无关。

端口匹配事件可以将内部振荡器从 SUSPEND 方式唤醒，有关端口匹配功能的设置见表 2.7～表 2.10。

**表 2.7 端口 0 匹配寄存器 P0MAT**

寄存器地址：0xD7　　复位值：11111111

| 位　号 | 位 7 | 位 6 | 位 5 | 位 4 | 位 3 | 位 2 | 位 1 | 位 0 |
|---|---|---|---|---|---|---|---|---|
| 位定义 | D7 | D6 | D5 | D4 | D3 | D2 | D1 | D0 |
| 读写允许 | R/W | R/W | R/W | R/W | R/W | R/W | R/W | R/W |

P0MAT 位功能说明如下：

- 位 7～0 (P0MAT[7：0])　端口 0 匹配值，该寄存器需与 P0MASK 寄存器配合使用，设置值控制未被屏蔽的 P0 端口引脚的比较值。如果 P0 & P0MASK 的值不等于 P0MATCH & P0MASK，则会产生端口匹配事件。

表 2.8　端口 0 屏蔽寄存器 P0MASK

寄存器地址：0xC7　　复位值：00000000

| 位　号 | 位 7 | 位 6 | 位 5 | 位 4 | 位 3 | 位 2 | 位 1 | 位 0 |
|---|---|---|---|---|---|---|---|---|
| 位定义 | D7 | D6 | D5 | D4 | D3 | D2 | D1 | D0 |
| 读写允许 | R/W | R/W | R/W | R/W | R/W | R/W | R/W | R/W |

P0MASK 位功能说明如下：

➢ 位 7～0 (P0MASK[7：0])　端口 0 屏蔽值，该寄存器需与 P0MAT 寄存器配合使用，这些位选择哪些端口引脚与 P0MAT 中的值比较。

0：对应的 P0. n 引脚被忽略，不能产生端口匹配事件；

1：对应的 P0. n 引脚与 P0MAT 中的对应位比较。

表 2.9　端口 1 匹配寄存器 P1MAT

寄存器地址：0xCF　　复位值：11111111

| 位　号 | 位 7 | 位 6 | 位 5 | 位 4 | 位 3 | 位 2 | 位 1 | 位 0 |
|---|---|---|---|---|---|---|---|---|
| 位定义 | D7 | D6 | D5 | D4 | D3 | D2 | D1 | D0 |
| 读写允许 | R/W | R/W | R/W | R/W | R/W | R/W | R/W | R/W |

P1MAT 位功能说明如下：

➢ 位 7～0 (P1MAT[7：0])　端口 1 匹配值，该寄存器需与 P1MASK 寄存器配合使用，设置值控制未被屏蔽的 P1 端口引脚的比较值。如果 P1& P1MASK 的值不等于 P1MATCH & P1MASK，则会产生端口匹配事件。

表 2.10　端口 1 屏蔽寄存器 P1MASK

寄存器地址：0xBF　　复位值：00000000

| 位　号 | 位 7 | 位 6 | 位 5 | 位 4 | 位 3 | 位 2 | 位 1 | 位 0 |
|---|---|---|---|---|---|---|---|---|
| 位定义 | D7 | D6 | D5 | D4 | D3 | D2 | D1 | D0 |
| 读写允许 | R/W | R/W | R/W | R/W | R/W | R/W | R/W | R/W |

P1MASK 位功能说明如下：

➢ 位 7～0 (P1MASK[7：0])　端口 1 屏蔽值，该寄存器需与 P1MAT 寄存器配合使用，这些位选择哪些端口引脚与 P1MAT 中的值比较。

0：对应的 P1. n 引脚被忽略，不能产生端口匹配事件；

1：对应的 P1. n 引脚与 P1MAT 中的对应位比较。

## 2.4.2　端口 I/O 配置的特殊功能寄存器

P0～P2 的引脚都可以作为通用 I/O 使用，只要这些端口没有被模拟外设使用，可以按位也可以按字节控制。写端口操作时，数据锁存到端口数据寄存器中，以保持引脚上的输出数据值不变。读端口的操作时，端口引脚的逻辑电平被读入，而与 XBRn 的设置值无关，即使在引脚被交叉开关分配给另一个信号端口，端口寄存器总是读其对应的端口 I/O 引脚状态。也有一些例外的场合,主要指一些对端口锁存器执行一些读—修改—写的指令,譬如 ANL、ORL、XRL、JBC、CPL、INC、DEC、DJNZ、MOV、CLR 和 SETB,这些指令读取的是端口寄存器而不是引脚本身的值,数据修改后再将结果写回端口寄存器。

每个端口都有一个 PnSKIP 寄存器,他的功能是引脚进行交叉开关功能分配时跳过。使用时需要将要跳过的对应位设置为 1,一般用于模拟功能、GPIO、一些专用的数字功能(如 EMIF)。

端口输入方式寄存器 PnMDIN 定义端口引脚的输入方式,通过它来决定端口是工作在模拟方式或数字方式。需注意的是,即使在 XBRn 中选择了数字方式,也要进行对应设置,例外的是 C2 接口的 P2.7,它只能用作数字 I/O。

引脚的输出驱动方式设置通过 PnMDOUT 寄存器来实现。每个端口都可以被配置为漏极开路或推挽方式。同样即使通过 XBRn 分配的数字资源,也需要进行这种选择。例外的是 SMBus 引脚 SDA 与 SCL,不管 PnMDOUT 配置如何,这两个引脚总是配置为漏极开路。

寄存器控制输出驱动器的驱动强度配置利用 PnDRV 寄存器定义。默认设置为低驱动强度,不同驱动高强度功耗是有区别的。

表 2.11～表 2.25 给出了端口 I/O 配置的特殊功能寄存器具体定义。

**表 2.11　端口 0 寄存器 P0**

寄存器地址:寄存器所有页的 0x80　　复位值:11111111

| 位　号 | 位 7 | 位 6 | 位 5 | 位 4 | 位 3 | 位 2 | 位 1 | 位 0 |
|---|---|---|---|---|---|---|---|---|
| 位定义 | P0.7 | P0.6 | P0.5 | P0.4 | P0.3 | P0.2 | P0.1 | P0.0 |
| 读写允许 | R/W | R/W | R/W | R/W | R/W | R/W | R/W | R/W |

P0 位功能说明如下:

➢ 位 7～0　该寄存器的各位对应于 P0 口的 8 条 I/O 口线,写入数据,I/O 端口将改变为对应输出状态,与交叉开关寄存器的设置有关。

0:逻辑低电平输出;1:逻辑高电平输出,相应的 P0MDOUT.n 位需置 0。

读该寄存器时,在 P0MDIN 中配置为模拟输入的引脚返回值总是 0;端口配置为数字输入时将直接读端口引脚的状态。

**表 2.12　端口 0 输入方式寄存器 P0MDIN**

寄存器地址:寄存器 0 页的 0xF1　　复位值:11111111

| 位　号 | 位 7 | 位 6 | 位 5 | 位 4 | 位 3 | 位 2 | 位 1 | 位 0 |
|---|---|---|---|---|---|---|---|---|
| 位定义 | D7 | D6 | D5 | D4 | D3 | D2 | D1 | D0 |
| 读写允许 | R/W | R/W | R/W | R/W | R/W | R/W | R/W | R/W |

P0MDIN 位功能说明如下:

➢ 位 7～0　P0.7～P0.0 与模拟输入配置位分别对应。该寄存器决定 P0 口的那些位工作在模拟输入模式,当端口引脚配置为模拟输入时,其弱上拉,数字驱动器和数字接收器都被禁止。

0：对应的P0.n引脚配置为模拟输入。

1：对应的P0.n引脚不配置为模拟输入。

**表 2.13 端口0输出方式寄存器P0MDOUT**

寄存器地址：寄存器0页的0xA4　　复位值：00000000

| 位　号 | 位7 | 位6 | 位5 | 位4 | 位3 | 位2 | 位1 | 位0 |
|---|---|---|---|---|---|---|---|---|
| 位定义 | D7 | D6 | D5 | D4 | D3 | D2 | D1 | D0 |
| 读写允许 | R/W | R/W | R/W | R/W | R/W | R/W | R/W | R/W |

P0MDOUT位功能说明如下：

➢ 位7～0　P0.7～P0.0与输出方式配置位分别对应。该寄存器设置端口0的输出方式，如果P0MDIN寄存器中的对应位为逻辑0，则输出方式配置位被忽略。

0：对应的P0.n输出为漏极开路。

1：对应的P0.n输出为推挽方式。

当SDA和SCL配置在端口引脚上时，总是配置为漏极开路，与P0MDOUT的设置值无关。

**表 2.14 端口0跳过寄存器P0SKIP**

寄存器地址：寄存器0页的0xD4　　复位值：00000000

| 位　号 | 位7 | 位6 | 位5 | 位4 | 位3 | 位2 | 位1 | 位0 |
|---|---|---|---|---|---|---|---|---|
| 位定义 | D7 | D6 | D5 | D4 | D3 | D2 | D1 | D0 |
| 读写允许 | R/W | R/W | R/W | R/W | R/W | R/W | R/W | R/W |

P0SKIP位功能说明如下：

➢ 位7～0 (P0SKIP[7：0])　端口0交叉开关跳过允许位。这些位与P0端口一一对应，设置它可以使交叉开关译码器跳过端口引脚。当端口某个引脚用作模拟输入ADC、比较器或其他外设(如VREF输入、外部振荡器电路、CNVSTR输入)时，该引脚需要被交叉开关跳过。

0：对应的P0.n不被交叉开关跳过。

1：对应的P0.n被交叉开关跳过。

**表 2.15 端口0驱动强度寄存器P0DRV**

寄存器地址：寄存器0x0F页的0xA4　　复位值：00000000

| 位　号 | 位7 | 位6 | 位5 | 位4 | 位3 | 位2 | 位1 | 位0 |
|---|---|---|---|---|---|---|---|---|
| 位定义 | D7 | D6 | D5 | D4 | D3 | D2 | D1 | D0 |
| 读写允许 | R/W | R/W | R/W | R/W | R/W | R/W | R/W | R/W |

P0DRV位功能说明如下：

➢ 位7～0 (P0DRV[7：0])　对应P0.7～P0.0的驱动强度配置位。

0：对应的P0.n配置为低输出驱动强度。

1：对应的P0.n配置为高输出驱动强度。

表 2.16 端口 1 寄存器 P1

寄存器地址：寄存器所有页的 0x90　　复位值：11111111

| 位　号 | 位 7 | 位 6 | 位 5 | 位 4 | 位 3 | 位 2 | 位 1 | 位 0 |
|---|---|---|---|---|---|---|---|---|
| 位定义 | P1.7 | P1.6 | P1.5 | P1.4 | P1.3 | P1.2 | P1.1 | P1.0 |
| 读写允许 | R/W | R/W | R/W | R/W | R/W | R/W | R/W | R/W |

P1 位功能说明如下：

➢ 位 7～0　与端口 P1 的各位分别对应。

写　输出出现在 I/O 引脚，与交叉开关寄存器的设置有关。

0：逻辑低电平输出。

1：逻辑高电平输出，相应的 P1MDOUT.n 位需置 0。

读　读那些在 P1MDIN 中被选择为模拟输入的引脚时总是返回 0。被配置为数字输入时直接读端口引脚。

0：P1.n 为逻辑低电平。

1：P1.n 为逻辑高电平。

表 2.17 端口 1 输入方式寄存器 P1MDIN

寄存器地址：寄存器 0 页的 0xF2　　复位值：11111111

| 位　号 | 位 7 | 位 6 | 位 5 | 位 4 | 位 3 | 位 2 | 位 1 | 位 0 |
|---|---|---|---|---|---|---|---|---|
| 位定义 | D7 | D6 | D5 | D4 | D3 | D2 | D1 | D0 |
| 读写允许 | R/W | R/W | R/W | R/W | R/W | R/W | R/W | R/W |

P1MDIN 位功能说明如下：

➢ 位 7～0　P1.7～P1.0 与模拟输入配置位分别对应。该寄存器决定 P1 口的那些位工作在模拟输入模式，当端口引脚配置为模拟输入时，其弱上拉，数字驱动器和数字接收器都被禁止。

0：对应的 P1.n 引脚配置为模拟输入。

1：对应的 P1.n 引脚不配置为模拟输入。

表 2.18 端口 1 输出方式寄存器 P1MDOUT

寄存器地址：寄存器 0 页的 0xA5　　复位值：00000000

| 位　号 | 位 7 | 位 6 | 位 5 | 位 4 | 位 3 | 位 2 | 位 1 | 位 0 |
|---|---|---|---|---|---|---|---|---|
| 位定义 | D7 | D6 | D5 | D4 | D3 | D2 | D1 | D0 |
| 读写允许 | R/W | R/W | R/W | R/W | R/W | R/W | R/W | R/W |

P1MDOUT 位功能说明如下：

➢ 位 7～0　P1.7～P1.0 与输出方式配置位分别对应。该寄存器设置端口 1 的输出方式，如果 P1MDIN 寄存器中的对应位为逻辑 0，则输出方式配置位被忽略。

0：对应的 P1.n 输出为漏极开路。

1：对应的 P1.n 输出为推挽方式。

表 2.19　端口 1 跳过寄存器 P1SKIP

寄存器地址：寄存器 0 页的 0xD5　　复位值：00000000

| 位　号 | 位 7 | 位 6 | 位 5 | 位 4 | 位 3 | 位 2 | 位 1 | 位 0 |
|---|---|---|---|---|---|---|---|---|
| 位定义 | D7 | D6 | D5 | D4 | D3 | D2 | D1 | D0 |
| 读写允许 | R/W | R/W | R/W | R/W | R/W | R/W | R/W | R/W |

P1SKIP 位功能说明如下：

➢ 位 7～0 (P1SKIP[7：0])　端口 1 交叉开关跳过允许位。这些位与 P1 端口一一对应，设置它可以使交叉开关译码器跳过端口引脚。用作模拟输入 ADC、比较器或其他外设如 VREF 输入、外部振荡器电路、CNVSTR 输入的引脚都应被交叉开关跳过。
0：对应的 P1.n 不被交叉开关跳过；1：对应的 P1.n 被交叉开关跳过。

表 2.20　端口 1 驱动强度寄存器 P1DRV

寄存器地址：寄存器 0x0F 页的 0xA5　　复位值：00000000

| 位　号 | 位 7 | 位 6 | 位 5 | 位 4 | 位 3 | 位 2 | 位 1 | 位 0 |
|---|---|---|---|---|---|---|---|---|
| 位定义 | D7 | D6 | D5 | D4 | D3 | D2 | D1 | D0 |
| 读写允许 | R/W | R/W | R/W | R/W | R/W | R/W | R/W | R/W |

P1DRV 位功能说明如下：

➢ 位 7～0 (P1DRV[7：0])　对应 P1.7～P1.0 的驱动强度配置位。
0：对应的 P1.n 被配置为低输出驱动强度；
1：对应的 P1.n 被配置为高输出驱动强度。

表 2.21　端口 2 寄存器 P2

寄存器地址：寄存器所有页的 0xA0　　复位值：00000000

| 位　号 | 位 7 | 位 6 | 位 5 | 位 4 | 位 3 | 位 2 | 位 1 | 位 0 |
|---|---|---|---|---|---|---|---|---|
| 位定义 | P2.7 | P2.6 | P2.5 | P2.4 | P2.3 | P2.2 | P2.1 | P2.0 |
| 读写允许 | R/W | R/W | R/W | R/W | R/W | R/W | R/W | R/W |

P2 位功能说明如下：

➢ 位 7～0　对应于 P2 口的 8 条 I/O 口线。
写　输出出现在 I/O 引脚，与交叉开关寄存器的设置有关。
0：逻辑低电平输出；1：逻辑高电平输出，相应的 P2MDOUT.n 位需置 0。
读　直接读端口引脚电平状态。

表 2.22　端口 2 输入方式寄存器 P2MDIN

寄存器地址：寄存器 0 页的 0xF3　　复位值：11111111

| 位　号 | 位 7 | 位 6 | 位 5 | 位 4 | 位 3 | 位 2 | 位 1 | 位 0 |
|---|---|---|---|---|---|---|---|---|
| 位定义 | D7 | D6 | D5 | D4 | D3 | D2 | D1 | D0 |
| 读写允许 | R/W | R/W | R/W | R/W | R/W | R/W | R/W | R/W |

P2MDIN 位功能说明如下：

➢ 位 7～0　P2.7～P2.0 与模拟输入配置位分别对应。该寄存器决定 P2 口的那些位工作在模拟输入模式，当端口引脚配置为模拟输入时，其弱上拉，数字驱动器和数字接收器都被禁止。

0：对应的 P2.n 引脚配置为模拟输入。

1：对应的 P2.n 引脚不配置为模拟输入。

**表 2.23　端口 2 输出方式寄存器 P2MDOUT**

寄存器地址：寄存器 0 页的 0xA6　　复位值：00000000

| 位　号 | 位 7 | 位 6 | 位 5 | 位 4 | 位 3 | 位 2 | 位 1 | 位 0 |
|---|---|---|---|---|---|---|---|---|
| 位定义 | D7 | D6 | D5 | D4 | D3 | D2 | D1 | D0 |
| 读写允许 | R/W | R/W | R/W | R/W | R/W | R/W | R/W | R/W |

P2MDOUT 位功能说明如下：

➢ 位 7～0　P2.7～P2.0 与输出与方式配置位分别对应。该寄存器设置端口 2 的输出方式，如果 P2MDIN 寄存器中的对应位为逻辑 0，则输出方式配置位被忽略。

0：对应的 P2.n 输出为漏极开路；1：对应的 P2.n 输出为推挽方式。

**表 2.24　端口 2 跳过寄存器 P2SKIP**

寄存器地址：寄存器 0 页的 0xD6　　复位值：00000000

| 位　号 | 位 7 | 位 6 | 位 5 | 位 4 | 位 3 | 位 2 | 位 1 | 位 0 |
|---|---|---|---|---|---|---|---|---|
| 位定义 | D7 | D6 | D5 | D4 | D3 | D2 | D1 | D0 |
| 读写允许 | R/W | R/W | R/W | R/W | R/W | R/W | R/W | R/W |

P2SKIP 位功能说明如下：

➢ 位 7～0（P2SKIP[7：0]）　端口 2 交叉开关跳过允许位。这些位与 P2 端口一一对应，设置它可以使交叉开关译码器跳过端口引脚。用作模拟输入 ADC、比较器或其他外设如 VREF 输入、外部振荡器电路、CNVSTR 输入的引脚都应被交叉开关跳过。

0：对应的 P2.n 不被交叉开关跳过；1：对应的 P2.n 被交叉开关跳过。

**表 2.25　端口 2 驱动强度寄存器 P2DRV**

寄存器地址：寄存器 0x0F 页的 0xA6　　复位值：00000000

| 位　号 | 位 7 | 位 6 | 位 5 | 位 4 | 位 3 | 位 2 | 位 1 | 位 0 |
|---|---|---|---|---|---|---|---|---|
| 位定义 | D7 | D6 | D5 | D4 | D3 | D2 | D1 | D0 |
| 读写允许 | R/W | R/W | R/W | R/W | R/W | R/W | R/W | R/W |

P2DRV 位功能说明如下：

➢ 位 7～0　P2DRV[7：0]对应 P2.7～P2.0 的驱动强度配置位。

0：对应的 P2.n 配置为低输出驱动强度。

1：对应的 P2.n 配置为高输出驱动强度。

## 2.5 端口 I/O 的电气参数

端口的输出方式，以及各种输出方式所对应的驱动能力见表 2.26 所列。

**表 2.26 端口 I/O 直流电气特性**

| 参 数 | 条 件 | 最小值 | 典型值 | 最大值 | 单 位 |
|---|---|---|---|---|---|
| 输出高电压 | PnDRV. n=1，高驱动强度 | | | | V |
| | $I_{OH}=-3$ mA，端口 I/O 为推挽方式 | VDD−0.7 | — | — | |
| | $I_{OH}=-10$ μA，端口 I/O 为推挽方式 | VDD−0.1 | — | — | |
| | $I_{OH}=-10$ mA，端口 I/O 为推挽方式 | — | VDD−0.8 | — | |
| | PnDRV. n=0，低驱动强度 | | | | |
| | $I_{OH}=-1$ mA，端口 I/O 为推挽方式 | VDD−0.7 | — | — | |
| | $I_{OH}=-10$ μA，端口 I/O 为推挽方式 | VDD−0.1 | — | — | |
| | $I_{OH}=-3$ mA，端口 I/O 为推挽方式 | — | VDD−0.8 | — | |
| 输出低电压 | PnDRV. n=1，高驱动强度 | | | | V |
| | $I_{OL}=8.5$ mA | — | — | 0.6 | |
| | $I_{OL}=10$ μA | — | — | 0.1 | |
| | $I_{OL}=25$ mA | — | 1.0 | — | |
| | PnDRV. n=0，低驱动强度 | | | | |
| | $I_{OL}=1.4$ mA | — | — | 0.6 | |
| | $I_{OL}=10$ μA | — | — | 0.1 | |
| | $I_{OL}=4$ mA | — | 1.0 | — | |
| 输入高电压 | | TBD | — | — | V |
| 输入低电压 | | — | — | TBD | V |
| 输入漏电流 | 弱上拉禁止 | — | — | ±1 | μA |
| | 弱上拉允许，$V_{IN}=0$ V | — | TBD | TBD | |

VDD=1.8～3.6 V，−40～+85 ℃。

## 2.6 I/O 匹配应用实例

片上系统的可编程 I/O 口 P0 口与 P1 口有一个很有用的功能，那就是端口匹配功能。匹配寄存器 P0MAT 匹配值根据实际情况设定，该寄存器与 P0MASK 寄存器配合使用。而屏蔽寄存器 P0MASK 则是选择哪些端口引脚与 P0MAT 中存储器的值比较。如果 P0 & P0MASK 的值不等于 P0MATCH & P0MASK，则会产生端口匹配事件。当设置好匹配值和屏蔽值后，上述的匹配过程是不需要 CPU 参与的，CPU 只是在产生匹配事件后再去处理，如此可使其节约大量的时间。对于测控系统来说，人机对话中按键信息的输入采用 CPU 定时检索，既占用其带宽，实时性又要受影响；采用专用芯片组却增加了成本，还增加了复杂性。利用 I/O 端口的匹配功能，可以很方便地组成按键输入功能。实例中给出了这一功能在

P0 口的用法，该功能同样适用于 P1 口。实例中采用了匹配事件触发中断的方式，同样也可以采用查询方式。

I/O 匹配功能还有一个重要的用途是作为系统的唤醒源，在一些低功耗系统中可以使用这一功能，来使系统退出低能量状态。系统执行完某项任务后或长时间无操作，系统自动进入低功耗态以节约能耗。当用户按键后可以利用匹配事件把系统唤醒执行操作。

程序如下：

```
#include <C8051F930.h>                              // SFR declarations
#include <INTRINS.H>
#define uint unsigned int
#define uchar unsigned char
#define nop() _nop_();_nop_();
#define FREQUEN    24500000
#define DIVCLK    1
#define SYSCLK  FREQUEN/DIVCLK                      // SYSCLK frequency in Hz
//------------------------------------------------------------------------
// 全局常量
//------------------------------------------------------------------------
#define LED_ON   0
#define LED_OFF 1
//------------------------------------------------------------------------
// 全局变量
//------------------------------------------------------------------------
uchar iostate,ionew;
//------------------------------------------------------------------------
// I/O 定义
//------------------------------------------------------------------------
sbit LED02 = P1^5;
sbit LED03 = P1^6;
sbit SW2 = P0^2;
sbit SW3 = P0^3;
//------------------------------------------------------------------------
// 函数声明
//------------------------------------------------------------------------
void Oscillator_Init (void);                        //初始化系统时钟
void Port_Init (void);                              //交叉开关 I/O 口功能分配
void Interrupt_Init (void);                         //中断初始化
 void IOmatch_ISR();                                //PORT_match 中断服务函数
 void PCA_Init();                                   //PCA 初始化函数
//------------------------------------------------------------------------
// MAIN 函数
//------------------------------------------------------------------------
void main (void)
{
```

```
    PCA_Init();
    Oscillator_Init();
    Port_Init ();
    Interrupt_Init();
    EA = 1;
    while(1)
    {  iostate = P0;
    if((iostate&0x0f) == 0x0f)
    {
     LED02 = LED_OFF;
     LED03 = LED_OFF;
    }
    }
}
//---------------------------------------------------------------
//PCA 初始化函数
//---------------------------------------------------------------
void PCA_Init()
{
     PCA0MD &= ~0x40;
     PCA0MD = 0x00;
}
//---------------------------------------------------------------
//时钟源初始化函数
//---------------------------------------------------------------
void Oscillator_Init (void)
{
     OSCICN |= 0x80;                          //允许内部精密时钟
     RSTSRC = 0x06;
CLKSEL = 0x00;
     switch(DIVCLK)
     {
      case 1:
      {     CLKSEL |= 0x00;                   //系统频率 1 分频
      break;}
     case 2:
      {     CLKSEL |= 0x10;                   //系统频率 2 分频
      break;}
      case 4:
      {     CLKSEL |= 0x20;                   //系统频率 4 分频
      break;}
      case 8:
      {     CLKSEL |= 0x30;                   //系统频率 8 分频
      break;}
```

```
        case 16:
        {     CLKSEL |= 0x40;                     //系统频率 16 分频
        break;}
        case 32:
        {     CLKSEL |= 0x50;                     //系统频率 32 分频
        break;}
        case 64:
        {     CLKSEL |= 0x60;                     //系统频率 64 分频
        break;}
        case 128:
        {     CLKSEL |= 0x70;                     //系统频率 128 分频
        break;}
      }
}
//-----------------------------------------------------------------------
//端口初始化及功能分配函数
//-----------------------------------------------------------------------
void Port_Init (void)
{
   P0MDIN |= 0x0C;                         // P0.2、P0.3 数字端口
   P1MDIN |= 0x60;                         // P1.5、P1.6 数字端口
   P0MDOUT &= ~0x0C;                       // P0.2、P0.3 设置为开漏
   P1MDOUT |= 0x60;                        // P1.5、P1.6 设置为推挽方式输出
   P0 |= 0x0C;                             // 设置 P0.2、P0.3 锁存器为 1
   P0MASK = 0x0C;
   P0MAT = 0xFF;
   XBR2 = 0x40;                            // 交叉开关允许,弱上拉允许
}
//-----------------------------------------------------------------------
//中断初始化函数
//-----------------------------------------------------------------------
void Interrupt_Init (void)
{
    EIE2 = 0x02;
    IE = 0x80;
}
//-----------------------------------------------------------------------
// PORT_MATCH 中断服务函数
//-----------------------------------------------------------------------
void IOmatch_ISR() INTERRUPT_PORT_MATCH       // I/O 匹配中断处理
     {
       ionew = P0;
      if((ionew & 0x0f) == 0x07)
     {
```

```
 LED02 =  LED_ON;
 LED03  = LED_OFF;
}
    else if((ionew & 0x0f) == 0x0b)
{
 LED02 =  LED_OFF;
 LED03  = LED_ON;
}
 else if((ionew&0x0f) == 0x03)
{
 LED02  =  LED_ON;
 LED03  =  LED_ON;
}      nop()
 }
```

# 第3章

# 片上可编程基准电路与比较器

基准源是模拟外设所必需的，比如 A/D、D/A 比较器等。一些模拟元件或集成了模拟外设的微处理器一般都集成了基准源。C8051F9xx 片内集成了电流、电压以及地基准，给应用带来了方便。

## 3.1 片上基准源

### 3.1.1 基准原理概述

基准源是这样一类器件，它输出一个稳定度、精度极高的电压，温漂极小，但允许的输出电流小。主要用于 A/D 转换、D/A 转换中做基准参考电压。基准源输出的电压有 1.22 V、2.5 V、5 V、6.95 V、10 V 许多品种，又分为精密、超精密类型，价格差别大，可根据需要选用。A/D 转换、D/A 转换对基准源要求较高，选配不当可能造成高位数的器件发挥不出其应有的性能。当然其他元件以及布线也非常重要。由于基准源允许输出的电流小，实际使用时应注意校核基准源的负载情况。另外，基准源附近不要放置发热量大的器件。

基准源按结构可分成三类：

① 最价廉的温度补偿型齐纳基准源。实际上是一只高级稳压管，它的特性较差，只能用在要求不太高的地方，且外围电路稍复杂。如较常见的 LM336xx 就是这类器件。

② 隐埋齐纳源，它的温度补偿比齐纳源好。它自备恒流源，一般有三条引脚，接上电源、地线后，从第三端输出所要求的基准电压。高档产品内置一个发热源(晶体管结构电阻)，使芯片发热并基本恒温，减少温漂与时漂。这类基准源价格适中，噪声和温漂时比带隙式的还好，用得较多，如 LM399、LM399A(带加热源)等。

③ 带隙式基准源与前面所述的原理不同，其稳定性好，噪声较低，可获得较低的基准电压。常见的有摩托罗拉公司的 MCl403，AD 公司的 AD580、AD581，国家半导体公司的 LM113/313 等。目前国内高位数的 A/D、D/A 基准多以带隙源为主。

“隐埋齐纳”和“带隙”基准是最常见的用于集成电路中的精密基准。“隐埋”或表层下齐纳管比较稳定和精确。它是由一个具有反向击穿电压修正值的二极管组成，这个二极管埋在集成电路芯片的表层下面，再用保护扩散层覆盖以免在表面下击穿。

电压基准与系统有关。在要求绝对精度较高的测量场合，其准确度受使用基准值的准确度的限制。但是在许多系统中稳定性和重复性比绝对精度更重要；而在有些数据采集系统中电压基准的长期准确度几乎完全不重要，但是如果从有噪声的系统电源中派生基准就会引起误差。单片隐埋齐纳基准(如 AD588 和 AD688)在 10 V 时具有 1 mV 初始准确度(0.01%或

$100 \cdot 10^{-6}$)。这种基准用于未调整的12位系统中有足够的准确度(1 LSB=$244 \cdot 10^{-6}$),但还不能用于14或16位系统。如果初始误差调整到零,在限定的温度范围内可用于14位和16位系统(AD588或AD688限定40℃温度变化范围,1 LSB=$61 \cdot 10^{-6}$)。对于要求更高的绝对精度,基准的温度需要用一个恒温箱来稳定,并对照标准校准。在许多系统中,12位绝对精度是不需要这样做的,只有高于12位分辨率才可能需要。对于准确度较低(价格也会降低)的应用,可以使用带隙基准。

电源一接通,基准并不能立即导通。在许多基准中驱动基准元件(齐纳管或带隙基准)的电流是从稳定输出中分流出来的。这种正反馈增加了直流稳定性,但却产生一个阻制启动稳定的"断"状态。芯片内部电路为了解决这个问题并且便于启动,通常设计成吸收接近最小的电流,所以许多基准要稍微慢一点才能达到指标(一般需要1～10 ms)。有些基准确实给出了比较快的启动特性,但也有一些还是比较慢的。

基准在一些高精度的A/D转换、D/A转换中是必须的。现在这些功能的芯片中好多已集成了基准源。随着微处理器技术的发展,上述功能模块已集成在一般的单片机中,这对降低系统成本无疑意义重大。值得一提的是,C8051F9xx片内集成有多种基准源包括电流、电压类型。

## 3.1.2 程控电流基准(IREF0)

在C8051F9xx片内包含了一个可编程的电流基准,利用该基准可输出多极μA级的电流。该基准与一般的电流输出的D/A相似,输出方式可编程为拉电流或灌电流;可工作在低功耗以及大电流模式,低功耗模式最大电流输出为63 μA;可每级按1 μA的大小变化,大电流模式的最大输出为504 μA;可每级按8 μA的大小变化。

通常的IDAC被设计较高的位数通常是8位或12位,较低的积分和微分非线形允许产生畸变较小的AC波形。但是高位数的IDAC增加了芯片的体积和成本,对大多数基于电池应用的系统不是必须的。此外IDAC自身特性并没有绝对的高精度。C8051F9xx可编程电流基准模块被设计为可提供比通常的IDAC更高的直流偏置特性,然而占用的芯片面积更小。它是一个双极的IDAC,这就意味着它能使用拉电流或灌电流。生产时已经进行了校准,可以提供较高的绝对精度。

拉电流还是灌电流由IREF0CN寄存器控制。当输入一个非0值时,允许该电流基准源的工作,输入0值时,则禁止其工作。将该电流从I/O输出,需要将该引脚设置为模拟输入并被交叉开关跳过。具体设置见表3.1。表3.2给出了电流基准对应的电气参数。

**表3.1 电流基准控制寄存器IREF0CN**

寄存器地址:0xB9　　复位值:00000000

| 位　号 | 位7 | 位6 | 位5 | 位4 | 位3 | 位2 | 位1 | 位0 |
|---|---|---|---|---|---|---|---|---|
| 位定义 | SINK | MDSEL | IREF0DAT[5:0] | | | | | |
| 读写允许 | R/W | | | | | | | |

IREF0CN位功能说明如下:

➢ 位7(SINK)　IREF0灌电流允许位。用于选择IREF0是提供拉电流还是灌电流,二者的方向不同。

0：IREF0 提供拉电流；1：IREF0 提供灌电流。

➤ 位 6（MDSEL） IREF0 输出方式选择。即选择低功耗方式还是大电流方式。

0：选择低功耗方式(步长＝1 μA)；1：选择大电流方式(步长＝8 μA)。

➤ 位 5～0（IREF0DAT[5：0]） IREF0 数据字。指定输出所需的步数。当 IREF0DAT＝0 时，IREF0 处于低功耗态。输出值＝方向×步长×IREF0DAT。

**表 3.2 IREF0 的电气参数**

| 参　数 | 条　件 | 最小值 | 典型值 | 最大值 | 单　位 |
|---|---|---|---|---|---|
| 静态性能 | | | | | |
| 分辨率 | | | 6 | | bits |
| 输出范围 | 低功耗模式，拉电流 | 0 | — | VDD－0.4 | V |
| | 大电流模式，拉电流 | 0 | — | VDD－0.8 | |
| | 低功耗模式，灌电流 | 0.3 | — | VDD | |
| | 大电流模式，灌电流 | 0.8 | — | VDD | |
| 绝对电流误差 | 低功耗模式，10 μA | — | 1.0 | — | % |
| | 大电流模式，80 μA | — | 1.0 | — | |
| 微分电流误差 | | — | — | 0.5 | LSB |
| 动态参数 | | | | | |
| 输出建立时间（到 1/2 LSB） | | — | 300 | — | ns |
| 启动时间 | | — | 1 | — | μs |
| 功耗 | | | | | |
| 电源 VDD 给 REF0 供电的电流减去任何输出拉电流 | 低功耗模式，拉电流 | | | | μA |
| | IREF0DAT＝000001 | — | 10 | — | |
| | IREF0DAT＝111111 | — | 10 | — | |
| | 大电流模式，拉电流 | | | | |
| | IREF0DAT＝000001 | — | 10 | — | |
| | IREF0DAT＝111111 | — | 10 | — | |
| | 低功耗模式，灌电流 | | | | |
| | IREF0DAT＝000001 | — | 1 | — | |
| | IREF0DAT＝111111 | — | 11 | — | |
| | 大电流模式，灌电流 | | | | |
| | IREF0DAT＝000001 | — | 12 | — | |
| | IREF0DAT＝111111 | — | 81 | — | |

VDD＝1.8～3.6 V，－40～＋85 ℃，unless otherwise specified.

## 3.1.3 程控电压基准(REF0)与模拟地参考基准(GND)

C8051F9xx 自身需要使用电压基准，可以被配置为使用内部或外部电压基准。芯片内部集成了两个电压基准。也允许为 ADC0 选择一个地基准，可以在 GND 与 AGND/P0.1 之间选择，在一点接地时采用。

为了防止开关数字噪声影响模拟量测试的精度，器件模拟地和数字地是分开的，尤其是一些存在较强大电流干扰的系统。

内部基准源的来源是可编程的，除可以选择内部两个基准电压（高精度基准与高速基准），还可以使用电源（VDD/DC+）电压以及内部 1.8 V 稳压数字电源作为基准。片内的两个电压基准值分别是 1.65 V 和 1.68 V，其中 1.65 V 基准的启动速度更快，而 1.68 V 基准具有更高的绝对精度。

高精度基准与高速基准都可以根据 ADC0 的需要自动禁止与允许，以期达到最小的功耗。但是高精度基准需在片外加一个值不少于 0.1 μF 的外部电容。

使用高速基准可以降低系统的总体功耗，因为它启动时间短，并且在不进行 ADC0 转换期间它保持低功耗状态。该电压基准稳定性较好，可以供片内外设使用，同时也可供片外外设使用。当然如果精密内部振荡器一直处于运行状态的应用系统中，高精度基准不需要额外的功耗。

使用外部基准首先将 REFSL[1：0]设置为 00，还需要禁止内部的 1.68 V 精密基准，即将 REFOE 设置为 0。外部基准的数值一定要满足 0≤VREF≤VDD/DC，同时外基准的地要与系统的 GND 电平相同，再按厂家推荐值配置旁路电容即可。片内基准具体结构功能见图 3.1。表 3.3 给出了电压基准控制寄存器 REF0CN 的定义。电压基准的电气特性见表 3.4。

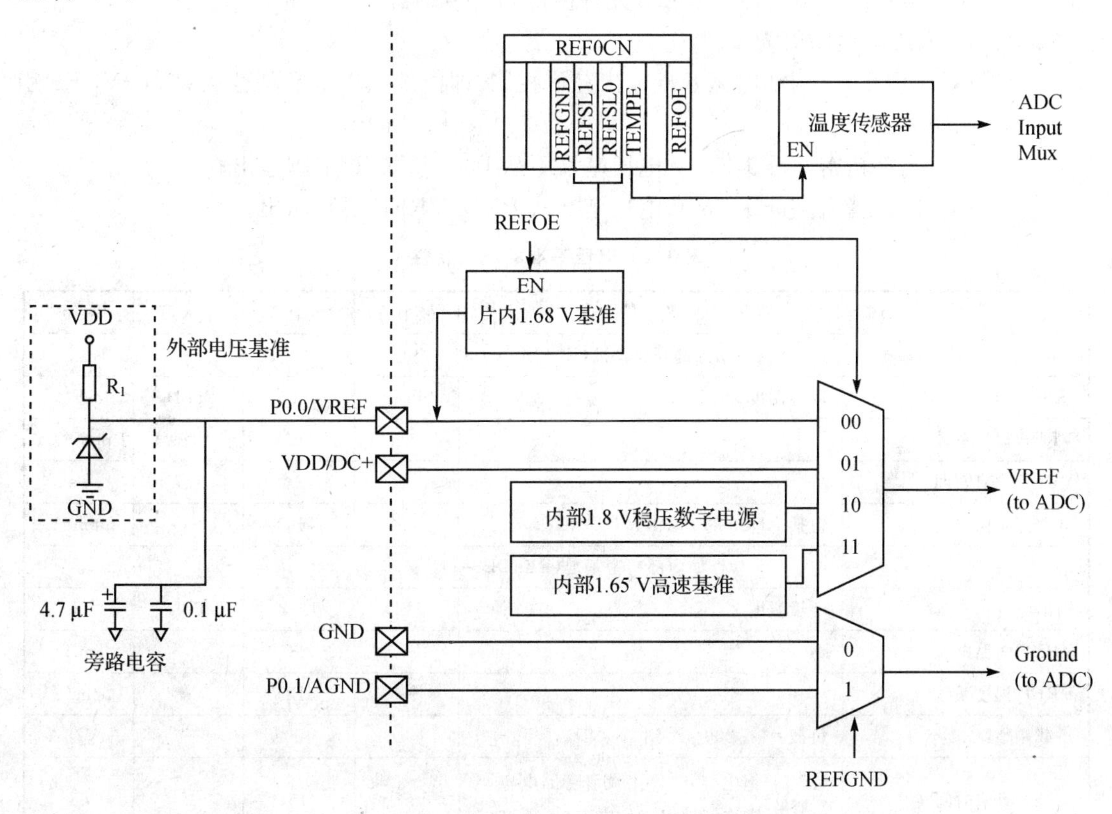


图 3.1　电压基准功能框图

**表 3.3 电压基准控制寄存器 REF0CN**

寄存器地址：0xD1　　复位值：00011000

| 位　号 | 位 7 | 位 6 | 位 5 | 位 4 | 位 3 | 位 2 | 位 1 | 位 0 |
|---|---|---|---|---|---|---|---|---|
| 位定义 | — | — | REFGND | REFSL[1：0] | | TEMPE | — | REFOE |
| 读写允许 | R | R | R/W | R/W | | R/W | R | R/W |

REF0CN 位功能说明如下：

- 位 7～6　未用。返回值均为 0。
- 位 5 (REFGND)　地基准允许位。即区分数字地还是模拟地。

  0：将 ADC0 的地连在 GND 上；1：将 ADC0 的地连在 AGND 上。
- 位 4～3(REFSL[1：0])　ADC0 电压基准源选择。

  00：ADC0 电压基准源为 P0.0/VREF 引脚；

  01：ADC0 电压基准源为 VDD/DC+引脚。

  10：ADC0 电压基准源为内部 1.8 V 数字电源；

  11：ADC0 电压基准源为 1.65 V 高速电压基准。
- 位 2 (TEMPE)　温度传感器允许控制位。

  0：禁止内部温度传感器；1：允许内部温度传感器。
- 位 1　未用。返回值为 0。
- 位 0 (REFOE)　内部电压基准输出允许控制，即内部电压基准是否从 P0.0/VREF 引脚输出。

  0：内部精密基准 1.68 V 电压基准不从 P0.0/VREF 引脚输出；

  1：内部精密基准 1.68 V 电压基准从 P0.0/VREF 引脚输出。

**表 3.4 电压基准的电气特性**

| 参　数 | 条　件 | 最小值 | 典型值 | 最大值 | 单　位 |
|---|---|---|---|---|---|
| 内部高速基准(REFSL[1：0]=11) | | | | | |
| 输出电压 | 环境温度 25 ℃ | TBD | 1.65 | TBD | V |
| VREF 温度系数 | | — | TBD | — | ppm/°C |
| VREF 开启时间 | | — | — | 1.7 | μs |
| 电源抑制比 | 包括 ADC0 的 PSRR* | — | TBD | — | ppm/V |
| 内部精密基准(REFOE = 1) | | | | | |
| 输出电压 | 环境温度 25 ℃ | TBD | 1.68 | TBD | V |
| VREF 短路电流 | | — | 3.5 | — | mA |
| VREF 温度系数 | | — | TBD | — | ppm/°C |
| 负载调整 | 负载=0～200 μA 到 AGND | — | 400 | — | μV/μA |
| VREF 开启时间 1 | 4.7 μF 钽电容，0.1 μF 陶瓷旁路电容<br>0.1 μF 陶瓷旁路电容稳定到 0.5 LSB | — | 15 | — | ms |
| VREF 开启时间 2 | 0.1μF 陶瓷旁路电容稳定到 0.5 LSB | — | 300 | — | μs |

续表 3.4

| 参数 | 条件 | 最小值 | 典型值 | 最大值 | 单位 |
|---|---|---|---|---|---|
| VREF 开启时间 3 | 无旁路电容稳定到 0.5 LSB | — | 25 | — | μs |
| 电源抑制比 | | — | TBD | — | ppm/V |
| 外部基准 (REFOE=0) | | | | | |
| 输入电压范围 | | 0 | — | VDD | V |
| 输入电流 | 采样频率=300 ksps; VREF=3.0 V | — | 3.25 | — | μA |

注：VDD=1.8～3.6 V，−40～+85 ℃。

* PSRR，就是 Power Supply Rejection Ratio 的缩写，中文含意为“电源纹波抑制比”。也就是说，PSRR 表示把输入与电源视为两个独立的信号源时，所得到的两个电压增益的比值。PSRR 的单位为分贝(dB)，采用对数比值。

## 3.2 比较器

C8051F9xx 器件内部集成有 2 个可编程电压的比较器：比较器 0 与比较器 1。两个比较器在工作上完全相同，但只有比较器 0 可以作为复位源或唤醒源使用。

比较器的响应时间和回差电压都是可编程的。比较器的输入可通过模拟输入多路器经交叉开关接到外部引脚的输出。输出时有同步“锁存”输出 CP0 与 CP1 和异步“直接”输出 CP0A 与 CP1A 之分。工作在异步输出方式下，即使在系统时钟停止时，CP0A 信号仍然可用，这就允许比较器在器件处于停机时仍能正常工作并产生输出。输出脚分配到了端口引脚后，可以被配置为漏极开路或推挽方式。

比较器可以选择多种输入方式，片内集成了作为容性触感开关所必需的充放电电阻。模拟多路输入可以不添加元件即可组成模拟开关。比较器的输出与定时器 2 及定时器 3 相连，可以方便地利用它的捕捉工作方式测量充放电周期，作为触感开关识别。图 3.2 为比较器 0 功能框图，比较器 1 和它相似。

### 3.2.1 比较器基本的输入输出特性

比较器输入端包括同相端和反相端，比较器对这两个输入端的电压进行比较，根据输入端电压的情况决定输出高低电平。与其他集成了比较器的微处理器不同的是，本比较器的输入端经过了多路模拟开关的扩展，因而可以重定义

端口 I/O 引脚、容性触感比较、VDD/DC+、稳压器 REG1 输出的数字电源电压、VBAT 电源电压、GND 都可以选择为比较器的输入。比较器电源电压的一半分压也可以作为比较器输入，此时分压电阻将消耗电流。

比较器 0 的输入用 CPT0MX 寄存器来设置，CMX0P3～CMX0P0 位选择比较器 0 的同相端输入，CMX0N3～CMX0N0 位选择比较器 0 的反相端输入。比较器 1 的输入用 CPT1MX 寄存器来设置，CMX1P3～CMX1P0 位选择比较器 1 的同相端输入，CMX1N3～CMX1N0 位选择比较器 1 的反相端输入。被选择为比较器输入的引脚应被配置为模拟输入，同时交叉开关应被配置为跳过这些引脚。

比较器有两种输入方式：低速模拟方式和高速模拟方式。这两种模式的区别是高速模拟方式的响应速度要稍快一些，但功耗会稍有增加。通过将 CPTnMD 寄存器中的 CPTnHIQE

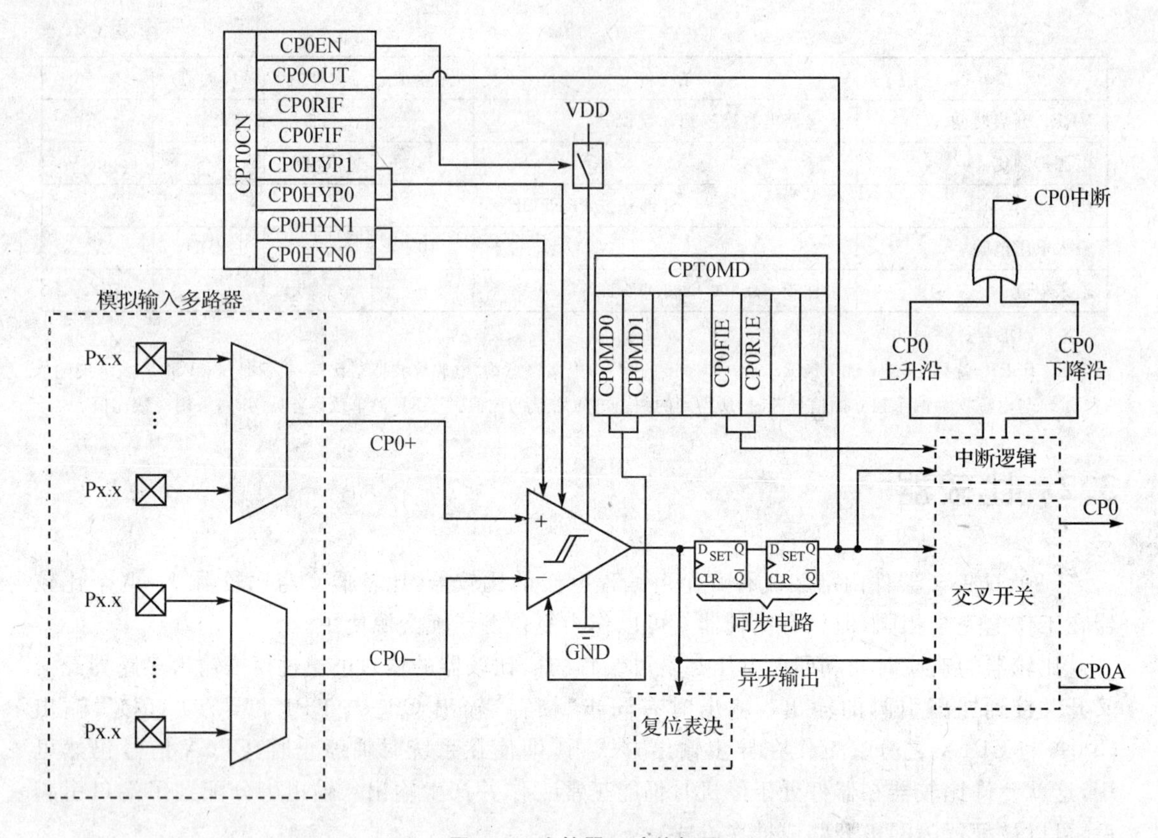


图 3.2　比较器 0 功能框图

位置 1 来允许高速模拟方式,来设置比较器的响应时间,选择较长的响应时间可以减小比较器电源电流。

比较器的输出状态可以被软件查询,可以作为中断源和内部振荡器挂起的唤醒源,还可以被连到端口引脚。当被连到端口引脚时,比较器的输出可以是与系统时钟同步的或者是不同步的。即使在停机或挂起方式,系统时钟停止,异步输出信号仍然可用。当被禁止时,比较器在被交叉开关分配的端口 I/O 引脚上输出的缺省值为逻辑低电平,其电源电流降到小于 100 nA。比较器的回差电压可以软件编程设定,通过比较器控制寄存器 CPTnCN 设置,用户既可以对相对于输入电压的回差电压值编程,也可以对门限电压两侧的正向和反相回差对称度编程。

使用比较器控制寄存器 CPTnCN 中的位 3～0 对比较器的回差值进行编程。反相回差电压值由 CPnHYN 位的设置决定。如图 3.3 所示,可以设置 20 mV、10 mV 或 5 mV 的反相回差电压值,或者禁止反相回差电压。类似地,通过编程 CPnHYP 位设置同相回差电压值,为形象地表示该回差的示意,图 3.3 给出了在图中所示电路下的比较器回差电压曲线。需要注意的是,上述数值是理论值具体设置值,与此会有差别,可能会因目标板不同而不同。

比较器输出的上升沿和下降沿都可以产生中断。比较器的下降沿置 1 中断标志CPnFIF,比较器的上升沿置 1 中断标志 CPnRIF。这些位一旦置 1,将一直保持 1 状态直到被软件清 0。通过将 CPnRIE 设置为逻辑 1 来允许比较器上升沿中断,通过将 CPnFIE 设置为逻辑 1 来允许比较器下降沿中断。

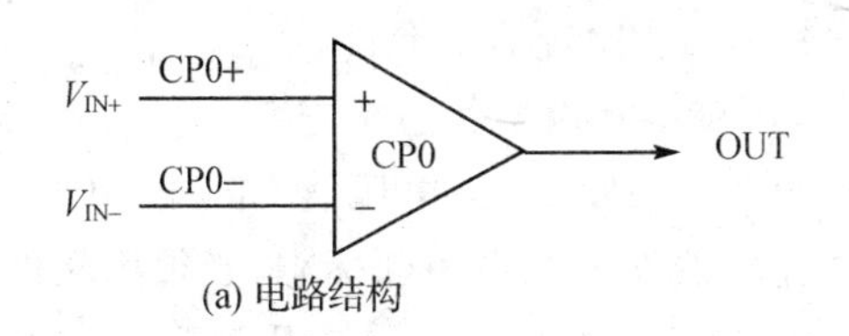


(a) 电路结构

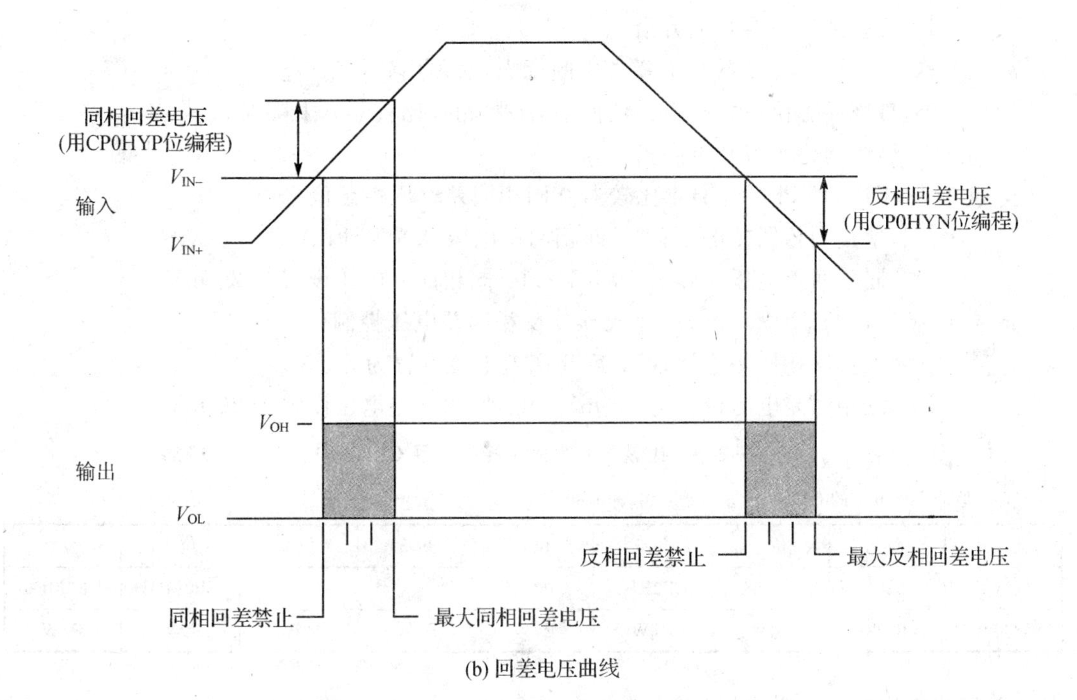


(b) 回差电压曲线

**图 3.3 比较器电路结构及回差电压曲线**

可以在任意时刻通过读取 CPnOUT 位得到比较器的输出状态。通过置 1 CP0EN 位来允许比较器,通过将该位清 0 来禁止比较器。在对比较器上电或改变比较器的回差电压或响应时间控制位时,可能会检测到假上升沿或假下降沿。建议在比较器被允许或方式位改变后经过一段延时再将上升沿和下降沿标志清 0。

## 3.2.2 比较器输入输出设置

上述比较器 0 或比较器 1 的众多输入输出特性可以通过表 3.5～表 3.10 所叙述的寄存器说明。

**表 3.5 比较器 0 控制寄存器 CPT0CN**

寄存器地址：0x00 页的 0x9B　　复位值：00000000

| 位　号 | 位 7 | 位 6 | 位 5 | 位 4 | 位 3 | 位 2 | 位 1 | 位 0 |
|---|---|---|---|---|---|---|---|---|
| 位定义 | CP0EN | CP0OUT | CP0RIF | CP0FIF | CP0HYP1 | CP0HYP0 | CP0HYN1 | CP0HYN0 |
| 读写允许 | R/W | R | R/W | R/W | R/W | R/W | R/W | R/W |

CPT0CN 位功能说明如下：

➢ 位 7 (CP0EN)　比较器 0 允许位。

0：比较器 0 禁止；1：比较器 0 允许。

➢ 位 6（CP0OUT） 比较器 0 输出状态标志。

0：电压值 CP0＋＜CP0－；1：电压值 CP0＋＞CP0－。

➢ 位 5（CP0RIF） 比较器 0 上升沿中断标志，必须用软件清 0。

0：自该标志位最后一次被清除后，未检测到比较器 0 上升沿；

1：检测到比较器 0 上升沿。

➢ 位 4（CP0FIF） 比较器 0 下降沿中断标志，必须用软件清 0。

0：自该标志位最后一次被清除后，未检测到比较器 0 下降沿；

1：检测到比较器 0 下降沿。

➢ 位 3～2（CP0HYP[1：0]） 比较器 0 同相回差电压控制位。

00：禁止同相回差电压；01：同相回差电压设置为 5 mV。

10：同相回差电压设置为 10 mV；11：同相回差电压设置为 20 mV。

➢ 位 1～0（CP0HYN[1：0]） 比较器 0 反相回差电压控制位。

00：禁止反相回差电压；01：反相回差电压设置为 5 mV。

10：反相回差电压设置为 10 mV；11：反相回差电压设置为 20 mV。

**表 3.6 比较器 0 方式选择寄存器 CPT0MD**

寄存器地址：0x00 页的 0x9D　　复位值：10000010

| 位　号 | 位 7 | 位 6 | 位 5 | 位 4 | 位 3 | 位 2 | 位 1 | 位 0 |
|---|---|---|---|---|---|---|---|---|
| 位定义 | 保留 | — | CP0RIE | CP0FIE | — | — | CP0MD1 | CP0MD0 |
| 读写允许 | R/W | R/W | R/W | R/W | R/W | R/W | R/W | R/W |

CPT0MD 位功能说明如下：

➢ 位 7 保留。读返回值为 1，写必须是 1。

➢ 位 6 未用。读返回值为 0，写无操作。

➢ 位 5（CP0RIE） 比较器 0 上升沿中断允许。

0：比较器 0 上升沿中断禁止；1：比较器 0 上升沿中断允许。

➢ 位 4（CP0FIE） 比较器 0 下降沿中断允许。

0：比较器 0 下降沿中断禁止；1：比较器 0 下降沿中断允许。

➢ 位 3～2 未用。读返回值为 0，写无操作。

➢ 位 1～0（CP0MD[1：0]） 比较器 0 方式选择。这两位选择比较器 0 的响应时间。其中上升沿响应时间约为下降沿响应时间的 2 倍，请参看表 3.7 比较器 0 方式选择表。

**表 3.7 比较器 0 方式选择表**

| 方　式 | CP0MD1 | CP0MD0 | CP0 下降沿响应时间（典型值） |
|---|---|---|---|
| 0 | 0 | 0 | 最快响应时间 |
| 1 | 0 | 1 | — |
| 2 | 1 | 0 | — |
| 3 | 1 | 1 | 响应最慢、功耗最低 |

表 3.8 比较器 1 控制寄存器 CPT1CN

寄存器地址：0x00 页的 0x9A　　复位值：00000000

| 位　号 | 位 7 | 位 6 | 位 5 | 位 4 | 位 3 | 位 2 | 位 1 | 位 0 |
|---|---|---|---|---|---|---|---|---|
| 位定义 | CP1EN | CP1OUT | CP1RIF | CP1FIF | CP1HYP1 | CP1HYP0 | CP1HYN1 | CP1HYN0 |
| 读写允许 | R/W | R | R/W | R/W | R/W | R/W | R/W | R/W |

CPT1CN 位功能说明如下：

➢ 位 7（CP1EN）　比较器 1 允许位。

　　0：比较器 1 禁止；1：比较器 1 允许。

➢ 位 6（CP1OUT）　比较器 1 输出状态标志。

　　0：电压值 CP1＋ ＜ CP1－；1：电压值 CP1＋＞CP1－。

➢ 位 5（CP1RIF）　比较器 1 上升沿中断标志，必须用软件清 0。

　　0：自该标志位最后一次被清除后，未检测到比较器 1 上升沿；

　　1：检测到比较器 1 上升沿。

➢ 位 4（CP1FIF）　比较器 1 下降沿中断标志，必须用软件清 0。

　　0：自该标志位最后一次被清除后，未检测到比较器 1 下降沿；

　　1：检测到比较器 1 下降沿。

➢ 位 3～2（CP1HYP[1：0]）　比较器 1 同相回差电压控制位。

　　00：禁止同相回差电压；01：同相回差电压设置为 5 mV。

　　10：同相回差电压设置为 10 mV；11：同相回差电压设置为 20 mV。

➢ 位 1～0（CP1HYN[1：0]）　比较器 1 反相回差电压控制位。

　　00：禁止反相回差电压；01：反相回差电压设置为 5 mV。

　　10：反相回差电压设置为 10 mV；11：反相回差电压设置为 20 mV。

表 3.9 比较器 1 方式选择寄存器 CPT1MD

寄存器地址：0x00 页的 0x9C　　复位值：10000010

| 位　号 | 位 7 | 位 6 | 位 5 | 位 4 | 位 3 | 位 2 | 位 1 | 位 0 |
|---|---|---|---|---|---|---|---|---|
| 位定义 | 保留 | — | CP1RIE | CP1FIE | — | — | CP1MD1 | CP1MD0 |
| 读写允许 | R/W | R/W | R/W | R/W | R/W | R/W | R/W | R/W |

CPT1MD 位功能说明如下：

➢ 位 7　保留。读返回值为 1，写必须是 1。

➢ 位 6　未用。读返回值为 0，写无操作。

➢ 位 5（CP1RIE）　比较器 1 上升沿中断允许。

　　0：比较器 1 上升沿中断禁止；1：比较器 1 上升沿中断允许。

➢ 位 4（CP1FIE）　比较器 1 下降沿中断允许。

　　0：比较器 1 下降沿中断禁止；1：比较器 1 下降沿中断允许。

➢ 位 3～2　未用。读返回值均为 0，写无操作。

➢ 位 1～0（CP1MD[1：0]）　比较器 1 方式选择。这两位选择比较器 1 的响应时间。上升沿响应时间约为下降沿响应时间的 2 倍。表 3.10 为比较器 1 响应时间选择。

**表 3.10　比较器 1 响应时间选择**

| 方　式 | CP1MD1 | CP1MD0 | CP1 下降沿响应时间(典型值) |
|---|---|---|---|
| 0 | 0 | 0 | 最快响应时间 |
| 1 | 0 | 1 | — |
| 2 | 1 | 0 | — |
| 3 | 1 | 1 | 响应最慢、功耗最低 |

## 3.2.3　比较器容性触感模拟多路分配器

C8051F9xx 片内包含了一个多路模拟输入开关,可以将端口或内部的信号连到比较器输入端。同相输入和反相输入有各自分别对应的模拟开关。

比较器的多路模拟开关可以直接支持容性触摸开关。当触摸开关的输入端被同相输入或反相输入选中后,连接到另一个多路模拟开关的 I/O 端口就变成了容性触摸开关,不需要任何额外的元件。容性触摸开关所需的充放电电阻已经继承到片内。比较器的输出可以直接连接到定时器 2 或定时器 3 捕捉电容充放电时间作为触摸开关输入检测。图 3.4 给出了比较器的触感输入端。

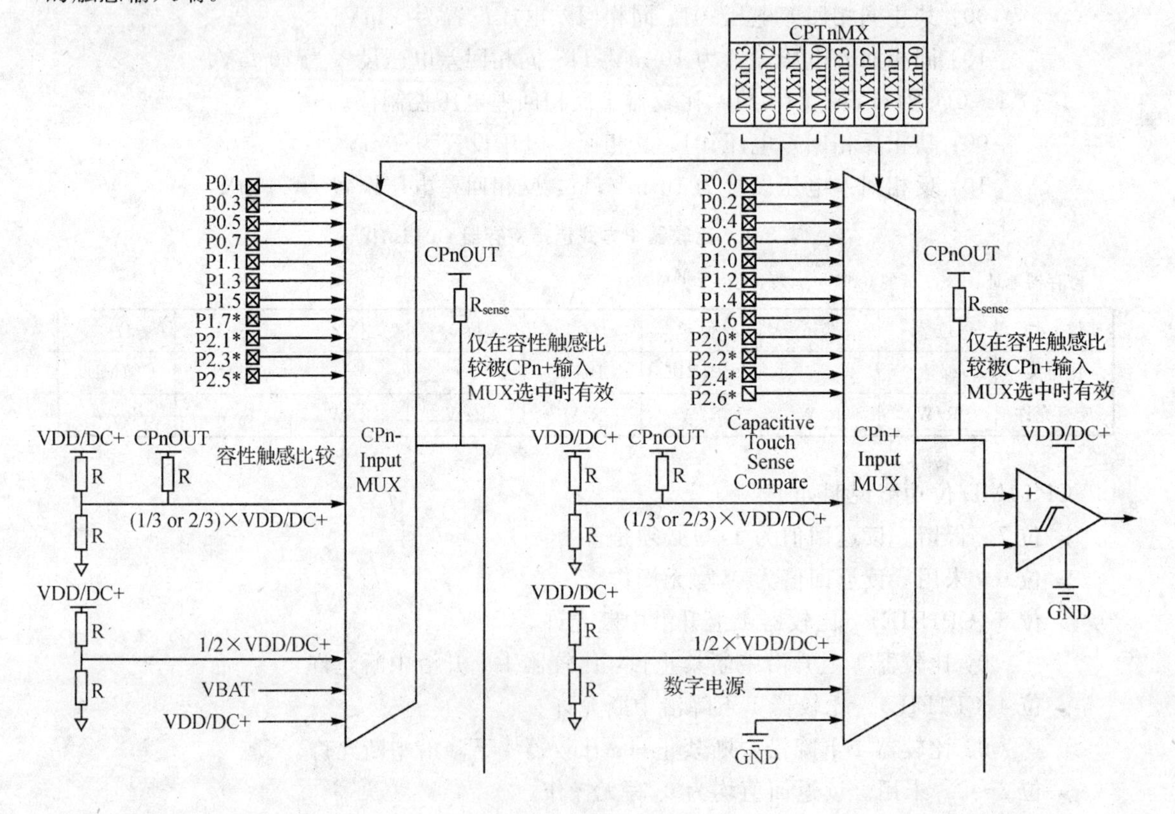


图 3.4　比较器的触感输入端

### 3.2.4 容性触感模拟多路分配器设置

容性触感模拟多路分配器的设置与使用见表 3.11～表 3.16 及位功能说明。

**表 3.11 比较器 0 多路输入选择寄存器 CPT0MX**

寄存器地址：0x00 页的 0x9F　　复位值：11111111

| 位　号 | 位 7 | 位 6 | 位 5 | 位 4 | 位 3 | 位 2 | 位 1 | 位 0 |
|---|---|---|---|---|---|---|---|---|
| 位定义 | CMX0N3 | CMX0N2 | CMX0N1 | CMX0N0 | CMX0P3 | CMX0P2 | CMX0P1 | CMX0P0 |
| 读写允许 | R/W | R/W | R/W | R/W | R/W | R/W | R/W | R/W |

CPT0MX 位功能说明如下：

➢ 位 7～4 (CMX0N[3：0]) 比较器 0 反相输入选择，这些位选择作为比较器 0 反相输入的端口引脚，如表 3.12 所列。

**表 3.12 比较器 0 反相端引脚定义**

| CMX0N3 | CMX0N2 | CMX0N1 | CMX0N0 | 负输入 |
|---|---|---|---|---|
| 0 | 0 | 0 | 0 | P0.1 |
| 0 | 0 | 0 | 1 | P0.3 |
| 0 | 0 | 1 | 0 | P0.5 |
| 0 | 0 | 1 | 1 | P0.7 |
| 0 | 1 | 0 | 0 | P1.1 |
| 0 | 1 | 0 | 1 | P1.3 |
| 0 | 1 | 1 | 0 | P1.5 |
| 0 | 1 | 1 | 1 | P1.7 |
| 1 | 0 | 0 | 0 | P2.1 |
| 1 | 0 | 0 | 1 | P2.3* |
| 1 | 0 | 1 | 0 | P2.5* |
| 1 | 0 | 1 | 1 | P2.7 |
| 1 | 1 | x | x | 保留 |

注：带 * 的引脚只在 32 脚的封装中出现。

➢ 位 3～0 (CMX0P[3：0]) 比较器 0 同相输入选择，这些位选择作为比较器 0 同相输入的端口引脚，如表 3.13 所列。

**表 3.13 比较器 0 同相端引脚定义**

| CMX0P3 | CMX0P2 | CMX0P1 | CMX0P0 | 正输入 |
|---|---|---|---|---|
| 0 | 0 | 0 | 0 | P0.0 |
| 0 | 0 | 0 | 1 | P0.2 |
| 0 | 0 | 1 | 0 | P0.4 |
| 0 | 0 | 1 | 1 | P0.6 |
| 0 | 1 | 0 | 0 | P1.0 |

续表 3.13

| CMX0P3 | CMX0P2 | CMX0P1 | CMX0P0 | 正输入 |
|---|---|---|---|---|
| 0 | 1 | 0 | 1 | P1.2 |
| 0 | 1 | 1 | 0 | P1.4 |
| 0 | 1 | 1 | 1 | P1.6 |
| 1 | 0 | 0 | 0 | P2.0 |
| 1 | 0 | 0 | 1 | P2.2 |
| 1 | 0 | 1 | 0 | P2.4* |
| 1 | 0 | 1 | 1 | P2.6* |
| 1 | 1 | x | x | 保留 |

注：带 * 的引脚只在 32 脚的封装中出现。

**表 3.14　比较器 1 多路输入选择寄存器 CPT1MX**

寄存器地址：0x00 页的 0x9E　　复位值：11111111

| 位　号 | 位 7 | 位 6 | 位 5 | 位 4 | 位 3 | 位 2 | 位 1 | 位 0 |
|---|---|---|---|---|---|---|---|---|
| 位定义 | CMX1N3 | CMX1N2 | CMX1N1 | CMX1N0 | CMX1P3 | CMX1P2 | CMX1P1 | CMX1P0 |
| 读写允许 | R/W | R/W | R/W | R/W | R/W | R/W | R/W | R/W |

CPT1MX 位功能说明如下：

➢ 位 7～4 (CMX1N[3：0])　比较器 1 反相输入选择引脚，这些位选择作为比较器 1 反相输入的端口引脚。表 3.15 是比较器 1 反相端引脚定义。

**表 3.15　比较器 1 反相端引脚定义**

| CMX1N3 | CMX1N2 | CMX1N1 | CMX1N0 | 负输入 |
|---|---|---|---|---|
| 0 | 0 | 0 | 0 | P0.1 |
| 0 | 0 | 0 | 1 | P0.3 |
| 0 | 0 | 1 | 0 | P0.5 |
| 0 | 0 | 1 | 1 | P0.7 |
| 0 | 1 | 0 | 0 | P1.1 |
| 0 | 1 | 0 | 1 | P1.3 |
| 0 | 1 | 1 | 0 | P1.5 |
| 0 | 1 | 1 | 1 | P1.7 |
| 1 | 0 | 0 | 0 | P2.1 |
| 1 | 0 | 0 | 1 | P2.3* |
| 1 | 0 | 1 | 0 | P2.5* |
| 1 | 0 | 1 | 1 | P2.7 |
| 1 | 1 | x | x | 保留 |

注：带 * 的只出现在 32 脚的 C8051F920/30 封装中，小体积封装中不出现。

➢ 位 3～0 (CMX1P[3：0])　比较器 1 同相输入选择引脚，这些位选择作为比较器 1 同相输入的端口引脚。表 3.16 是比较器 1 同相端引脚定义。

表 3.16　比较器 1 同相端引脚定义

| CMX1P3 | CMX1P2 | CMX1P1 | CMX1P0 | 正输入 |
|---|---|---|---|---|
| 0 | 0 | 0 | 0 | P0.0 |
| 0 | 0 | 0 | 1 | P0.2 |
| 0 | 0 | 1 | 0 | P0.4 |
| 0 | 0 | 1 | 1 | P0.6 |
| 0 | 1 | 0 | 0 | P1.0 |
| 0 | 1 | 0 | 1 | P1.2 |
| 0 | 1 | 1 | 0 | P1.4 |
| 0 | 1 | 1 | 1 | P1.6 |
| 1 | 0 | 0 | 0 | P2.0 |
| 1 | 0 | 0 | 1 | P2.2 |
| 1 | 0 | 1 | 0 | P2.4* |
| 1 | 0 | 1 | 1 | P2.6* |
| 1 | 1 | x | x | 保留 |

注：带 * 的只出现在 32 脚的 C8051F920/30 封装中，小体积封装中不出现。

### 3.2.5　比较器电气参数

比较器的电气参数如表 3.17 所列。

表 3.17　比较器电气特性

| 参　数 | 条　件 | 最小值 | 典型值 | 最大值 | 单　位 |
|---|---|---|---|---|---|
| 响应时间：方式 0，$V_{cm}$=1.5 V | (CP0+)－(CP0－)=100 mV | — | 100 | — | ns |
| | (CP0+)－(CP0－)=－100 mV | — | 250 | — | ns |
| 响应时间：方式 1，$V_{cm}$=1.5 V | (CP0+)－(CP0－)=100 mV | — | 175 | — | ns |
| | (CP0+)－(CP0－)=－100mV | — | 500 | — | ns |
| 响应时间：方式 2，$V_{cm}$=1.5 V | (CP0+)－(CP0－)=100 mV | — | 320 | — | ns |
| | (CP0+)－(CP0－)=－100 mV | — | 1 100 | — | ns |
| 响应时间：方式 3，$V_{cm}$=1.5 V | (CP0+)－(CP0－)=100 mV | — | 1 050 | — | ns |
| | (CP0+)－(CP0－)=－100 mV | — | 5 200 | — | ns |
| 共模抑制比 | | — | 1.5 | 4 | mV/V |
| 同相回差电压 1 | CP0HYP[1:0]=00 | — | 0 | 1 | mV |
| 同相回差电压 2 | CP0HYP[1:0]=01 | 2 | 4.5 | 10 | mV |
| 同相回差电压 3 | CP0HYP[1:0]=10 | 7 | 9.0 | 20 | mV |
| 同相回差电压 4 | CP0HYP[1:0]=11 | 15 | 18.0 | 30 | mV |
| 反相回差电压 1 | CP0HYN[1:0]=00 | — | －0.5 | 1 | mV |
| 反相回差电压 2 | CP0HYN[1:0]=01 | 2 | －4.5 | 10 | mV |

续表 3.17

| 参　数 | 条　件 | 最小值 | 典型值 | 最大值 | 单　位 |
|---|---|---|---|---|---|
| 反相回差电压 3 | CP0HYN[1：0]=10 | 7 | −9.0 | 20 | mV |
| 反相回差电压 4 | CP0HYN[1：0]=11 | 15 | −18.0 | 30 | mV |
| 反相或同相输入电压范围 | | −0.25 | — | VDD+0.25 | V |
| 输入电容 | | — | 4 | — | pF |
| 输入偏置电流 | | — | 0.001 | — | nA |
| 输入偏移电压 | | −5 | — | +5 | mV |
| 电源 | | | | | |
| 电源抑制比 | | — | 0.1 | — | mV/V |
| 上电时间 | | — | 10 | — | μs |
| 电源电流(DC) | 方式 0 | — | 7.6 | — | μA |
| | 方式 1 | — | 3.2 | — | μA |
| | 方式 2 | — | 1.3 | — | μA |
| | 方式 3 | — | 0.4 | — | μA |

注：VDD=1.8～3.6 V，−40～+85 ℃。$V_{cm}$是 CP0+和 CP0−上的共模电压。

# 3.3 应用实例

## 可编程电流基准测试

C8051F9xx 片上集成了可编程电流基准，和一般电流型 D/A 类似，但具有更好的绝对精度。以下的程序就是验证它的实际表现，同时示例了它的使用方法。

```
//------------------------------------------------------------------------
#include <C8051F930.h>                          // SFR declarations
#include <stdio.h>
#include <INTRINS.H>
#define uint unsigned int
#define uchar unsigned char
#define ulong unsigned long
#define nop() _nop_();_nop_();
//------------------------------------------------------------------------
// Pin Declarations
//------------------------------------------------------------------------
sbit RED_LED = P1^5;                            //MODE 63 μA
sbit YELLOW_LED = P1^6;                         //MODE 504 μA
sbit s1 = P0^2;                                 //up key
sbit s2 = P0^3;                                 //down key
//------------------------------------------------------------------------
```

```
// 全局常量
//------------------------------------------------------------------------
#define FREQUEN    24500000
#define DIVCLK    8
#define SYSCLK   FREQUEN/DIVCLK                    // SYSCLK frequency in Hz
#define LED_ON   0
#define LED_OFF   1
#define LOW_POWER   0
#define HIGH_CURRENT   1
#define step   4
#define rise      55
#define down      66
//#define CURRENT_MODE         LOW_POWER
#define CURRENT_MODE         HIGH_CURRENT
 #define MAX_VALUE   0x3f
#define MIN_VALUE      0x00
//------------------------------------------------------------------------
// 全局变量
//------------------------------------------------------------------------
uint xdata IREFdata[64];
//------------------------------------------------------------------------
// 函数声明
//------------------------------------------------------------------------
void OSCILLATOR_Init (void);
void PORT_Init (void);
void Timer2_Init(void);
void PCA_Init();
void changdata();
void bufini();
void ADC_ISR(void);
void IREF0_Init (void);
void delay(uint time);
uchar getkey();
//------------------------------------------------------------------------
// MAIN 函数
//------------------------------------------------------------------------
void main (void)
{
uchar key;
   PCA_Init();
   PORT_Init ();
OSCILLATOR_Init();
   IREF0_Init();
```

```
if(CURRENT_MODE == HIGH_CURRENT)
{      YELLOW_LED = LED_OFF;
       RED_LED = LED_ON;
}
 else if(CURRENT_MODE ==   LOW_POWER)
{      RED_LED    = LED_OFF;
       YELLOW_LED = LED_ON;
}
   while(1)
   {
   key = getkey();
      // If P0.2 Switch is not pressed
    delay(20);
    switch(key)
    {
     case rise:
     {   if((IREF0CN & 0x3F)< MAX_VALUE)
          {
         if((IREF0CN & 0x3F) == 60)
         {IREF0CN |= MAX_VALUE;     }
         else{
         IREF0CN = IREF0CN + step;
         }
         }
       break;
     }
     case down:
     {
       if((IREF0CN & 0x3F)>MIN_VALUE)
          {
          IREF0CN = IREF0CN - step;
         }
                 break;
     }
    }
   }
}
void delay(uint time)
{
    uint i,j;
    for (i = 0;i<time;i ++ ){
        for(j = 0;j<300;j ++ );
    }
}
void PORT_Init (void)
```

```
{
   P0MDIN &= ~0x80;
   P0MDOUT & = ~0x80;
   P0 |=  0x80;
   P0SKIP |=  0x80;
   P0MDIN |=  0x0C;
   P0MDOUT &= ~0x0C;
   P0 |=  0x0C;
   P0SKIP |=  0x0C;
   P1MDIN |= 0x60;
   P1MDOUT |= 0x60;
   P1 |= 0x60;
   P1SKIP |= 0x60;
   XBR2 = 0x40;
}
//-----------------------------------------------------------------------------
//PCA 初始化函数
//-----------------------------------------------------------------------------
 void PCA_Init()
{
    PCA0MD &= ~0x40;
    PCA0MD = 0x00;
  }
//-----------------------------------------------------------------------------
//时钟源初始化函数
//-----------------------------------------------------------------------------
void OSCILLATOR_Init (void)
{
      OSCICN |= 0x80;                    //允许内部精密时钟
      RSTSRC = 0x06;                     // Enable missing clock detector and
                                         // leave VDD Monitor enabled.
   CLKSEL = 0x00;
    switch(DIVCLK)
    {
     case 1:
     {     CLKSEL |= 0x00;               //系统频率 1 分频
     break;}
    case 2:
     {     CLKSEL |= 0x10;               //系统频率 2 分频
     break;}
     case 4:
     {    CLKSEL |= 0x20;                //系统频率 4 分频
     break;}
     case 8:
```

```
    { CLKSEL |= 0x30;                         //系统频率 8 分频
    break;}
    case 16:
    {     CLKSEL |= 0x40;                     //系统频率 16 分频
    break;}
    case 32:
    {     CLKSEL |= 0x50;                     //系统频率 32 分频
    break;}
    case 64:
    {     CLKSEL |= 0x60;                     //系统频率 64 分频
    break;}
    case 128:
    { CLKSEL |= 0x70;                         //系统频率 128 分频
    break;}
   }
    }
//-----------------------------------------------------------------------------
// 电流基准初始化
//-----------------------------------------------------------------------------
void IREF0_Init (void)
{
    if(CURRENT_MODE == HIGH_CURRENT)
      IREF0CN = 0x40;
  else
      IREF0CN = 0x00;
    }
uchar getkey()
{ uchar i;
i = 0;
    delay(20);
if(s1 == 0)
{
i = 55;
}
else if(s2 == 0)
{
i = 66;
}
while((s1 == 0)||(s2 == 0))
{
}
return i;
}
```

本实例测试的仪表采用福禄克189，两种方式的实测数据见表3.18。从表3.18中可看出该基准的表现还不错，特别是在小电流模式下，有不错的线性度与绝度精度，在一些中低精度场合可以采用。

**表3.18 电流基准实测数据**

| 序号＼电流 | $I_{LOW}=63\ \mu A$ | | $I_{HIGH}=504\ \mu A$ | |
|---|---|---|---|---|
| | 理论值/μA | 实测值/μA | 理论值/μA | 实测值/μA |
| 1 | 0 | 0.01 | 0 | 0.08 |
| 2 | 4 | 4.08 | 32 | 32.14 |
| 3 | 8 | 8.06 | 64 | 64.12 |
| 4 | 12 | 12.07 | 96 | 96.15 |
| 5 | 16 | 16.01 | 128 | 128.06 |
| 6 | 20 | 20.00 | 160 | 160.12 |
| 7 | 24 | 23.94 | 192 | 191.94 |
| 8 | 28 | 27.94 | 224 | 223.95 |
| 9 | 32 | 31.94 | 256 | 255.91 |
| 10 | 36 | 35.96 | 288 | 287.93 |
| 11 | 40 | 40.03 | 320 | 320.63 |
| 12 | 44 | 44.03 | 352 | 352.63 |
| 13 | 48 | 48.05 | 384 | 385.14 |
| 14 | 52 | 52.06 | 416 | 417.15 |
| 15 | 56 | 55.97 | 448 | 448.73 |
| 16 | 60 | 59.99 | 480 | 480.84 |
| 17 | 63 | 63.02 | 504 | 504.96 |
| 最大相对误差 | 0.11% | | 0.23% | |

# 第4章

# 10位低功耗突发模式自动平均累加A/D转换器

计算机在自动检测和自动控制系统中应用越来越广泛，利用数字系统处理模拟信号变得通用和普遍。这就需要把连续变化的模拟量离散为数字量，此时A/D转换器是一个重要的不可或缺的手段，是实现外部信息与系统融合的一种手段。传统的51单片机系统，多采用片外扩展的方式实现这一功能。目前可供使用的A/D转换芯片很多，有并口的有串口的，扩展很方便。位数也包括了8位到24位，速度可分为慢速、中速、高速，一般位数越高速度越快，价格就越高。A/D转换芯片的成本一般较高，尤其是一些中速或高速的转换芯片，这方面的费用可能比微处理器本身还要贵好多倍。

工业控制的大多数场合对A/D的参数需求并不是很苛刻，此时就没有必要选择高端昂贵的单片A/D芯片了。因此现在许多的微处理器厂商已经将A/D模块集成到了芯片内，这样既降低了系统的成本，同时也缩小了体积，增强了可靠性。

## 4.1 A/D转换器结构和功能框图

C8051F93x器件片内集成了一个10位SAR A/D转换器，该转换器的最大转换速率为300 ksps。ADC0包含一个可编程的模拟多路选择器，用于选择ADC0的输入，功能框图见图4.1。

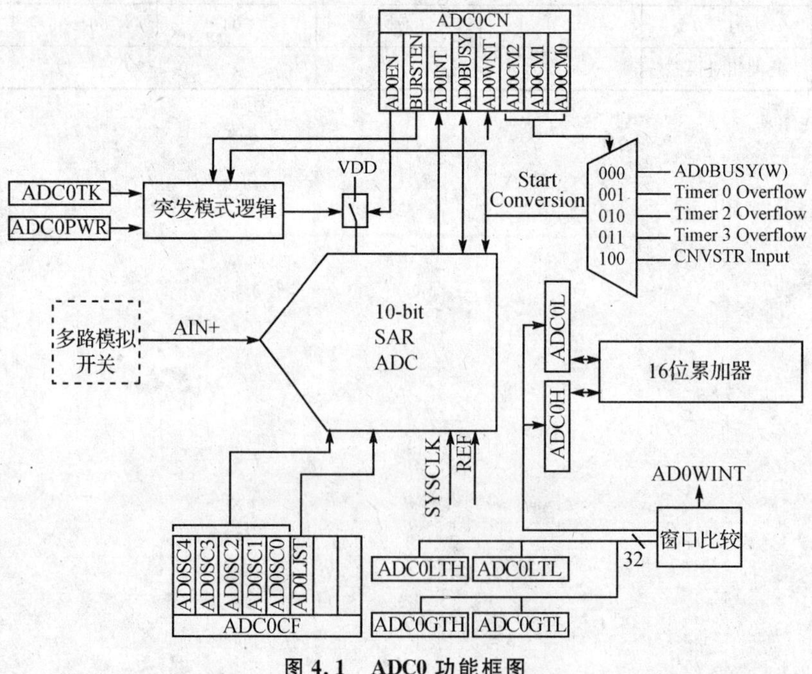


图4.1 ADC0功能框图

## 4.2 片内 10 位 A/D 转换器的主要特性

该 10 位 A/D 转换器具有众多独特性质：

- 输入端可编程，除了端口 P0～P2 可以作为 ADC0 的输入，其他的如片内温度传感器的输出和 GND、电源电压(VDD)等也可以作为 ADC0 的输入。
- 多种启动模式。有五种方式可以很方便地作为 A/D 转换的启动源，分别是：软件命令、定时器 0 溢出、定时器 2 溢出、定时器 3 溢出以及外部转换启动信号。这样可以根据实际情况采用软件事件、周期性信号或外部硬件信号触发转换。
- 具有正常和突发两种工作方式，其中突发方式是低功耗工作模式，它可以不依赖于内核进行转换，并且平时处在低功耗态，只在跟踪和转换时进入全功耗态。
- 输出码制的灵活设置。有 8 位、10 位、11 位、12 位、13 位的输出精度。可选择 8 位或 10 位的单次转换模式，输出码可选择右对齐或左对齐模式。
- 输入信号增益可选择。有两种增益可供选择，一种是 1，另一种是 0.5。
- 转换的自主性。转换时对 CPU 的依赖可以为 0，即转换过程中可以没有 CPU 的参与，完全依赖独立的时钟工作。仅在数据读取时需要 CPU 参与。
- 与工作方式相配合的多种跟踪模式，即对信号的采样过程。

## 4.3 ADC0 的基本操作与配置

ADC0 功能强大，对这一外设的控制和配置有专用的寄存器。本节先介绍它的基本设置。其中一些强大的个性化应用在后面节内介绍。表 4.1～4.4 给出了 ADC 基本的寄存器定义。

**表 4.1 ADC0 控制寄存器 ADC0CN**

寄存器地址：寄存器 0 页的 0xE8　　复位值：00000000

| 位　号 | 位 7 | 位 6 | 位 5 | 位 4 | 位 3 | 位 2 | 位 1 | 位 0 |
|---|---|---|---|---|---|---|---|---|
| 位定义 | AD0EN | BURSTEN | AD0INT | AD0BUSY | AD0WINT | AD0CM[2：0] | | |
| 读写允许 | R/W | R/W | R/W | W | R/W | R/W | | |

ADC0CN 位功能说明如下：

- 位 7 (AD0EN)　ADC0 允许位。
  0：ADC0 禁止。ADC0 处于低耗断电状态；
  1：ADC0 允许。ADC0 处于活动状态，可转换数据。
- 位 6 (BURSTEN)　ADC0 突发模式允许位。
  0：突发模式禁止；1：突发模式允许。
- 位 5 (AD0INT)　ADC0 转换结束中断标志位。
  0：在正常方式下表示正进行一次数据转换，在突发方式下表示一次突发转换正在进行，注意此时可能包括几次数据转换过程；1：转换过程已经结束。
- 位 4 (AD0BUSY)　ADC0 忙状态标志位。该位是 A/D 转换的启动位，程序中向该位写 1 即启动一次 A/D 转换。此时对应的启动方式应选择软件命令启动，即

AD0CM[2：0]=000，这也是复位后的默认值。

➢ 位 3 (AD0WINT) ADC0 窗口比较中断标志，该位必须用软件清 0。

使用窗口比较时，当结果寄存器 ADC0H：ADC0L 中的数值落入 ADC0GTH：ADC0GTL 和 ADC0LTH：ADC0LTL 所确定的域内时，该位置 1，表示发生了 ADC0 窗口比较数据匹配。

➢ 位 2～0(AD0CM[2：0]) ADC0 转换启动方式选择位。

000：将 AD0BUSY 置 1 时启动 ADC0 转换；

001：定时器 0 溢出启动 ADC0 转换；

010：定时器 2 溢出启动 ADC0 转换；

011：定时器 3 溢出启动 ADC0 转换；

1xx：外部 CNVSTR 输入信号的上升沿启动 ADC0 转换。

**表 4.2 ADC0 配置寄存器 ADC0CF**

寄存器地址：寄存器 0 页的 0xBC　　复位值：11111000

| 位　号 | 位 7 | 位 6 | 位 5 | 位 4 | 位 3 | 位 2 | 位 1 | 位 0 |
|---|---|---|---|---|---|---|---|---|
| 位定义 | AD0SC[4：0] | | | | | AD08BE | AD0TM | AMP0GN |
| 读写允许 | R/W | | | | | R/W | R/W | R/W |

ADC0CF 位功能说明如下：

➢ 位 7～3 (AD0SC[4：0]) ADC0 SAR 转换时钟周期控制位。SAR 转换时钟来源于 FCLK，由下面的公式给出：

$$AD0SC=\frac{FCLK}{CLK_{SAR}}-1^{*} \quad 或 \quad CLK_{SAR}=\frac{FCLK}{AD0SC+1}$$

其中，AD0SC 表示 AD0SC[4：0]中保存的 5 位数值。* 表示向上取整。

BURSTEN=0 时，FCLK 为当前系统时钟。BURSTEN=1 时，FCLK 独立于系统时钟，最大值为 25 MHz。

➢ 位 2 (AD08E) A/D 工作位数选择，可选择 10 位或 8 位的工作方式。

0：ADC0 工作在 10 位方式，默认设置；1：ADC0 工作在 8 位方式。

➢ 位 1 (AD0TM) ADC0 跟踪方式选择，可选择正常跟踪与延迟跟踪。

0：正常跟踪方式，有转换启动信号后立即开始转换；1：延迟跟踪转换方式，转换启动信号发生后，延迟 3 个 SAR 时钟周期跟踪信号，然后才开始转换。

➢ 位 0 (AMP0GN) ADC0 增益选择位。

0：片内 PGA 的增益设为 0.5；1：片内 PGA 的增益设为 1。

**表 4.3 ADC0 数据字高字节寄存器 ADC0H**

寄存器地址：寄存器 0 页的 0xBE　　复位值：00000000

| 位　号 | 位 7 | 位 6 | 位 5 | 位 4 | 位 3 | 位 2 | 位 1 | 位 0 |
|---|---|---|---|---|---|---|---|---|
| 位定义 | ADC0[15：8] | | | | | | | |
| 读写允许 | R/W | | | | | | | |

ADC0H位功能说明如下：

➢ 位7～0　ADC0数据高8位。

读：它输出的值与AD0LJST[2：0]的设置相关。如果累加器的一位功能被允许，则寄存器高位值为0。

写：将累加器高字节设置为写入值。

**表4.4　ADC0数据字低字节寄存器ADC0L**

寄存器地址：寄存器0页的0xBD　　复位值：00000000

| 位　号 | 位7 | 位6 | 位5 | 位4 | 位3 | 位2 | 位1 | 位0 |
|---|---|---|---|---|---|---|---|---|
| 位定义 | ADC0[7：0] | | | | | | | |
| 读写允许 | R/W | | | | | | | |

ADC0L位功能说明如下：

➢ 位7～0　ADC0数据低8位。

读：它输出的值与AD0LJST[2：0]的设置相关。

写：将累加器低字节设置为写入值。

## 4.4　A/D转换器输入端选择

C8051F930片内的A/D输入信号是对地单端输入，输入端可编程。由于A/D转换速度很快，除一些特殊要求的场合，均可以通过模拟开关来扩展输入通道。模拟开关的作用是分时的将A/D分配给对应的输入通道。在以前的单片机系统中可能需要模拟开关芯片来实现。本芯片内集成了所需的模拟开关，需要选择所需的输入通道，只要设置对应的命令字即可。有关模拟开关的原理如图4.2所示。

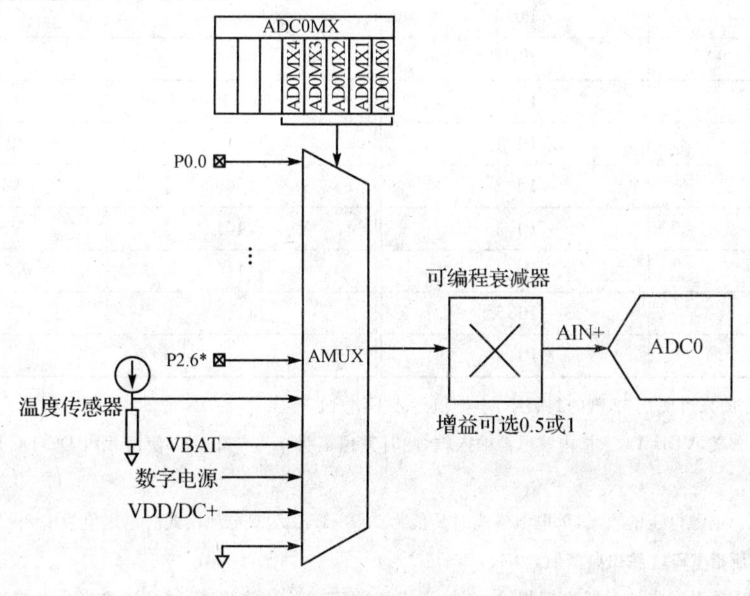


图4.2　ADC0多路选择模拟开关

从图 4.2 可看到通道包括 P0.0～P2.6、片内温度传感器输出、电源 VDD/DC＋、数字电源、VBAT 或 GND 均可以被选择作为输入。P2.7 由于用于 C2 口的 C2D，因此只能用作数字 I/O。信号在进入 ADC0 之前先经过了一个衰减器设置，它可以得到 1 倍或 0.5 倍的增益，相当于把量程扩大一倍。这些开关通过 ADC0 输入通道选择寄存器 ADC0MX 设置。以下为 ADC0MX 的详细定义。表 4.5、表 4.6 给出了 ADC0 通道选择寄存器的定义与对应关系。

**表 4.5 ADC0 通道选择寄存器 ADC0MX**

寄存器地址：寄存器 0 页的 0xBB　　复位值：00011111

| 位 号 | 位 7 | 位 6 | 位 5 | 位 4 | 位 3 | 位 2 | 位 1 | 位 0 |
|---|---|---|---|---|---|---|---|---|
| 位定义 | — | — | — | AD0MX[4：0] | | | | |
| 读写允许 | R | R | R | R/W | R/W | R/W | R/W | R/W |

ADC0MX 位功能说明如下：

- 位 7～5　未使用。读返回值均为 0，写忽略操作。
- 位 4～0(AD0MX[4：0])　AMUX0 输入选择位。具体定义见表 4.6。

**表 4.6 AMUX0 与输入引脚及信号的对应关系**

| AD0MX[4：0] | ADC0 输入通道 | AD0MX[4：0] | ADC0 输入通道 |
|---|---|---|---|
| 00000 | P0.0 | 01111 | P1.7* |
| 00001 | P0.1 | 10000 | P2.0* |
| 00010 | P0.2 | 10001 | P2.1* |
| 00011 | P0.3 | 10010 | P2.2* |
| 00100 | P0.4 | 10011 | P2.3* |
| 00101 | P0.5 | 10100 | P2.4* |
| 00110 | P0.6 | 10101 | P2.5* |
| 00111 | P0.7 | 10110 | P2.6* |
| 01000 | P1.0 | 10111～11010 | 保留 |
| 01001 | P1.1 | 11011 | 温度传感器 |
| 01010 | P1.2 | 11100 | VDD/DC＋ |
| 01011 | P1.3 | 11101 | VBAT 电压 |
| 01100 | P1.4 | 11110 | 数字电源电压 |
| 01101 | P1.5 | 11111 | GND |
| 01110 | P1.6 | | |

注：① 表中带 * 的只出现在 32 脚的封装中，小体积封装不出现。

② 关于电压的含义，VDD/DC＋指内核电源输入端，此时其值需为 1.8～3.6 V，使用片内 DC/DC 转换器时为电源输出值。

③ VBAT 电压。电池电压的输入，单电池模式时其值为 0.9～1.8 V，双电池模式时电压值为 1.8～3.6 V。

④ 数字电源电压指 REG1 输出典型值，为 1.7 V。

⑤ 被选择为输入的引脚应被配置为模拟输入，并且应被数字交叉开关跳过，同时还要将一个端口引脚配置为模拟输入。

## 4.5 A/D 转换的启动源选择

A/D 转换需要一个启动信号才可工作，本芯片有 5 种启动方式可以触发一次 A/D 转换，由 ADC0CN 寄存器中的启动方式选择位(AD0CM[2：0])的状态决定采用哪一种方式。这些启动源包括软件命令、定时器 0、定时器 2 溢出、定时器 3 溢出以及外部转换启动信号。通过这些启动源可以产生软件事件、周期性信号或外部硬件触发信号。

① 写 1 到 ADC0CN 的 AD0BUSY 位。该方式提供了用软件控制 ADC0 转换的能力。转换发生在 AD0BUSY 位被置 1 期间，转换结束后恢复为 0。当中断允许时，AD0BUSY 位的下降沿可以触发中断，同时置 1 ADC0CN 中的中断标志 AD0INT。还可以使用查询方式确定 A/D 转换情况，利用 ADC0 中断标志 AD0INT 来作为查询 ADC0 转换是否完成的标志。当 AD0INT 位是逻辑 1 时，ADC0 数据寄存器(ADC0H：ADC0L)中的转换结果有效。

② 利用定时器的溢出信号启动 A/D。可以使用定时器 0、定时器 2 或定时器 3 来完成相关操作，此时多为周期连续采样，采样频率可以设定。需要注意的是，如果采用定时器 2 或定时器 3 溢出作为启动源时，当定时器工作在 8 位方式，是使用定时器 2/3 的低字节溢出。如果定时器 2/3 工作在 16 位方式，则使用定时器 2/3 的高字节溢出。

③ CNVSTR 是外部的输入信号，它占用 P0.6 引脚。当该引脚出现上升沿后即启动 A/D 转换。通过该模式可以实现一种外部输入信号与片内 A/D 握手的方式。一般该模式应用在需与外部同步的场合，即可能 A/D 与某个信号同步相关可能就需要此模式。如果使用 CNVSTR 此模式，对应 P0.6 应被数字交叉开关跳过。

## 4.6 单次及累加模式下输出码格式选择

A/D 转换的结果保存在寄存器 ADC0H 和 ADC0L 中，其中前者保存输出转换码的高字节，后者保存着低字节。当重复次数为 1 时，转换码是 10 位无符号整数形式，每次转换后转换码都被更新。输入电压值转换的数字范围为 0～VREF×1 023/1 024。数据输出格式可以是右对齐也可以是左对齐，具体那种又由 AD0LJST 位的设置决定。ADC0H 和 ADC0L 寄存器中未使用的位被清 0。表 4.7 给出了右对齐和左对齐的转换码示例。

**表 4.7 ADC0 右对齐和左对齐数据示例**

| 输入电压 | 右对齐 ADC0H：ADC0L(AD0LJST=0) | 左对齐 ADC0H：ADC0L(AD0LJST=1) |
|---|---|---|
| VREF×1 023/1 024 | 0x03FF | 0xFFC0 |
| VREF×512/1 024 | 0x0200 | 0x8000 |
| VREF×256/1 024 | 0x0100 | 0x4000 |
| 0 | 0x0000 | 0x0000 |

当 ADC0 重复次数大于 1 时，输出转换码是所有转换值累加的结果，数据更新发生在并在最后一次转换结束。可以进行 4、8、16、32 或 64 次连续采样值累加，以无符号整数形式输出。重复次数可根据需要设定，具体用 ADC0CF 寄存器中的 AD0RPT 位选择。当重复次数大于

1，输出格式必须设定为右对齐，ADC0H 和 ADC0L 寄存器中未使用的位被清 0。表 4.8 给出了对应不同输入电压和不同重复次数的右对齐示例。如果 ADC0 采样结果每次都相同，2n 个采样值等价于左移 n 位。

**表 4.8 不同输入电压下的 ADC0 重复次数示例**

| 输入电压 | 重复次数=4 | 重复次数=16 | 重复次数=64 |
| --- | --- | --- | --- |
| VREF×1 023/1 024 | 0xFFC | 0x3FF0 | 0xFFC0 |
| VREF×512/1 024 | 0x0800 | 0x2000 | 0x8000 |
| VREF×511/1 024 | 0x07FC | 0x1FF0 | 0x7FC0 |
| 0 | 0x0000 | 0x0000 | 0x0000 |

C8051F9xx 内部集成了 SAR ADC，原始转换精度为 10 位，然而其他的 Silicon Labs 的产品有 12 位的 ADC。如果需要更高精度的场合，可以通过自动累积获得较高精度。

它的突发模式的 SAR ADC 允许用户设置自动累积结果的变换次数。为了解决由于随机噪声对 ADC 性能的影响。利用自动累加器累积结果然后平均可以有效地增加分辨率。每增加 4 倍的样本数量，将增加 1 位 ADC 的结果。因此使用最大的累积数 64 将得到 16 位的累加值和 13 位的有效精度。因此利用过采样率可以得到 11 位、12 位或 13 位的等效精度。处理时利用 AD0SJST 位初始化累加器，以设置希望的等效精度。精度的扩展是不占内核时间的，以前的 C8051F 其他系列产品，也可以通过过采样获得高的等效精度，但那是在内核参与的基础之上，需要进行大量的运算处理。使得其他信息处理滞后，实时性大受影响。C8051F9xx 系列芯片的上述处理过程全部硬件化，使处理效率大增。以下示例了将累加器右移 1、2、3 位来获得 11 位、12 位、13 位等效精度的数据值。

表 4.9 给出了不同输入电压下的 ADC0 不同重复次数所对应的等效精度。

表 4.10 给出了 ADC0 累加器配置寄存器 ADC0AC 的具体定义。

**表 4.9 不同输入电压下的 ADC0 不同重复次数对应的等效精度**

| 输入电压 | 重复次数＝4，右移 1 位，等效为 11 位精度 | 重复次数＝16，右移 1 位，等效为 12 位精度 | 重复次数＝64，右移 1 位，等效为 13 位精度 |
| --- | --- | --- | --- |
| VREF×1 023/1 024 | 0x07F7 | 0x0FFC | 0x1FF80 |
| VREF×512/1 024 | 0x0400 | 0x0800 | 0x1000 |
| VREF×511/1 024 | 0x03FE | 0x04FC | 0x0FF8 |
| 0 | 0x0000 | 0x0000 | 0x0000 |

**表 4.10 ADC0 累加器配置寄存器 ADC0AC**

寄存器地址：寄存器 0 页的 0xBA　　复位值：0x0000

| 位　号 | 位 7 | 位 6 | 位 5 | 位 4 | 位 3 | 位 2 | 位 1 | 位 0 |
| --- | --- | --- | --- | --- | --- | --- | --- | --- |
| 位定义 | — | AD0AE | AD0SJST[2：0] | | | AD0RPT[2：0] | | |
| 读写允许 | R | R/W | R/W | | | R/W | | |

ADC0AC 位功能说明如下：

➢ 位 7　未使用。读返回值为 0，写忽略操作。

➢ 位 6（AD0AE）　ADC0 累加允许位。

0：在突发模式被禁止时，结果寄存器中保存着最后一次转换结果；

1：在突发模式被禁止时，结果寄存器中是多次累加的结果，要清除该结果需将结果寄存器清 0。

➢ 位 5～3（AD0SJST[2：0]）　ADC0 输出码与对齐方式控制，即设定结果寄存器（ADC0H：ADC0L）的数据格式。具体对应关系如下：

000：右对齐，无移位；001：右对齐，右移 1 位；010：右对齐，右移 2 位；

011：右对齐，右移 3 位；100：左对齐，无移位。

➢ 位 2～0（AD0RPT[2：0]）　重复次数设置位，设置在突发模式下要进行的累加次数。

000：1 次转换不累加；001：4 次转换累加 4 次结果；

010：8 次转换累加 8 次结果；011：16 次转换累加 16 次结果；

100：32 次转换累加 32 次结果；101：64 次转换累加 64 次结果。

在转换精度要求不是很高，而且强调低功耗指标时，可以将 10 位 A/D 作为 8 位使用。转换位数降低时转换时间减少，相应外设处在全功耗状态的时间缩短，也就节约了电力。应用 8 位模式时 ADC0L 寄存器的读出值总是 00。

## 4.7　A/D 输入信号的跟踪方式

为保证转换信号的准确性，每次 ADC0 转换之前必须保证一个最小的跟踪时间。ADC0 有多种跟踪方式，默认状态为连续跟踪方式，此时突发模式被禁止。还可以选择低功耗的跟踪方式，此时转换前有 3 个 SAR 时钟周期的跟踪时间，一般发生在转换启动信号有效后。当使用外部 CNVSTR 作为触发源时，则在触发信号的低电平期间跟踪，上升沿时开始转换。下面给出了使用外部触发源以及内部触发源的 ADC0 转换时序图。

触发信号的转换时序如图 4.3、图 4.4 所示。

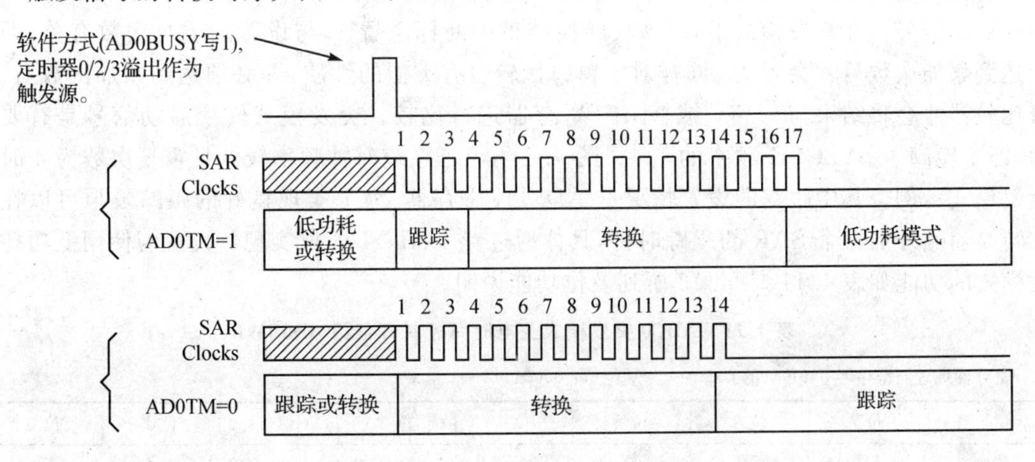


图 4.3　内部触发信号的转换时序图

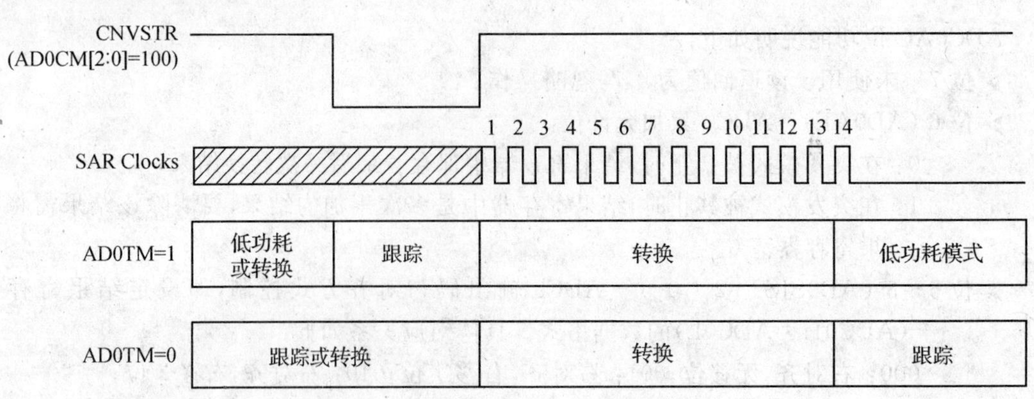


图 4.4 外部触发信号的转换时序图

## 4.8 低功耗突发工作方式

该种工作方式有别于正常的工作方式，正常工作方式是全功耗的，此时外设始终供电，而突发工作方式在 A/D 两次转换之间处于低功耗态，仅在被允许工作时才进入全功耗阶段，因而节省了功耗。

该模式使用内部专用时钟（约 25 MHz），根据累加方式的设置情况，累加 1、4、8、16、32、64 个采样值，然后又进入低功耗状态。由于它的时钟不依赖系统时钟，即使系统时钟频率很低（如 32.768 kHz）或被挂起仍可完成转换。这样就为低功耗设计带来了非常大的方便。

要进入该模式，需将 BURSTEN 位置 1，此时由 AD0EN 控制 ADC0 的空闲电源状态，它的含义是 ADC0 不跟踪也不执行转换时进入的状态。如果 AD0EN 被置 0，ADC0 在每次突发转换后进入断电状态；如果 AD0EN 被置 1，则 ADC0 在每次突发转换后仍保持允许状态。断电和进入低功耗状态是不一样的，ADC0 被断电，它会自动上电并等待一个可编程的上电时间，该时间由 AD0PWR 寄存器控制。进入低功耗状态每来一次转换启动信号，ADC0 都可以被唤醒。当工作在突发模式时，启动之前 A/D 外设处在断电状态，它并没有工作。一次转换启动可能将进行多次转换，转换次数等于重复次数。而工作在正常模式时，每次转换都需要有转换启动信号。在突发模式下，ADC0 转换结束中断标志置 1，与设置的重复次数有关，即必须达到累加次数后才会置 1。同样对于窗口比较也有类似的性质，即必须达到累加次数后，窗口比较器才会将结果与“大于”或“小于”寄存器进行比较。突发模式转换启动信号是有要求的，即不能高于 SYSCLK 频率的 1/4。图 4.5 给出了系统时钟频率较低且重复次数为 4 时的突发模式示例。其中跟踪的设置情况见 AD0TK 寄存器，为了实现良好的跟踪效果可以在每次转换前额外加三个 SAR 的跟踪时钟，具体通过置 1 AD0TM 位实现。设置与使用低功耗突发模式的功能如表 4.11、表 4.12 所列及位功能说明。

表 4.11 ADC0 突发模式上电时间控制寄存器 AD0PWR

寄存器地址：寄存器 0x0F 页的 0xBA　　复位值：00001111

| 位　号 | 位 7 | 位 6 | 位 5 | 位 4 | 位 3 | 位 2 | 位 1 | 位 0 |
|---|---|---|---|---|---|---|---|---|
| 位定义 | — | — | — | — | AD0PWR[3：0] | | | |
| 读写允许 | R | R | R | R | RW | RW | RW | RW |

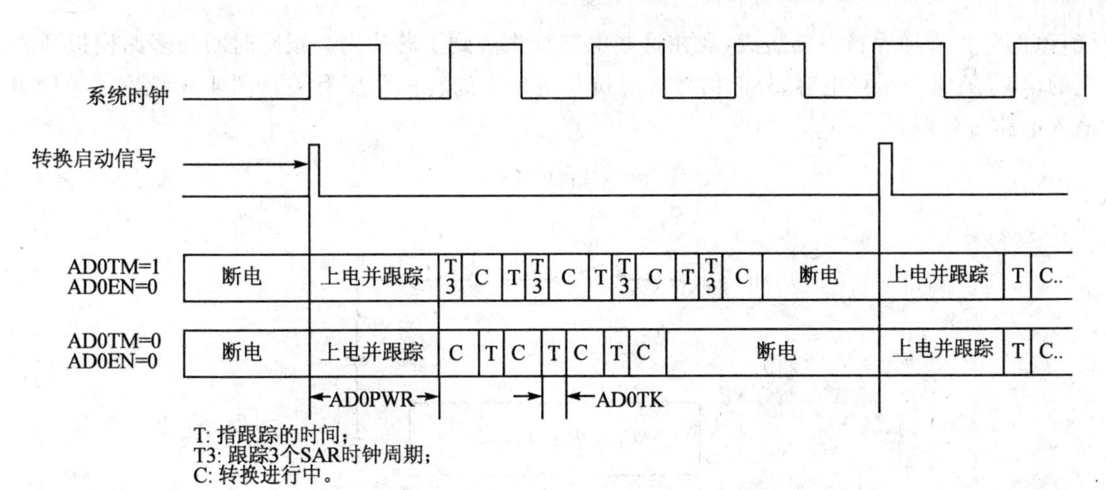


图 4.5　突发模式下跟踪和转换图(重复次数为 4)

AD0PWR 位功能说明如下：

➢ 位 7～4　未使用。读返回值均为 0,写忽略操作。

➢ 位 3～0 (AD0PWR[3：0])　ADC0 突发模式上电时间控制位。

　BURSTEN＝0：ADC0 电源状态受 AD0EN 控制。

　BURSTEN＝1 且 AD0EN＝1：ADC0 保持允许状态,不会进入低功耗状态。

　BURSTEN＝1 且 AD0EN＝0：ADC0 转换结束后进入低功耗状态。出现有效转换启动信号后,经过一个延迟再开始转换,延迟的时间由编程位设定。上电时间根据下面的公式编程：

$$\text{AD0PWR}=\frac{\text{启动时间}}{200\ \text{ns}}-1 \quad 或 \quad \text{启动时间}=(\text{AD0PWR}+1)\times 200\ \text{ns}$$

表 4.12　ADC0 突发模式跟踪时间控制寄存器 AD0TK

寄存器地址：0xF 页的 0xBD　　复位值：00111110

| 位　号 | 位 7 | 位 6 | 位 5 | 位 4 | 位 3 | 位 2 | 位 1 | 位 0 |
|---|---|---|---|---|---|---|---|---|
| 位定义 | — | — | AD0TK[5：0] | | | | | |
| 读写允许 | R | R | RW | | | | | |

AD0TK 位功能说明如下：

➢ 位 7～6　未使用。读返回值均为 0,写忽略操作。

➢ 位 5～0 (AD0TK[5：0])　突发方式跟踪时间控制位。设置突发方式下两次转换之间延迟的时间。跟踪时间的设定满足以下等式：

$$\text{AD0TK}=\frac{\text{跟踪时间}}{50\ \text{ns}}-1$$

## 4.9　采样时间与增益控制

要保证转换的精确性,转换之前的跟踪时间是必需的。以前用分立元件组成的 A/D 系

统，该部分由采样保持电路组成，现在这些电路都集成到了芯片内。跟踪时间与多路模拟开关上的电阻、ADC0 采样电容、外部信号源阻抗及所要求的转换精度有关。图 4.6 给出了 ADC0 输入电路等效图。

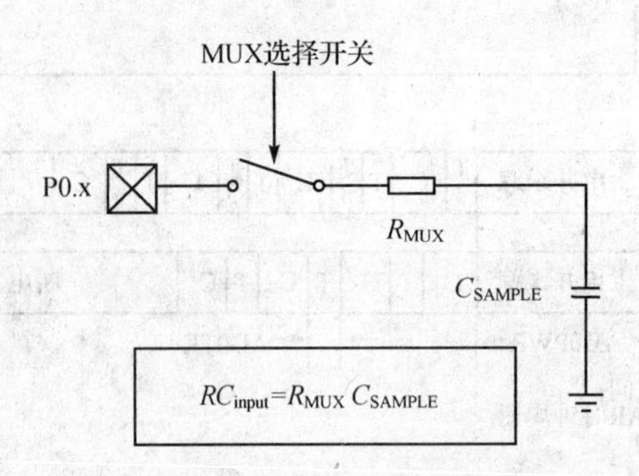


**图 4.6 ADC0 输入电路等效图**

以下给出了在保证精度的前提下输入信号所需的最小建立时间(或称为稳定时间)。

$$t=\ln\left(\frac{2^n}{SA}\right)\times R_{TOTAL}C_{SAMPLE}$$

式中，$t$ 为所需要的最小建立时间，单位为 s；$R_{TOTAL}$ 为 AMUX0 电阻与外部信号源电阻之和，如果 A/D 的输入为内部的温度传感器输出或 VDD 时，则 $R_{TOTAL}$ 减小为 $R_{MUX}$；$n$ 为 ADC0 的分辨率，单位是比特，值取 10；SA 是建立精度，用一个 LSB 的分数表示，建立精度 0.25 对应 1/4 LSB。

## 4.10 可编程窗口检测

可编程窗口比较功能，是 C8051F 系列单片机一项很有特色的功能。窗口比较寄存器可被配置为当 ADC0 数据位于一个规定的范围之内或之外时向控制器申请中断。ADC0 可以用后台方式连续监视一个关键电压，当转换数据位于规定的范围之内/外时才向控制器申请中断，该功能对于一些门限监视很有效，由于将原来需由内核参与的处理过程变为硬件实现，可大幅度减少 CPU 的干预时间。

ADC0 可编程窗口检测器是不停地将 ADC0 输出与用户设置的阈值进行比较，并在检测到所要求的条件，即编程者设置的开区间或闭区间条件时通过专用中断源通知系统控制器。假如把它应用到一个中断驱动的系统中，可以减少内核的工作量进而提高系统的响应速度。窗口检测器中断标志位 AD0WINT 也可被用于查询方式。ADC0 下限大于寄存器 ADC0GTH：ADC0GTL 中设置的比较阈值，其上限则小于寄存器 ADC0LTH：ADC0LTL 中设置的比较阈值。窗口检测器标志既可以在测量数据位于用户编程的极限值以内时有效(闭区间用法)，也可以在测量数据位于用户编程的极限值以外时有效(开区间用法)，这取决于 ADC0GT 和 ADC0LT 寄存器的编程值。

要想使用好窗口比较功能，必须先知道与它设置相关的 4 个寄存器，以下将具体说明，见表 4.13～表 4.16。

表 4.13　ADC0 下限(大于)数据字高字节寄存器 ADC0GTH

寄存器地址：寄存器 0 页的 0xC4　　复位值：11111111

| 位　号 | 位 7 | 位 6 | 位 5 | 位 4 | 位 3 | 位 2 | 位 1 | 位 0 |
|---|---|---|---|---|---|---|---|---|
| 位定义 | D7 | D6 | D5 | D4 | D3 | D2 | D1 | D0 |
| 读写允许 | R/W | R/W | R/W | R/W | R/W | R/W | R/W | R/W |

ADC0GTH 位功能说明如下：

➢ 位 7～0　ADC0 下限数据字高字节。

表 4.14　ADC0 下限(大于)数据字低字节寄存器 ADC0GTL

寄存器地址：寄存器 0 页的 0xC3　　复位值：11111111

| 位　号 | 位 7 | 位 6 | 位 5 | 位 4 | 位 3 | 位 2 | 位 1 | 位 0 |
|---|---|---|---|---|---|---|---|---|
| 位定义 | D7 | D6 | D5 | D4 | D3 | D2 | D1 | D0 |
| 读写允许 | R/W | R/W | R/W | R/W | R/W | R/W | R/W | R/W |

ADC0GTL 位功能说明如下：

➢ 位 7～0　ADC0 下限数据字低字节。

表 4.15　ADC0 上限(小于)数据字高字节寄存器 ADC0LTH

寄存器地址：寄存器 0 页的 0xC6　　复位值：00000000

| 位　号 | 位 7 | 位 6 | 位 5 | 位 4 | 位 3 | 位 2 | 位 1 | 位 0 |
|---|---|---|---|---|---|---|---|---|
| 位定义 | D7 | D6 | D5 | D4 | D3 | D2 | D1 | D0 |
| 读写允许 | R/W | R/W | R/W | R/W | R/W | R/W | R/W | R/W |

ADC0LTH 位功能说明如下：

➢ 位 7～0　ADC0 上限数据字高字节。

表 4.16　ADC0 上限(小于)数据字低字节寄存器 ADC0LTL

寄存器地址：寄存器 0 页的 0xC5　　复位值：00000000

| 位　号 | 位 7 | 位 6 | 位 5 | 位 4 | 位 3 | 位 2 | 位 1 | 位 0 |
|---|---|---|---|---|---|---|---|---|
| 位定义 | D7 | D6 | D5 | D4 | D3 | D2 | D1 | D0 |
| 读写允许 | R/W | R/W | R/W | R/W | R/W | R/W | R/W | R/W |

ADC0LTL 位功能说明如下：

➢ 位 7～0　ADC0 上限数据字低字节。

图 4.7 给出了使用右对齐数据窗口比较的两个例子。为了形象地说明窗口比较功能，左边的例子所使用的极限值为：ADC0LTH：ADC0LTL＝0x0080(128d)和 ADC0GTH：ADC0GTL＝0x0040(64d)；右边的例子所使用的极限值为：ADC0LTH：ADC0LTL＝0x0040 和 ADC0GTH：ADC0GTL＝0x0080。输入电压范围是 0～VREF×(1 023/1 024)，转换位数为 10 位。对于左边的例子，如果 ADC0 转换字(ADC0H：ADC0L)位于由 ADC0GTH：ADC0GTL 和 ADC0LTH：ADC0LTL 定义的范围之内(即 0x0040＜ADC0H：ADC0L＜

0x0080)，则会产生一个 AD0WINT 中断。对于右边的例子，如果 ADC0 转换结果数据字位于由 ADC0GT 和 ADC0LT 定义的范围之外(即 ADC0H：ADC0L＜0x0040 或 ADC0H：ADC0L＞0x0080)，则会产生一个 AD0WINT 中断。

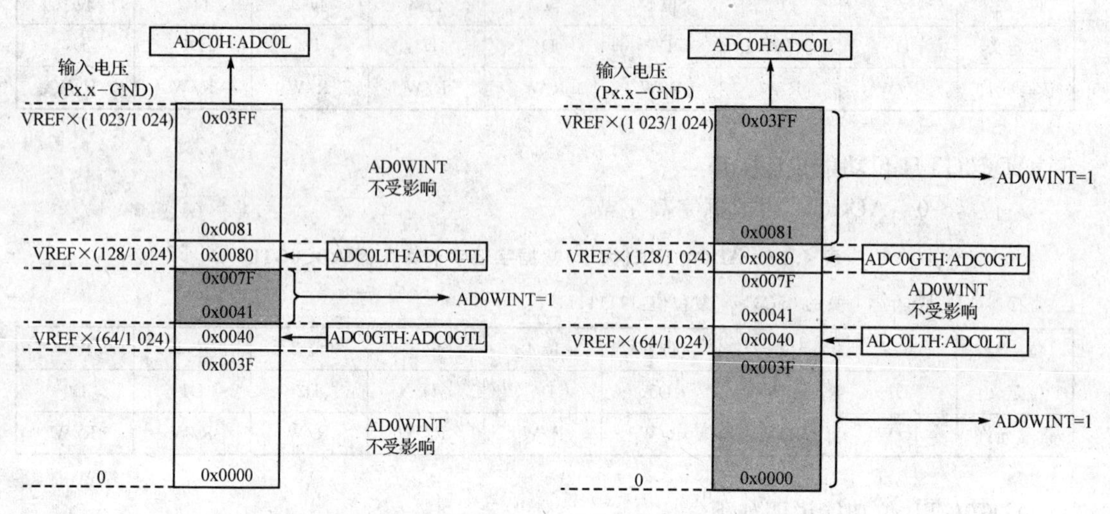


图 4.7　ADC0 窗口中断示例(右对齐数据)

## 4.11　片内温度传感器

C8051F9xx 片内集成了一个温度传感器，并且已连接到了多路模拟开关上，允许工作后就可以通过寄存器 ADC0MX 选择。这个温度传感器在内部一些需要温度补偿的场合很有用。可以通过检测片外的温度，只要考虑封装的影响对测试温度进行补偿，就可以得到系统所处温度。

温度传感器的典型传输函数如图 4.8 所示。当温度传感器被寄存器 ADC0MX 中的 AD0MX[4：0]选中时，输出电压(VTEMP)为 ADC0 的输入。从图中看，该传感器的线性也不错，实测也是这样。

寄存器 REF0CN 中的 TEMPE 位用于允许/禁止温度传感器。当被禁止时，温度传感器为缺省的高阻抗值，此时所有的温度输出值无意义。

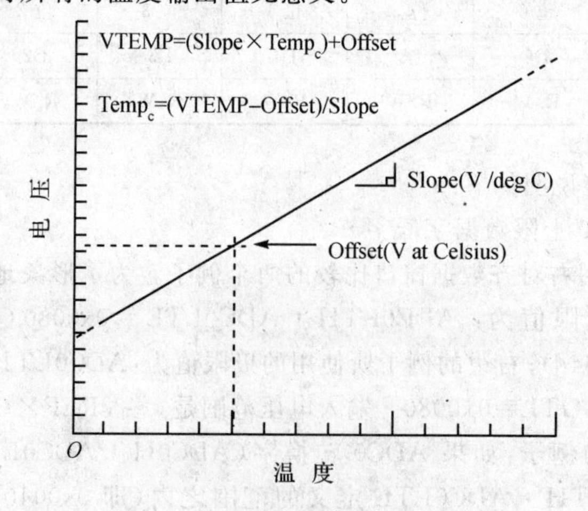


图 4.8　温度传感器典型传输函数

### 4.11.1 温度传感器的校准

以前的产品 C8051F3xx、C8051F4xx 片内的温度传感器对于偏移值和单位温度的电压增益是未知,需使用者自己测试,给使用带来了一定的麻烦。未经标定的传感器尽管线性也非常好,但只能得到温度的相对量,无法得到绝对量。C8051F9xx 给出了温度传感器对应的偏移值与增益值,具体见表 4.17。

表 4.17 温度传感器对应的参数值

| 参 数 | 条 件 | 最小值 | 典型值 | 最大值 | 单 位 |
|---|---|---|---|---|---|
| 线性度 | | — | ±0.2 | — | ℃ |
| 相对精度 | | — | TBD | — | ℃ |
| 增益 | | — | 4.032 | — | mV/℃ |
| 增益误差* | | — | TBD | — | μV/℃ |
| 偏移 | Temp=0 ℃ | — | 929.2 | — | mV |
| 偏移误差* | Temp=0 ℃ | — | TBD | — | mV |

注:VDD=1.8~3.6 V,-40~+85 ℃。* 代表偏移平均值一个标准差。

要想得到较为精确的温度值最好对所使用的器件的温度传感器进行校准,毕竟不同批次的器件存在微小差别。可以按以下步骤进行单点校准。

① 需要先知道控制测量环境的温度

② 给器件上电,等待几秒钟使器件自热。

③ 选择温度传感器作为 ADC0 的输入,并执行一次 A/D 转换。

④ 计算偏移特性值,并将该值存入非易失存储器中,以备以后进行温度测量之用。

需注意的是 ADC 测量的精度与基准电压值有关,最好将它精确测出,而不是直接使用参数表值。图 4.9 是单点校准温度传感器的误差分布。

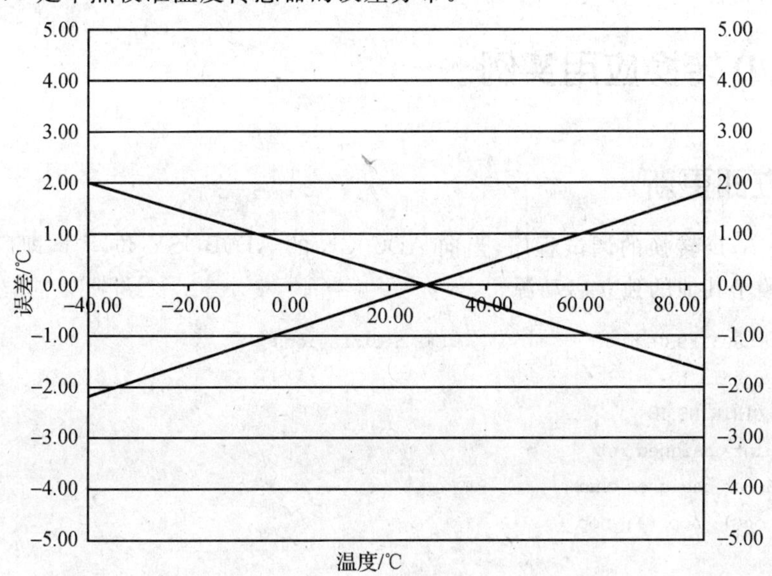


图 4.9 单点校准温度传感器的误差分布(VREF=1.68 V)

### 4.11.2 温度传感器校准所使用的寄存器

产品测试器件需对每个温度传感器进行单点偏移值测量。测量在 25 ℃＋TBD(℃)下通过 ADC0 进行，选择内部高速基准缓冲器作为电压基准。ADC 的直接测量结果存储在寄存器 TOFFH 和 TOFFL 中，有关它们的定义如表 4.18、表 4.19 所列。

**表 4.18 ADC0 校准数据字高字节 TOFFH**

寄存器地址：寄存器 0x0F 页的 0x86　　复位值：00000000

| 位　号 | 位 7 | 位 6 | 位 5 | 位 4 | 位 3 | 位 2 | 位 1 | 位 0 |
|---|---|---|---|---|---|---|---|---|
| 位定义 | — | — | — | — | — | — | TOFF[9：8] | |
| 读写允许 | R | R | R | R | R | R | R | R |

TOFFH 位功能说明如下：

➢ 位 7～2　未使用。读返回值均为 0，写忽略操作。

➢ 位 1～0（TOFF[9：8]）　温度传感器偏移值高位，10 位温度传感器偏移测量值的高 2 位。

**表 4.19 ADC0 校准数据字低字节 TOFFL**

寄存器地址：寄存器 0x0F 页的 0x85　　复位值：00000000

| 位　号 | 位 7 | 位 6 | 位 5 | 位 4 | 位 3 | 位 2 | 位 1 | 位 0 |
|---|---|---|---|---|---|---|---|---|
| 位定义 | TOFF[7：0] | | | | | | | |
| 读写允许 | R | R | R | R | R | R | R | R |

TOFFL 位功能说明如下：

➢ 位 7～0（TOFF[7：0]）　温度传感器偏移值低位，10 位温度传感器偏移测量值的低字节位。

## 4.12 A/D 转换应用实例

### 4.12.1 立即更新

本程序是 A/D 转换的调试程序，当向 ADC0CN 的 AD0BUSY 位写 1，即启动一次 A/D 转换，不再依赖于其他的独立启动源。

```
#include <C8051F930.h>                    // SFR declarations
#include <stdio.h>
#include <INTRINS.H>
#define uint unsigned int
#define uchar unsigned char
#define nop() _nop_();_nop_();
```

```
//----------------------------------------------------------------------
// 全局常量
//----------------------------------------------------------------------
#define FREQUEN    24500000
#define DIVCLK     1
#define SYSCLK  FREQUEN/DIVCLK                    // SYSCLK frequency in Hz
//----------------------------------------------------------------------
// 全局变量
//----------------------------------------------------------------------
uint xdata databuf[128];
uchar cont;
uint addata;
uchar pagesave;
bit adcflg;
//----------------------------------------------------------------------
// 函数声明
//----------------------------------------------------------------------
void SYSCLK_Init (void);
void PORT_Init (void);
void ADC0_Init(void);
void indata();
//----------------------------------------------------------------------
// MAIN 函数
//----------------------------------------------------------------------
void main (void)
{
   PCA0MD &= ~0x40;                           // WDTE = 0 (clear watchdog timer enable)
   SYSCLK_Init ();                            // Initialize system clock to 24.5 MHz
   PORT_Init ();                              // Initialize crossbar and GPIO
   ADC0_Init();                               // Initialize ADC0
   for(cont = 0;cont<128;cont ++ )
   {
     databuf[cont] = cont;
   }
   indata();

   while (1) {                                // spin forever
   }
}
//----------------------------------------------------------------------
//时钟源初始化函数
//----------------------------------------------------------------------
void SYSCLK_Init (void)
{
```

```
        OSCICN |= 0x80;                         //允许内部精密时钟
        RSTSRC = 0x06;                          // Enable missing clock detector and
                                                // leave VDD Monitor enabled.
    CLKSEL = 0x00;
     switch(DIVCLK)
     {
      case 1:
      {     CLKSEL |= 0x00;                     //系统频率 1 分频
      break;}
     case 2:
      {     CLKSEL |= 0x10;                     //系统频率 2 分频
      break;}
      case 4:
      {     CLKSEL |= 0x20;                     //系统频率 4 分频
      break;}
      case 8:
      {     CLKSEL |= 0x30;                     //系统频率 8 分频
      break;}
      case 16:
      {     CLKSEL |= 0x40;                     //系统频率 16 分频
      break;}
      case 32:
      {     CLKSEL |= 0x50;                     //系统频率 32 分频
      break;}
      case 64:
      {     CLKSEL |= 0x60;                     //系统频率 64 分频
      break;}
      case 128:
      {     CLKSEL |= 0x70;                     //系统频率 128 分频
      break;}
     }
}
//-------------------------------------------------------------------------
//端口初始化及功能分配函数
//-------------------------------------------------------------------------
void PORT_Init (void)
{
    // Analog Input
    P0MDIN &= ~0x40;                        // Set P0.6 as an analog input
    P0MDOUT &= ~0x40;                       // Set P0.6 to open - drain
    P0 |=   0x40;                           // Set P0.6 latch to '1'
    P0SKIP |=   0x40;                       // Skip P0.6 in the Crossbar
    P0MDOUT |= 0x01;                        // P0.0 设置为推挽方式输出
    XBR0 |= 0x08;                           // 系统时钟配置在 P0.0 输出
    XBR2 = 0x40;                            // Enable crossbar and weak pull - ups

}
```

```
//------------------------------------------------------------------------
// ADC0 初始化
//------------------------------------------------------------------------
void ADC0_Init (void)
{
   ADC0CN = 0x80;                         // ADC0 disabled, Burst Mode enabled,
                                          // conversion triggered on TMR2 overflow

   REF0CN = 0x01;                         // Select internal high speed voltage
                                          // reference

   ADC0MX = 0x06;                         // Select P0.6 as the ADC input pin

   ADC0CF |= 0x00;                        // Select Gain of 0.5

   ADC0AC = 0x00;                         // Right - justify results, shifted right
                                          // by 2 bits. Accumulate 16 samples for
                                          // an output word of 12 - bits.

}
void indata()
 {      for (cont = 0;cont<128;cont ++ )
       {
        AD0BUSY = 1;
        AD0INT = 0;
              while(AD0INT = = 0)
                {;       }
              addata = ADC0H * 256;
              addata + = ADC0L;           //可用 sfr16 一次性读取
              databuf[cont] = addata;     //将采样指存入长度为 20 的数组中
        }
 }
```

## 4.12.2 时控触发源方式

利用片内的定时器可以组成时控触发方式，此时定时器作为触发源，由于定时器的溢出时间可控，因而采样有较大的灵活性。对于时间序列的采样很有意义，尤其是与时间相关的信号分析，比如信号的频率分析。程序如下：

```
# include <C8051F930.h>                    // SFR declarations
# include <stdio.h>
# include <INTRINS.H>
# define uint unsigned int
# define uchar unsigned char
# define ulong unsigned long
# define nop() _nop_();_nop_();
//------------------------------------------------------------------------
// 全局常量
//------------------------------------------------------------------------
```

```
#define FREQUEN    24500000
#define DIVCLK     1
#define SYSCLK   FREQUEN/DIVCLK                           // SYSCLK frequency in Hz
#define SAMPLERATE    1000                                // ADC 采样频率
//-----------------------------------------------------------------------------
// 全局变量
//-----------------------------------------------------------------------------
uint xdata databuf[64];
ulong xdata TESTbuf[64];
uchar cont;
uint addata;
uchar pagesave;
bit adcflg;
//-----------------------------------------------------------------------------
// 函数声明
//-----------------------------------------------------------------------------
void SYSCLK_Init (void);
void PORT_Init (void);
void Timer2_Init(void);
void ADC0_Init(void);
void PCA_Init();
void changdata();
void indata();
void bufini();
//-----------------------------------------------------------------------------
// MAIN 函数
//-----------------------------------------------------------------------------
void main (void)
{
   PCA_Init();
   SYSCLK_Init ();                                        // Initialize system clock to 24.5 MHz
   PORT_Init ();                                          // Initialize crossbar and GPIO
   Timer2_Init();                                         // Init Timer2 to generate
                                                          // overflows to trigger ADC
   ADC0_Init();                                           // Initialize ADC0
   while (1) {
   bufini();
     indata();
     changdata();
     nop();
   }
}
```

```
//------------------------------------------------------------------------
//PCA 初始化函数
//------------------------------------------------------------------------
 void PCA_Init()
{
    PCA0MD &=  ~0x40;
    PCA0MD  =  0x00;
}
//------------------------------------------------------------------------
//时钟源初始化函数
//------------------------------------------------------------------------
void SYSCLK_Init (void)
{
   OSCICN |=  0x80;                                   //允许内部精密时钟
   RSTSRC  =  0x06;
CLKSEL  =  0x00;
    switch(DIVCLK)
    {
     case 1:
     {      CLKSEL |= 0x00;                           //系统频率 1 分频
     break;}
    case 2:
     {      CLKSEL |=  0x10;                          //系统频率 2 分频
     break;}
     case 4:
     {      CLKSEL |=  0x20;                          //系统频率 4 分频
     break;}
     case 8:
     {      CLKSEL |=  0x30;                          //系统频率 8 分频
     break;}
     case 16:
     {      CLKSEL |=  0x40;                          //系统频率 16 分频
     break;}
     case 32:
     {      CLKSEL |=  0x50;                          //系统频率 32 分频
     break;}
     case 64:
     {      CLKSEL |=  0x60;                          //系统频率 64 分频

     break;}
     case 128:
     {      CLKSEL |=  0x70;                          //系统频率 128 分频
     break;}
    }
}
```

```
//------------------------------------------------------------------------
//端口初始化及功能分配函数
//------------------------------------------------------------------------
void PORT_Init (void)
{
   // Analog Input
   P0MDIN   &= ~0x40;                          // Set P0.6 as an analog input
   P0MDOUT  &= ~0x40;                          // Set P0.6 to open - drain
   P0 |=   0x40;                               // Set P0.6 latch to '1'
   P0SKIP |=   0x40;                           // Skip P0.6 in the Crossbar

   XBR2 = 0x40;                                // Enable crossbar and weak pull - ups
}
//------------------------------------------------------------------------
// Timer2  初始化
//------------------------------------------------------------------------
void Timer2_Init (void)
{
   TMR2CN = 0x00;                              // 停止 Timer2;TF2 清 0
   CKCON  &= 0x30;                             // 使用 SYSCLK/12 作为时基,
                                               // 16 位重载模式

   TMR2RL = 65535 - (SYSCLK / 12 / SAMPLERATE);  // 初始化重载值
   TMR2 = TMR2RL;                              //初始化定时器值
   TR2 = 1;                                    //启动 Timer2
}
//------------------------------------------------------------------------
// ADC0  初始化
//------------------------------------------------------------------------
void ADC0_Init (void)
{
   ADC0CN = 0x82;                              // ADC0  允许,Timer2 溢出启动转换
   REF0CN = 0x01;                              // 选择内部高速电压基准
   ADC0MX = 0x06;                              // 选择 P0.6 作为 ADC 输入引脚
   ADC0CF |= 0x00;                             // 选择增益为 0.5
   ADC0AC = 0x00;
}
void changdata()
{
ulong result;
ulong TESTmV;
   for (cont = 0;cont<64;cont ++ )
     {
      result = databuf[cont];
   TESTmV =   result * 3326 / 1024;
   TESTbuf[cont] = TESTmV;
```

```
  }
 }
void indata()
 {      for (cont = 0;cont<64;cont ++ )
       {
       AD0INT = 0;
              while(AD0INT = = 0)
              {;        }
                  addata = ADC0;
                    databuf[cont] = addata;      //将采样指存入长度为 20 的数组中
                  }
 }
void bufini()
{
 for (cont = 0;cont<64;cont ++ )
      {
       databuf[cont] = cont;
       TESTbuf[cont] = cont;
      }
}
```

图 4.10 为时控触发采集的数据。

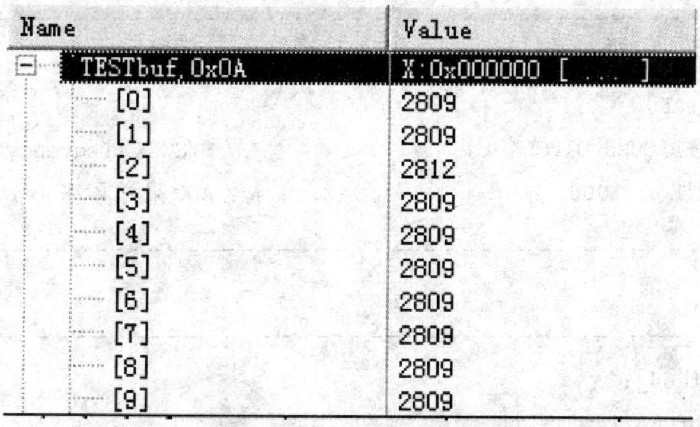

| Name | Value |
|---|---|
| TESTbuf, 0x0A | X:0x000000 [ ... ] |
| [0] | 2809 |
| [1] | 2809 |
| [2] | 2812 |
| [3] | 2809 |
| [4] | 2809 |
| [5] | 2809 |
| [6] | 2809 |
| [7] | 2809 |
| [8] | 2809 |
| [9] | 2809 |

**图 4.10　时控触发采集的数据**

## 4.12.3　硬件累加器应用

C8051F9xx 片内 A/D 具有硬件累加功能，也就是说，最多可以进行 64 次 A/D 转换，把结果累加后再输出。这样其实是一种过采样的效果，可以提高 A/D 的实际输出位数。这种以时间换精度的方式在一些应用场合很有价值，需要信号变化不是太剧烈，毕竟这种方式输出有一定的滞后性。

图 4.11 为数据累加 4 次得到的结果。

图 4.12 是数据累加 16 次得到的结果。

| Name | Value |
|---|---|
| TESTbuf, 0x0A | X:0x000000 [ ... ] |
| [0] | 1254 |
| [1] | 1254 |
| [2] | 1254 |
| [3] | 1255 |
| [4] | 1254 |
| [5] | 1254 |
| [6] | 1254 |
| [7] | 1254 |
| [8] | 1254 |
| [9] | 1255 |

图 4.11 数据累加 4 次得到的结果

| Name | Value |
|---|---|
| TESTbuf, 0x0A | X:0x000000 [ ... ] |
| [0] | 1386 |
| [1] | 1386 |
| [2] | 1386 |
| [3] | 1386 |
| [4] | 1386 |
| [5] | 1386 |
| [6] | 1386 |
| [7] | 1386 |
| [8] | 1386 |
| [9] | 1386 |

图 4.12 数据累加 16 次得到的结果

程序如下：

```
#include <C8051F930.h>                              // SFR declarations
#include <stdio.h>
#include <INTRINS.H>
#define uint unsigned int
#define uchar unsigned char
#define ulong unsigned long
#define nop() _nop_();_nop_();
//------------------------------------------------------------------------
// 全局常量
//------------------------------------------------------------------------
#define FREQUEN    24500000
#define DIVCLK     1
#define SYSCLK   FREQUEN/DIVCLK                     // SYSCLK frequency in Hz
#define SAMPLERATE     1000                         // ADC 采样频率

//------------------------------------------------------------------------
// 全局变量
//------------------------------------------------------------------------
uint xdata databuf[64];
ulong xdata TESTbuf[64];
uchar cont;
uint addata;
uchar pagesave;
bit adcflg;
//------------------------------------------------------------------------
// 函数声明
//------------------------------------------------------------------------

void SYSCLK_Init (void);
void PORT_Init (void);
void Timer2_Init(void);
void ADC0_Init(void);
void PCA_Init();
```

```
void changdata();
void indata();
void bufini();
//-------------------------------------------------------------------------
// MAIN 函数
//-------------------------------------------------------------------------
void main (void)
{
   PCA_Init();
   SYSCLK_Init ();                              // Initialize system clock to 24.5 MHz
   PORT_Init ();                                // Initialize crossbar and GPIO
   Timer2_Init();                               // Init Timer2 to generate
                                                // overflows to trigger ADC
   ADC0_Init();                                 // Initialize ADC0

   while (1) {
   bufini();
        ADC0H = 0;
        ADC0L = 0;
     indata();
     changdata();
     nop();
   }
}
//-------------------------------------------------------------------------
//PCA 初始化函数
//-------------------------------------------------------------------------
 void PCA_Init()
{
    PCA0MD &=  ~0x40;
    PCA0MD  =  0x00;
}
//-------------------------------------------------------------------------
//时钟源初始化函数
//-------------------------------------------------------------------------
void SYSCLK_Init (void)
{
   OSCICN |=  0x80;                             //允许内部精密时钟
   RSTSRC  =  0x06;

CLKSEL  =  0x00;
    switch(DIVCLK)
    {
     case 1:
     {     CLKSEL |= 0x00;                      //系统频率 1 分频
     break;}
```

```
   case 2:
    {     CLKSEL |= 0x10;                               //系统频率 2 分频
    break;}
    case 4:
    {     CLKSEL |= 0x20;                               //系统频率 4 分频
    break;}
    case 8:
    {     CLKSEL |= 0x30;                               //系统频率 8 分频
    break;}
    case 16:
    {     CLKSEL |= 0x40;                               //系统频率 16 分频
    break;}
    case 32:
    {     CLKSEL |= 0x50;                               //系统频率 32 分频
    break;}
    case 64:
    {     CLKSEL |= 0x60;                               //系统频率 64 分频
    break;}
    case 128:
    {     CLKSEL |= 0x70;                               //系统频率 128 分频
    break;}
   }
}
//-----------------------------------------------------------------------------
//端口初始化及功能分配函数
//-----------------------------------------------------------------------------
void PORT_Init (void)
{
   // Analog Input
   P0MDIN   &= ~0x40;                                   // Set P0.6 as an analog input
   P0MDOUT  &= ~0x40;                                   // Set P0.6 to open - drain
   P0 |=  0x40;                                         // Set P0.6 latch to '1'
   P0SKIP   |=  0x40;                                   // Skip P0.6 in the Crossbar
   XBR2 = 0x40;                                         // Enable crossbar and weak pull - ups
}
//-----------------------------------------------------------------------------
// Timer2  初始化
//-----------------------------------------------------------------------------
void Timer2_Init (void)
{
   TMR2CN  = 0x00;                                      // 停止 Timer2;TF2 清 0
   CKCON  &= 0x30;                                      // 使用 SYSCLK/12 作为时基,
                                                        // 16 位重载模式
   TMR2RL = 65535 - (SYSCLK / 12 / SAMPLERATE);         // 初始化重载值
```

```
    TMR2 = TMR2RL;                              // 初始化定时器值
    TR2 = 1;                                    // 启动 Timer2
}
//-----------------------------------------------------------------------
// ADC0 初始化
//-----------------------------------------------------------------------
void ADC0_Init (void)
{
    ADC0CN = 0x82;                              // ADC0 允许,Timer2 溢出启动转换
    REF0CN = 0x01;                              // 选择内部高速电压基准
    ADC0MX = 0x06;                              // 选择 P0.6 作为 ADC 输入引脚
    ADC0CF |= 0x00;                             // 选择增益为 0.5
    ADC0AC = 0x53;                              //右对齐,右移 2 位累加 16 次输出 12 位结果
    }
void changdata()
{
ulong result;
ulong TESTmV;
    for (cont = 0;cont<64;cont ++ )
      {
      result = databuf[cont];
      TESTmV = result * 3326 / 4096;
      TESTbuf[cont] = TESTmV;                   //将转换的 MV 值存入长度为 64 的数组中
  }
}
void indata()
 {     for (cont = 0;cont<64;cont ++ )
      {
         AD0INT = 0;
                while(AD0INT == 0)
                {;        }
                    addata = ADC0;
         ADC0H = 0;
         ADC0L = 0;
         databuf[cont] = addata;                //将采样值存入长度为 64 的数组中
       }
 }
void bufini()
{
 for (cont = 0;cont<64;cont ++ )
      {
       databuf[cont] = cont;
       TESTbuf[cont] = cont;
      }
}
```

## 4.12.4 中断采样处理

A/D 输出的结果可以采用查询方式读取,也可采用中断方式。两种方式要根据需要选择,不可拘泥于某种方式。查询方式潜在冲突少,处理相对简单,但实时性差。中断方式实时性好,尤其在多任务场合,但存在潜在冲突,尤其是在一些多中断源的系统中。下面给出了 A/D 中断采样的使用,程序如下:

```
#include <C8051F930.h>                       // SFR declarations
#include <stdio.h>
#include <INTRINS.H>
#define uint unsigned int
#define uchar unsigned char
#define ulong unsigned long
#define nop() _nop_();_nop_();
//-----------------------------------------------------------------
// 全局常量
//-----------------------------------------------------------------
#define FREQUEN    24500000
#define DIVCLK    1
#define SYSCLK   FREQUEN/DIVCLK              // SYSCLK frequency in Hz
#define SAMPLERATE    1000                   // ADC 采样频率
#define SAMlen    64                         //数组上限
//-----------------------------------------------------------------
// 全局变量
//-----------------------------------------------------------------
uint xdata databuf[SAMlen];
ulong xdata TESTbuf[SAMlen];
uchar cont;
uint addata;
uchar pagesave;
bit adcflg;
//-----------------------------------------------------------------
// 函数声明
//-----------------------------------------------------------------
void SYSCLK_Init (void);
void PORT_Init (void);
void Timer3_Init(void);
void ADC0_Init(void);
void PCA_Init();
void changdata();
void bufini();
void ADC_ISR(void);
//-----------------------------------------------------------------
// MAIN 函数
//-----------------------------------------------------------------
```

```
void main (void)
{
   PCA_Init();
   SYSCLK_Init ();                                  // Initialize system clock to 24.5 MHz
   PORT_Init ();                                    // Initialize crossbar and GPIO
   Timer3_Init();                                   // Init Timer2 to generate
                                                    // overflows to trigger ADC
   ADC0_Init();                                     // Initialize ADC0
      bufini();
      cont = 0;
        ADC0H = 0;
        ADC0L = 0;
        adcflg = 0;
      TMR3CN |= 0x04;                               // 启动 Timer3
        EA = 1;
   while (1) {
     if(adcflg == 1)
     {
     changdata();
     cont = 0;
     EA = 1;
     TMR3CN |= 0x04;
     adcflg = 0;
     }
  nop();
   }
}
//-----------------------------------------------------------------------------
//PCA 初始化函数
//-----------------------------------------------------------------------------
 void PCA_Init()
{
    PCA0MD    &= ~0x40;
    PCA0MD     = 0x00;
}
//-----------------------------------------------------------------------------
//时钟源初始化函数
//-----------------------------------------------------------------------------
void SYSCLK_Init (void)
{
   OSCICN |= 0x80;                                  //允许内部精密时钟
   RSTSRC = 0x06;

CLKSEL = 0x00;
    switch(DIVCLK)
```

```
    {
     case 1:
     {     CLKSEL |= 0x00;                              //系统频率 1 分频
     break;}
    case 2:
     {     CLKSEL |=  0x10;                             //系统频率 2 分频
     break;}
     case 4:
     {     CLKSEL |=  0x20;                             //系统频率 4 分频
     break;}
     case 8:
     {     CLKSEL |=  0x30;                             //系统频率 8 分频
     break;}
     case 16:
     {     CLKSEL |=  0x40;                             //系统频率 16 分频
     break;}
     case 32:
     {     CLKSEL |=  0x50;                             //系统频率 32 分频
     break;}
     case 64:
     {     CLKSEL |=  0x60;                             //系统频率 64 分频
     break;}
     case 128:
     {     CLKSEL |=  0x70;                             //系统频率 128 分频
     break;}
    }
}
//------------------------------------------------------------------------
//端口初始化及功能分配函数
//------------------------------------------------------------------------
void PORT_Init (void)
{
   // Analog Input
   P0MDIN    &=  ~0x40;                               // Set P0.6 as an analog input
   P0MDOUT   &=  ~0x40;                               // Set P0.6 to open - drain
   P0 |=   0x40;                                      // Set P0.6 latch to '1'
   P0SKIP |=   0x40;                                  // Skip P0.6 in the Crossbar
   XBR2  =  0x40;                                     // Enable crossbar and weak pull - ups
}
//------------------------------------------------------------------------
// Timer3   初始化
//------------------------------------------------------------------------
void Timer3_Init (void)
{
   TMR3CN  =  0x00;                                   // 停止 Timer3;TF2 清 0
```

```
    CKCON  &= 0xc0;                                 // 使用 SYSCLK/12 作为时基,
                                                    // 16 位重载模式
    TMR3RL = 65535 - (SYSCLK / 12 / SAMPLERATE);   // 初始化重载值
    TMR3 = TMR3RL;                                  //初始化定时器值
}

//-----------------------------------------------------------------------------
// ADC0 初始化
//-----------------------------------------------------------------------------
void ADC0_Init (void)
{
    ADC0CN = 0x83;                          // ADC0 允许,Timer3 溢出启动转换
    REF0CN = 0x01;                          // 选择内部高速电压基准
    ADC0MX = 0x06;                          // 选择 P0.6 作为 ADC 输入引脚
    ADC0CF |= 0x00;                         // 选择增益为 0.5
    ADC0AC = 0x53;                          //右对齐,右移 2 位累加 16 次输出 12 位结果
    EIE1 |= 0x08;                           // Enable ADC0 conversion complete int
        }

void changdata()
{
ulong result;
ulong TESTmV;
     for (cont = 0;cont<64;cont ++ )
        {
         result = databuf[cont];
    TESTmV = result * 3326 / 4096;
    TESTbuf[cont] = TESTmV;                 //将转换的 MV 值存入长度为 64 的数组中
  }
}
void bufini()
{
 for (cont = 0;cont<64;cont ++ )
        {
         databuf[cont] = cont;
         TESTbuf[cont] = cont;
        }
}
//-----------------------------------------------------------------------------
// ADC0 中断函数
//-----------------------------------------------------------------------------
void ADC_ISR(void) INTERRUPT_ADC0_EOC
{
        AD0INT = 0;                          // clear ADC0 conv. complete flag
    if(cont<SAMlen)
    {
      databuf[cont] = ADC0;
```

```
   cont++;
  }
  else
  {EA = 0;
   TMR3CN &= 0xfb;
   adcflg = 1;
  }
  ADC0H = 0;
  ADC0L = 0;
   }
```

## 4.12.5 外部 CNVSTR 采样应用

外部 CNVSTR 其实也是一种 A/D 启动源，采用外部的触发信号，多用于采样需与其他信号同步的场合。示例程序为了方便，采用了模拟外部信号的方法，即利用 I/O 端口输出方波，再把该方波输入到 A/D 的外部 CNVSTR 输入端。程序如下：

```
#include <C8051F930.h>                                      // SFR declarations
#include <stdio.h>
#include <INTRINS.H>
#define uint unsigned int
#define uchar unsigned char
#define ulong unsigned long
#define nop() _nop_();_nop_();
//----------------------------------------------------------------------
// 全局常量
//----------------------------------------------------------------------
#define FREQUEN    24500000
#define DIVCLK    1
#define SYSCLK   FREQUEN/DIVCLK                             // SYSCLK frequency in Hz
#define SAMPLERATE    1000                                  // ADC 采样频率
#define SAMlen    64                                        //数组上限

//----------------------------------------------------------------------
// I/O 定义
//----------------------------------------------------------------------
 sbit CNVS = P0^4;

//----------------------------------------------------------------------
// 全局变量
//----------------------------------------------------------------------
uint xdata databuf[SAMlen];
ulong xdata TESTbuf[SAMlen];
uchar cont;
uint addata;
uchar pagesave;
uchar tempage;
```

```
bit adcflg;
//------------------------------------------------------------------------
// 函数声明
//------------------------------------------------------------------------

void SYSCLK_Init (void);
void PORT_Init (void);
void Timer3_Init(void);
void ADC0_Init(void);
void PCA_Init();
void changdata();
void bufini();
void ADC_ISR(void);
//------------------------------------------------------------------------
// MAIN 函数
//------------------------------------------------------------------------
void main (void)
{
   PCA_Init();
   SYSCLK_Init ();                          // Initialize system clock to 24.5 MHz
        PORT_Init ();                       // Initialize crossbar and GPIO
        ADC0_Init();                        // Initialize ADC0
   Timer3_Init();                           // Init Timer2 to generate
                                            // overflows to trigger ADC
      bufini();
      cont = 0;
        ADC0H = 0;
        ADC0L = 0;
        adcflg = 0;
      TMR3CN |= 0x04;                       // 启动 Timer3
      EIE1 |= 0x80;
        EA = 1;
   while (1) {
     if(adcflg == 1)
     {
     changdata();
     cont = 0;
     EA = 1;
     TMR3CN |= 0x04;
     adcflg = 0;
     }
         nop();
   }
}
```

```
//------------------------------------------------------------------
//PCA 初始化函数
//------------------------------------------------------------------
 void PCA_Init()
{
    PCA0MD &=  ~0x40;
    PCA0MD  =  0x00;
}
//------------------------------------------------------------------
//时钟源初始化函数
//------------------------------------------------------------------
void SYSCLK_Init (void)
{
   OSCICN |=  0x80;                                    //允许内部精密时钟
   RSTSRC  =  0x06;
CLKSEL  =  0x00;
    switch(DIVCLK)
    {
     case 1:
     {     CLKSEL |=  0x00;                            //系统频率 1 分频
     break;}
    case 2:
     {     CLKSEL |=  0x10;                            //系统频率 2 分频
     break;}
     case 4:
     {     CLKSEL |=  0x20;                            //系统频率 4 分频
     break;}
     case 8:
     {     CLKSEL |=  0x30;                            //系统频率 8 分频
     break;}
     case 16:
     {     CLKSEL |=  0x40;                            //系统频率 16 分频
     break;}
     case 32:
     {     CLKSEL |=  0x50;                            //系统频率 32 分频
     break;}
     case 64:
     {     CLKSEL |=  0x60;                            //系统频率 64 分频
     break;}
     case 128:
     {     CLKSEL |=  0x70;                            //系统频率 128 分频
     break;}
    }
}
```

```
//--------------------------------------------------------------------
//端口初始化及功能分配函数
//--------------------------------------------------------------------
void PORT_Init (void)
{
    // Analog Input
    // P0MDIN &=  ~0x40;                        // Set P0.6 as an analog input
    //P0MDOUT  &=  ~0x40;                       // Set P0.6 to open - drain
    //P0 |=  0x40;                              // Set P0.6 latch to '1'
    //P0SKIP |=  0x40;                          // Skip P0.6 in the Crossbar
    //P0SKIP |=  0xff;
    P0MDOUT = 0x10;
    P0MDIN = ~0x03;
    P0MDIN = 0xf7;
    P0SKIP = 0x58;
    tempage = SFRPAGE;
    SFRPAGE = 0x0f;
    P0DRV |= 0x01;
    SFRPAGE = tempage;
    P0 |= 0x10;                                 // 设置 P0.4 为 1
    XBR2 = 0x40;                                // 40
}
//--------------------------------------------------------------------
// Timer3  初始化
//--------------------------------------------------------------------
void Timer3_Init (void)
{
   TMR3CN = 0x00;                               // 停止 Timer3
   CKCON  &= 0xc0;                              // 使用 SYSCLK/12 作为时基，
                                                // 16 位重载模式
   TMR3RL = 65535 - (SYSCLK / 12 / (SAMPLERATE * 2));   // 初始化重载值
   TMR3 = TMR3RL;                               //初始化定时器值
}
//--------------------------------------------------------------------
// ADC0  初始化
//--------------------------------------------------------------------
void ADC0_Init (void)
{
   ADC0CN = 0x84;
   REF0CN = 0x01;                        // 选择内部高速电压基准
   ADC0MX = 0x03;                        // 选择 P0.3 作为 ADC 输入引脚
   ADC0CF |= 0x00;                       // 选择增益为 0.5
   ADC0AC = 0x53;                        // 右对齐,右移 2 位累加 16 次输出 12 位结果
   EIE1 |= 0x08;                         // Enable ADC0 conversion complete int
```

```
}
void changdata()
{
   ulong result;
   ulong TESTmV;
   for (cont = 0;cont<64;cont ++ )
     {
     result = databuf[cont];
     TESTmV =   result * 3326 / 4096;
     TESTbuf[cont] = TESTmV;                    //将转换的 MV 值存入长度为 64 的数组中
  }
}
void bufini()
{
 for (cont = 0;cont<64;cont ++ )
     {
      databuf[cont] = cont;
      TESTbuf[cont] = cont;
     }
}
//---------------------------------------------------------------------------
// ADC0  中断函数
//---------------------------------------------------------------------------
void ADC_ISR(void) INTERRUPT_ADC0_EOC
{
   AD0INT  =  0;                                // clear ADC0 conv. complete flag
   if(cont<SAMlen)
   {
     databuf[cont] = ADC0;
     cont ++ ;
   }
   else
   { EA = 0;
     TMR3CN &=  0xfb;
     adcflg = 1;
   }
   ADC0H = 0;
   ADC0L = 0;
  }
void TIMER3_ISR(void)   INTERRUPT_TIMER3
{
tempage = SFRPAGE;
SFRPAGE = 00;
TMR3CN &= 0x7f;
```

```
CNVS = ~CNVS;
 SFRPAGE = tempage;
}
```

### 4.12.6 硬件门限比较

C8051F9xx A/D具有门限比较功能,可以在没有CPU参与的情况下,比较输入量与设定阈值之间的关系。除此之外,还具有专用的中断源,利用此功能可以大大减轻CPU负担,尤其是对一些缓变信号。CPU只在必要的情况下进行控制,减少中间过程的查寻比较。图4.13为监视窗口预置设置为区域左侧,图4.14为监视窗口预置设置为区域右侧,图4.15为监视窗口预置设置为区域内。

| Name | Value |
| --- | --- |
| window1 | 0 |
| window2 | 1 |
| databuf | X:0x000100 [ ... |
| [0] | 0x03C2 |
| [1] | 0x03C3 |
| [2] | 0x03C3 |
| [3] | 0x03C2 |
| [4] | 0x03C3 |
| [5] | 0x03C2 |
| [6] | 0x03C3 |
| [7] | 0x03C3 |

图4.13 监视窗口预置设置为区域左侧

| Name | Value |
| --- | --- |
| window1 | 0 |
| window2 | 1 |
| databuf | X:0x000100 [ ... |
| [0] | 0x011E |
| [1] | 0x011E |
| [2] | 0x011E |
| [3] | 0x011E |
| [4] | 0x011E |
| [5] | 0x011E |
| [6] | 0x011E |
| [7] | 0x011E |

图4.14 监视窗口预置设置为区域右侧

| Name | Value |
| --- | --- |
| window1 | 1 |
| window2 | 0 |
| databuf | X:0x000100 [ ... |
| [0] | 0x0273 |
| [1] | 0x0273 |
| [2] | 0x0273 |
| [3] | 0x0273 |
| [4] | 0x0273 |
| [5] | 0x0273 |
| [6] | 0x0273 |
| [7] | 0x0273 |

图4.15 监视窗口预置设置为区域内

程序如下:

```
#include <C8051F930.h>                                    // SFR declarations
#include <stdio.h>
#include <INTRINS.H>
#define uint unsigned int
#define uchar unsigned char
#define ulong unsigned long
#define nop() _nop_();_nop_();
```

```
//---------------------------------------------------------------------------
// 全局常量
//---------------------------------------------------------------------------
#define FREQUEN    24500000
#define DIVCLK     8
#define SYSCLK   FREQUEN/DIVCLK                          // SYSCLK frequency in Hz
#define SAMPLERATE    1000                              // ADC 采样频率
#define SAMlen  64                                       // 数组上限
//---------------------------------------------------------------------------
// 全局变量
//---------------------------------------------------------------------------
uint xdata databuf[SAMlen];
ulong xdata TESTbuf[SAMlen];
uchar cont;
uchar tempage;
uint addata;
uchar pagesave;
bit adcflg;
bit winflg;
bit window1;
bit window2;
//---------------------------------------------------------------------------
// 函数声明
//---------------------------------------------------------------------------
void SYSCLK_Init (void);
void PORT_Init (void);
void Timer2_Init(void);
void ADC0_Init(void);
void PCA_Init();
void changdata();
void bufini();
void ADC_ISR(void);
void adc0_watch1(uint Gt,uint Le);          //Gt 和 Le 设置监控范围,监控范围为 Gt,Le 值之外
void adc0_watch2(uint Gt,uint Le);          //Gt 和 Le 设置监控范围,监控范围为 Gt,Le 值之内
//---------------------------------------------------------------------------
// MAIN 函数
//---------------------------------------------------------------------------
void main (void)
{
    PCA_Init();
    SYSCLK_Init ();                        // Initialize system clock to 24.5 MHz
    PORT_Init ();                          // Initialize crossbar and GPIO
    Timer2_Init();                         // Init Timer2 to generate
                                           // overflows to trigger ADC
    ADC0_Init();                           // Initialize ADC0
```

```
    bufini();
    cont = 0;
      ADC0H = 0;
      ADC0L = 0;
      adcflg = 0;
      TR2  =  1;                          // 启动 Timer2
      winflg = 0;
      window1 = 0;
      window2 = 0;
      adc0_watch2(0x1b0,0x250);
      EA = 1;
  while (1) {
    if(adcflg == 1)
    {
     changdata();
     cont = 0;
     EA = 1;
     TR2  =  1;
     adcflg = 0;
     }
        nop();
  }
}
//----------------------------------------------------------------
//PCA 初始化函数
//----------------------------------------------------------------
 void PCA_Init()
{
    PCA0MD &=  ~0x40;
    PCA0MD  =  0x00;
}
//----------------------------------------------------------------
//时钟源初始化函数
//----------------------------------------------------------------
void SYSCLK_Init (void)
{
   OSCICN |=  0x80;                       //允许内部精密时钟
   RSTSRC  =  0x06;
CLKSEL  =  0x00;
    switch(DIVCLK)
    {
     case 1:
     {      CLKSEL |= 0x00;               //系统频率 1 分频
     break;}
```

```
   case 2:
    {     CLKSEL |= 0x10;                              //系统频率 2 分频
    break;}
    case 4:
    {     CLKSEL |= 0x20;                              //系统频率 4 分频
    break;}
    case 8:
    {     CLKSEL |= 0x30;                              //系统频率 8 分频
    break;}
    case 16:
    {     CLKSEL |= 0x40;                              //系统频率 16 分频
    break;}
    case 32:
    {     CLKSEL |= 0x50;                              //系统频率 32 分频
    break;}
    case 64:
    {     CLKSEL |= 0x60;                              //系统频率 64 分频
    break;}
    case 128:
    {     CLKSEL |= 0x70;                              //系统频率 128 分频
    break;}
  }
}
//------------------------------------------------------------------
//端口初始化及功能分配函数
//------------------------------------------------------------------
void PORT_Init (void)
{
   // Analog Input
   P0MDIN   &= ~0x40;                              // Set P0.6 as an analog input
   P0MDOUT  &= ~0x40;                              // Set P0.6 to open - drain
   P0 |=   0x40;                                   // Set P0.6 latch to '1'
   P0SKIP |=   0x40;                               // Skip P0.6 in the Crossbar
   XBR2 = 0x40;                                    // Enable crossbar and weak pull - ups
}
//------------------------------------------------------------------
// Timer2   初始化
//------------------------------------------------------------------
void Timer2_Init (void)
{
   TMR2CN = 0x00;                                  // 停止 Timer2,TF2 清 0
   CKCON  &= 0x30;                                 // 使用 SYSCLK/12 作为时基,
                                                   // 16 位重载模式
   TMR2RL = 65535 - (SYSCLK / 12 / SAMPLERATE);    // 初始化重载值
```

```
   TMR2 = TMR2RL;                                    //初始化定时器值
   //TR2 = 1;                                        // 启动 Timer2
}
//-----------------------------------------------------------------------
// ADC0  初始化
//-----------------------------------------------------------------------
void ADC0_Init (void)
{
   ADC0CN = 0x82;                              // ADC0 允许,Timer2 溢出启动转换
   REF0CN = 0x01;                              // 选择内部高速电压基准
   ADC0MX = 0x06;                              // 选择 P0.6 作为 ADC 输入引脚
   ADC0CF |= 0x00;                             // 选择增益为 0.5
   ADC0CF = ((SYSCLK/5000000) - 1)<<3;         // Set SAR clock to 5MHz
   ADC0AC = 0x40; //53                         //右对齐,右移 2 位累加 16 次输出 12 位结果
   EIE1 |= 0x08;                               // Enable ADC0 conversion complete int.
}
void changdata()
{
     ulong result;
     ulong TESTmV;
   for (cont = 0;cont<64;cont ++ )
     {
     result = databuf[cont];
     TESTmV =   result * 3326 / 1024;
     TESTbuf[cont] = TESTmV;                   //将转换的 MV 值存入长度为 64 的数组中
     }

}
 void adc0_watch2(uint Gt,uint Le)             //Gt 和 Le 设置监控范围,监控范围为 Gt,Le 值之内
 {
     ADC0LT = Gt;
     ADC0GT = Le;
     AD0WINT = 0;
     EIE1 |= 0x04;
    }
 void adc0_watch1(uint Gt,uint Le)             //Gt 和 Le 设置监控范围,监控范围为 Gt,Le 值之外
 {
     ADC0LT = Le;
     ADC0GT = Gt;
     AD0WINT = 0;
     EIE1 |= 0x04;
    }
void bufini()
{
```

```
 for (cont = 0;cont<64;cont++)
    {
     databuf[cont] = cont;
     TESTbuf[cont] = cont;
    }
}
//----------------------------------------------------------------
// ADC0  中断函数
//----------------------------------------------------------------
void ADC_ISR(void) INTERRUPT_ADC0_EOC
{
    AD0INT = 0;                          // clear ADC0 conv. complete flag
    if(cont<SAMlen)
    {
      databuf[cont] = ADC0;
      cont++;
    }
    else
    {EA = 0;
     TR2 = 0;
     adcflg = 1;
    }
    ADC0H = 0;
    ADC0L = 0;
}
void ADC_WINDOWISR(void) INTERRUPT_ADC0_WINDOW
{
    AD0WINT = 0;
    /* 此处可加一些紧急处理的代码 */
     if(winflg == 0)
     {         window1 = 1;
               window2 = 0;
               winflg = 1;
               adc0_watch1(0x350,0x150);
     }
             else
     {         window1 = 0;
               window2 = 1;
               adc0_watch2(0x250,0x1b0);
               winflg = 0;
     }
}
```

## 4.12.7 片内温度传感器

几乎所有的 C8051F 芯片都包括了温度传感器。一些小体积芯片，如 C8051F4xx、C8051F3xx 的温度传感器，没有初始标定，给使用造成了不便。C8051F9xx 芯片温度传感器进行了初始标定，也允许用户进行二次标定。片内温度传感器精度一般可以达到 0.5 ℃以内，但在一些系统监控场合还是有应用价值的。以下是利用片内温度传感器测试系统温度，使用时根据实际情况进行必要的补偿。程序如下：

```
#include <C8051F930.h>
#include <stdio.h>
#include <INTRINS.H>
#define uint unsigned int
#define uchar unsigned char
#define ulong unsigned long
#define nop() _nop_();_nop_();
//------------------------------------------------------------------------
// 全局常量
//------------------------------------------------------------------------
#define FREQUEN    24500000
#define DIVCLK     1
#define SYSCLK   FREQUEN/DIVCLK                     // SYSCLK frequency in Hz
#define SAMPLERATE    1000                          // ADC 采样频率
#define SAMlen    128                               //数组上限
//------------------------------------------------------------------------
// 全局变量
//------------------------------------------------------------------------
uint xdata databuf[SAMlen];
float xdata tempbuf[SAMlen];
uchar cont;
uchar tempage;
uint addata;
uchar pagesave;
float temp;
bit adcflg;
//------------------------------------------------------------------------
// 函数声明
//------------------------------------------------------------------------
void SYSCLK_Init (void);
void PORT_Init (void);
void Timer2_Init(void);
void ADC0_Init(void);
void PCA_Init();
void changdata();
void bufini();
void ADC_ISR(void);
```

```
//------------------------------------------------------------------------
// MAIN  函数
//------------------------------------------------------------------------
void main (void)
{
   PCA_Init();
   SYSCLK_Init ();                         // Initialize system clock to 24.5MHz
   PORT_Init ();                           // Initialize crossbar and GPIO
   Timer2_Init();                          // Init Timer2 to generate
                                           // overflows to trigger ADC
   ADC0_Init();                            // Initialize ADC0

     bufini();
     cont = 0;
       ADC0H = 0;
       ADC0L = 0;
       adcflg = 0;
       TR2  =  1;                          // 启动 Timer2
       EA = 1;

   while (1) {
     if(adcflg == 1)
     {
     changdata();
     cont = 0;
     EA = 1;
     TR2  =  1;
     adcflg = 0;
     }
         nop();
   }
}
//------------------------------------------------------------------------
//PCA 初始化函数
//------------------------------------------------------------------------
 void PCA_Init()
{
    PCA0MD &=  ~0x40;
    PCA0MD  =  0x00;

}
//------------------------------------------------------------------------
//时钟源初始化函数
//------------------------------------------------------------------------
void SYSCLK_Init (void)
{
```

```
   OSCICN |= 0x80;                                   //允许内部精密时钟
   RSTSRC = 0x06;
CLKSEL = 0x00;
    switch(DIVCLK)
    {
     case 1:
     {     CLKSEL |= 0x00;                           //系统频率 1 分频
     break;}
    case 2:
     {     CLKSEL |= 0x10;                           //系统频率 2 分频
     break;}
     case 4:
     {     CLKSEL |= 0x20;                           //系统频率 4 分频
     break;}
     case 8:
     {     CLKSEL |= 0x30;                           //系统频率 8 分频
     break;}
     case 16:
     {     CLKSEL |= 0x40;                           //系统频率 16 分频
     break;}
     case 32:
     {     CLKSEL |= 0x50;                           //系统频率 32 分频
     break;}
     case 64:
     {     CLKSEL |= 0x60;                           //系统频率 64 分频
     break;}
     case 128:
     {     CLKSEL |= 0x70;                           //系统频率 128 分频
     break;}
    }
}
//--------------------------------------------------------------------------
//端口初始化及功能分配函数
//--------------------------------------------------------------------------
void PORT_Init (void)
{
   // Analog Input
   P0MDIN   &= ~0x40;                                // Set P0.6 as an analog input
   P0MDOUT  &= ~0x40;                                // Set P0.6 to open-drain
   P0 |=  0x40;                                      // Set P0.6 latch to '1'
   P0SKIP |=  0x40;                                  // Skip P0.6 in the Crossbar
   XBR2 = 0x40;                                      // Enable crossbar and weak pull-ups
}
//--------------------------------------------------------------------------
// Timer2   初始化
```

```
//------------------------------------------------------------------
void Timer2_Init (void)
{
   TMR2CN = 0x00;                                     // 停止 Timer2;TF2 清 0
   CKCON &= 0x30;                                     // 使用 SYSCLK/12 作为时基,
                                                      // 16 位重载模式
   TMR2RL = 65535 - (SYSCLK / 12 / SAMPLERATE);       // 初始化重载值
   TMR2 = TMR2RL;                                     // 初始化定时器值
   //TR2 = 1;                                         // 启动 Timer2
}
//------------------------------------------------------------------
// ADC0 初始化
//------------------------------------------------------------------
void ADC0_Init (void)
{
   ADC0CN = 0x82;                                     // ADC0 允许,Timer2 溢出启动转换
   REF0CN = 0x05;                                     // 选择内部高速电压基准+温度传感器允许
   ADC0MX = 0x1b;                                     // 选择温度传感器输出作为 ADC 输入
   ADC0CF = ((SYSCLK/1000000) - 1)<<3;                // Set SAR clock to 1 MHz
   ADC0CF |= 0x01;                                    // 选择增益为 1
   ADC0AC = 0x53;                     //输出格式右对齐,数据右移 2 位,经 16 次累加,等效 12 位结果
   EIE1 |= 0x08;                                      // Enable ADC0 conversion complete int
}
void changdata()
{
for (cont = 0;cont<128;cont ++ )
     {
     temp = databuf[cont];
     temp = 1680 * temp/4096;
     temp = (temp - 929.2)/4.032;
     tempbuf[cont] = temp;
     }
}
void bufini()
{
 for (cont = 0;cont<64;cont ++ )
     {
     databuf[cont] = cont;
     tempbuf[cont] = cont;
     }
}
//------------------------------------------------------------------
// ADC0 中断函数
//------------------------------------------------------------------
```

```
void ADC_ISR(void) INTERRUPT_ADC0_EOC
{
      AD0INT = 0;                                              // clear ADC0 conv. complete flag
   if(cont<SAMlen)
   {
     databuf[cont] = ADC0;
     cont++;
   }
   else
   {EA = 0;
    TR2 = 0;
    adcflg = 1;
   }
   ADC0H = 0;
   ADC0L = 0;
}
```

图 4.16 为片内温度传感器的测试结果。

| Name | Value |
|---|---|
| tempbuf | X:0x000100 [ ... ] |
| [0] | 21.41539 |
| [1] | 21.41539 |
| [2] | 21.41539 |
| [3] | 21.51712 |
| [4] | 21.41539 |
| [5] | 21.51712 |
| [6] | 21.51712 |
| [7] | 21.41539 |
| [8] | 21.51712 |
| [9] | 21.41539 |
| [10] | 21.51712 |
| [11] | 21.51712 |

图 4.16 片内温度传感器的测试结果

## 4.12.8 ADC0 的突发工作方式

正常工作方式是全功耗的，此时外设始终供电，而突发工作方式在 A/D 两次转换之间处于低功耗态，仅在被允许工作时才进入全功耗阶段，因而节省了功耗。该模式使用内部专用 25 MHz 时钟，累加 1、4、8 、16、32、64 个采样值，然后又进入低功耗状态，与设置情况有关。由于 ADC0 的 SAR 转换时钟不依赖系统时钟，即使系统时钟频率很低(如 32.768 kHz)或被挂起仍可完成转换。这样就为低功耗设计带来了非常大的方便。以下给出了该方式的应用程序，注意 ADC 的允许时间。

```
#include <C8051F930.h>                                    // SFR declarations
#include <stdio.h>
#include <INTRINS.H>
#define uint unsigned int
```

```
#define uchar unsigned char
#define ulong unsigned long
#define nop() _nop_();_nop_();
//-----------------------------------------------------------------------------
// Global CONSTANTS
//-----------------------------------------------------------------------------
#define FREQUEN     24500000
#define DIVCLK     1
#define SYSCLK   FREQUEN/DIVCLK                              // SYSCLK frequency in Hz
#define SAMPLERATE     100                                   // ADC word rate in Hz
ulong xdata testMV[10];
uint ADC0_data[10];
ulong result;
uchar count;
//-----------------------------------------------------------------------------
// 函数声明
//-----------------------------------------------------------------------------
void SYSCLK_Init (void);
void PORT_Init (void);
void Timer2_Init(void);
void ADC0_Init(void);
void ADC_ISR(void);
void PCA_Init();
//-----------------------------------------------------------------------------
// MAIN 函数
//-----------------------------------------------------------------------------
void main (void)
{
  PCA_Init();
  PORT_Init ();
  SYSCLK_Init ();

  Timer2_Init();

  ADC0_Init();
  count = 0;
  EA = 1;
while (1) {
}
}
//-----------------------------------------------------------------------------
//时钟源初始化函数
//-----------------------------------------------------------------------------
void SYSCLK_Init (void)
{
OSCICN |= 0x80;                              //允许内部精密时钟
```

```
RSTSRC = 0x06;                        // Enable missing clock detector and
                                      // leave VDD Monitor enabled
CLKSEL = 0x00;
switch(DIVCLK)
{
case 1:
{     CLKSEL |= 0x00;                 //系统频率 1 分频
break;}
case 2:
{     CLKSEL |= 0x10;                 //系统频率 2 分频
break;}
case 4:
{     CLKSEL |= 0x20;                 //系统频率 4 分频
break;}
case 8:
{     CLKSEL |= 0x30;                 //系统频率 8 分频
break;}
case 16:
{     CLKSEL |= 0x40;                 //系统频率 16 分频
break;}
case 32:
{     CLKSEL |= 0x50;                 //系统频率 32 分频
break;}
case 64:
{     CLKSEL |= 0x60;                 //系统频率 64 分频
break;}
case 128:
{     CLKSEL |= 0x70;                 //系统频率 128 分频
break;}
}
}
//------------------------------------------------------------------------
//PCA 初始化函数
//------------------------------------------------------------------------
void PCA_Init()
{
  PCA0MD &= ~0x40;
  PCA0MD = 0x00;
}
//------------------------------------------------------------------------
// 端口初始化
//------------------------------------------------------------------------
void PORT_Init (void)
{
// Analog Input
```

```
    P0MDIN &= ~0x40;                                // Set P0.6 as an analog input
    P0MDOUT &= ~0x40;                               // Set P0.6 to open - drain
    P0 |=  0x40;                                    // Set P0.6 latch to '1'
    P0SKIP |=  0x40;                                // Skip P0.6 in the Crossbar
    XBR2 = 0x40;                                    // Enable crossbar and weak pull - ups
}
//-----------------------------------------------------------------------------
// Timer2 初始化
//-----------------------------------------------------------------------------
void Timer2_Init (void)
{
    TMR2CN = 0x00;                                  // Stop Timer2; Clear TF2;
    CKCON &= 0x30;                                  // use SYSCLK/12 as timebase,
                                                    // 16 - bit auto - reload
    TMR2RL = 65535 - (SYSCLK / 12 / SAMPLERATE);    // init reload value
    TMR2 = TMR2RL;                                  // init timer value
    TR2 = 1;                                        // start Timer2
}
//-----------------------------------------------------------------------------
// ADC0 初始化
//-----------------------------------------------------------------------------
void ADC0_Init (void)
{
    ADC0CN = 0x42;                      // ADC0 禁止,突发模式允许,使用定时器 2 作为触发源
    REF0CN = 0x01;                      // 选择内部高速电压基准
    ADC0MX = 0x06;                      // 选择 P0.6 作为模拟输入
    ADC0CF = ((SYSCLK/8300000) - 1)<<3; // 设定 SAR 的时钟频率为 8.3 MHz
    ADC0CF |= 0x00;                     // 增益选择 0.5
    ADC0AC = 0x13;                      // 结果右对齐,右移 2 位 16 次结果累加,等效输出 12 位
    EIE1 |= 0x08;                       // 允许 ADC0 中断
}
//-----------------------------------------------------------------------------
// ADC0 中断
//-----------------------------------------------------------------------------
void ADC_ISR(void) INTERRUPT_ADC0_EOC
{
    AD0INT = 0;                         // 清 ADC0 转换完成标志
    ADC0_data[count] = ADC0;
    result = ADC0;
    testMV[count] =  result * 3360 / 4092;
if(count<9)
{
    count ++ ;
}
else
```

```
{count = 0;
}
```

图 4.17 为突发方式下累加 16 次得到的结果。图 4.18 为采样结果代表的电压值。

| Name | Value |
|---|---|
| ⊟ ADC0_data | D:0x0D [ ... ] |
| [0] | 0x0648 |
| [1] | 0x0648 |
| [2] | 0x0648 |
| [3] | 0x0648 |
| [4] | 0x0648 |
| [5] | 0x0648 |
| [6] | 0x0648 |
| [7] | 0x0648 |
| [8] | 0x0648 |
| [9] | 0x0648 |

图 4.17 突发方式下累加 16 次得到的结果

| Name | Value |
|---|---|
| ⊟ testMV,0x0A | X:0x000000 [ |
| [0] | 1320 |
| [1] | 1320 |
| [2] | 1320 |
| [3] | 1320 |
| [4] | 1320 |
| [5] | 1320 |
| [6] | 1320 |
| [7] | 1320 |
| [8] | 1320 |
| [9] | 1320 |

图 4.18 采样结果代表的电压值(单位为 mV)

# 第5章

# 片上DC/DC转换器与高效率稳压器

## 5.1 片上DC/DC的工作原理

C8051F9xx系列芯片包括一个片上集成的DC/DC直流转换器，该转换器是一个升压转换器，可以保证单电池电压低至0.9 V仍能正常工作。DC/DC转换器输入电压范围为0.9～1.8 V，输出电压可编程为1.8～3.3 V，默认的输出电压为1.9 V。输入电压至少应比输出电压低0.2 V。DC/DC转换器能为芯片以及系统的外围元件提供最高65 mW的功率。这样可以很方便地为系统内对电压需求高于1节电池的传感器或其他模拟元件提供电力。

运行时，内部的数字电路需要1.8 V的电压供电，内部的模拟电路需要最小1.8 V电压。当器件工作在单电池模式，就需要基于DC/DC转换器的电感被用来提升电池电压。高度集成的转换器仅需要0.68 μH的电感，并在VBAT和VDD引脚上添加去耦电容。转换器的输出电压可编程，输出值可在1.8～3.3 V中定义，可提供65 mW的功率。C8051F9xx系列器件本身不需要这么多能量，因此多余的功耗可通过GPIO用于一些高电流的负载(例如LED)、传感器或系统的其他芯片。C8051F9xx的DC/DC转换器输入电压不同，则输出功率的效率也不同，大多数情况可以达到80%～90%。毫无疑问，一些能量消耗在转换器上。大多情况下，C8051F9xx的DC/DC转换器全部的电源效率比两节电池供电的效率要高。这对减小线路板体积以及降低成本都是非常有意义的。

片上的DC/DC转换器比扩展的DC/DC转换器更有效率。DC/DC转换器的参数是面向MCU设计的，通过提供MCU所需要的合适的电压电流来提高效率。集成的DC/DC转换器包括了PWU(能量管理单元)是很有优势的，因为它允许MCU直接控制DC/DC转换器进入休眠态或唤醒它。PWU在0.9～3.6 V的电压下运行，因此即使DC/DC转换器被关闭时，它仍可以运行。

使用片外扩展的DC/DC转换器给1.8 V MCU供电的一个不利因素是，很难做到无缝嵌入，你将不能把DC/DC转换器置于休眠状态。在一些需要较大功耗的应用场合，此时也可以使用一个片外扩展的DC/DC转换器，在这些场合C8051F9xx可以完全关闭该DC/DC转换器，此时消耗总电流仅为1 μA。

有关DC/DC转换的原理如图5.1所示。DC/DC转换器正常工作时开关循环周期的前半周，占空比开关闭合，旁路二极管断开。输出电压比DCEN引脚的电压高时，没有电流通过二极管，输出电容器为负载提供能量。在这一个阶段，DCEN引脚经过占空比控制开关接地，产生一个正电压通过电感线圈使它的电流得到了提升。在循环的后半周中，占空比控制开关被断开，而且二极管旁路开关闭合。这样直接将DCEN连接到VDD/DC+，使电感线圈中的电流为电容器充电。电感线圈将存储的能量传递给输出电容，占空比控制开关闭合，二极管旁路开关被断开，如此周而复始。

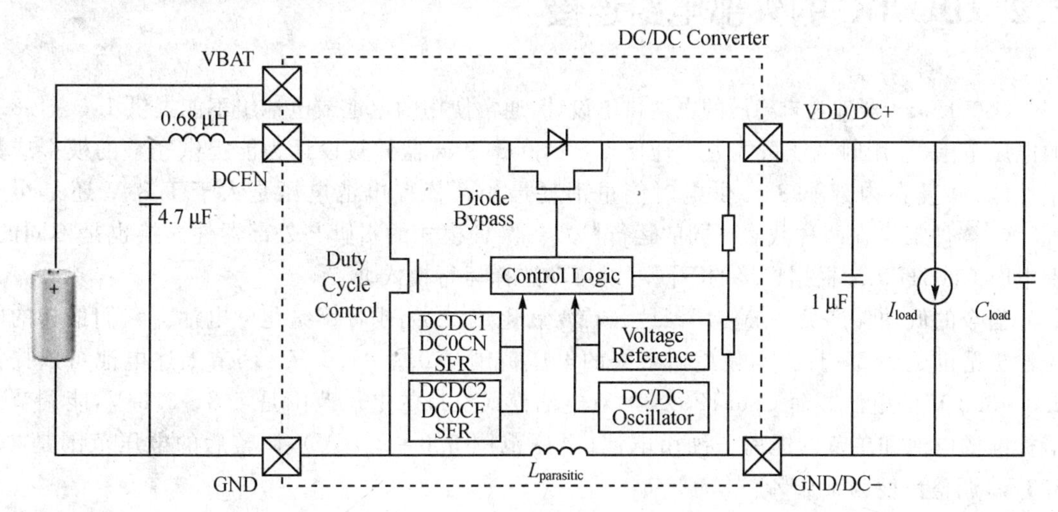


图 5.1 DC/DC 转换器原理图

DC/DC 转换器包括一个电压基准和振荡器，一旦电感器的电流升高超过了安全限或输出电压超过编程设定的值时，将会自动限制或关掉允许的开关。为了延长电池的使用寿命，有些场合可能不需要电池供电，如外接电源。DC/DC 转换器的保护措施使得第二个电源电压超过了电池的电压，也是安全的。DC/DC 转换器可以通过寄存器设定和修改其参数。这些参数包括输出电压、振荡器频率及振源、二极管旁路开关电阻、电感线圈的峰值电流和最小的循环周期。

DC/DC 转换器为了调整并维持输出电压，输出电压至少要比输入电压高 0.2 V 。电源接通后，DC/DC 转换器输出一个固定的 50％占空比的方波，直到输出电容器上电压达到一定值来维持调整。输出电容的大小和负载电流的当前值决定输出电容器充电所要花费的时间。

在上电复位的初始阶段，触发过电流保护电路，电感器最大的峰值电流极限被设定在 125 mA，以此进行“软启动”，限制输出电容器电压上升率，避免在输出电容器上出现较大的过冲电流。为了保证 DC/DC 转换器的可靠启动，须注意下列限制：

① DC/DC 转换器电源启动期间直流负载电流是被限制的，具体数值见相关参数表。这一数值也包括通过 VDD/DC＋引脚或通过 I/O 口给外部传感器或外设供电的电流。流入电容器的电流是不计算在这一限制内的。

② 最大的功率输出参数是陶瓷输出电容器，其值为 1 μF，其他电容都等效为连接到 VDD/DC＋引脚上的条件下得到。

一旦上电的初始过程结束，电感器电流的峰值极限可以通过寄存器 DC0CF 设置增加到 500 mA。电感器峰值电流依赖于包括直流负载电流在内的几个因素，估值计算请参照下式：

$$I_{PK}=\frac{2I_{LOAD}(VDD-VBAT)}{\eta\times L\times f}$$

式中：$\eta=0.80$；$L=0.68\ \mu H$；$f=2.4$ MHz。

为维持输出调整，DC/DC 转换器允许使用者设定最小的脉冲宽度，以便当占空比降到某个宽度以下时，使用设定的最小脉冲宽度，这样可能跳过一个完整的脉冲周期。

## 5.2 DC/DC 的外部电路连接

C8051F9xx 器件为未稳压的电池供电设计，通常使用的电池或电池组不能提供 1.6～1.8 V 的电压范围，应用时电压可能处于任何点。C8051F9xx 器件被设计为能提供完整的模拟或数字性能，并且在内部 1.8 V 供电时能量消耗最小。依据电池电压是大于 1.8 V 还是小于 1.8 V，器件工作在两种截然不同的运行模式。两种模式的引脚与外部器件连接也是不同的，上电时 C8051F9xx 根据连接的不同可以自动选择运行模式。

当今的低功耗产品一般使用碱性、碳锌、氧化银、镍镉或者镍锰化学电池。它们最初的电压输出范围是 1.2～1.6 V，使用后最终的电压范围是 0.9～1.0 V。两节上述电池可以提供 1.8～3.2 V 的电压。而 C8051F9xx 的双电池模式支持的电压范围是 1.8～3.6 V，能调节两节标准的电池和单节的锂离子硬币电池（电压范围 3.0～2.0 V），调整后的电压范围是 2～3.3 V，调整精度为±10%。

区分 C8051F9xx 与其他通用的 8 位微处理器，是看能否运行在单电池模式且电压可以低至 0.9 V。在单电池模式，一些电路模块直接从电池运行。相反，数字内核和绝大多数的模拟外设是基于 DC/DC 转换器的电感供电，通常供电的电压在 1.8 V 以上。单电池和双电池模式需要不同的引脚连接和不同的外部元件，C8051F9xx 根据这些连接的不同区分内部的模块电源是直接取自电池还是经过 DC/DC 转换器后供电。

芯片是这样识别电池模式的，在上电复位过程中，DCEN 引脚的状态被采样以决定该转换器是工作在单电池模式还是双电池模式。在双电池的模式中，DC/DC 转换器被禁止并处在休眠模式，此时利用片内的低压差线性稳压器供电，电池电压低于 1.8 V 后该转换器允许。需注意的是这两种方式不能自动相互转换，即双电池模式在电压降到 1.8 V 以下时不能自动转为单电池模式。

单电池模式下，DC/DC 转换器被允许，此时 PCB 设计时需在 DCEN 和 VBAT 之间配置一个 0.68 μH 的电感器。双电池模式下，DCEN 需短接到地，以使 DC/DC 转换器禁止。DCEN 引脚一定不能悬空。单节和双节电池的模式之间切换只能在上电复位期间进行。

单电池模式下，DC/DC 升压转换器工作，输入电压范围是 0.9～1.8 V，需保持输出比输入至少大 0.2 V 的压差，应用电路连接如图 5.2 所示。双电池模式下支持电压从 1.8 V 到 3.6 V，此时 DC/DC 转换器被禁止，应用电路如图 5.3 所示。

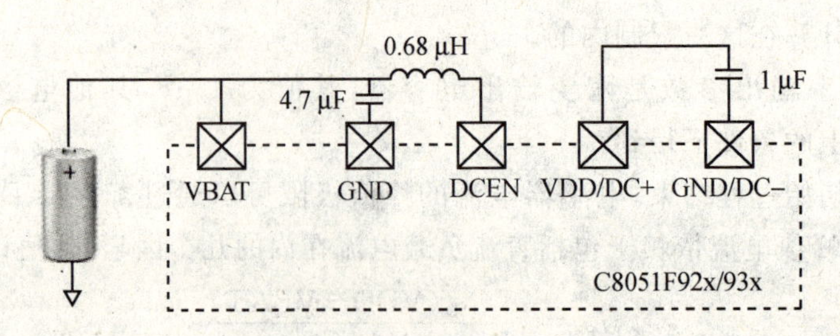


图 5.2　单电池模式应用电路

如希望使用单节电池供电则当 DC/DC 转换器被允许时，需要确认单电池模式是否被选择，并按照下面的建议应用：

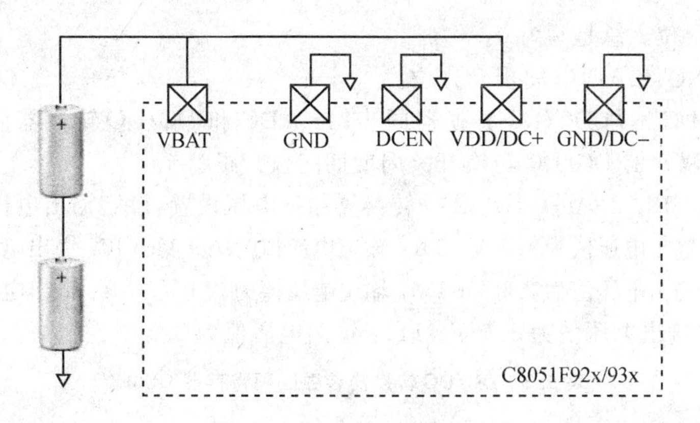


图 5.3 双电池模式

① 使用时需注意“地”的区分，GND/DC－引脚不应该在外部被直接连接到电源地上，最好通过磁珠或零值电阻一点接地。

② 为了得到更大的频率，以提高转换效率，0.68 μH 的电感器应该尽可能靠近 DCEN 引脚，以此来减小杂散电容的影响，同时 4.7 μF 的电容也应该距离电感最近。

③ 为了减小寄生电感，连接 VDD/DC＋到输出电容和输出电容连接 GND/DC－的 PCB 布线线条应尽可能地粗和短。

## 5.3 DC/DC 寄存器定义与说明

以下将详细说明 DC/DC 转换器配置寄存器。这些寄存器复位后的默认值可以直接应用在绝大多数的系统中，因此可以不用另外初始化。DC/DC 的控制及匹配寄存器见表 5.1、表 5.2。

表 5.1 DC/DC 转换器控制寄存器 DC0CN

寄存器地址：寄存器 0 页的 0x97　　复位值：0x21

| 位　号 | 位 7 | 位 6 | 位 5 | 位 4 | 位 3 | 位 2 | 位 1 | 位 0 |
|---|---|---|---|---|---|---|---|---|
| 位定义 | MINPW[1：0] | | SWSEL | 保留 | SYNC | VSEL[2：0] | | |
| 读写允许 | R/W | | R/W | R/W | R/W | R/W | | |

DC0CN 位功能说明如下：

➢ 位 7～6(MINPW[1：0]) DC/DC 转换最小脉宽设置。以下为最小脉宽的详细说明。

　00：无最小占空比的周期信号；01：最小脉宽为 20 ns；

　10：最小脉宽为 40 ns；11：最小脉宽为 80 ns。

➢ 位 5（SWSEL） DC/DC 转换开关选择。根据选择输出电流不同，依据最大效率原则选择两个开关中的一个。

　0：较大电流输出开关被选择，在此状态下，要获得最佳效率，输出电流应该 3 mA 以上。

　1：小电流输出开关被选择，此时要达到最大的输出效率，输出电流应该在 3 mA 以内。

- 位 4　保留位。总是写为 0。
- 位 3 (SYNC)　ADC0 同步允许位。

  0：ADC 不与 DC/DC 转换器同步；1：ADC 和 DC/DC 转换器同步。ADC0 在最长低噪声的 DC/DC 转换开关周期期间执行跟踪。
- 位 2～0(VSEL[2：0])　DC/DC 转换器输出电压设置，设定输出电压值的大小。

  000：输出电压值为 1.8 V；001：输出电压值为 1.9 V；010：输出电压值为 2.0 V；011：输出电压值为 2.1 V；100：输出电压值为 2.4 V；101：输出电压值为 2.7 V；110：输出电压值为 3.0 V；111：输出电压值为 3.3 V。

**表 5.2　DC/DC 转换器参数匹配寄存器 DC0CF**

寄存器地址：寄存器 0 页的 0x96　　复位值：00000000

| 位　号 | 位 7 | 位 6 | 位 5 | 位 4 | 位 3 | 位 2 | 位 1 | 位 0 |
|---|---|---|---|---|---|---|---|---|
| 位定义 | — | CLKDIV[1：0] | | CLKSKW | CLKINV | ILIMIT | VDDSLP | CLKSEL |
| 读写允许 | R | R/W | | R/W | R/W | R/W | R/W | R/W |

DC0CF 位功能说明如下：

- 位 7　未使用。读返回值为 0，写忽略执行。
- 位 6～5 (CLKDIV[1：0])　DC/DC 时钟分频器。当系统时钟被选择作为 DC/DC 转换器的时钟源时，需进行分频处理，这两位设定分频系数。当 DC/DC 转换器使用其自己专用的时钟源时，这些位的设置可以被忽略。

  00：DC/DC 转换器分频系数为 1；01：DC/DC 转换器的分频系数为 2；
  10：DC/DC 转换器的分频系数为 4；11：DC/DC 转换器的分频系数为 8。
- 位 4 (CLKSKW)　DC/DC 转换器时钟沿偏斜控制。偏斜 DC/DC 转换器的时钟沿。

  0：DC/DC 转换器时钟不偏斜；1：DC/DC 转换器时钟沿按 TBD ns 的数值偏斜。
- 位 3 (CLKINV)　DC/DC 转换器时钟反向位。

  0：DC/DC 转换器时钟不反向；1：DC/DC 转换器时钟反向。
- 位 2 (ILIMIT)　电感峰值电流极限设定。此操作的目的是设定电感器允许的最大峰值电流。

  0：电感器峰值电流设定为 125 mA；1：电感器峰值电流设定为 500 mA。
- 位 1(VDDSLP)　VDD/DC＋休眠状态连接方式。

  0：休眠模式下 VDD/DC＋连接到 VBAT；1：休眠模式下 VDD/DC＋浮空。
- 位 0 (CLKSEL)　DC/DC 转换器时钟源选择。该位功能为指定 DC/DC 转换器的时钟来源。

  0：DC/DC 转换器的时钟源来自自身专用的振荡器。
  1：DC/DC 转换器的时钟源来自系统分频时钟。

## 5.4　片上稳压器设置

C8051F9xx 芯片使用 0.18 μm 的半导体工艺，晶体管所能容忍的最大电压是 2.0 V，为了在较宽电压下工作，则内部的 LDO(线性稳压器)必须使用，保证外部电源电压不超过 2 V，通常应用场合是运行在双电池模式。这个线性稳压器和它的带隙基准电路将总是工作，因而消耗了一些静态电流（大约 70 μA），但是较低的动态功率消耗弥补了这一小的关断电流。C8051F9xx 器件的功耗与运行速度密切相关，运行状态下电流度量按照 170 μA/MHz 计算，工作频率是 25 MHz，则电流消耗约为（25×170） μA。包括了静态的线性稳压器和精密振荡器的电流，这是最大的能量状态。C8051F9xx 器件可以运行在短时突发与休眠相结合的模式，而不是运行在一个不变的低时钟频率，以此来进一步降低功耗。

低功耗的系统需要高效率低压降线性稳压器。它最主要是尽可能减少电源的消耗。功耗与电压的平方成正比。例如，使用一个 3.6 V 的电源供电，要是没有使用一个线性稳压器，则能量消耗与电压的平方成正比，也就是 12.96 V；如果使用一个线性稳压器提供 1.8 V，那么能量消耗则为 3.24 V。功耗减少到 1/4，尽管还有一部分能量消耗在线性稳压器上。线性稳压器上消耗的能量与内核上消耗的能量相等，因为电流相等，并且压降同为 1.8 V。

C8051F93x、C8051F92x 系列芯片集成了一个片内稳压器（REG0），将来自 VDD/DC＋所供给的 1.8～3.6 V 电压调整为内核所需的 1.8 V。当然也可以使用一个片外的稳压器来直接给 CPU 内核或其他数字逻辑电路供电。当使用外部的稳压器来给 CPU 和数字逻辑供电，内部的稳压器通过 BYPASS 位被置于旁路模式。旁路模式只适用于使用一个外部的 1.8 V 稳压器来为 VDD/DC＋供电，否则可能造成芯片的永久损坏。

REG0CN 寄存器精密时钟偏置位被禁止，在电源的休眠态大约可以节约 15 μA 的电流。当精密时钟源没有使用时，这一个偏置电路可以被禁止。当芯片进入休眠态时，内部稳压器（REG1）被禁止；而进入挂起状态时，则保持允许态。具体见表 5.3。

**表 5.3　稳压器控制寄存器 REG0CN**

寄存器地址：寄存器 0 页的 0xC9　　复位值：0x00

| 位　号 | 位 7 | 位 6 | 位 5 | 位 4 | 位 3 | 位 2 | 位 1 | 位 0 |
|---|---|---|---|---|---|---|---|---|
| 位定义 | — | BYPASS | 保留 | OSCBIAS | — | — | — | 保留 |
| 读写允许 | R | R/W | R/W | R/W | R | R | R | R/W |

REG0CN 位功能说明如下：

- 位 7　未使用。读返回值为 0，写忽略操作。
- 位 6（BYPASS）　内部稳压器选择位。该位选择采用内部稳压器还是外部稳压器。
  
  1：内核直接从 VDD/DC＋引脚取得电力供应。
  
  0（默认值）：内核的电力供应是经片内稳压器稳压到 1.8 V。
- 位 5　保留。读返回值为 0，必须写 0。
- 位 4（OSCBIAS）　精密时钟源偏置位。当该位被设置为 0 时，偏置被精密振荡器强制使用。如果精密振荡器没有被使用，该位应该被清 0，在非休眠态以节约 15 μA 的电力供应。如果该位被禁止，重新允许精密振荡器偏置位则需要 4 μs 的稳定时间。
- 位 3～1　未使用。读返回值均为 0，写忽略执行。
- 位 0　保留。

# 5.5 电气参数

DC/DC 与稳压器的电气参数参照表 5.4 与表 5.5。

**表 5.4 DC/DC Converter (DC0)电气参数**

| 参数 | 条件 | 最小 | 典型 | 最大 | 单位 |
|---|---|---|---|---|---|
| 输入电压范围 | | 0.9 | — | 1.8 | V |
| 输入电感值 | | — | 680 | — | nH |
| 输入电感电流 | | 250 | — | — | mA |
| 推荐输入电感直流阻值 | | — | 5 | — | Ω |
| 输入电容值 | | — | 4.7 | — | μF |
| ($V_{out}-V_{in}$)输入与输出压差 | | 0.2 | — | 2.4 | V |
| 输出电压范围 | Target Output=1.8 V | — | 1.8 | — | V |
| | Target Output=1.9 V | — | 1.9 | — | |
| | Target Output=2.0 V | — | 2.0 | — | |
| | Target Output=2.1 V | — | 2.1 | — | |
| | Target Output=2.4 V | — | 2.4 | — | |
| | Target Output=2.7 V | — | 2.7 | — | |
| | Target Output=3.0 V | — | 3.0 | — | |
| | Target Output=3.3 V | — | 3.3 | — | |
| 输出电流 | Target Output=1.8 V | — | — | 36 | mA |
| | Target Output=1.9 V | — | — | 34 | |
| | Target Output=2.0 V | — | — | 32 | |
| | Target Output=2.1 V | — | — | 30 | |
| | Target Output=2.4 V | — | — | 27 | |
| | Target Output=2.7 V | — | — | 24 | |
| | Target Output=3.0 V | — | — | 21 | |
| | Target Output=3.3 V | — | — | 19 | |
| 输出功率 | | — | — | 65 | mW |
| 偏置电流 | | — | TBD | — | μA |
| 时钟频率 | | 1.6 | 2.4 | 3.2 | MHz |
| 最大启动直流负载 | Battery Impedance = 1 Ω | — | TBD | — | μA |
| | Battery Impedance = 10 Ω | — | TBD | — | |
| 连接到输出电容 | | — | 1.0 | — | μF |

注：VDD=1.8～3.6 V，-40～+85 ℃。

**表 5.5 VREG0 电气参数**

| 参数 | 条件 | 最小 | 典型 | 最大 | 单位 |
|---|---|---|---|---|---|
| 输入电压范围 | | 1.8 | — | 3.6 | V |
| 偏置电流 | 正常、空闲、挂起或停机模式 | — | 20 | — | μA |

注：VDD=1.8～3.6 V，-40～+85 ℃。

# 第6章

# 具有加密功能的数据程序 Flash 存储器

C8051F9xx 内部有可编程的 Flash 存储器，用于程序代码和非易失性数据存储。可以存储程序运行时所使用的标定系数或一些经常修改的常数表。数据写入时用 MOVX 指令，MOVX 读指令总是指向 XRAM。Flash 的读出用 MOVC 指令。还可以通过 C2 接口对 Flash 存储器进行在系统编程，每次一个字节。一个 Flash 位一旦被清 0，必须经过擦除才能再回到 1 状态。在进行重新编程之前，一般要将数据字节擦除置为 0xFF，原因是 Flash 写操作只能将某位改写成 0，却无法将某位改写成 1。为了保证操作正确，写和擦除操作由硬件自动定时，不需要进行数据查询来判断写/擦除操作何时结束。在 Flash 写/擦除操作期间，程序停止执行。

C8051F9xx 采用 1 024 字节大小的页进行存储区块组织的，基本的结构以及操作方法和以前的产品是相同的，区别在于本系列的写入及擦除等关键性能上有较大提高。

## 6.1 Flash 存储器编程操作

有多种方式可对片内 Flash 存储器编程，其中最简单的方法是使用由官方提供的编程工具(如 EC5 等)通过 C2 接口编程，这也是对未被初始化过的器件的唯一编程方法。其他的方式如在应用系统中擦除或写 Flash 存储器，例如存储非易失参数，可以在用户程序中进行指定页面的写入。

为了保证 Flash 内容的完整性，需将 VDD 监视器允许为较高的电平，并随后立即将其选择为复位源。在 VDD 监视器被禁止期间，对 Flash 存储器执行任何擦除或写操作都将导致 Flash 错误，从而使器件复位。

### 6.1.1 Flash 编程锁定和关键字设置

为了保证 Flash 存储器的可靠性，用户在程序中对 Flash 写或擦除操作，受 Flash 锁定和关键字功能的保护。也就是说进行上述操作之前，必须进行相关的解锁操作，即按顺序向 FLKEY 寄存器中写入正确的关键字。关键字格式位为：0xA5、0xF1。关键字的写入时序没有什么要求，但必须按顺序写。如果未写入正确的关键字或写入顺序有误，将导致 Flash 写和擦除操作都被禁止，此时必须进行一次系统复位才可解除禁止状态。每次 Flash 写和擦除操作之后，Flash 锁定功能自动复位，下一次 Flash 写或擦除操作之前，还必须重新写入关键字。表 6.1 为 Flash 锁定和关键码寄存器 FLKEY。

**表 6.1　Flash 锁定和关键字寄存器 FLKEY**

寄存器地址：寄存器 0 页的 0xB7　　复位值：00000000

| 位　号 | 位 7 | 位 6 | 位 5 | 位 4 | 位 3 | 位 2 | 位 1 | 位 0 |
|---|---|---|---|---|---|---|---|---|
| 位定义 | D7 | D6 | D5 | D4 | D3 | D2 | D1 | D0 |
| 读写允许 | R/W | R/W | R/W | R/W | R/W | R/W | R/W | R/W |

FLKEY 位功能说明如下：

➢ 位 7～0 (FLKEY)　FLASH 锁定和关键字寄存器。

写：Flash 擦除和写操作的锁定和关键字保护功能由该寄存器提供。顺序地向该寄存器按顺序写入 0xA5 和 0xF1,可以允许 Flash 的写和擦除操作。一次写或擦除操作后,接下来的 Flash 写或擦除操作将被自动禁止。FLKEY 的输入不正确或在写或擦除操作被禁止时进行 Flash 的擦写操作,则 Flash 将被锁定。在下次器件复位之前不能对其进行写或擦除操作。如果应用中无向 Flash 写的操作,可以用软件向 FLKEY 写入一个非 0xA5 的值,以此来锁定 Flash 禁止擦写。

读：位 1～0 指示当前的 Flash 锁定状态。

00：Flash 写/擦除被锁定;01：第一个关键字 0xA5 已被写入;

10：Flash 处于解锁状态允许写/擦除;11：Flash 写/擦除操作被禁止,直到下一次复位。

## 6.1.2　Flash 擦写的操作

Flash 存储器在系统中的操作与 XRAM 相似,也是使用 MOVX 指令,像一般的 MOVX 指令要求一样,需提供待编程的地址和数据字节。写操作进行之前 Flash 状态一般是只读的,因此在写入之前必须先允许 Flash 写操作。此时需先将程序存储读写控制寄存器 PSCTL 的允许位 PSWE 即 PSCTL.0 设置为 1,这样将使 MOVX 操作指向目标 Flash 存储器。正确地向 FLKEY 寄存器中写入关键字解除锁定。如果软件不清除 PSWE 位,它将一直保持置 1 状态,Flash 始终写允许。表 6.2 是程序存储读写控制寄存器 PSCTL。

**表 6.2　程序存储读写控制寄存器 PSCTL**

寄存器地址：寄存器 0 页的 0x8F　　复位值：00000000

| 位　号 | 位 7 | 位 6 | 位 5 | 位 4 | 位 3 | 位 2 | 位 1 | 位 0 |
|---|---|---|---|---|---|---|---|---|
| 位定义 | — | — | — | — | — | SFLE | PSEE | PSWE |
| 读写允许 | R | R | R | R | R | R | R/W | R/W |

PSCTL 位功能说明如下：

➢ 位 7～3　未使用。读返回值均为 0,写忽略操作。

➢ 位 2 (SFLE)　临时 Flash 存储区访问允许位。该位置 1 后,用户程序中的 MOVC 读指令和 MOVX 写操作将指向临时的 Flash 扇区,它位于 0 页地址为 0x0000～0x3FF。该位置 1 后不得访问其他地址范围,否则会得到不确定的结果。

➢ 位 1 (PSEE)　程序存储擦除允许位。该位置 1 且 PSWE 位也置 1，可允许擦除 Flash 存储器中的一个页。该位置 1 后，用 MOVX 指令进行一次写操作将擦除包含 MOVX 指令寻址地址的那个 Flash 页。写输入的数据可以是任意值。

0：禁止擦除 Flash 存储器。

1：允许写 Flash 存储器，MOVX 写指令寻址 Flash 存储器。

➢ 位 0 (PSWE)　程序存储写允许位。该位置 1 后允许用 MOVX 指令向 Flash 存储器写一个字节。在写数据之前必须先进行擦除。以便先使存储器各字节恢复为 0xFF。

0：禁止写 Flash 存储器。

1：允许写 Flash 存储器，MOVX 写指令寻址 Flash 存储器。

Flash 存储器是以页为单位组织的，每个页为 1 024 字节。每次擦除操作最小的单位是一个页，即将页内的所有字节置为 0xFF。写 Flash 存储器的操作实质是将每个字节对应 0 的位由 1 变为 0，这也是为什么写入前先擦除的道理。只有擦除操作才能将 Flash 中的数据位置 1。可以按如下步骤擦除一页：

① 保存并禁止中断，防止有其他中断调用。

② 程序存储器擦除允许位（PSCTL 寄存器中的 PSEE 位）置 1，以允许 Flash 页擦除操作。

③ 程序存储器写允许位（PSCTL 寄存器中的 PSWE 位）置 1，以允许 Flash 写入操作。

④ 向 FLKEY 写第一个关键字：0xA5。

⑤ 向 FLKEY 写第二个关键字：0xF1。

⑥ 用 MOVX 指令向待擦除页内的任何一个地址写入一个数据字节。

⑦ 清除 PSWE 和 PSEE 位。

⑧ 擦除结束，重新允许中断。

Flash 存储器的写入操作，每次写入一个字节，即每个 MOVX 写指令执行一次 Flash 写操作。在写入之前须确认写入页的每个字节都为 0xFF，如果不是，则要先进行页擦除操作。以下是向一个页内写入单字节的编程和操作：

① 保存并禁止中断，防止有其他中断调用。

② 应保证写入的地址已进行了擦除，即对应的值为 0xFF。

③ Flash 写入操作允许，将寄存器 PSCTL 的 PSWE 位置 1。

④ Flash 扇区擦除操作允许，清除寄存器 PSCTL 的 PSEE 位。

⑤ 向 FLKEY 写第一个关键码：0xA5。

⑥ 向 FLKEY 写第二个关键码：0xF1。

⑦ 用 MOVX 指令指向本页内 1 024 字节中的地址，并写入一个数据字节。

⑧ 清除 PSWE 位。

⑨ 写结束重新允许中断。

重复步骤⑤～⑦，直到写完每个字节。其中 Flash 的擦除操作一个页 1 024 字节只进行一次，其他步骤重复进行。本页写满后，如要进行下一个页写操作，也必须先进行一次擦除操作。

## 6.2 Flash 数据的安全保护

Flash 存储器安全选项除保护软件不被意外修改，还保护代码不被恶意读取复制，此举对保护产品的知识产权意义重大。PSCTL 中的 PSWE 位和 PSEE 位保护 Flash 存储器不会被意外修改。只有 PSWE 置 1 才可以修改 Flash 存储器的内容，只有 PSWE 位和 PSEE 位都置 1 的情况下，才可以使用软件擦除 Flash 存储器。除此之外，内核还提供了可以防止通过 C2 接口读取程序代码和数据常数的安全保护功能。

代码防止被窃取是利用 Flash 用户空间的最后一个字节中的安全锁定字节。设置它可以保护 Flash 存储器，使其不能通过 C2 接口非法读、写或擦除。该安全机制允许用户从 0 页地址为 0x0000～0x03FF 开始锁定 $n$ 个 1 024 字节的 Flash 页，其中 $n$ 是安全锁定字节的反码。如没有被锁定的页，则锁定字节的所有位均为 1，此时安全锁定字节的所在页没有锁定。当有 Flash 页被锁定时，锁定字节的所有位不全为 1，此时安全锁定字节的所在页也被锁定。图 6.1 给出了 Flash 程序存储器具体的结构分布，关于对锁定字节的使用请参照示例。

安全锁定字节　11111101

反码　00000010

锁定的含义为　被锁定的 Flash 页：3（前两个 Flash 页＋锁定字节页）

被锁定的地址：0x0000～0x07FF（前两个 Flash 页）和 0xF800～0xFBFE（对于 C8051F93X）或 0x0000～0x07FF（前两个 Flash 页）和 0x07C00～0x7FFE（对于 C8051F92X）

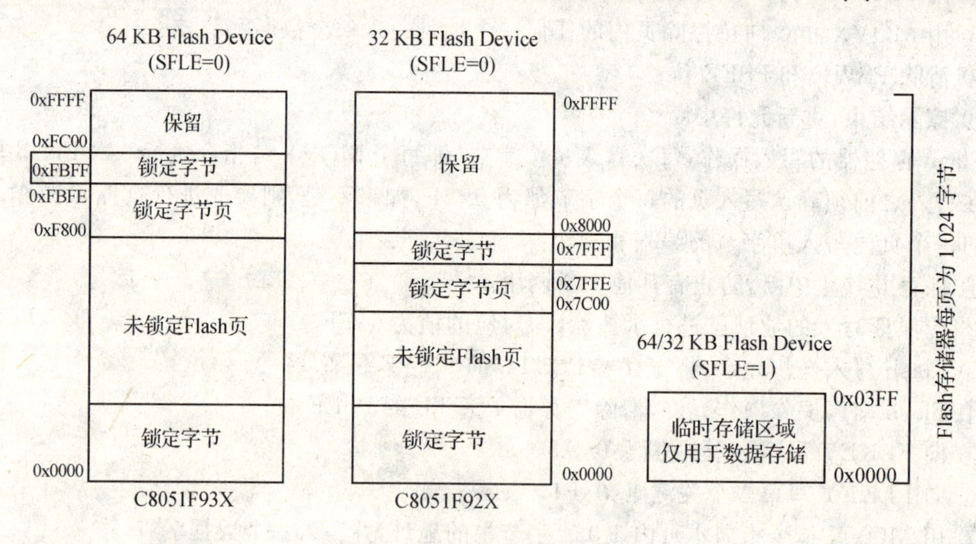


图 6.1　Flash 程序存储器组织结构

Flash 安全级别取决于对 Flash 访问的方式。其中 3 种访问方式是被限制的：

① 经 C2 调试接口；

② 在非锁定页执行的用户代码；

③ 在锁定页执行对 Flash 读、写和擦除的程序。

表 6.3 具体说明了 C8051F9xx 器件的 Flash 安全保护特性，以及访问限制。

表 6.3 Flash 安全保护一览表

| 操作 | C2 调试接口 | 用户固件所在执行区域 | |
|---|---|---|---|
| | | 未锁定页 | 被锁定页 |
| 读、写或擦除未锁定页（锁定字节所在页除外） | 允许 | 允许 | 允许 |
| 读、写或擦除被锁定页（锁定字节所在页除外） | 不允许 | Flash 错误复位 | 允许 |
| 读或写的页包含着锁定字节（如果没有被锁定的页） | 允许 | 允许 | 允许 |
| 读或写的页包含着锁定字节（如果有任何页被锁定） | 不允许 | Flash 错误复位 | 允许 |
| 读锁定字节的值（如果没有被锁定的页） | 允许 | 允许 | 允许 |
| 读锁定字节的值（如果有任何页被锁定） | 不允许 | Flash 错误复位 | 允许 |
| 擦除的页包含着锁定字节（如果没有被锁定的页） | 允许 | Flash 错误复位 | Flash 错误复位 |
| 擦除包含锁定字节的页——解锁所有页（如果有任何页被锁定） | 只能进行 C2 器件擦除 | Flash 错误复位 | Flash 错误复位 |
| 锁定附加页（将锁定字节中的 1 变成 0） | 不允许 | Flash 错误复位 | Flash 错误复位 |
| 解锁定单个页（将锁定字节中的 0 变成 1） | 不允许 | Flash 错误复位 | Flash 错误复位 |
| 读、写或擦除保留区 | 不允许 | Flash 错误复位 | Flash 错误复位 |

注：擦除所有 Flash 页，包括锁定字节所在页。

不允许相应的操作，若操作将导致 Flash 错误器件复位（复位后寄存器 RSTSRC 中的 FERROR 位为 1）。

C2 接口禁止的操作被忽略但不会导致器件复位。

锁定 Flash 页时，包含锁定字节所在页也被锁定。

锁定字节写入是不可修改的，除非用 C2 将器件全擦除。

## 6.3 Flash 可靠写和擦除的几点要求

修改 Flash 内容的代码处理不当可能会导致 Flash 存储器内容的改变，该类问题是比较严重的，对于应用中的系统来说是致命的，因为只能通过重新烧写 Flash 才可以恢复正常。如果在 VDD、系统时钟频率或温度的额定范围超过要求的限度下进行在系统 Flash 擦写，存在一定的危险性，即可能意外执行写或擦除 Flash 的代码。

为了防止意外修改 Flash，除了要求注意器件适用的温度及电气参数外，VDD 监视器必须被允许并被选择为复位源，只有这样 Flash 才能被正确改写。如果 VDD 监视器没有被允许或未被允许作为复位源，此时如程序试图改写 Flash 时就会产生 Flash 错误器件复位。以下将从几点说明如何保证 Flash 可靠操作。

### 6.3.1 电源和电源监视器的要求

为保证 Flash 操作的正确性，对电源和与电源监视器的要求如下：

① 电源瞬态保护。在电源易受电压或电流尖峰干扰的系统，增加瞬变保护器件 TVS 等，

确保电源电压不超过极限值。

② 欠压保护。保证 VDD 满足 1 ms 的最小上升时间,如果系统不满足这个指标,则要在器件的复位引脚加一个外部 VDD 欠压检测电路,以使器件在 VDD 达到工作电压之前或 VDD 降到低于最小工作电压时保持复位状态,此时并不执行代码,当然也没有 Flash 操作。

③ VDD 监视器允许为复位源。尽可能早地允许片内 VDD 监视器并允许其为复位源,可以在复位后最先执行。VDD 监视器和 VDD 监视器复位源都必须被允许,只有如此才不会在写或擦除 Flash 时产生 Flash 错误器件复位。这样可避免 Flash 写入不完整,或写入错误,保障了系统的安全和可靠性。

④ 确保 VDD 监视器被允许。该条要求是如何确保 VDD 监视器被允许,即在写和擦除 Flash 存储器的函数中显式地允许 VDD 监视器和将其允许为复位源。允许 VDD 监视器的指令应紧接在将 PSWE 置 1 的指令之后,但位于 Flash 写或擦除操作指令之前。

⑤ 位操作使用显示语言。写复位源寄存器 RSTSRC 的指令都使用直接赋值操作符显式赋值,不要使用位操作(如 AND 或 OR)。例如,"RSTSRC = 0x02"是正确的,而"RSTSRC |= 0x02"是存在隐患的。

⑥ 复位源检查。保证所有写 RSTSRC 寄存器的指令都显式地将 PORSF 位置 1。检查允许其他复位源的初始化代码(例如时钟丢失检测器或比较器)和强制软件复位的指令。

## 6.3.2 写允许操作位 PSWE 的操作

PSCTL 寄存器中的 PSWE 位是 Flash 的写允许控制位,置 1 它可以允许 Flash 的写入操作。为了避免误操作请按下列要求进行:

① 减少 PSWE 位(PSCTL 的位 0)置 1 的次数。可采用模块化设计,在代码中只使用一个将 PSWE 置 1 的模块。其他程序要有 Flash 写擦除需要时才可以调用该模块。

② 在 PSWE 置 1 期间,尽量减少变量访问次数。即在 PSWE 置 1 到 PSWE 清 0 之外,减少指针地址更新与循环变量改变。

③ PSWE 置 1 之前须禁止中断。在 PSWE 被清 0 之前应保持该禁止状态。在 Flash 写或擦除操作期间所产生的任何中断都会在 Flash 操作完成和中断被软件重新允许之后按优先级顺序得到服务。

④ 空间不重叠。保证 Flash 写和擦除指针变量不与 XRAM 空间地址重叠。

⑤ 地址边界检查。在写或擦除 Flash 代码中增加地址边界检查,以保证在使用非法地址不会修改 Flash。

## 6.3.3 系统时钟稳定性

稳定的系统频率是 Flash 可靠的操作保证,片内晶振经过优化设计,稳定性较高。因此所做的操作一定保证片内晶振为系统时钟源。

① 如果系统使用外部晶体工作,应注意晶体的电气干扰设计,包括布局布线及温度变化的考虑。如果系统工作在有强电气噪声的环境,建议使用内部振荡器或外部 CMOS 时钟。

② 使用外部振荡器工作,建议在 Flash 写或擦除操作期间将系统时钟切换到内部振荡器。当 CPU 执行完 Flash 操作后再切换回外部振荡器。利用外部振荡器可以继续运行。

# 6.4 Flash 读定时设置与电气特性

每次从 Flash 读数据或取值，其周期数是需要设置的。设置的情况与系统的工作频率有关，这样为了更好的适应速度与读可靠性之间的平衡，详见表 6.4。

**表 6.4 Flash 读定时控制寄存器 FLSCL**

寄存器地址：寄存器 0 页的 0xB6　　复位值：00000000

| 位　号 | 位 7 | 位 6 | 位 5 | 位 4 | 位 3 | 位 2 | 位 1 | 位 0 |
|---|---|---|---|---|---|---|---|---|
| 位定义 | 保留 | BYPASS | 保留 | 保留 | 保留 | 保留 | 保留 | 保留 |
| 读写允许 | R | R/W | R | R | R | R | R | R |

FLSCL 位功能说明如下：

- 位 7　保留，写总是 0。
- 位 6 (BYPASS)　Flash 读定时单稳电路选择。

  0：由单稳态电路决定 Flash 的读周期，此时的工作频率应该小于 10 MHz。

  1：由系统时钟决定 Flash 读周期，此时系统的工作频率应是大于 10 MHz。
- 位 5～0　保留。总是写 0。

# 6.5 Flash 存储器的电气特性

表 6.5 给出了 Flash 的一些典型电气参数，为保证数据操作的可靠性，技术指标请参照表内。

**表 6.5 Flash 存储器电气特性**

| 参　数 | 条　件 | 最小值 | 典型值 | 最大值 | 单　位 |
|---|---|---|---|---|---|
| Flash 尺寸 | C8051F930/1<br>C8051F920/1 | 65 536*<br>32 768 | — | — | 字节 |
| 临时区块大小 | | 1 024 | — | 1 024 | 字节 |
| 擦写寿命 | | TBD | TBD | — | 擦/写 |
| 擦除时间 | | 1.8 | 2.0 | 2.2 | ms |
| 写入时间 | 25 MHz 系统时钟 | 3.6 | 4.0 | 4.4 | μs |

注：VDD 引脚电压范围为 1.8～3.6 V，−40～+85 ℃。

* 位于 0xFC00～0xFFFF 的 1 024 字节保留。

# 6.6 Flash 存储器应用设计

## 6.6.1 Flash 非易失临时存储页应用

C8051F9xx 的 Flash 包括一个临时页，可以作为一些非易失参数的存取。以下给出了应用例程。程序如下：

```
#include <C8051F930.h>                                  // SFR declarations
#include <stdio.h>
#include <INTRINS.H>
#define uint unsigned int
#define uchar unsigned char
#define nop() _nop_();_nop_();
//-----------------------------------------------------------------------
// 全局常量
//-----------------------------------------------------------------------
#define FREQUEN    24500000
#define DIVCLK    1
#define SYSCLK   FREQUEN/DIVCLK                         // SYSCLK frequency in Hz
#define SCRATCHPAD          1                           // Flash 临时存储扇区
#define LED_ON   0
#define LED_OFF 1
//-----------------------------------------------------------------------
// I/O 定义
//-----------------------------------------------------------------------
sbit busy = P0^1;                                       //Flash 操作状态指示
//-----------------------------------------------------------------------
// 全局变量
//-----------------------------------------------------------------------
uint xdata databuf[128];
uchar cont;
uint addata;
uchar pagesave;
bit adcflg;
//-----------------------------------------------------------------------
// 函数声明
//-----------------------------------------------------------------------
void SYSCLK_Init (void);
void PORT_Init (void);
void PCA_Init();
void FLASH_ByteWrite (uint addr, uchar byte, uchar SFLE);
uchar FLASH_ByteRead (uint addr, uchar SFLE);
void FLASH_PageErase (uint addr, uchar SFLE);
//-----------------------------------------------------------------------
// MAIN 函数
//-----------------------------------------------------------------------
void main (void)
{
uchar getflash,writedata1,writedata2;
   PCA_Init();
```

```
    PORT_Init();
    SYSCLK_Init ();
      while(1)
    {
            FLASH_PageErase (0x0300, SCRATCHPAD);
 getflash = FLASH_ByteRead (0x0300, SCRATCHPAD);
 writedata1 = 0x88;
            FLASH_ByteWrite (0x0300, writedata1, SCRATCHPAD );
 getflash = FLASH_ByteRead (0x0300, SCRATCHPAD);
 writedata2 = 0x44;
          FLASH_ByteWrite (0x0300, writedata2, SCRATCHPAD );
 getflash = FLASH_ByteRead (0x0300, SCRATCHPAD);
          FLASH_PageErase (0x0300, SCRATCHPAD);
 getflash = FLASH_ByteRead (0x0300, SCRATCHPAD);
          FLASH_ByteWrite (0x0300, writedata2, SCRATCHPAD );
 getflash = FLASH_ByteRead (0x0300, SCRATCHPAD);
      }
}
//---------------------------------------------------------------
//PCA 初始化函数
//---------------------------------------------------------------
 void PCA_Init()
{
    PCA0MD &= ~0x40;
    PCA0MD = 0x00;
}
//---------------------------------------------------------------
// FLASH 字节写
//---------------------------------------------------------------
//
void FLASH_ByteWrite (uint addr, uchar byte, uchar SFLE)
{
    uchar EA_Save = IE;                         //保存 EA
    unsigned char xdata * data pwrite;          // FLASH 写指针
    busy = LED_ON;
    EA = 0;                                     // 禁止中断
    VDM0CN = 0x80;                              // 允许 VDD 监视器
    RSTSRC = 0x06;
    pwrite = (char xdata * ) addr;
    FLKEY  = 0xA5;                              // 第一个关键码
    FLKEY  = 0xF1;                              // 第二个关键码
    PSCTL |= 0x01;                              // PSWE = 1
    if(SFLE)
```

```
    {
       PSCTL |= 0x04;                               // 临时存储区有效
    }
       VDM0CN = 0x80;                               // 允许 VDD 监视器
    RSTSRC = 0x02;                                  // 允许 VDD 监视器作为复位源
    * pwrite = byte;                                // 写入数据
    PSCTL &= ~0x05;                                 // SFLE = 0; PSWE = 0
    if ((EA_Save & 0x80) != 0)
    {
       EA = 1;
    }
       busy = LED_OFF;
}
//-----------------------------------------------------------------------------
// FLASH 字节读
//-----------------------------------------------------------------------------
uchar FLASH_ByteRead (uint addr, uchar SFLE)
{
    uchar EA_Save = IE;
    char code * data pread;
    unsigned char byte;
    busy = LED_ON;
    EA = 0;
    pread = (char code * ) addr;
    if(SFLE)
    {
       PSCTL |= 0x04;
    }
    byte = * pread;
    PSCTL &= ~0x04;
    if ((EA_Save & 0x80) != 0)
    {
       EA = 1;
    }
        busy = LED_OFF;
    return byte;
}
//-----------------------------------------------------------------------------
// FLASH 页擦除
//-----------------------------------------------------------------------------
void FLASH_PageErase (uint addr, uchar SFLE)
{
    uchar EA_Save = IE;
```

```
    unsigned char xdata * data pwrite;
   busy = LED_ON;
   EA = 0;
   VDM0CN = 0x80;
   RSTSRC = 0x06;
   pwrite = (char xdata * ) addr;
   FLKEY   = 0xA5;
   FLKEY   = 0xF1;
   PSCTL |= 0x03;
   if(SFLE)
   {
      PSCTL |= 0x04;
   }
   VDM0CN = 0x80;
   RSTSRC = 0x02;
   * pwrite = 0;
   PSCTL &= ~0x07;
   if ((EA_Save & 0x80) ! = 0)
   {
      EA = 1;
   }
      busy = LED_OFF;
}
//--------------------------------------------------------------------
//端口初始化及功能分配函数
//--------------------------------------------------------------------
void PORT_Init (void)
{uchar tempage;
   P0MDIN   &= ~0x01;
   P0MDOUT |= 0x01;                             // P0.0 设置为推挽方式输出
   tempage = SFRPAGE;
   SFRPAGE = 0x0f;
   P0DRV |= 0x01;
   SFRPAGE = tempage;
   //XBR0 |= 0x08;                              // 系统时钟配置在 P0.0 输出
   XBR2 = 0x40;                                 // Enable crossbar and weak pull - ups
}
//--------------------------------------------------------------------
//时钟源初始化函数
//--------------------------------------------------------------------
void SYSCLK_Init (void)
{
   OSCICN |= 0x80;                              //允许内部精密时钟
   RSTSRC = 0x06;                               // Enable missing clock detector and
```

```
                                              // leave VDD Monitor enabled.

    CLKSEL = 0x00;
        switch(DIVCLK)
        {
         case 1:
         {      CLKSEL |= 0x00;                       //系统频率 1 分频
         break;}
        case 2:
         {      CLKSEL |=  0x10;                      //系统频率 2 分频
         break;}
         case 4:
         {      CLKSEL |=  0x20;                      //系统频率 4 分频
         break;}
         case 8:
         {      CLKSEL |=  0x30;                      //系统频率 8 分频
         break;}
         case 16:
         {      CLKSEL |=  0x40;                      //系统频率 16 分频
         break;}
         case 32:
         {      CLKSEL |=  0x50;                      //系统频率 32 分频
         break;}
         case 64:
         {      CLKSEL |=  0x60;                      //系统频率 64 分频
         break;}
         case 128:
         {      CLKSEL |=  0x70;                      //系统频率 128 分频
         break;}
        }
    }
```

图 6.2 是按正常程序先擦出然后再写入的情况；图 6.3 是不擦除写入前的结果；图 6.4 是不擦除写入后的结果。

| Name | Value |
|---|---|
| writedata1 | 0x88 |
| getflash | 0x44 |
| writedata2 | 0x44 |
| <type F2 to edit> | |

图 6.2　按正常程序先擦除然后再写入情况

| Name | Value |
|---|---|
| writedata1 | 0x88 |
| getflash | 0x88 |
| writedata2 | 0x44 |
| <type F2 to edit> | |

图 6.3　不擦除写入前结果

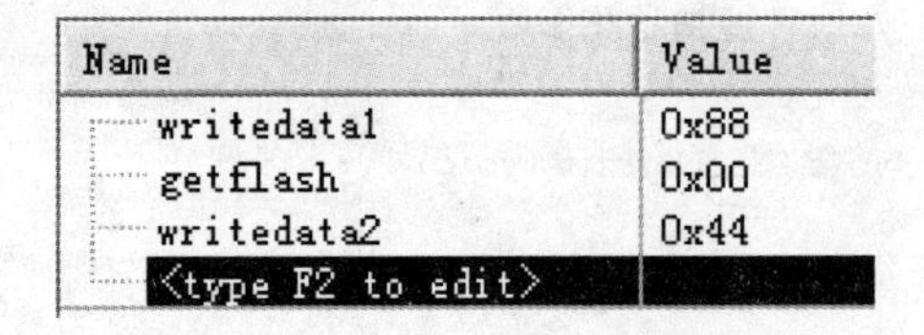

| Name | Value |
|---|---|
| writedata1 | 0x88 |
| getflash | 0x00 |
| writedata2 | 0x44 |
| <type F2 to edit> | |

图 6.4　不擦除写入后的结果

## 6.6.2 Flash 非易失数据全地址随机读写

当存储的数据量较大时，Flash 的临时数据存储页可能容量不足，就需要进行 Flash 的全地址空间读写。典型应用如利用串口或其他通信端口进行程序在线更新。下面给出了可在芯片所包含的全部 Flash 空间中操作。需要注意写入的数据不要对系统程序误操作。程序如下：

```
#include <C8051F930.h>                              // SFR declarations
#include <stdio.h>
#include <INTRINS.H>
#define uint unsigned int
#define uchar unsigned char
#define nop() _nop_();_nop_();
//-----------------------------------------------------------------------
// 全局常量
//-----------------------------------------------------------------------
#define FREQUEN    24500000
#define DIVCLK     1
#define SYSCLK   FREQUEN/DIVCLK                    // SYSCLK frequency in Hz
#define SCRATCHPAD          1                      // FLASH 临时存储扇区
#define LED_ON    0
#define LED_OFF 1
#define datalen 128
//-----------------------------------------------------------------------
// I/O 定义
//-----------------------------------------------------------------------
sbit busy = P0^1;                                  //FLASH 操作状态指示
//-----------------------------------------------------------------------
// 全局变量
//-----------------------------------------------------------------------
uchar xdata databuf[datalen];
uchar cont;
uint addata;
uchar pagesave;
bit adcflg;
//-----------------------------------------------------------------------
// 函数声明
//-----------------------------------------------------------------------
void SYSCLK_Init (void);
void PORT_Init (void);
void PCA_Init();
void FLASH_ByteWrite (uchar pagesize,  uint len);  //FLASH 页写
void FLASH_ByteRead (uchar pagesize,  uint len);   //FLASH 页读
void FLASH_PageErase (uchar pagesize);             //FLASH 页擦写
void bufini();                                     //初始化数组
```

```
void bufclr();                                         //数组清 0
//-----------------------------------------------------------------
// Function PROTOTYPES
//-----------------------------------------------------------------
// MAIN 函数
//-----------------------------------------------------------------
void main (void)
{

PCA_Init();
   PORT_Init();
   SYSCLK_Init ();

 bufclr();

   while(1)
   {

  FLASH_ByteRead (10, 128);
  bufini();
  FLASH_ByteWrite (10, 128 );

     bufclr();
  FLASH_ByteRead (10, 128);
  // FLASH_PageErase (11);
  FLASH_ByteRead (11, 128);

    }
}
//-----------------------------------------------------------------
//PCA 初始化函数
//-----------------------------------------------------------------
 void PCA_Init()
{
   PCA0MD &= ~0x40;
   PCA0MD  = 0x00;
}
//-----------------------------------------------------------------
// FLASH  字节写
//-----------------------------------------------------------------
void FLASH_ByteWrite (uchar pagesize,  uint len)
{
   uchar EA_Save = IE;                                  // 保存 EA
   unsigned char xdata * data pwrite;                   // FLASH 写指针
    uint addr,i;
   if(pagesize>64)
   {pagesize = 63;
   }
   if(len>1024)
```

```
    {len = 1024;
    }
    addr = pagesize * 1024;
    busy = LED_ON;
    EA = 0;                                    // 禁止中断
    VDM0CN = 0x80;                             // 允许 VDD 监视器
    RSTSRC = 0x06;
    pwrite = (char xdata * ) addr;
    for(i = 0;i<len;i ++ )
    {
    FLKEY = 0xA5;                              // 第一个关键码
    FLKEY = 0xF1;                              // 第二个关键码
    PSCTL |= 0x01;                             // PSWE = 1
    VDM0CN = 0x80;                             // 允许 VDD 监视器
    RSTSRC = 0x02;                             // 允许 VDD 监视器作为复位源
     * pwrite = databuf[i];                    // 写入数据
    pwrite ++ ;
    }
    PSCTL &= ~0x05;                            // SFLE = 0; PSWE = 0
    if ((EA_Save & 0x80) != 0)
    {
       EA = 1;
    }
     busy = LED_OFF;
}
//-------------------------------------------------------------------------
// FLASH 字节读
//-------------------------------------------------------------------------
void FLASH_ByteRead (uchar pagesize, uint len)
{
    uchar EA_Save = IE;
    char code * data pread;
     uint addr,i;
    if(pagesize>64)
    {pagesize = 63;
    }
    if(len>1024)
    {len = 1024;
    }
    addr = pagesize * 1024;
    busy = LED_ON;
    EA = 0;
    pread = (char code * ) addr;
    for(i = 0;i<len;i ++ )
    {
```

```
            databuf[i] = *pread;
            pread++;
        }
    PSCTL &= ~0x04;
    if ((EA_Save & 0x80) != 0)
    {
        EA = 1;
    }
        busy = LED_OFF;
}
//--------------------------------------------------------------------------
// FLASH 页擦除
//--------------------------------------------------------------------------
void FLASH_PageErase  (uchar pagesize)
{
    uchar EA_Save = IE;
    uint addr;
    unsigned char xdata * data pwrite;
     if(pagesize>64)
    {pagesize = 63;
    }
      addr = pagesize * 1024;
      busy = LED_ON;
    EA = 0;
    VDMOCN = 0x80;
    RSTSRC = 0x06;
    pwrite = (char xdata * ) addr;
    FLKEY = 0xA5;
    FLKEY = 0xF1;
    PSCTL |= 0x03;
    VDMOCN = 0x80;
    RSTSRC = 0x02;
     * pwrite = 0;
    PSCTL &= ~0x07;
    if ((EA_Save & 0x80) != 0)
    {
        EA = 1;
    }
        busy = LED_OFF;
}
//--------------------------------------------------------------------------
//端口初始化及功能分配函数
//--------------------------------------------------------------------------
void PORT_Init (void)
{uchar tempage;
```

```
    P0MDIN    &=  ~0x01;
    P0MDOUT |= 0x01;                              // P0.0 设置为推挽方式输出
     tempage = SFRPAGE;
     SFRPAGE = 0x0f;
       P0DRV |= 0x01;
     SFRPAGE = tempage;
    //XBR0 |= 0x08;                               // 系统时钟配置在 P0.0 输出
    XBR2  =  0x40;                                // Enable crossbar and weak pull - ups
}
//--------------------------------------------------------------------------
//时钟源初始化函数
//--------------------------------------------------------------------------
void SYSCLK_Init (void)
{
     OSCICN |=  0x80;                             //允许内部精密时钟
     RSTSRC  =  0x06;
     CLKSEL  =  0x00;
     switch(DIVCLK)
     {
       case 1:
       {      CLKSEL |= 0x00;                     //系统频率 1 分频
       break;}
     case 2:
       {      CLKSEL |=  0x10;                    //系统频率 2 分频
       break;}
       case 4:
       {      CLKSEL |=  0x20;                    //系统频率 4 分频
       break;}
       case 8:
       {      CLKSEL |=  0x30;                    //系统频率 8 分频
       break;}
       case 16:
       {      CLKSEL |=  0x40;                    //系统频率 16 分频
       break;}
       case 32:
       {      CLKSEL |=  0x50;                    //系统频率 32 分频
       break;}
       case 64:
       {      CLKSEL |=  0x60;                    //系统频率 64 分频
       break;}
       case 128:
       {      CLKSEL |=  0x70;                    //系统频率 128 分频
       break;}
     }
}
```

```
/////////////////////////////////////////////////////////////////////////////////
/ *************内部缓存初始化 ***********************/
/////////////////////////////////////////////////////////////////////////////////
void bufini()
{
 for (cont = 0;cont<datalen;cont ++ )
      {
       databuf[cont] = cont;
      }
}
void bufclr()
{
 for (cont = 0;cont<datalen;cont ++ )
      {
       databuf[cont] = 0;
      }
}
```

# 第 7 章

# 增强型循环冗余检查单元

循环冗余校验 CRC(Cyclic Redundancy Check)是由分组线性码的分支而来,其主要应用是二元码组。编码简单且误判概率很低,在通信系统中得到了广泛的应用。冗余检查是一项重要的功能,多用在数据传输记录系统,比如硬盘读写,串行数据传输等。

## 7.1 循环冗余检查单元原理图

C8051F93x 芯片内包含了可以进行冗余检查的单元。它可以使用 16 位或 32 位的多项式进行 CRC 运算。CRC0 的输入数据为 8 位,被写入 CRC0IN 寄存器。运算后的 16 位或 32 位的结果存储在内部结果寄存器中。内部的结果寄存器可以通过 CRC0PNT 位和 CRC0DAT 寄存器间接地被读取,如图 7.1 所示。CRC0 有一个位序反转寄存器可用于一些算法中。

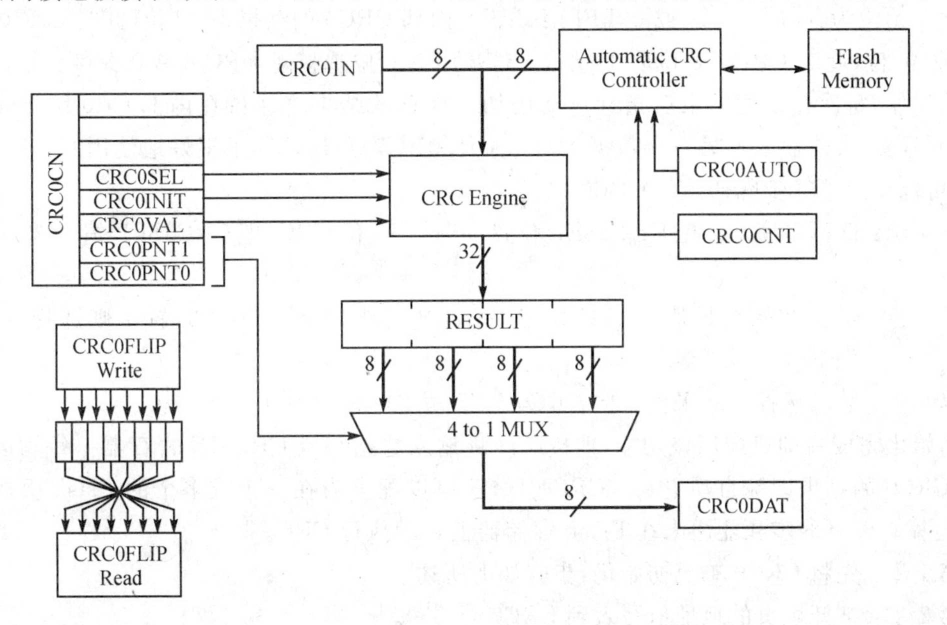


图 7.1 CRC 原理图

## 7.2 片内 CRC 单元计算过程及输出示例

片内的 CRC0 单元执行 CRC 运算等效为以下几个步骤:

第 1 步:输入值和当前的 CRC 结果最高的有效位异或(XOR)运算。如果这是 CRC 单元迭代的第一步，当前的 CRC 结果将被设定为初始值，该值为 0x00000000 或 0xFFFFFFFF。

第 2 步：如果 CRC 结果的最高位 MSB 置 1，移位 CRC 结果并将移位后的结果与选择的多项式异或运算；如果 CRC 结果的最高位 MSB 没有置 1，移位 CRC 结果。

重复第 2 步，处理 8 位的输入数据。

表 7.1 列出了几个输入值以及与之相对应的 16 位 CRC 算法输出值。

**表 7.1　16 位 CRC 输出示例**

| 输　入 | 输　出 | 输　入 | 输　出 |
|---|---|---|---|
| 0x63 | 0xBD35 | 0xAA，0xBB，0xCC | 0x6CF6 |
| 0x8C | 0xB1F4 | 0x00，0x00，0xAA，0xBB，0xCC | 0xB166 |
| 0x7D | 0x4ECA | | |

## 7.3　CRC 单元的配置

进行 CRC 运算，应该软件选择需要的多项式并设置结果的初值。有两个多项式可以被选择，一个是 0x1021 对应于 16 位 CRC，一个是 0x04C11DB7 对应于 32 位 CRC。CRC0 的结果一定被初始化为 0x00000000 或 0xFFFFFFFF。内部 CRC0 的结果由 32 位(此时 CRC0SE 位取 0)或 16 位(此时 CRC0SE 位取 1)组成。CRC0PNT 位选择对 CRC0DAT 寄存器是读操作还是写操作，每次读或写结束后指针自动增加。计算的结果将保持在内部 CR0 结果寄存器中，直到它置 1、覆盖或者另一个数据被写入 CRC0IN 寄存器。为了很好地使用 CRC 单元的功能，可以按照下述步骤初始化 CRC0。

第 1 步：选择多项式。把 CRC0SEL 位置 1 选择 16 位 CRC，把 CRC0SEL 清 0 选择 32 位模式。

第 2 步：选择初始结果值。把 CRC0VAL 清 0 选择 0x00000000，置 1 则选择 0xFFFFFFFF。

第 3 步：装入选择的结果值。向 CRC0INIT 写 1。

初始化完成后即可应用该功能，即按顺序将输入数据写入 CRC0IN 寄存器。每写入一个字节，CRC0 的结果即被自动更新。CRC 引擎还可以配置为在一个或多个的 Flash 页内执行 CRC 运算。以下的步骤能用来在 Flash 存储器上自动执行 CRC。

第 1 步：先将 CRC0 单元初始化，步骤如上所述。

第 2 步：把开始页的地址值写入到 CRC0AUTO。

第 3 步：置 1 CRC0AUTO 的 AUTOEN 位

第 4 步：向 CRC0CNT 中写入执行 CRC 运算的 Flash 页数，每个 Flash 页包括 1 024 字节。

第 5 步：向 CRC0CN 中写入任意值，或用 0x00 与它的内容进行或运算。以启动 CRC 计算，在 CRC 运行结束之前，CPU 将不执行任何其他的代码。

第 6 步：清 CRC0AUTO 的 AUTOEN 位。

第 7 步：读取 CRC 的结果。

## 7.4 CRC 功能寄存器说明与应用

表 7.2～表 7.6 给出了 CRC0 相关的寄存器定义。

**表 7.2 CRC0 控制寄存器 CRC0CN**

寄存器地址：寄存器 0x0F 页的 0x92　　复位值：0x92

| 位　号 | 位 7 | 位 6 | 位 5 | 位 4 | 位 3 | 位 2 | 位 1 | 位 0 |
|---|---|---|---|---|---|---|---|---|
| 位定义 | — | — | — | CRC0SEL | CRC0INIT | CRC0VAL | CRC0PNT[1：0] | |
| 读写允许 | R/W | R/W | R/W | R/W | R | R/W | R/W | |

CRC0CN 位功能说明如下：

- 位 7～5　未使用。读返回值均为 0，写忽略操作。
- 位 4（CRC0SEL）　CRC0 多项式选择位。该位选择 CRC0 多项式和结果的位数。
  0：CRC0 使用 32 位的多项式 0x04C11DB7 计算 CRC 的结果。
  1：CRC0 使用 16 位的多项式 0x1021 计算 CRC 的结果。
- 位 3（CRC0INIT）　CRC0 结果初始化位。写 1 到该位整个 CRC 结果根据 CRC0VAL 状态建立。
- 位 2（CRC0VAL）　CRC0 设定值初始化位。该位选择 CRC 结果的设定值。
  0：当 CRC0INIT 被写 1 时，CRC 的结果被设置为 0x00000000。
  1：当 CRC0INIT 被写 1 时，CRC 的结果被设置为 0xFFFFFFFF。
- 位 1～0（CRC0PNT[1：0]）　CRC0 结果指针。指定 CRC 结果的字节对 CRC0DAT 进行下一次读/写访问。每次读或写，这些位的数值将自动递增。
  在 CRC0SEL＝0 的情况下：
  00：CRC0DAT 访问 32 位的 CRC 结果的位 7～0。
  01：CRC0DAT 访问 32 位的 CRC 结果的位 15～8。
  10：CRC0DAT 访问 32 位的 CRC 结果的位 23～16。
  11：CRC0DAT 访问 32 位的 CRC 结果的位 31～24。
  在 CRC0SEL＝1 的情况下：
  00：CRC0DAT 访问 16 位的 CRC 结果的位 7～0。
  01：CRC0DAT 访问 16 位的 CRC 结果的位 15～8。
  10：CRC0DAT 访问 16 位的 CRC 结果的位 7～0。
  11：CRC0DAT 访问 16 位的 CRC 结果的位 15～8。

**表 7.3 CRC0 数据输入寄存器 CRC0IN**

寄存器地址：寄存器 0x0F 页的 0x93　　复位值：0x00

| 位　号 | 位 7 | 位 6 | 位 5 | 位 4 | 位 3 | 位 2 | 位 1 | 位 0 |
|---|---|---|---|---|---|---|---|---|
| 位定义 | CRC0IN[7：0] | | | | | | | |
| 读写允许 | R/W | | | | | | | |

CRC0IN 位功能说明如下：

➢ 位 7～0(CRC0IN[7：0]) CRC0 输入数据。每次向 CRC0IN 写入数据，根据 CRC 算法计算的结果写入结果寄存器。

**表 7.4 CRC0 数据输出寄存器 CRC0DAT**

寄存器地址：寄存器 0x0F 页的 0x91 复位值：0x00

| 位 号 | 位 7 | 位 6 | 位 5 | 位 4 | 位 3 | 位 2 | 位 1 | 位 0 |
|---|---|---|---|---|---|---|---|---|
| 位定义 | CRC0DAT[7：0] | | | | | | | |
| 读写允许 | R/W | | | | | | | |

CRC0DAT 位功能说明如下：

➢ 位 7～0(CRC0DAT[7：0]) CRC0 数据输出寄存器。每次在 CRC0DAT 上执行读或写操作，CRC 的结果指针指向结果位。

**表 7.5 CRC0 自动控制寄存器 CRC0AUTO**

寄存器地址：寄存器 0x0F 页的 0x96 复位值：0x40

| 位 号 | 位 7 | 位 6 | 位 5 | 位 4 | 位 3 | 位 2 | 位 1 | 位 0 |
|---|---|---|---|---|---|---|---|---|
| 位定义 | AUTOEN | AUTOCOM | CRC0ST[5：0] | | | | | |
| 读写允许 | R/W | | | | | | | R/W |

CRC0AUTO 位功能说明如下：

➢ 位 7(AUTOEN) CRC 自动运算允许位。当 AUTOEN 置 1 时，CRC0CN 的任何写操作都将会启动 Flash 扇区自动的 CRC 过程。其中开始的地址由 CRC0ST 设定，扇区的数目由 CRC0CNT 寄存器决定。

➢ 位 6(AUTOCOM) 自动 CRC 计算完成位。当 CRC 计算进行过程中该位设定为 0，运算完成后该位置 1。注意，在 CRC 运行期间，代码执行被停止，此时读取该位返回值将总是 1。

➢ 位 5～0(CRC0ST[5：0]) 执行自动 CRC 运算的 Flash 扇区的起始地址位。这些位指定了在 Flash 扇区上启动 CRC 的起始地址。自动 CRC 运算从第一个 Flash 扇区的起始地址开始。

**表 7.6 CRC0 Flash 扇区自动计数器 CRC0CNT**

寄存器地址：寄存器 0x0F 页的 0x97 复位值：0x00

| 位 号 | 位 7 | 位 6 | 位 5 | 位 4 | 位 3 | 位 2 | 位 1 | 位 0 |
|---|---|---|---|---|---|---|---|---|
| 位定义 | — | — | CRC0CNT[5：0] | | | | | |
| 读写允许 | R/W | | | | | | | R/W |

CRC0CNT 位功能说明如下：

➢ 位 7～6 未用。读返回值为 00，写忽略操作。

➢ 位 5～0(CRC0CNT[5：0]) 自动 CRC 运算 Flash 扇区计数器。这些位指定了执行自动 CRC 运算的 Flash 扇区的数量。指定的地址也包括最后扇区的起始地址。

## 7.5 CRC 的位反转功能

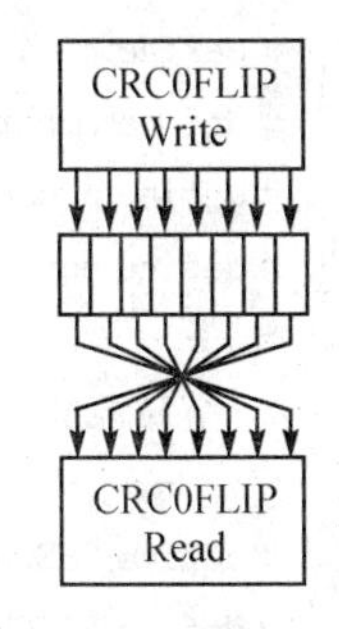


图 7.2 位反转寄存器

CRC0 包含能使一个字节中每一位的位序反转的硬件功能，如图 7.2所示。写入到 CRC0FLIP 的字节数据被读出时即是位反转的。举例来说，如果 0xC0 被写到 CRC0FLIP，数据读出倒置为 0x03，位反转是一个非常有用的数学变换功能，可以被用于一些算法中，比如 FFT 算法。表 7.7 是 CRC 的位反转寄存器的定义。

**表 7.7 CRC 的位反转寄存器 CRC0FLIP**

寄存器地址：寄存器 0x0F 页的 0x94　　复位值：0x00

| 位　号 | 位 7 | 位 6 | 位 5 | 位 4 | 位 3 | 位 2 | 位 1 | 位 0 |
|---|---|---|---|---|---|---|---|---|
| 位定义 | CRC0FLIP[7：0] | | | | | | | |
| 读写允许 | R/W | | | | | | | |

CRC0FLIP 位功能说明如下：

➢ 位 7～0（CRC0FLIP[7：0]）　CRC0 反转位。任何写入 CRC0FLIP 的字节，均可以反位序读出。例如，写入时的最低位，读出时变成最高位。

## 7.6 CRC 数据检验功能演示

### 7.6.1 16 位 CRC 数据校验功能示例

CRC 在数据通信中应用广泛，在嵌入式系统中 16 位 CRC 的应用更广泛。C8051F9xx 片内继承了 CRC 单元，可以实现 16 位或 32 位的 CRC 运算。以下程序是利用片内的 CRC 运算单元实现基于 16 位的多项式 0x1021 进行的 CRC 校验。图 7.3 是 CRC 输入数据，图 7.4 是 CRC 计算结果。

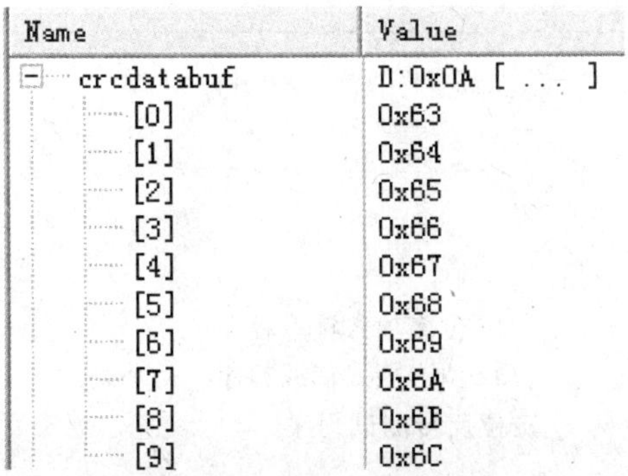

| Name | Value |
|---|---|
| ⊟ crcdatabuf | D:0x0A [ ... ] |
| [0] | 0x63 |
| [1] | 0x64 |
| [2] | 0x65 |
| [3] | 0x66 |
| [4] | 0x67 |
| [5] | 0x68 |
| [6] | 0x69 |
| [7] | 0x6A |
| [8] | 0x6B |
| [9] | 0x6C |

图 7.3 CRC 输入数据

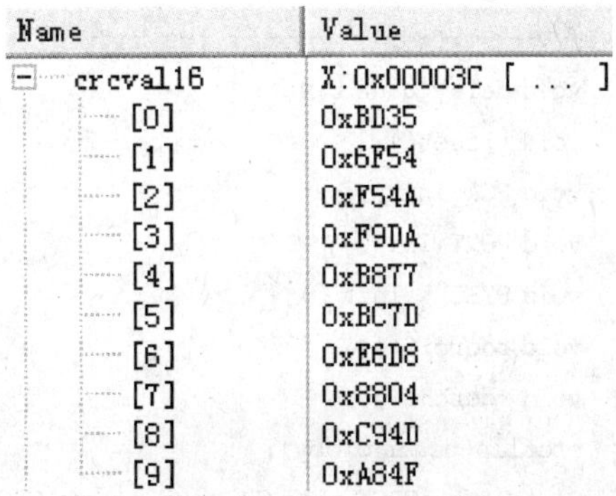

| Name | Value |
|---|---|
| ⊟ crcval16 | X:0x00003C [ ... ] |
| [0] | 0xBD35 |
| [1] | 0x6F54 |
| [2] | 0xF54A |
| [3] | 0xF9DA |
| [4] | 0xB877 |
| [5] | 0xBC7D |
| [6] | 0xE6D8 |
| [7] | 0x8804 |
| [8] | 0xC94D |
| [9] | 0xA84F |

图 7.4 CRC 计算结果

程序如下：

```
#include "C8051F930.h"
```

```
#include <INTRINS.H>
#define uint unsigned int
#define uchar unsigned char
#define ulong unsigned long
#define nop() _nop_();_nop_();
//-----------------------------------------------------------------------
// 全局常量
//-----------------------------------------------------------------------
#define FREQUEN    24500000
#define DIVCLK     4
#define SYSCLK   FREQUEN/DIVCLK                        // SYSCLK frequency in Hz
//-----------------------------------------------------------------------
// 全局变量
//-----------------------------------------------------------------------
union tcfint16{
    uint myword;
    struct{uchar hi;uchar low;}bytes;
}myint16;                                              //用联合体定义 16 位操作
 union tcfint32{
    ulong mydword;
    struct{uchar by4;uchar by3;uchar by2;uchar by1;}bytes;
}myint32;                                              //用联合体定义 32 位操作
 uchar tem,num;
 uint daval;
 bit upda;
 xdata uint crcval16[10];
 xdata uint sofcrcval16[10];
 xdata ulong crcval32[10];
 uchar crcdatabuf[10];
//-----------------------------------------------------------------------
// 函数声明
//-----------------------------------------------------------------------
void delay(uint time);
void rtcset();
void PCA_Init();
void PORT_Init();
void SYSCLK_Init ();
void rdcrc16();                                        //16 位多项式读取程序
void rdcrc32();                                        //32 位多项式读取程序
crcflip(uchar oldby);                                  //位反转测试程序
uint UpdateCRC (uint CRC_acc, uchar CRC_input);
void softCRC(uint crcint);
//-----------------------------------------------------------------------
// MAIN 函数
//-----------------------------------------------------------------------
```

```
main()
{  uchar i;
   PCA_Init();
   PORT_Init();
   SYSCLK_Init ();
   SFRPAGE = CRC0_PAGE    ;
   delay(10);
   for(i = 0;i<10;i ++ )
    {
     crcdatabuf[i] = 0x63 + i;
    }
for(i = 0;i<10;i ++ )
{
  crcval16[i] = 0;
  sofcrcval16[i] = 0;
  crcval32[i] = 0;
}
CRC0CN = 0x10;                                          //使用 16 位多项式 0x1021
CRC0CN |= 0x14;                                         //选择结果的初值
CRC0CN |= 0x18;                                         //将选择的结果赋初值
rdcrc16();
//crcdata = 0x63;
for(i = 0;i<10;i ++ )
{  //CRC0IN = crcdata;
   //crcdata ++ ;
   CRC0IN = crcdatabuf[i];
   rdcrc16();
   crcval16[i] = myint16.myword;
}
    while(1)
          {  ;
        }
  }
   void delay(uint time)
{
    uint i,j;
    for (i = 0;i<time;i ++ ){
        for(j = 0;j<300;j ++ );
    }
}
//-------------------------------------------------------------------
//端口初始化及功能分配函数
//-------------------------------------------------------------------
void PORT_Init (void)
{
```

```
}
//------------------------------------------------------------------------
//时钟源初始化函数
//------------------------------------------------------------------------
void SYSCLK_Init (void)
{
    OSCICN |= 0x80;                              //允许内部精密时钟
    RSTSRC = 0x06;
  CLKSEL = 0x00;
   switch(DIVCLK)
   {
    case 1:
    {    CLKSEL |= 0x00;                         //系统频率 1 分频
    break;}
   case 2:
    {    CLKSEL |= 0x10;                         //系统频率 2 分频
    break;}
    case 4:
    {    CLKSEL |= 0x20;                         //系统频率 4 分频
    break;}
    case 8:
    {    CLKSEL |= 0x30;                         //系统频率 8 分频
    break;}
    case 16:
    {    CLKSEL |= 0x40;                         //系统频率 16 分频
    break;}
    case 32:
    {    CLKSEL |= 0x50;                         //系统频率 32 分频
    break;}
    case 64:
    {    CLKSEL |= 0x60;                         //系统频率 64 分频
    break;}
    case 128:
    {    CLKSEL|= 0x70;                          //系统频率 128 分频
    break;}
   }
}
void PCA_Init()
{   PCA0CN = 0x40;
    PCA0MD &= ~0x40;
}
void rdcrc16()
{//uchar tem1,tem2;
  CRC0CN& = 0xfc;
  myint16.bytes.low = CRC0DAT;
```

```
    //CRC0CN++;
    myint16.bytes.hi = CRC0DAT;
}
```

## 7.6.2 位序反转及软件 CRC 功能示例

C8051F9xx 的 CRC 单元还具有位序反转功能的寄存器，该寄存器可以将输入字节的位序进行颠倒，即按最高位和最低位，次高位次低位，其他各位依此类推的规律对调。在 FFT 运算中该功能很有价值。本列还给出了软件实现的 CRC 算法，其中多项式可以定义，可应用于片内没有 CRC 单元的芯片中。图 7.5 是软件 CRC 计算结果，读者可以与 CRC 单元计算结果对比。

| Name | Value |
| --- | --- |
| ⊟ sofcrcval16 | X:0x000000 [ ... ] |
| [0] | 0xBD35 |
| [1] | 0x6F54 |
| [2] | 0xF54A |
| [3] | 0xF9DA |
| [4] | 0xB877 |
| [5] | 0xBC7D |
| [6] | 0xE6D8 |
| [7] | 0x8804 |
| [8] | 0xC94D |
| [9] | 0xA84F |

**图 7.5 软件 CRC 计算结果**

程序如下：

```
#include "C8051F930.h"
#include <INTRINS.H>
#define uint unsigned int
#define uchar unsigned char
#define ulong unsigned long
#define nop() _nop_();_nop_();
//-------------------------------------------------------------------
// 全局常量
//-------------------------------------------------------------------
#define FREQUEN     24500000
#define DIVCLK      1
#define SYSCLK   FREQUEN/DIVCLK                          // SYSCLK frequency in Hz
//-------------------------------------------------------------------
// 全局变量
//-------------------------------------------------------------------
union tcfint16{
    uint myword;
    struct{uchar hi;uchar low;}bytes;
}myint16;                                                //用联合体定义16位操作
union tcfint32{
```

```
    ulong mydword;
    struct{uchar by4;uchar by3;uchar by2;uchar by1;}bytes;
}myint32;                                                   //用联合体定义 32 位操作
 uchar tem,num;
 uint daval;
 bit upda;
 xdata uint crcval16[10];
 xdata uint sofcrcval16[10];
 xdata ulong crcval32[10];
 uchar crcdatabuf[10];
//-----------------------------------------------------------------
// 函数声明
//-----------------------------------------------------------------
void delay(uint time);
void rtcset();
void PCA_Init();
void PORT_Init();
void SYSCLK_Init ();
void rdcrc16();                                             //16 位多项式读取程序
void rdcrc32();                                             //32 位多项式读取程序
crcflip(uchar oldby);                                       //位反转测试程序
uint UpdateCRC (uint CRC_acc, uchar CRC_input);
void softCRC(uint crcint);
//-----------------------------------------------------------------
// MAIN 函数
//-----------------------------------------------------------------
main()
{  uchar i;
PCA_Init();
   PORT_Init();
   SYSCLK_Init ();
    SFRPAGE = CRC0_PAGE   ;
    delay(10);
    for(i = 0;i<10;i ++ )
    {
     crcdatabuf[i] = 0x63 + i;
    }
for(i = 0;i<10;i ++ )
{
  crcval16[i] = 0;
  sofcrcval16[i] = 0;
  crcval32[i] = 0;
}
CRC0CN = 0x10;                                              //使用 16 位多项式 0x1021
CRC0CN |= 0x14;                                             //选择结果的初值
```

```
CRC0CN |= 0x18;                                    //将选择的结果赋初值
rdcrc16();
//crcdata = 0x63;
for(i = 0;i<10;i ++ )
{   //CRC0IN = crcdata;
    //crcdata ++ ;
    CRC0IN = crcdatabuf[i];
    rdcrc16();
    crcval16[i] = myint16.myword;
}
 delay(10);
 //设置 CRC 时要按照一定次序对同一个寄存器的不同位赋值,如不按次序可能导致错误,尤其是对
 //32 位应用时
CRC0CN = 0x00;                                     //使用 32 位多项式 0x04C11DB7
CRC0CN |= 0x04;                                    //选择结果的初值
CRC0CN |= 0x08;                                    //将选择的结果赋初值
rdcrc32();
//crcdata = 56;
for(i = 0;i<10;i ++ )
{   CRC0IN = crcdatabuf[i];
    //crcdata ++ ;
    rdcrc32();
    crcval32[i] = myint32.mydword;
}
 softCRC(0xffff);
 num = 0x55;                                       //验证位反转功能
 tem = crcflip(num);
 nop();
     while(1)
    {   ;
        }
  }
    void delay(uint time)
{
     uint i,j;
     for (i = 0;i<time;i ++ ){
     for(j = 0;j<300;j ++ );
     }
}
//-------------------------------------------------------------------
//端口初始化及功能分配函数
//-------------------------------------------------------------------
void PORT_Init (void)
{
```

```
}
//------------------------------------------------------------------------
//时钟源初始化函数
//------------------------------------------------------------------------
void SYSCLK_Init (void)
{
   OSCICN |=  0x80;                                          //允许内部精密时钟
   RSTSRC  =  0x06;
   CLKSEL  =  0x00;
    switch(DIVCLK)
    {
     case 1:
     {     CLKSEL |= 0x00;                                   //系统频率 1 分频
     break;}
    case 2:
     {     CLKSEL |=  0x10;                                  //系统频率 2 分频
     break;}
     case 4:
     {     CLKSEL |=  0x20;                                  //系统频率 4 分频
     break;}
     case 8:
     {     CLKSEL |=  0x30;                                  //系统频率 8 分频
     break;}
     case 16:
     {     CLKSEL |=  0x40;                                  //系统频率 16 分频
     break;}
     case 32:
     {     CLKSEL |=  0x50;                                  //系统频率 32 分频
     break;}
     case 64:
     {     CLKSEL |=  0x60;                                  //系统频率 64 分频
     break;}
     case 128:
     {     CLKSEL |=  0x70;                                  //系统频率 128 分频
     break;}
    }
}
void PCA_Init()
{    PCA0CN  =  0x40;
     PCA0MD &=  ~0x40;
  }
void rdcrc16()
{//uchar tem1,tem2;
  CRC0CN&= 0xfc;
```

```
  myint16.bytes.low = CRC0DAT;
  //CRC0CN++;
  myint16.bytes.hi = CRC0DAT;
}
void rdcrc32()
{uchar tem1;
  //CRC0CN = 0x14;
  tem1 = CRC0DAT;
  myint32.bytes.by1 = tem1;
  //CRC0CN = 0x15;
  tem1 = CRC0DAT;
  myint32.bytes.by2 = tem1;
  //CRC0CN = 0x16;
  tem1 = CRC0DAT;
  myint32.bytes.by3 = tem1;
  //CRC0CN = 0x17;
  tem1 = CRC0DAT;
  myint32.bytes.by4 = tem1;
  }
  ////////////////////////////////////////////////////////////////////
  crcflip(uchar oldby)
{   CRC0FLIP = oldby;
    oldby = CRC0FLIP;
    return(oldby);
}
uint UpdateCRC(uint CRC_acc, uchar CRC_input)
{
unsigned char i;                                            // loop counter
#define POLY 0x1021
CRC_acc = CRC_acc ^ (CRC_input << 8);
for (i = 0; i < 8; i++)
{
if ((CRC_acc & 0x8000) == 0x8000)
{
  CRC_acc = CRC_acc << 1;
  CRC_acc ^= POLY;
}
else
{
  CRC_acc = CRC_acc << 1;
}
}
return CRC_acc;
}
```

```
void softCRC(uint crcint)
{
uchar i; uint crcdata;
crcdata = UpdateCRC(crcint,crcdatabuf[0]);
sofcrcval16[0] = crcdata;
for(i = 1;i<10;i++)
{
 crcdata = UpdateCRC(crcdata,crcdatabuf[i]);
 sofcrcval16[i] = crcdata;
}
}
```

# 第 8 章

# 多模式外设总线扩展和片上 XRAM 的访问

C8051F9xx 是一款小体积的 MCU，它继承了那些多引脚内核的优点并增加了一些使用的外设。对于 C8051F 系列 SoC 单片机来说，由于是基于 51 内核，它的 P0～P3 口功能较强，既可字节操作也可位操作，其他 I/O 口扩展出来的只能字节操作。C8051F9xx 单片机只有 P0～P2 口，尽管只有 32 个引脚，但是还保留了片外并行扩展功能。大多数的应用并不需要太多的 RAM，仅使用片内集成的 XRAM 4KB RAM 即可。

## 8.1 片外可寻址 XRAM 空间的配置

C8051F9xx 具有片外并行扩展能力，此举可以较方便地扩展大容量的存储器以及一些新型的外设。与传统 51 单片机访问方式相同，使用 MOVX 指令访问片外外设。

利用外部存储器接口访问外部存储空间，其中 EMIF 与 I/O 端口锁存器共享端口引脚。但交叉开关应该将所对应的引脚专用于外部存储扩展。

大多数情况 $\overline{RD}$、$\overline{WR}$ 以及 ALE 等与时序相关的引脚要在交叉开关中被跳过，以保证它们的信号变化是由端口锁存器控制的。

用于外部存储器的接口只在执行片外 MOVX 指令期间才使用端口，指令执行完毕，端口锁存器恢复对端口的控制。执行 MOVX 指令期间，外部存储器接口将禁止所有的输入驱动器。

对于作为输出的端口引脚，外部存储器接口不会自动地允许输出驱动器，需要设计者设置。通过设置选择为双向或只作为输出引脚的方式，选择何种方式与配置的输出方式(是漏极开路还是推挽)无关。

当端口引脚被锁存器控制时，它的输出方式与外部存储器接口操作无关，即始终受 PnMDOUT 寄存器控制。通常外部存储引脚的输出方式都应被配置为推挽方式。可以按以下几步配置外部存储接口。

① 配置相应端口引脚的输出方式。可以选择推挽输出或漏极开路输出，一般设为推挽输出。最好在交叉开关中跳过这些引脚。

② 使对应 EMIF 引脚的端口锁存器把它设置为输出 1。

③ 选择存储器的扩展模式。可以选择只使用片内的 4 KB 存储器、带块选择的分片方式以及只使用片外的存储器。各种方式的具体含义本章有详细说明。

④ 时序设定。根据外设的情况选择与之对应的接口时序。

## 8.2 外部存储器总线的扩展

8 位的微处理器,由于处理的基本字长为 8 位,所以大多数情况采用的是低位地址与数据复用技术。对于 C8051F9xx 来说片外扩展的地址线只有 12 根,寻址范围只有 4 KB。大多数的 8 位接口元件,如果仅使用低 8 位且采用的是不分块方式,则地址的高 8 位是可以作为通用 I/O 口使用的。如果存储器使用 16 位方式或 8 位分块方式,则地址引脚被高 4 位地址驱动,就不能作为通用 I/O 使用了。图 8.1 为总线复用方式图。

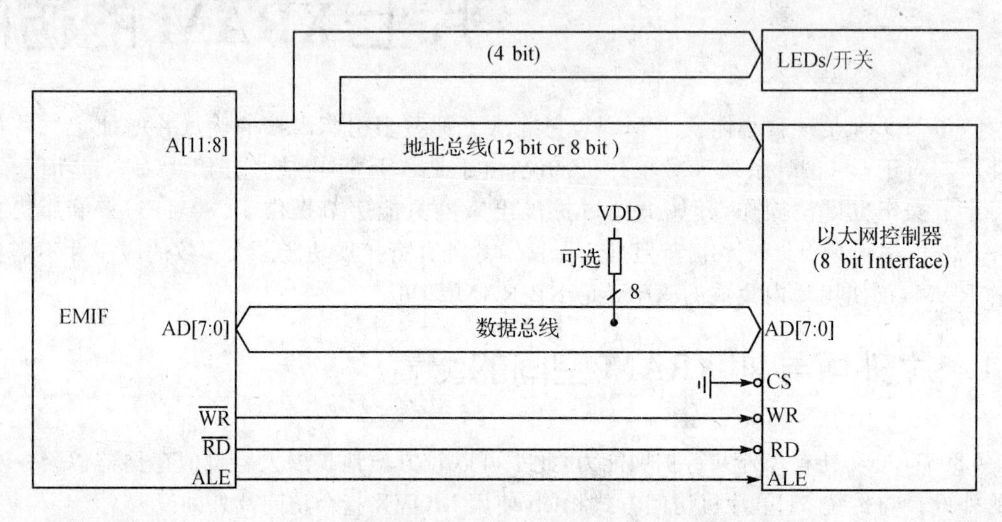


图 8.1 总线复用接口图

还有些器件作为从方式并行使用,典型的应用如 SRAM,它们的低 8 位地址与数据是分开的。这样就需要复用总线到非复用的转换,可以采用一个外部的锁存器(如 74HC373)保持地址的低 8 位,并在存储器周期的后半周期输出数据时寻址之用。锁存器由 ALE 信号控制。图 8.2 是一个总线复用与非复用元件接口图。

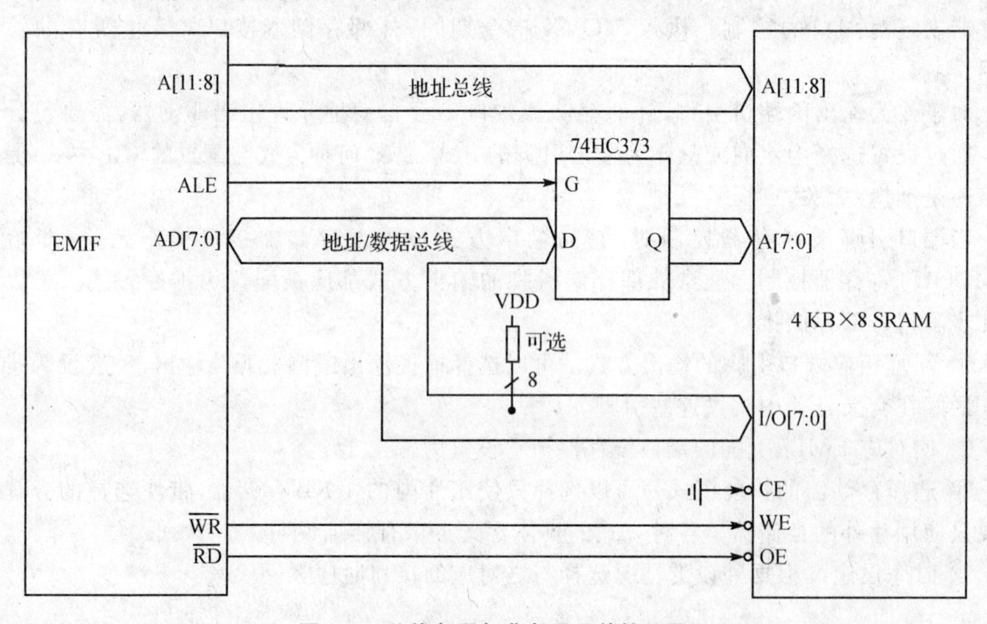


图 8.2 总线复用与非复用元件接口图

## 8.3 XRAM 地址空间的访问模式

MOVX 指令有两种形式，这两种形式都采用间接寻址，其中第一种采用 16 位数据指针 DPTR。可寻址范围是 64 KB，DPTR 中保存着待寻址的地址。第二种方式是使用 R0 或 R1，该种方式寻址宽度为 8 位，单页寻址范围是 256 字节。由于 C8051F9xx 片内集成了 4 KB 的 RAM，该 RAM 的地址与片外扩展有重叠，为了访问不冲突，就需要把它很好地区分开来。

通过 EMI0CF[3：2]的值很好地区分了这些地址关系。要使用片内和片外的地址空间就要先设置 EMI0CF[3：2]。有关利用 EMI0CF[3：2]设置存储器工作方式与各地址空间之间的关如图 8.3 所示。

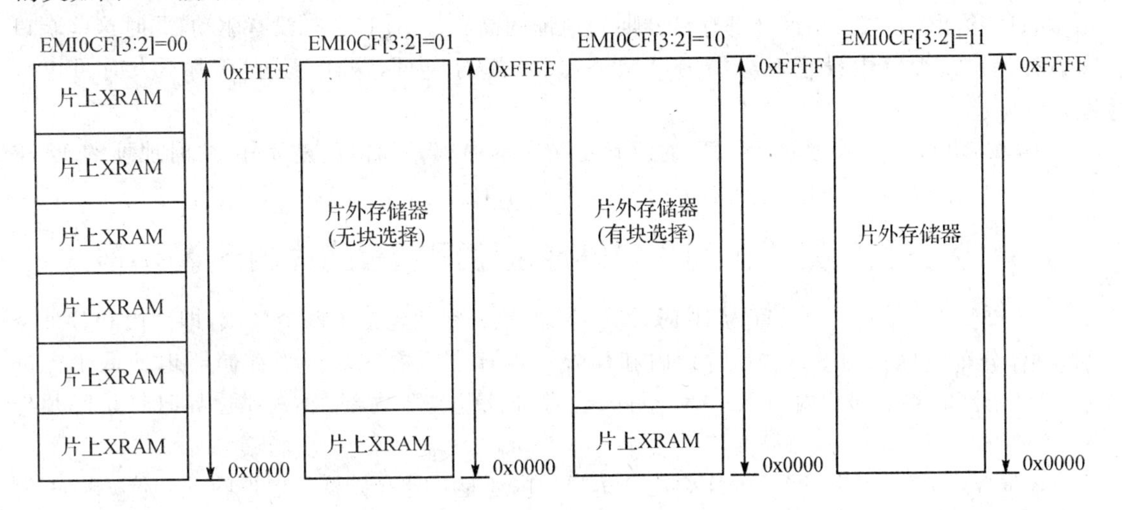


**图 8.3 存储器的工作方式**

当使用 16 位方式时 DPTR 内装载着要访问的地址值，该特殊寄存器可以分成 DPH 与 DPL 两部分。例如，要把 A 中的值写入 0x1234 单元，可以这样进行操作：

```
MOV   DPTR,#0x1234
MOVX  @DPTR,A
```

使用 8 位寻址方式需要 EMI0CN 的参与，此时是按页访问。在 EMI0CN 中保存着访问对应页，也可以说是高位地址。同样，上面的例子采用该方式为：

```
MOV   EMI0CN,#12h
MOV   R0,#34h
MOV   @R0,A
```

### 8.3.1 仅访问片上 XRAM

当 EMI0CF[3：2]设置值为 00 时，MOVX 操作对象指向片内的 4 KB 空间。具体分布原理见图 8.3。可以这样理解，整个地址空间的地址被分成了 16 份，每一份的地址都映射到了 4 KB的物理空间上，当地址大于 4 KB 的范围时，将自动回绕到上述范围。换一句话说，就是一种环形存储，存储的深度为 4 KB。

这种方式对于循环采样提供了方便，即能保证存储器内始终保存着最新的数据。此时可以使用 16 位或 8 位寻址方式。使用 8 位 MOVX 寻址时，将 EMI0CN 的内容作为地址的高字节，低字节由 R0、R1 提供。16 位 MOVX 操作则使用 DPTR 提供有效的寻址地址。

### 8.3.2 以不分页的方式访问地址空间重叠的片内外 XRAM

当 EMI0CF[3：2]被设置为 01 时，XRAM 的地址空间包括了两个可访问区域，即片内和片外空间，具体分布原理见图 8.3。此时片内和片外可能存在重叠的地址区域。CPU 访问是这样协调的。当存储器地址低于内部4 KB的范围时将访问片内的 XRAM 空间；当寻址地址高于内部 XRAM 边界时将访问片外 XRAM。

8 位 MOVX 操作用 EMI0CN 确定是访问片内还是片外存储器。地址的低 8 位 A[7：0]由 R0、R1 给出，并且在访问外部存储器期间地址的高 4 位 A[11：8]没有驱动，此时这些端口可以被用户在程序中设置对应的 I/O 状态，以选择对应页，这样，地址范围不大时可以节约I/O 口。

16 位 MOVX 操作通过 DPTR 的值确定访问的内容是片内还是片外，此时地址的 12 位 A[11：0]均被驱动，访问外存储器期间就不能让端口它用了。

### 8.3.3 以分页的方式访问片内外地址空间重叠的片内外 XRAM

当 EMI0CF[3：2]被设置为 10 时，XRAM 的地址空间包括了两个区域，即片内和片外空间，具体分布原理见图 8.3。此时片内和片外可能存在重叠区域。当存储器地址低于内部 4 KB的范围时将访问片内的 XRAM 空间；当寻址地址高于内部 XRAM 边界时将访问片外 XRAM。

8 位 MOVX 操作用 EMI0CN 确定是访问片内还是片外存储器。地址的低 8 位 A[7：0]由 R0、R1 给出，地址的高 4 位由 EMI0CN 给出。并且在访问外部存储器期间地址的高 4 位 A[11：8]被驱动，高位地址自动给出。

16 位 MOVX 操作通过 DPTR 的值确定访问的内容是片内还是片外，此时地址的 12 位 A[11：0]均被驱动，访问外存储器期间就不能让端口它用了。

### 8.3.4 仅访问片外 XRAM

当 EMI0CF[3：2]被设置为 11 时，XRAM 的地址空间只包括为片外的空间，片内空间忽略。访问地址范围最大为 0x0000～0xFFFF，或是实际的地址范围。具体分布原理见图 8.3。

8 位 MOVX 操作不受 EMI0CN 内容控制。地址的高 4 位 A[11：8]没有驱动，与以不分块的方式访问地址空间重叠的片内外 XRAM 方式相同，即在访问外部存储器期间地址的高 4 位 A[11：8]对应的端口可作它用。地址的低 8 位 A[7：0]由 R0、R1 给出。

16 位 MOVX 操作通过 DPTR 的值寻址，此时地址的 12 位 A[11：0]均被驱动，访问外存储器期间就不能让端口它用了。

## 8.4 外部 XRAM 扩展的时序

通过片外的 EMIF 不但可以扩展 RAM，还可以扩展其他有用的外设。外设不同速度可能区别较大，为了让挂在总线上的器件都能正常工作，就需要对它的工作时序有一个了解。表 8.1给出了时序参数和取值。不同速度的外设可以对照取值范围，作为设计的依据。

**表 8.1 时序参数及取值**

| 参 数 | 说 明 | 最小值 | 最大值 | 单 位 |
|---|---|---|---|---|
| $T_{ACS}$ | 地址/控制信号建立时间 | 0 | $3\times T_{SYSCLK}$ | ns |
| $T_{ACW}$ | 地址/控制信号脉冲宽度 | $1\times T_{SYSCLK}$ | $16\times T_{SYSCLK}$ | ns |
| $T_{ACH}$ | 地址/控制信号保持时间 | 0 | $3\times T_{SYSCLK}$ | ns |
| $T_{ALEH}$ | 地址锁存高电平时间 | $1\times T_{SYSCLK}$ | $4\times T_{SYSCLK}$ | ns |
| $T_{ALEL}$ | 地址锁存低电平时间 | $1\times T_{SYSCLK}$ | $4\times T_{SYSCLK}$ | ns |
| $T_{WDS}$ | 写数据建立时间 | $1\times T_{SYSCLK}$ | $19\times T_{SYSCLK}$ | ns |
| $T_{WDH}$ | 写数据保持时间 | 0 | $3\times T_{SYSCLK}$ | ns |
| $T_{RDS}$ | 读数据建立时间 | 20 | — | ns |
| $T_{RDH}$ | 读数据保持时间 | 0 | — | ns |

注：$T_{SYSCLK}$是系统时钟的周期。

以下给出了 MOVX 不同类型外部扩展读写的应用时序图。C8051F9xx 的几种片外总线扩展的选择，由寄存器 EMI0CF 的取值决定。因此学习每种工作模式的时序请参照 EMI0CF 寄存器的定义。16 位 MOVX 复用方式的读写时序图，请看图 8.4、图 8.5，此时对应的 EMI0CF [3∶2]取值为 01、10 或 11。

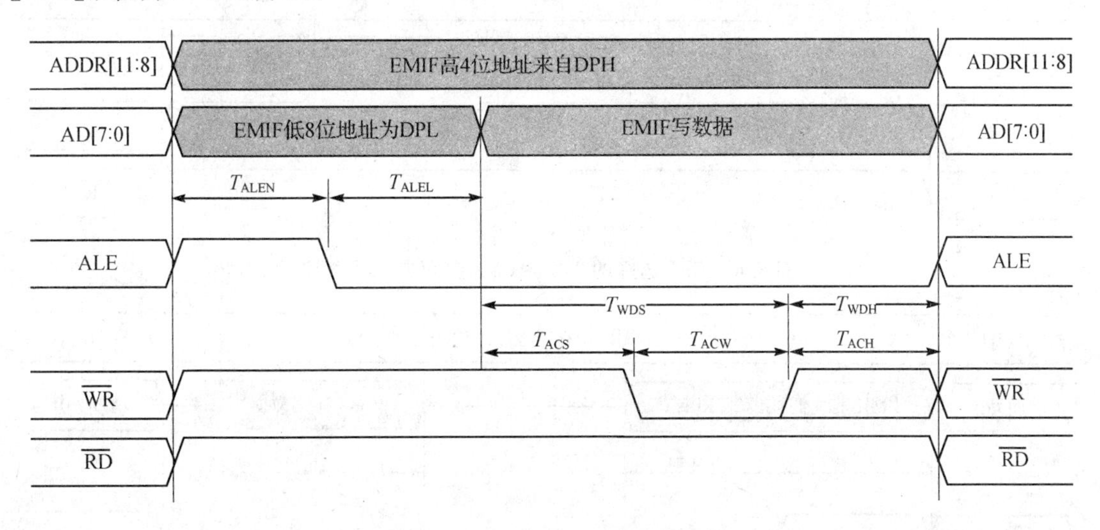


**图 8.4 16 位 MOVX 复用方式写**

XRAM 外部扩展，也可以采用 8 位分页模式，分页的操作方式不同，有两种情况：一种是由使用者根据需要在程序中分页，即软件决定高 4 位的状态，从而得到对应的页地址；另一种是由用户直接设置 EMI0CN 高 4 位的值给出。图 8.6、图 8.7 是无页选择的 8 位 MOVX 复用方式读写时序，对应的 EMI0CF[3∶2]取值为 01 或 11。图 8.8、图 8.9 是有页选择的 8 位 MOVX 复用方式读写时序，对应的 EMI0CF[3∶2]取值为 10。

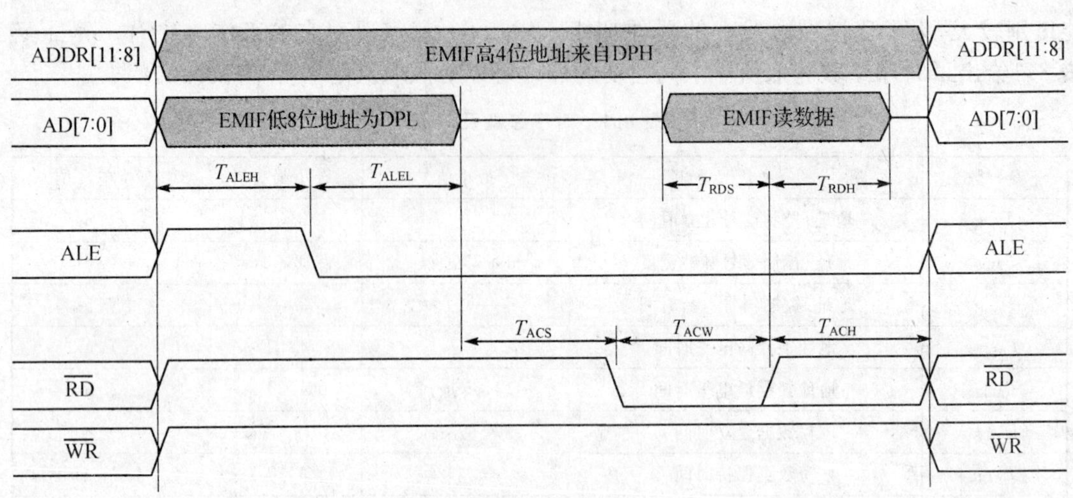


图 8.5　16 位 MOVX 复用方式读

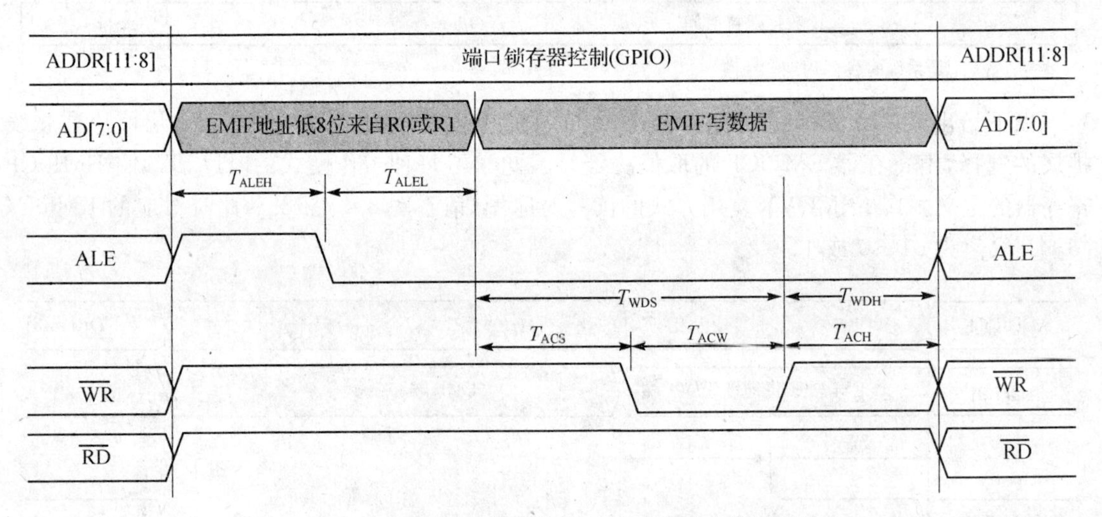


图 8.6　无页选择的 8 位 MOVX 复用方式写时序

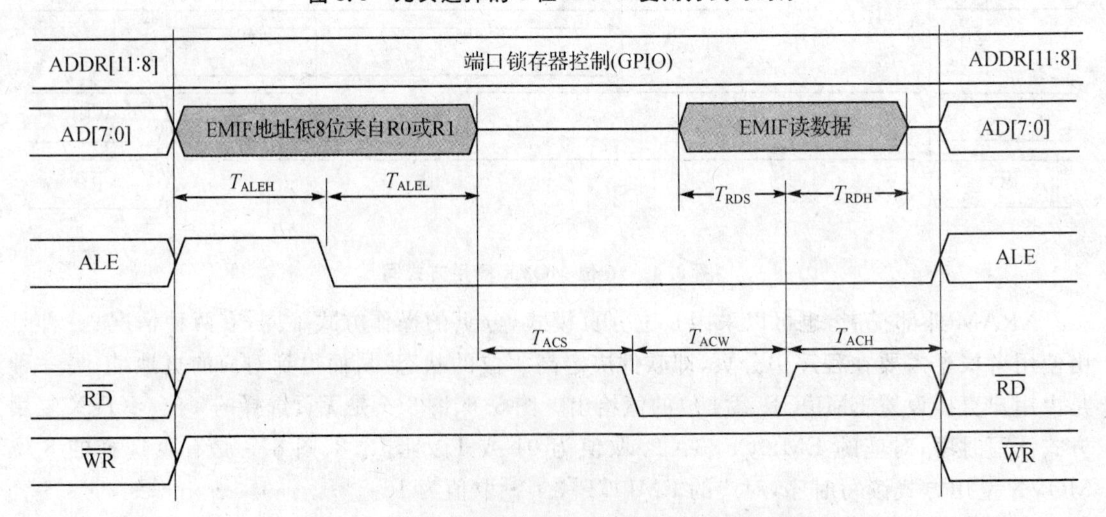


图 8.7　无页选择的 8 位 MOVX 复用方式读时序

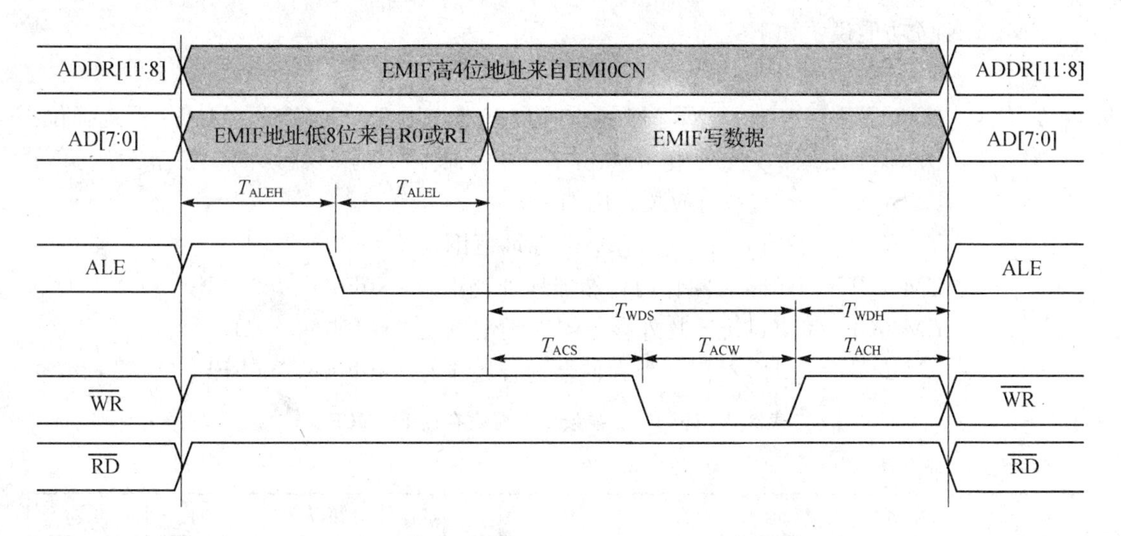


**图 8.8 有页选择的 8 位 MOVX 复用方式写时序**

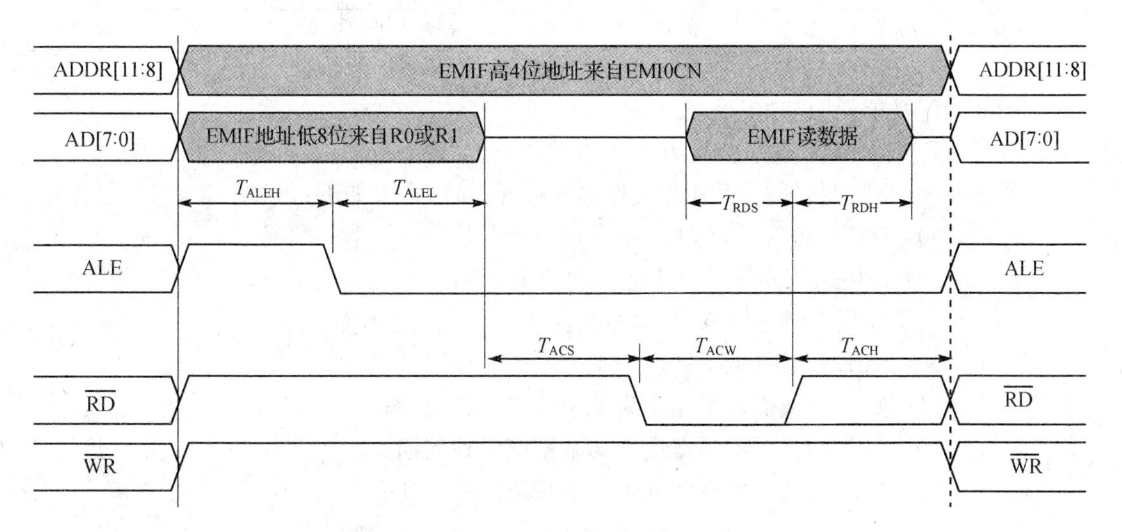


**图 8.9 有页选择的 8 位 MOVX 复用方式读时序**

## 8.5 总线匹配寄存器的定义与设置

C8051F9xx 系列具有片内资源在系统重组，要使用总线功能扩展外设，就需要先进行必要设置，包括外部存储器接口控制、外部存储器接口配置寄存器、外部存储器时序控制寄存器。这些存储器决定了扩展的模式、地址分配、时序等。对这些存储器的说明具体如表 8.2～表 8.4 所列。

**表 8.2 外部存储器接口控制寄存器 EMI0CN**

寄存器地址：寄存器 0 页的 0xAA　　复位值：00000000

| 位　号 | 位 7 | 位 6 | 位 5 | 位 4 | 位 3 | 位 2 | 位 1 | 位 0 |
|---|---|---|---|---|---|---|---|---|
| 位定义 | — | — | — | PGSEL[4：0] | | | | |
| 读写允许 | R/W | R/W | R/W | R/W | | | | |

EMI0CN 位功能说明如下：

➢ 位 7～5　未用。读返回值均为 0，写忽略操作。

➢ 位 4～0(PGSEL[4：0])　XRAM 页选择位。当使用 8 位 MOVX 寻址时，页选择位提供 16 位地址的高位。它的高 3 位未用，总是 0，存储器以 256 字节为一页，由 PGSEL[4：0]选择对应页。例如：

EMI0CN＝0x01，访问片内存储器地址范围是 0x0100～0x01FF；

EMI0CN＝0x0F，访问片内存储器地址范围是 0x0F00～0x0FFF；

EMI0CN＝0x11，访问片外存储器地址范围是 0x0100～0x01FF；

EMI0CN＝0x1F，访问片外存储器地址范围是 0x0F00～0x0FFF。

**表 8.3　外部存储器接口配置寄存器 EMI0CF**

寄存器地址：寄存器 0 页的 0xAB　　复位值：00000011

| 位　号 | 位 7 | 位 6 | 位 5 | 位 4 | 位 3 | 位 2 | 位 1 | 位 0 |
|---|---|---|---|---|---|---|---|---|
| 位定义 | — | — | — | — | EMD1 | EMD0 | EALE1 | EALE0 |
| 读写允许 | R/W | R/W | R/W | R/W | R/W | R/W | R/W | R/W |

EMI0CF 位功能说明如下：

➢ 位 7～4　未用。读返回值均为 0，写忽略操作。

➢ 位 3～2(EMD[1：0])　EMIF 工作模式选择，对应定义如下：

00：只用内部存储器；01：不带块选择分片；

10：带块选择分片；11：只使用外部存储器。

➢ 位 1～0(EALE[1：0])　ALE 脉冲宽度选择。

00：ALE 高或低电平宽度为 1 个系统时钟周期；

01：ALE 高或低电平宽度为 2 个系统时钟周期；

10：ALE 高或低电平宽度为 3 个系统时钟周期；

11：ALE 高或低电平宽度为 4 个系统时钟周期。

**表 8.4　外部存储器时序控制寄存器 EMI0TC**

寄存器地址：寄存器 0 页的 0xAF　　复位值：11111111

| 位　号 | 位 7 | 位 6 | 位 5 | 位 4 | 位 3 | 位 2 | 位 1 | 位 0 |
|---|---|---|---|---|---|---|---|---|
| 位定义 | EAS1 | EAS0 | EWR3 | EWR2 | EWR1 | EWR0 | EAH1 | EAH0 |
| 读写允许 | R/W | R/W | R/W | R/W | R/W | R/W | R/W | R/W |

EMI0TC 位功能说明如下：

➢ 位 7～6(EAS[1：0])　EMIF 地址建立时间选择。本设置改变参数 $T_{ACS}$。

00：地址建立时间为 0；

01：地址建立时间为 1 个系统时钟周期；

10：地址建立时间为 2 个系统时钟周期；

11：地址建立时间为 3 个系统时钟周期；

➢ 位 5～2(EWR[3：0])　$\overline{WR}$和$\overline{RD}$脉冲宽度选择。本设置改变参数 $T_{ACW}$。

0000：$\overline{WR}$和$\overline{RD}$脉冲宽度为 1 个系统时钟周期；
0001：$\overline{WR}$和$\overline{RD}$脉冲宽度为 2 个系统时钟周期；
0010：$\overline{WR}$和$\overline{RD}$脉冲宽度为 3 个系统时钟周期；
0011：$\overline{WR}$和$\overline{RD}$脉冲宽度为 4 个系统时钟周期；
0100：$\overline{WR}$和$\overline{RD}$脉冲宽度为 5 个系统时钟周期；
0101：$\overline{WR}$和$\overline{RD}$脉冲宽度为 6 个系统时钟周期；
0110：$\overline{WR}$和$\overline{RD}$脉冲宽度为 7 个系统时钟周期；
0111：$\overline{WR}$和$\overline{RD}$脉冲宽度为 8 个系统时钟周期；
1000：$\overline{WR}$和$\overline{RD}$脉冲宽度为 9 个系统时钟周期；
1001：$\overline{WR}$和$\overline{RD}$脉冲宽度为 10 个系统时钟周期；
1010：$\overline{WR}$和$\overline{RD}$脉冲宽度为 11 个系统时钟周期；
1011：$\overline{WR}$和$\overline{RD}$脉冲宽度为 12 个系统时钟周期；
1100：$\overline{WR}$和$\overline{RD}$脉冲宽度为 13 个系统时钟周期；
1101：$\overline{WR}$和$\overline{RD}$脉冲宽度为 14 个系统时钟周期；
1110：$\overline{WR}$和$\overline{RD}$脉冲宽度为 15 个系统时钟周期；
1111：$\overline{WR}$和$\overline{RD}$脉冲宽度为 16 个系统时钟周期。

➢ 位 1～0(EAH[1：0]) EMIF 地址保持时间选择。该设置改变参数 $T_{ACH}$。

00：地址保持时间为 0；
01：地址保持时间为 1 个系统时钟周期；
10：地址保持时间为 2 个系统时钟周期；
11：地址保持时间为 3 个系统时钟周期。

## 8.6 应用实例

### 片上 4 KB 环形 RAM 的应用

C8051F9xx 片上集成了 4 KB 的 RAM，该 RAM 除可以做一般存储之用，还可以利用它实现环形数组，即可以循环存储数据，自动用最新数据更新老的数据，始终保证 RAM 中为最新数据。这样的应用在循环采样中很常见，因为存储数据不用在意 RAM 的地址界限，操作起来更灵活。程序功能是先在 RAM 中存储一个数据，然后再读取，注意存取的地址与读取的地址是不同的，但是读出来的数据却是一致的。这是因为 64 KB 的地址空间全部映射到了 4 KB 的物理内存上。程序如下：

```
#include <C8051F930.h>                              // SFR declarations
#include <INTRINS.H>
#define uint unsigned int
#define uchar unsigned char
#define ulong unsigned  long int
#define nop() _nop_();_nop_();_nop_();_nop_();
#define FREQUEN    24500000
#define DIVCLK    4
```

```
#define SYSCLK   FREQUEN/DIVCLK                         // SYSCLK frequency in Hz
//-----------------------------------------------------------------------------
// 全局变量
//-----------------------------------------------------------------------------
  uchar xdata * rampoint;
  uchar writedata;
  uchar readdata[16];
//-----------------------------------------------------------------------------
// 函数声明
//-----------------------------------------------------------------------------
void Oscillator_Init (void);                            // 初始化系统时钟
void Port_Init (void);                                  // 交叉开关 I/O 口功能分配
void PCA_Init();
//-----------------------------------------------------------------------------
// MAIN 函数
//-----------------------------------------------------------------------------
void main (void)
{
uchar i;
  PCA_Init();
   Oscillator_Init();                                   // Initialize the system clock
   Port_Init ();                                        // Initialize crossbar and GPIO
   writedata = 0x88;
   while(1)
   { for(i = 0;i<16;i ++ )
       {
        readdata[i] = 0;
       }
      rampoint = 0;
       * rampoint = writedata;
      for(i = 0;i<16;i ++ )
         {
          readdata[i] = * rampoint;
          rampoint = rampoint + 4096;
         }
        nop();
   }
}
//-----------------------------------------------------------------------------
//PCA 初始化函数
//-----------------------------------------------------------------------------
 void PCA_Init()
{
    PCA0MD &=  ~0x40;
    PCA0MD  = 0x00;
```

```
}
//------------------------------------------------------------------------
//时钟源初始化函数
//------------------------------------------------------------------------
void OSCILLATOR_Init (void)
{
     OSCICN |= 0x80;                                   //允许内部精密时钟
     RSTSRC  = 0x06;                                   // Enable missing clock detector and
                                                       // leave VDD Monitor enabled.
    CLKSEL  = 0x00;
    switch(DIVCLK)
    {
     case 1:
     {     CLKSEL |= 0x00;                             //系统频率 1 分频
     break;}
    case 2:
     {     CLKSEL |= 0x10;                             //系统频率 2 分频
     break;}
     case 4:
     {     CLKSEL |= 0x20;                             //系统频率 4 分频
     break;}
     case 8:
     {     CLKSEL |= 0x30;                             //系统频率 8 分频
     break;}
     case 16:
     {     CLKSEL |= 0x40;                             //系统频率 16 分频
     break;}
     case 32:
     {     CLKSEL |= 0x50;                             //系统频率 32 分频
     break;}
     case 64:
     {     CLKSEL|= 0x60;                              //系统频率 64 分频

     break;}
     case 128:
     {     CLKSEL |= 0x70;                             //系统频率 128 分频
     break;}
         }
}
 void PORT_Init (void)
{
   P0MDIN  = 0xff;
   P1MDIN  = 0xff;
   P2MDIN  = 0xff;
   XBR2  =  0x40;
}
```

图 8.10 为环形 RAM 读写。

| Name | Value |
|---|---|
| writedata | 0x88 |
| ⊟ readdata | D:0x08 [ ... |
| [0] | 0x88 ... |
| [1] | 0x88 ... |
| [2] | 0x88 ... |
| [3] | 0x88 ... |
| [4] | 0x88 ... |
| [5] | 0x88 ... |
| [6] | 0x88 ... |
| [7] | 0x88 ... |
| [8] | 0x88 ... |
| [9] | 0x88 ... |
| [10] | 0x88 ... |

图 8.10　环形 RAM 读写

# 第9章 系统复位源

## 9.1 系统复位概述

由于干扰影响造成系统参数错误甚至崩溃时有发生，且无法有效预防，因而需要采用一些方法补救。复位就是有效方法之一，这样可以避免更大损失的发生。任何微处理器，复位电路都是必需的。为了增强可靠性，有的处理器甚至包括多种复位源。因为复位电路可以很容易地将控制器置于一个预定的缺省状态，即把系统从无序转变为有序。

C8051F9xx 内部包括了多种复位源，当这些复位源其中之一发生复位时，都将发生以下过程：

① CIP51 内核停止程序运行。

② 特殊功能寄存器被初始化为默认的复位值。

③ 外部端口引脚被置于一个已知状态。

④ 中断和定时器被禁止。

这些复位源概括起来说包括两类：一种是可预知的；一种是不可预知的。前者一般是由一些外设引起的，比如电源检测或上电引起的复位，后者则是随机发生的，比如看门狗复位。本章将全面介绍这些复位源的设置与使用。

所有的寄存器都被初始化为预定值，寄存器中各位的复位值请参照寄存器说明。在复位期间内部数据存储器的内容不发生改变，复位前存储的数据保持不变。复位后堆栈指针 SP 指向寄存器 07 地址，堆栈内的数据已经没有意义了，尽管数据未发生变化。

端口锁存器复位后为 0xFF，输出方式为漏极开路。复位期间及复位之后弱上拉被允许。其间处于复位状态时 VDD 监视器、上电复位、外部复位引脚 RST 均被驱动为低电平。退出复位状态后，程序计数器（PC）被复位，内部振荡器作为 MCU 系统时钟频率为 24.5 MHz/128。看门狗定时器被允许，并且使用系统时钟的 12 分频作为其时钟源。程序将从地址 0x0000 开始执行。图 9.1 为复位源组成框图，复位电路的基本电气参数如表 9.1 所列。

**表 9.1 复位源电气特性**

| 参 数 | 条 件 | 最小值 | 典型值 | 最大值 | 单 位 |
| --- | --- | --- | --- | --- | --- |
| $\overline{RST}$输出低电平 | $I_{OL}=8.5$ mA | — | — | 0.6 | V |
| $\overline{RST}$输入高电平 | | TBD | — | — | V |
| $\overline{RST}$输入低电平 | | — | — | TBD | V |
| $\overline{RST}$输入上拉电流 | RST = 0.0 V | — | TBD | TBD | μA |

续表 9.1

| 参数 | 条件 | 最小值 | 典型值 | 最大值 | 单位 |
|---|---|---|---|---|---|
| VDD/DC＋监视器复位门限($V_{RST}$) | 早期告警 | TBD | 1.85 | TBD | V |
| | 复位触发(除休眠外所有电源模式) | TBD | 1.75 | TBD | |
| VBAT 上电时的上升时间 | VBAT 从 0V 上升到 0.9V | TBD | — | 3 | V |
| VBAT 监视器门限($V_{POR}$) | 初次上电 | — | 0.75 | TBD | V |
| | 欠压条件 | — | 0.82 | TBD | |
| 时钟丢失检测器超时 | 从最后一个系统时钟上升沿到产生复位 | TBD | 500 | TBD | μs |
| 复位时间延迟 | 从退出复位到开始执行位于 0x0000 地址的代码之间的延时 | TBD | — | TBD | μs |
| 产生系统复位的最小 $\overline{RST}$ 低电平时间 | | TBD | — | — | μs |
| VDD 监视器启动时间 | | — | 300 | — | ns |
| VDD 监视器供电电流 | | 15 | 7 | TBD | μA |

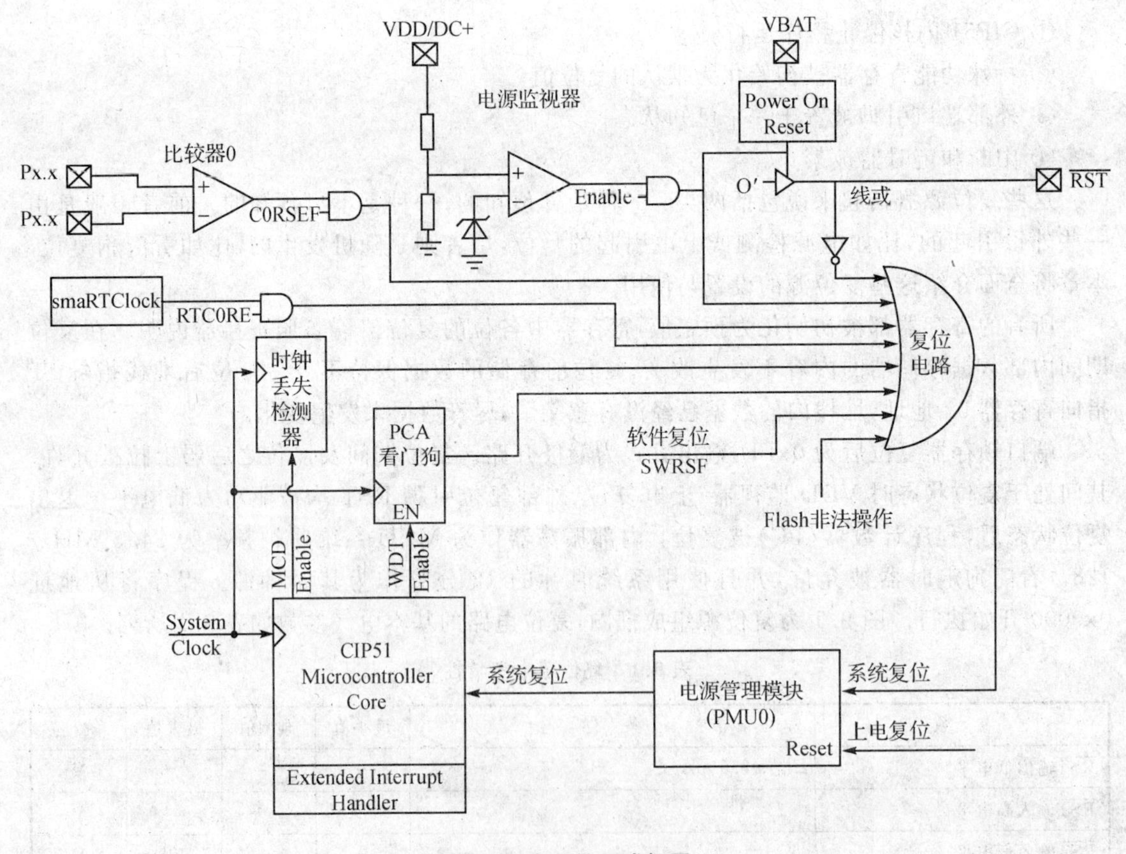


图 9.1　复位源组成框图

# 9.2 C8051F9xx 的复位源

## 9.2.1 上电复位

在上电期间，$\overline{RST}$引脚处于低电平，直到 VBAT 稳定在 $V_{POR}$之上。从复位开始到退出复位状态有一个时间上的延时，延时的大小与 VBAT 上升时间有关，上升时间越大则所需的时间就越少。VBAT 上升时间是指 VBAT 从 0 V 上升到 $V_{POR}$所用的时间。图 9.2 给出了上电和 VDD 监视器复位的时序。有效的上升时间小于 3 ms，上电复位延时 $T_{PORDELAY}$通常为 1～3 ms。最大的 VBAT 上升时间为 3 ms，如果该时间超过这个最大值时可能导致器件在 VBAT 达到 $V_{POR}$电平之前退出复位状态。

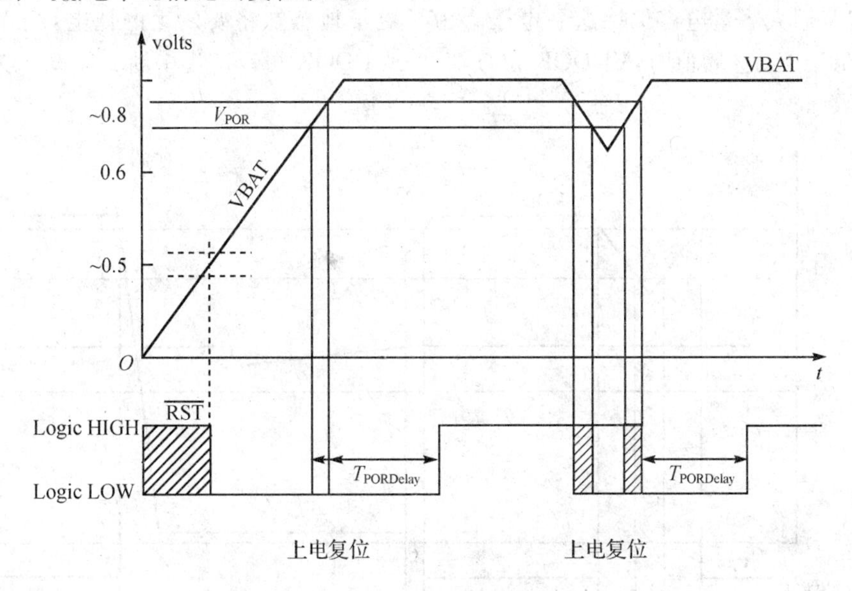


**图 9.2 上电和 VBAT 监视器复位时序**

复位结束后，上电复位标志位 PORSF(即 RSTSRC.1)将被硬件置 1。PORSF 标志位置 1 时，RSTSRC 寄存器中其他复位标志并不确定，PORSF 可以被任何其他复位源清 0。所有的复位源引起的复位都使程序从 0x0000 开始执行程序，为区分复位的种类，就需要读 RSTSRC 判断，其中 PORSF 标志置 1 为上电产生的复位。上电复位后，VDD 监视器被禁止，内部数据存储器中的数据可能发生变化。

## 9.2.2 掉电复位和 VDD/DC＋监视器

C8051F9xx 芯片内集成了一个电源监视器，用于监测系统电源变化情况，使系统避免在不安全的电压下工作，尤其是存取数据时可能造成数据丢失或变值，该监视器可以作为复位源。

VDD/DC＋监视器被允许作为复位源时，如发生掉电或因电源波动导致 VDD 降到 $V_{RST}$以下时，电源监视器将$\overline{RST}$引脚驱动为低电平并使 CIP51 内核进入复位状态，此时是具有保护性的。当 VDD 又回到高于 $V_{RST}$的电平时，CIP51 内核也将退出复位状态。虽然内部数据存储器的内容可能没有因掉电复位而发生改变，但无法确定 VDD 是否降到了数据保持所要求的最低电平以下。如果 PORSF 标志被置 1，则内部 RAM 的数据就可能不再可靠。上电复位后 VDD/DC＋监视器被允许作为复位源，此后允许/禁止 VDD 监视器不受其他复位源影响。也就是说，VDD/DC＋监视器被禁止后执行一次软件复位，复位后 VDD/DC＋监视器仍然是禁止状态。

如果要在程序中擦除或写 Flash 存储器，为了保护 Flash 操作的可靠性，VDD/DC＋监视器是必须要被允许的，并且还要将其选择为复位源。如果 VDD/DC＋监视器未被允许，对 Flash 存储器执行擦除或写操作都将导致 Flash 错误器件复位。

使用电池为系统供电，如系统在发生掉电复位前已进入休眠方式，则 RAM 的内容直到电池耗尽之前是不会丢失的。芯片在休眠状态掉电复位被自动禁止，只要 VBAT 不降到 $V_{POR}$ 以下，RAM 内容不会丢。所以说要保证用户在换电池时数据不丢失，就要保证电源电压高于 $V_{POR}$，可以采用大容量电容保持这一电压。为了更早地感知将要发生的掉电，当 VDD/DC＋电源降到低于 $V_{WARN}$ 阈值时，VDDOK 位被清 0。VDDOK 可以产生中断。图 9.3 为掉电复位时序。

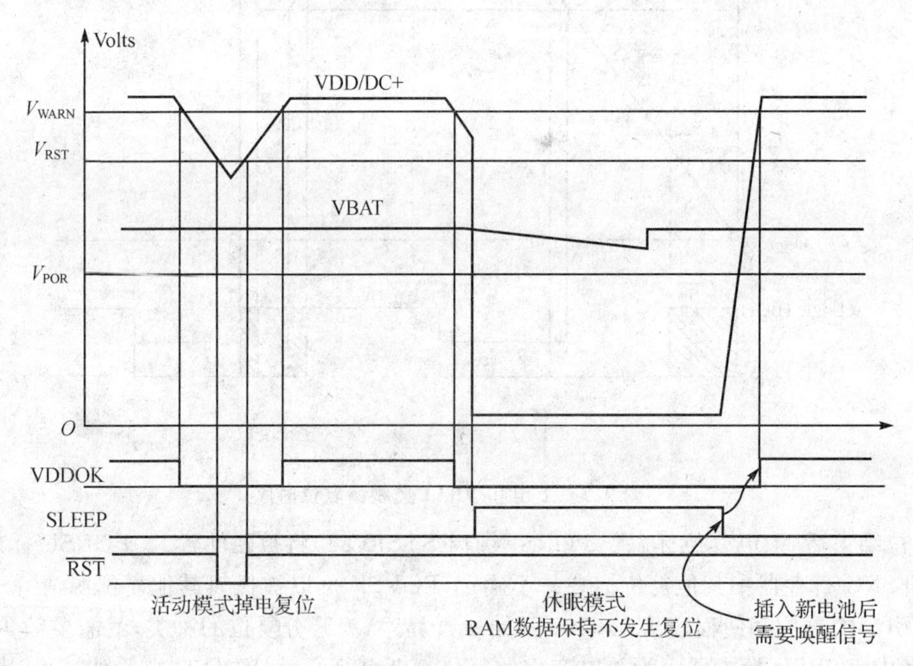


**图 9.3　掉电复位时序**

要想把 VDD/DC＋监视器作为复位源，则必须先允许 VDD/DC＋监视器。需要注意的是：对 VDD 监视器的设置一定要在其稳定之后，否则可能导致系统复位。因此最好在其允许工作与允许其为复位源之间延迟一段时间，以避免上述情况发生。发生 VDD/DC＋监视器复位后没有复位延时。设置 RSTSRC 以允许其他复位源或触发一次软件复位时，程序设计要防止意外禁止 VDD 监视器作为复位源。可以在每次写 RSTSRC 时运用显式语言将 PORSF 置 1，使 VDD 监视器为复位源。允许 VDD 监视器和将其配置为复位源的步骤如下：

① 允许 VDD 监视器将 VDM0CN 寄存器中的 VDMEN 位置 1。

② 等待 VDD 监视器稳定，最好延时 5～10 μs。如果程序中有擦除或写 Flash 存储器的

过程，则延时应被省略。

③ 选择 VDD 监视器作为复位源，将 RSTSRC 寄存器中的 PORSF 位置 1。

表 9.2 为 VDD 监视器控制寄存器 VDM0CN 的详细定义。

**表 9.2　VDD 监视器控制寄存器 VDM0CN**

寄存器地址：0xFF　　复位值：可变

| 位　号 | 位 7 | 位 6 | 位 5 | 位 4 | 位 3 | 位 2 | 位 1 | 位 0 |
|---|---|---|---|---|---|---|---|---|
| 位定义 | VDMEN | VDDSTAT | VDDOK | 保留 | 保留 | 保留 | 保留 | 保留 |
| 读写允许 | R/W | R | R | R/W | R/W | R/W | R/W | R/W |

VDM0CN 位功能说明如下：

➢ 位 7（VDMEN）　VDD 监视器允许位，该位控制 VDD 监视器电源的通断。VDD 监视器必须被选择为复位源才可产生系统复位。在被选择为复位源之前，VDD 监视器必须处于稳定状态。

0：禁止 VDD/DC＋监视器。1：允许 VDD/DC＋监视器。

➢ 位 6（VDDSTAT）　VDD/DC＋电源状态。该位指示当前电源状态。

0：VDD/DC＋等于或低于 $V_{RST}$ 阈值。

1：VDD/DC＋高于 $V_{RST}$ 阈值。

➢ 位 5（VDDOK）　VDD/DC＋电源状态，掉电前状态。

0：VDD/DC＋等于或低于 $V_{WARN}$ 阈值。

1：VDD/DC＋高于 $V_{WARN}$ 阈值。

➢ 位 4～0　保留。读操作值不确定，写忽略其操作。

## 9.2.3　外部复位

该方式是采用外部电路，由 $\overline{RST}$ 引脚强制使 MCU 进入复位状态的手段。这是所有微处理器都具有的一种复位方式。在 $\overline{RST}$ 引脚上加一个低电平有效信号将使内核复位，这与传统 MCS51 内核单片机的高电平复位是有区别的。复位引脚上应接一个上拉电阻与去耦电容，以防止强噪声引起不必要的复位。从外部复位状态退出后，PINRSF 标志位 RSTSRC.0 置 1。详见表 9.3。

**表 9.3　复位源寄存器 RSTSRC**

寄存器地址：0xEF　　复位值：可变

| 位　号 | 位 7 | 位 6 | 位 5 | 位 4 | 位 3 | 位 2 | 位 1 | 位 0 |
|---|---|---|---|---|---|---|---|---|
| 位定义 | RTC0RE | FERROR | C0RSEF | SWRSF | WDTRSF | MCDRSF | PORSF | PINRSF |
| 读写允许 | R/W | R | R/W | R/W | R | R/W | R/W | R |

RSTSRC 位功能说明如下：

➢ 位 7（RTC0RE）　智能时钟复位允许和标志位。

读：当该位是 1，则表明最后一次复位是由 smaRTClock 告警或振荡器故障事件产生。

写 0：不将 smaRTClock 设置为复位源。

写 1：将 smaRTClock 设置为复位源，当发生告警或振荡器故障事件后该位置 1。

- 位 6 (FERROR)　Flash 错误标志。当该指示位置 1，表示最后一次复位来自 Flash 读/写/擦除错误。
- 位 5 (C0RSEF)　比较器 0 复位允许和标志。当该位置 1 时，表示复位的原因来自比较器 0。

  写 0：不将比较器 0 设置为复位源之一。

  写 1：将比较器 0 设置为复位源。
- 位 4 (SWRSF)　软件强制复位允许和标志位。当该位置 1 时，表示最后一次复位来自写 SWRSF 位产生的软件复位。

  写 1：强制产生一次系统复位。
- 位 3 (WDTRSF)　看门狗定时器复位标志。当该标志位置 1，表示最后一次复位来自 WDT 超时。
- 位 2 (MCDRSF)　时钟丢失检测器(MCD)标志。

  读：该位如是 1，则表示最后一次复位来自时钟丢失检测器超时。

  写 0：禁止时钟丢失检测器。

  写 1：允许时钟丢失检测器，当发生时钟丢失时间时触发复位。
- 位 1 (PORSF)　上电/掉电复位标志和掉电复位允许位。发生上电复位或 VDD/DC+ 监视器复位时该位置 1。

  写 0：不将 VDD/DC+监视器作为复位源。

  写 1：将 VDD 监视器作为复位源。
- 位 0 (PINRSF)　硬件引脚复位标志。读该位如是 1，则表示最后一次复位来自 $\overline{\text{RST}}$ 引脚。

对于既作为复位源允许写操作又作为复位指示标志读操作的那些位而言，读—修改—写指令只能读和修改复位源允许状态。这些位是：RTC0RE、C0RSEF、SWRSF、MCDRSF、PORSF。

### 9.2.4　时钟丢失检测器复位

时钟丢失检测器 MCD 是由系统时钟触发的单稳态电路构成。如果系统时钟的电平大于 100 μs 状态仍未改变，单稳态电路将超时并产生复位。在发生 MCD 复位后，MCDRSF 标志 RSTSRC.2 将被置为 1，表示本次复位源为时钟丢失检测复位。向 MCDRSF 位写 1 将开启时钟丢失检测器，写 0 则禁止时钟丢失检测器。$\overline{\text{RST}}$引脚的状态不受该复位的影响，详见表 9.3。

### 9.2.5　比较器 0 复位

比较器复位标志是 C0RSEF(对应为 RSTSRC.5 位)，向该位写 1 表示将比较器 0 配置为复位源。在比较器 0 被允许之前需延时一小段时间等待输出稳定，以防止通电瞬间在输出端产生抖动，从而引起不希望的复位。如被配置为复位源，则同相端的输入电压 CP0+小于反相端的输入电压 CP0−，就会发生复位。在发生比较器 0 复位后，C0RSEF 标志位 RSTSRC.5 置 1，表示本次复位源为比较器 0，否则该位为 0。$\overline{\text{RST}}$引脚的状态不受该复位的影响，详见表 9.3。

### 9.2.6 PCA 看门狗定时器复位

看门狗功能是新一代微处理器必备的一项抗干扰措施，是在系统运行紊乱情况下自行恢复的有效手段，C8051F9xx 的看门狗技术包含在 PCA 的几个功能模块中。可以软件允许或禁止 PCA 的 WDT 功能。每次复位后，看门狗定时器使用 SYSCLK/12 作为时钟。当出现两次更新 WDT 的时间大于看门狗的时间间隔，则 WDT 将产生复位，WDTRSF 看门狗标志位(RSTSRC.5)将置 1。外部复位$\overline{\text{RST}}$引脚的状态不受该复位的影响，详见表 9.3。

### 9.2.7 Flash 错误复位

为保护 Flash 操作的安全与可靠性，在 Flash 读/写/擦除操作时，如果处理不当，可能发生保护性系统复位。

以下任何一种情况都会导致 Flash 操作错误复位：

① 写地址超范围，Flash 写或擦除地址超出了实际代码空间。这种情况发生在 PSWE 置 1，并且 MOVX 写操作的地址大于锁定字节地址。

② 读地址超范围，读取 Flash 时其地址超出了实际代码空间，即 MOVC 操作的地址大于锁定字节地址。

③ 程序读超出了用户代码空间。这种情况发生在用户代码试图读取大于锁定字节地址的数据。

④ 当 Flash 读/写/擦除时未按要求被禁止访问。

⑤ 当 VDD 监视器被禁止时，试图进行 Flash 写或擦除操作。

在发生 Flash 错误复位后，复位源寄存器 RSTSR 的 FERROR 位(RSTSRC.6)置 1。$\overline{\text{RST}}$引脚的状态不受该复位的影响。详见表 9.3。

### 9.2.8 smaRTClock (实时时钟)复位

smaRTClock 时钟产生系统复位是由两种事件产生的：振荡器故障或时钟告警。

当 smaRTClock 时钟丢失检测器被允许时，如果时钟频率低于 20 kHz，则会发生时钟振荡器故障事件。当时钟报警被允许且时钟定时器值与报警寄存器一致时，即在某一特定时刻会发生告警事件，通过将时钟复位标志位 RTC0RE 位(RSTSRC.7)置 1 可将其配置为复位源。$\overline{\text{RST}}$引脚的状态不受该复位的影响。详见表 9.3。

### 9.2.9 软件复位

以上的复位均是通过特定的事件触发，还可以利用软件产生一个触发事件来强制产生一次系统复位。具体操作可以通过将复位源寄存器 RSTSR 的 SWRSF 位置 1 来实现。

在发生软件强制复位后，SWRSF 位置 1。$\overline{\text{RST}}$引脚的状态不受该复位的影响。详见表 9.3。

以上说的复位源除软件复位外都是由外部事件产生，软件只能控制其有效否，并不能在时间上进行控制，而软件复位可以根据需要进行操作，很有实用价值。

# 9.3 复位源的设置与使用

## 9.3.1 软件复位实例

C8051F9xx 片内包含有多种复位源,这些复位源有片内和片外的,他们均与某种事件对应。复位源由外部事件产生,软件只能控制其有效否,并不能在时间上进行控制。还有一种特殊的复位源,完全受编程者控制,根据需要可以随时复位,很实用。这在一些应用场合,如快速更新赋值及给系统一个确定的初始值时很有意义。

以下给出了软件复位的实验程序,由于软件复位后内部的寄存器值将恢复默认,PC 值归 0。在复位前保存了一些寄存器的值以和复位后的默认值对比。复位前 ACC、B、DPTR、P0 均被赋值,复位后 P0 变为 0xFF,其他寄存器都恢复为 0。使用时需注意复位改变量与不变量。以下是软件复位程序。

```
#include <C8051F930.h>
#define FREQUEN    24500000
#define DIVCLK     4
#define SYSCLK  FREQUEN/DIVCLK                        // SYSCLK frequency in Hz
#include <INTRINS.H>
#define uint unsigned int
#define uchar unsigned char
#define nop() _nop_();_nop_();
uchar iostate0,iostate1,iostate2,ionew0,ionew1,ionew2,sfrold,sfrnew;
void Port_IO_Init();
void PCA_Init();
void Oscillator_Init();
sfr16 DPTR = 0x82;
//////////////////////////////////////////////////////////////////////////////
void Port_IO_Init()
{  P0MDOUT = 0xFF;
   P1MDOUT = 0xFF;
   P2MDOUT = 0xFF;
   XBR1 = 0x40;
   }
void PCA_Init()
{
   PCA0MD &= ~0x40;                                   //禁止开门狗
   PCA0MD = 0x00;
 }
void Oscillator_Init()
{
     OSCICN |= 0x80;                                  //允许内部精密时钟
   RSTSRC = 0x06;
```

```
CLKSEL = 0x00;
    switch(DIVCLK)
    {
     case 1:
     {      CLKSEL |= 0x00;                              //系统频率 1 分频
     break;}
    case 2:
     {      CLKSEL |=  0x10;                             //系统频率 2 分频
     break;}
     case 4:
     {      CLKSEL |=  0x20;                             //系统频率 4 分频
     break;}
     case 8:
     {      CLKSEL |=  0x30;                             //系统频率 8 分频
     break;}
     case 16:
     {      CLKSEL |=  0x40;                             //系统频率 16 分频
     break;}
     case 32:
     {      CLKSEL |=  0x50;                             //系统频率 32 分频
     break;}
     case 64:
     {      CLKSEL |=  0x60;                             //系统频率 64 分频

     break;}
     case 128:
     {      CLKSEL |=  0x70;                             //系统频率 128 分频
     break;}
    }
}
//------------------------------------------------------------
// 主函数
//------------------------------------------------------------
  main()
  {
    PCA_Init();
    Port_IO_Init();
    Oscillator_Init();
  if((RSTSRC&0x10) == 0x10)
  {
    ionew0 = P0;
    ionew1 = ACC;                                        //复位后初始默认值
    ionew2 = B;
    sfrnew = RSTSRC;                                     //复位后 RSTSRC 值
  }
```

```
    RSTSRC = 0;
    P0 = 0x88;
    ACC = 0x66;
    B = 0x99;
    iostate0 = P0;                         //复位前值
    iostate1 = ACC;
    iostate2 = B;
    DPTR = 0x8888;
    sfrold = RSTSRC;                       //复位前 RSTSRC 值
    RSTSRC |= 0x10;                        //进行软件复位,内部寄存器将重新赋值
}
```

图 9.4 是软件复位前寄存器值,图 9.5 为软件复位后寄存器值的变化。

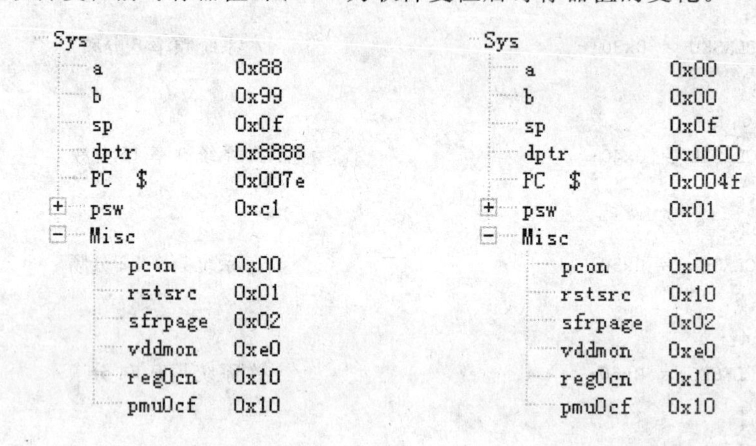


图 9.4 软件复位前寄存器值　　图 9.5 软件复位后寄存器值

## 9.3.2 看门狗复位应用

看门狗功能现在已成为微处理系统可靠性保证的一种重要措施。主流单片机片内现在大部分都继承了看门狗功能,还有一些看门狗芯片用在片内无看门狗的场合。看门狗可以保证系统受到干扰后能够自恢复,在一些无人值守的场合该功能很必要。使用看门狗需要及时喂狗,即保证看门狗定时器不溢出。需注意喂狗程序最好不要放在定时器中,因为此时可能存在隐患,主程序已经崩溃,定时器工作正常,尽管系统已经不正常但却无法恢复。最好的处理方式是将喂狗程序放在主程序必由路径。本程序模拟了喂狗过程,注意程序中喂狗时间间隔的变化,观察看门狗动作的时刻。图 9.6、图 9.7 是看门狗定时器复位前后时间常数。图 9.8 是看门狗复位发生后寄存器之变化。注意 RSTSRC 寄存器值的变化。

| Name | Value |
|---|---|
| delayci | 0x0001 ... |
| <type F2 to edit> | |

图 9.6 看门狗定时器复位前延时常数

| Name | Value |
|---|---|
| delayci | 0x0114 ... |
| <type F2 to edit> | |

图 9.7 看门狗定时器复位后延时常数

```
Misc
    pcon      0x00
    rstsrc    0x08
    sfrpage   0x02
    vddmon    0xe0
    reg0cn    0x10
    pmu0cf    0x10
```

图 9.8 看门狗复位发生后寄存器变化

程序如下：

```
#include <C8051F930.h>                              // SFR declarations
#define FREQUEN    24500000
#define DIVCLK     8
#define SYSCLK  FREQUEN/DIVCLK                       // SYSCLK frequency in Hz
#define uint unsigned int
#define uchar unsigned char
#define ulong unsigned  long int
#define nop() _nop_();_nop_();_nop_();_nop_();
sbit LED = P1^6;                                     // LED == 1 means ON
//-----------------------------------------------------------------------
// 函数声明
//-----------------------------------------------------------------------
void OSCILLATOR_Init (void);
void PORT_Init (void);
void PCA_Init (void);
void Timer2_Init (int counts);
void Timer2_ISR(void);
void delay(uint time);
uint xdata  delayci;
//-----------------------------------------------------------------------
// main 函数
//-----------------------------------------------------------------------
void main (void)
{
   PCA0MD &= ~0x40;
   OSCILLATOR_Init ();
   PCA_Init();
   PORT_Init();
if ((RSTSRC & 0x08) == 0x00)
     delayci = 1;
   if ((RSTSRC & 0x02) == 0x00)
   {
      if (RSTSRC == 0x08)
      {
         Timer2_Init (SYSCLK / 12 / 50);             // LED 闪烁速度约为 50 Hz
         EA = 1;
```

```
            while(1);                                    //发生看门狗复位之后
          }
          else
          {
              Timer2_Init (SYSCLK / 12 / 10);            // LED 闪烁速度约为 10 Hz
          }
      }
        PCA0MD &= ~0x40;
        PCA0L = 0x00;
        PCA0H = 0x00;
        PCA0CPL5 = 0xFF;
        PCA0MD  |= 0x40;
        EA = 1;
//-----------------------------------------------------------------
// Main Application Loop/Task Scheduler
//-----------------------------------------------------------------
    while (1)                                            //未发生看门狗复位之前
    {
        delay(delayci);
        PCA0CPH5 = 0x00;
        delayci++;
    }
}
//-----------------------------------------------------------------
void OSCILLATOR_Init (void)
{
    OSCICN |= 0x80;                                      //允许内部精密时钟
    RSTSRC = 0x06;                                       // Enable missing clock detector and
                                                         // leave VDD Monitor enabled
CLKSEL = 0x00;
    switch(DIVCLK)
    {
     case 1:
     {     CLKSEL |= 0x00;                               //系统频率 1 分频
     break;}
     case 2:
     {     CLKSEL |= 0x10;                               //系统频率 2 分频
     break;}
     case 4:
     {     CLKSEL |= 0x20;                               //系统频率 4 分频
     break;}
     case 8:
     {     CLKSEL |= 0x30;                               //系统频率 8 分频
     break;}
     case 16:
```

```
    {    CLKSEL |= 0x40;                                  //系统频率 16 分频
    break;}
    case 32:
    {    CLKSEL |= 0x50;                                  //系统频率 32 分频
    break;}
    case 64:
    {    CLKSEL |= 0x60;                                  //系统频率 64 分频
    break;}
    case 128:
    {    CLKSEL |= 0x70;                                  //系统频率 128 分频
    break;}
   }
}
 void delay(uint time)
{
   uint i,j;
   for (i = 0;i<time;i++){
       for(j = 0;j<300;j++);
   }
}
//-----------------------------------------------------------------------
// PCA_Init
//-----------------------------------------------------------------------
void PCA_Init()
{
   PCA0CN =   0x40;
   PCA0MD &=  ~0x40 ;
   PCA0MD &=   0xF1;
   PCA0CPL5 =   0xFF;
}
//-----------------------------------------------------------------------
// PORT_Init
//-----------------------------------------------------------------------
void PORT_Init (void)
{
  XBR0 = 0x00;
  XBR2 = 0x40;
  P1MDOUT |= 0x40;
}
//-----------------------------------------------------------------------
// Timer2_Init
//-----------------------------------------------------------------------
void Timer2_Init (int counts)
{
  TMR2CN = 0x00;
```

```
    CKCON &= ~0x60;
    TMR2RL = -counts;
    TMR2 = 0xffff;
    ET2 = 1;
    TR2 = 1;
}
//-----------------------------------------------------------------------------
// Timer2_中断服务程序
//-----------------------------------------------------------------------------
void Timer2_ISR(void) INTERRUPT_TIMER2
{
    TF2H = 0;
    LED = ~LED;
```

# 第10章

# 多模式时钟发生源

所有的嵌入式系统工作都需要时钟的参与。比较常见的时钟源如晶振、陶瓷谐振、RC振荡器。其中晶振与陶瓷谐振振荡器通常能提供非常高的初始精度和较低的温度系数。RC振荡器能够快速启动,成本也比较低,功耗较低,但通常在整个温度和工作电源电压范围内精度较差,会在标称输出频率的5%至50%范围内变化。

C8051F9xx片内集成了4个振荡器,它们都可以被用于系统时钟。它们是:1个可编程精密内部振荡器、1个外部晶振驱动电路、1个低功耗的内部振荡器和1个智能时钟振荡器。如此众多的时钟源可对应各种应用场合,一般的应用中可以不再考虑片外晶振扩展。同时也满足应用者对特定频率的需求,即可以通过片内的外部振荡器驱动电路配合片外晶振或RC器件组成振荡源。

外部晶振可通过配置OSCXCN寄存器,使其中低功耗内部振荡器在被选择为时钟源和解除选择时自动允许或禁止。除自身使用外,可以将时钟频率输出给片外外设使用,这将具有成本体积方面的优势,而对时钟同步性要求较高的系统就更重要了。

精密的内部振荡器可不需要外部元件,振荡频率生产时已被校准为24.5 MHz。该振荡器随温度和电压变化有2%的误差。它有足够的精度保证串行通信波特率的正确。它消耗大约300 μA的电流。在很大范围内提供了最小化的EMI。

一些应用场合,并不需要2%的精度,还可以使用其他外部振荡器或谐振器,也可以使用低功耗的内部振荡器。

内部振荡器的振荡频率是20 MHz,随温度和电压变化有着10%的误差。它消耗100 μA的电流。

C8051F9xx外部振荡器提供了4种可以选择的模式:外部晶振、电容、RC网络和外部CMOS时钟源。允许时钟在10 kHz~25 MHz之间设定。

smaRTClock外设包括了一个功耗非常低的32.768 kHz晶体振荡器,它可用于实时时钟的时钟源或系统的时钟源。smaRTClock振荡器还可以工作在自激振荡模式,此时不需要片外晶振,可利用片内的捕捉功能,进行振荡器频率校准,可以用于一些低成本的对精度要求不高的时间保持方面的场合。

系统时钟可以由内部精密振荡器、外部振荡器电路、低功耗内部时钟振荡器以及智能时钟振荡器提供。

时钟频率可以被进行1、2、4、8、16、32、64、128分频。

时钟源内部结构见图10.1。

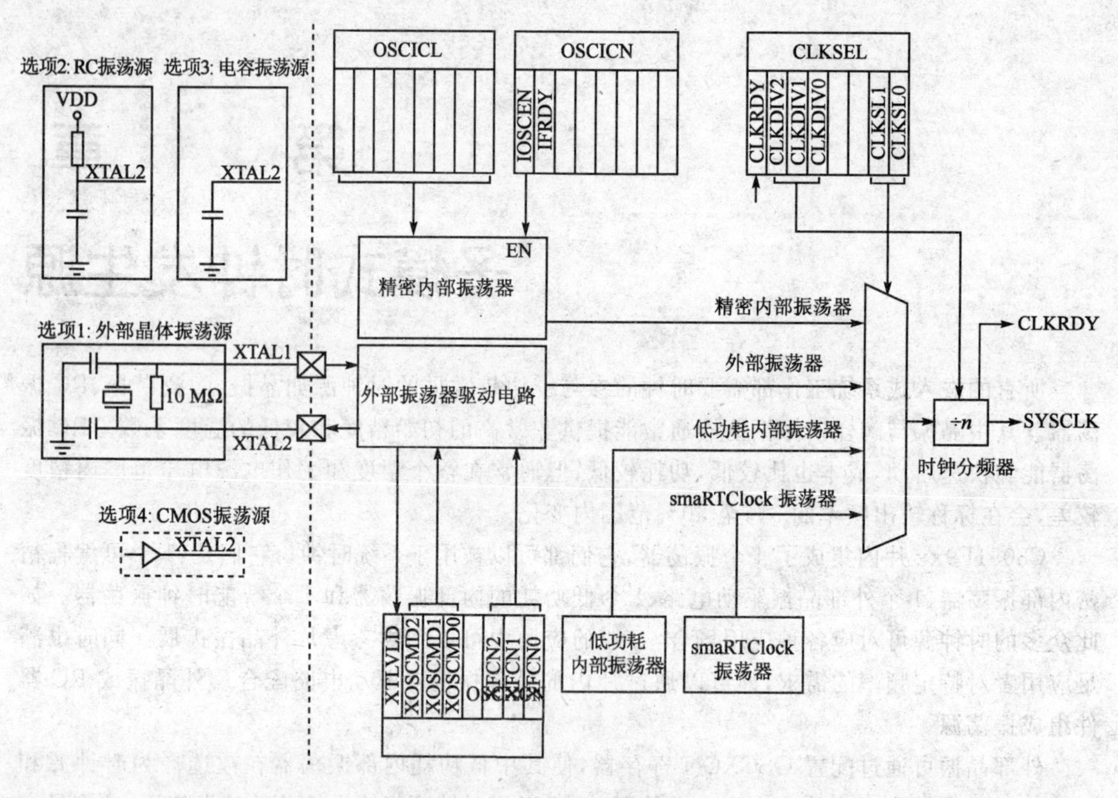


图 10.1 振荡器框图

# 10.1 片内振荡器的设置

## 10.1.1 可编程内部精密振荡器

芯片内部的可编程精密振荡器在系统复位后被默认为系统时钟。该振荡器的周期可以通过振荡校准寄存器编程校准。振荡校准寄存器 OSCICL 出厂时已经过校准，频率为 24.5 MHz。该振荡器可以采用分频得到其他频率，最多 128 分频。另外内部还设有微调寄存器，改变微调寄存器的值可以得到新的频率，在一些需要特殊频率的场合可以采用。

振荡器支持扩频模式，通过调制输出频率来降低系统产生的 EMI。将位 SSE 置 1 即允许扩频模式，此时振荡器输出频率被一个步进三脚波调制。三角波的频率等于振荡频率除以 384，出厂时校准值为 63.8 kHz。输出频率每 32 个周期更新一次，步长为中心频率的 0.25%。表 10.1 说明了内部振荡器参数。

表 10.1 内部振荡器参数

| 参数 | 条件 | 最小值 | 典型值 | 最大值 | 单位 |
|---|---|---|---|---|---|
| 内部振荡器频率 | −40～+85 ℃，VDD=1.8～3.6 V | 24 | 24.5 | 25 | MHz |
| 内部振荡器电源电流来自 VDD | 25 ℃ | — | 300 | TBD | μA |
| 电源敏感度 | 恒温 | — | — | TBD | MHz |
| 温度敏感度 | 恒压 | — | — | TBD | MHz |

### 10.1.2 低功耗内部振荡器

片内集成了一个低功耗的振荡器(相对前面说的振荡器功耗较低),但它的精度较低。系统复位后该振荡器被默认为系统的时钟,不使用时被自动禁止。该振荡器的频率为 20 MHz,有±10%的误差,作为一般用途没有问题,但对于通信等场合,则不够精确。

该振荡器最大的特点就是低功耗,仅相当于精密振荡器功耗的 1/3 左右。在时序要求不高的场合可以采用。表 10.2 给出了内部低功耗振荡器的电气特性。

表 10.2 内部低功耗振荡器的电气特性

| 参 数 | 条 件 | 最小值 | 典型值 | 最大值 | 单 位 |
|---|---|---|---|---|---|
| 振荡器频率 | −40~+85 ℃,1.8~3.6 V | 18 | 20 | 22 | MHz |
| 消耗电流 | 25 ℃ | — | 100 | TBD | μA |
| 电源敏感度 | 恒温 | — | — | TBD | MHz |
| 温度敏感度 | 恒压 | — | — | TBD | MHz |

## 10.2 外部振荡器的配置与使用

除了使用内部振荡器作为系统时钟外,还可以利用片内包含的外部振荡驱动电路,结合外部元件产生系统时钟。

外部振荡器电路可以驱动外部晶体、陶瓷谐振器、电容或 RC 网络。还可以使用一个外部 CMOS 时钟提供系统时钟。对于晶体和陶瓷谐振器配置,晶体/陶瓷谐振器必须并接到 XTAL1 和 XTAL2 引脚,还必须在 XTAL1 和 XTAL2 引脚之间并接一个 10 MΩ 的电阻。这个电阻是反馈电阻,是为了保证反相器输入端的工作点电压在 VDD/2,这样在振荡信号反馈到输入端时,能保证反相器工作在适当的工作区。虽然有时去掉该电阻振荡电路仍能工作,但通过示波器可看出,振荡波形就不一致了,而且可能会造成振荡电路因工作点不合适而停振,所以千万不要省略此电阻。对于 RC、电容或 CMOS 时钟配置,时钟源应接到 XTAL2 引脚,必须在内部振荡器控制寄存器中选择外部振荡器类型,还必须正确选择频率控制位 XFCN。

### 10.2.1 外部晶体模式

采用片外的晶体或陶瓷谐振器作为 MCU 的外部振荡源,石英晶体连接在晶振引脚的输入和输出之间,等效为一个并联谐振回路,振荡频率应该是石英晶体的并联谐振频率。晶体旁边的两个电容接地,实际上就是电容三点式电路的分压电容,接地点就是分压点。这两个电容叫晶振的负载电容,分别接在晶振的两个引脚上,另一端接到地,电容值一般在几十 pF。它会影响到晶振的谐振频率和输出幅度,负载电容的大小取决于晶体的振荡频率和生产厂家。应定义外部振荡器控制寄存器中的晶体频率选项选择振荡器频率控制值。图 10.2 给出了片外扩展 10 MHz 晶振的示例。

一般晶体振荡电路都需要负载电容以稳定振荡的频点,并且不同厂家生产的晶振所对应的负载电容值可能也有区别,该值还与 PCB 版的寄生电容有关,使用时要注意。外部晶体振

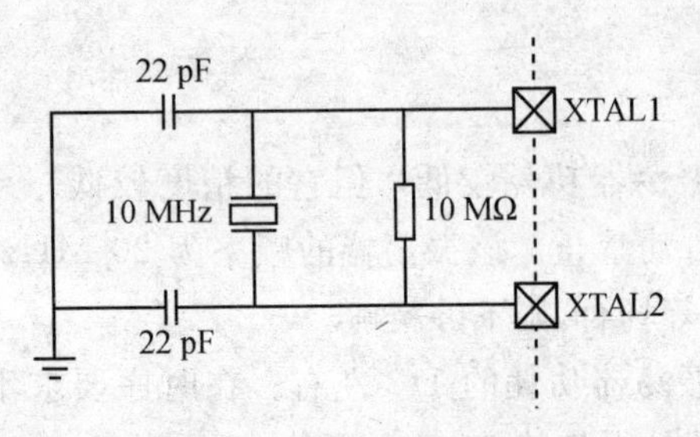


图 10.2　10 MHz 外部晶体示例

荡器电路对 PCB 布局非常敏感。应将晶体尽可能地靠近器件的 XTAL 引脚，布线应尽可能地短并用地平面屏蔽，以防止引入噪声或干扰。

当使用外部晶振时，必须将外部振荡器驱动电路设置为晶体振荡器方式或晶体 2 分频方式。分频后可以使振荡的波形改善，使其占空比更接近于 50%，并且还要根据晶体的频率值设置控制值 XFCN。有关 XFCN 的取值见表 10.3。

表 10.3　晶振频率值振荡因子 XFCN 对应表

| XFCN | 晶体频率范围/kHz | XFCN | 晶体频率范围/kHz |
|---|---|---|---|
| 000 | $f\leqslant 20$ | 100 | $415<f\leqslant 1\,100$ |
| 001 | $20<f\leqslant 58$ | 101 | $3\,100<f\leqslant 3\,100$ |
| 010 | $58<f\leqslant 155$ | 110 | $3\,100<f\leqslant 8\,200$ |
| 011 | $155<f\leqslant 415$ | 111 | $8\,200<f\leqslant 25\,000$ |

外部晶体一般启动速度较慢，尤其是一些频率较低的晶振。在晶体振荡器被允许时，必须等它稳定下来以后再切换到系统时钟源，否则可能产生不可预见的后果。是否稳定是通过振荡器幅度检测电路来实现的，即查询 XTLVLD 位的值。将外部晶体配置为振荡源的步骤如下：

① 通过交叉开关配置 XTAL1 和 XTAL2 为模拟 I/O，禁止数字输出。

② 选择时钟源为外部振荡器方式。

③ 查询晶体振荡器有效标志 XTLVLD 位是否有效(1 为有效，0 为无效)。

④ 将系统时钟由内部切换到外部振荡器。

## 10.2.2　外部 RC 模式

使用外部 RC 网络也可以作为 MCU 的外部振荡源，RC 振荡器能够快速启动，成本也比较低，但通常在整个温度和工作电源电压范围内精度较差，输出频率会在较大范围内变化。使用 RC 网络作为振荡源时应该加到 XTAL2 端，同时须将该端配置为模拟方式，XTAL1 可不用配置。其中电容值不应大于 100 pF，但当电容值较小时，PCB 的寄生电容会对总电容产生影响。

为了确定外部振荡器控制寄存器中所需要的外部振荡器频率控制值 XFCN，首先选择能产生所要求的振荡频率的 RC 网络参数值。如果所希望的频率是 100 kHz，选 $R=246$ kΩ 和 $C=50$ pF，见式(10.1)。

$$f=\frac{1.23\times 10^{3}}{RC}=\left(\frac{1.23\times 10^{3}}{246\times 50}\right)\text{MHz}=0.1\ \text{MHz}=100\ \text{kHz} \tag{10.1}$$

根据计算的频率值，得到所需要的 XFCN 值为 010。在 RC 方式，将 XFCN 编程为较高频率值时会改善频率精度，但外部振荡器的电源电流增加。表 10.4 说明了 XFCN 与 RC/C 振荡器频率关系。

表 10.4 XFCN 与 RC/C 振荡器频率关系

| XFCN | 频率范围(RC/C)/kHz | K 因子(C 方式) |
|---|---|---|
| 000 | $f\leqslant 25$ | K 因子 = 0.87 |
| 001 | $25<f\leqslant 50$ | K 因子 = 2.6 |
| 010 | $50<f\leqslant 100$ | K 因子 = 7.7 |
| 011 | $100<f\leqslant 200$ | K 因子 = 22 |
| 100 | $200<f\leqslant 400$ | K 因子 = 65 |
| 101 | $400<f\leqslant 800$ | K 因子 = 180 |
| 110 | $800<f\leqslant 1\,600$ | K 因子 = 664 |
| 111 | $1\,600<f\leqslant 3\,200$ | K 因子 = 1 590 |

使用 RC 振荡器时,须在软件中检测确定电路何时稳定。启动它的配置步骤如下:

① 配置 XTAL2 为模拟方式,同时禁止数字输出驱动。

② 将 RC 振荡器配置为时钟源。

③ 查询 XTLVLD 位,判断振荡是否稳定。

④ 将系统时钟切换到外部振荡器。

### 10.2.3 外部电容模式

系统还可以选用电容作为振荡器,此时电容应该连在 XTAL2 脚,同样该脚应该配置为模拟工作方式,并禁止其数字输出驱动,电容方式 XTAL1 不使用,可以不分配。当使用外部电容作为 MCU 的外部振荡源,则电容应不大于 100 pF,但是当电容值很小时,由于 PCB 寄生电容的影响,会使频率偏差很大。为了确定 XFCN 的取值,可以根据式(10.2)选择要用的电容,并利用下面的公式计算振荡频率。

$$f=\frac{\mathrm{KF}}{C\times \mathrm{VDD}} \tag{10.2}$$

当 VDD=3.0 V 和 $f$=150 kHz,由于所需要的频率大约为 150 kHz,从表 10.4 中选择 $K$ 因子,得到 KF=22。通过式(10.2)可以得出 $C$=48.8 pF,由表 10.4 可知使用的 XFCN 值为 010,$C$ 大约为 50 pF。

### 10.2.4 外部 CMOS 时钟方式

一个外部的 CMOS 时钟也可作为外部振荡器,则时钟输出应该直接连在 XTAL2 引脚。此时该引脚应被配置为数字输入,此时 XTAL1 未使用,需要注意时钟输入的电平范围。由于是时钟直接输入,所以外部振荡检测器总是返回 0。

## 10.3 时钟源配置功能寄存器说明

多时钟源的选择和使用是通过以下几个特殊功能寄存器实现的。它们分别从时钟源的来源、分频系数以及内外振荡源个性化应用等方面来说明的。这些寄存器是时钟选择寄存器、内部振荡器控制寄存器、内部振荡器校准寄存器、外部振荡器控制寄存器,具体的定义请参照

表 10.5～表 10.9。

**表 10.5　时钟选择寄存器 CLKSEL**

寄存器地址：所有页的 0xA9　　复位值：00110100

| 位　号 | 位 7 | 位 6 | 位 5 | 位 4 | 位 3 | 位 2 | 位 1 | 位 0 |
|---|---|---|---|---|---|---|---|---|
| 位定义 | CLKRDY | CLKDIV[2：0] | | | — | CLKSEL[2：0] | | |
| 读写允许 | R | R/W | R/W | R/W | R/W | R/W | R/W | R/W |

CLKSEL 位功能说明如下：

➢ 位 7 (CLKRDY)　系统时钟分频器时钟准备好标志。

0：选择的时钟分频没有应用于系统时钟。

1：选择的时钟分频应用到了系统时钟。

➢ 位 6～4 (CLKDIV[2：0])　时钟的分频位。通过这些位的设置可以得到所希望的分频值。

000：系统时钟不分频。001：系统时钟 2 分频。010：系统时钟 4 分频。

011：系统时钟 8 分频。100：系统时钟 16 分频。101：系统时钟 32 分频。

110：系统时钟 64 分频。111：系统时钟 128 分频。

➢ 位 3　未用。读返回值为 0,写不操作。

➢ 位 2～0 (CLKSL[2：0])　系统时钟选择位。这些位选择系统时钟的来源。具体定义见表 10.6。

**表 10.6　系统时钟源的选择**

| CLKSL | 选择的时钟 | CLKSL | 选择的时钟 |
|---|---|---|---|
| 000 | 精密内部振荡器 | 011 | smaRTClock 振荡器 |
| 001 | 外部振荡器 | 1xx | 内部低功耗振荡器 |
| 010 | 保留 | | |

**表 10.7　内部振荡器控制寄存器 OSCICN**

寄存器地址：寄存器 0 页的 0xB2　　复位值：00001111

| 位　号 | 位 7 | 位 6 | 位 5 | 位 4 | 位 3 | 位 2 | 位 1 | 位 0 |
|---|---|---|---|---|---|---|---|---|
| 位定义 | IOSCEN | IFRDY | 保留 | | | | | |
| 读写允许 | R/W | R | R/W | | | | | |

OSCICN 位功能说明如下：

➢ 位 7 (IOSCEN)　内部振荡器允许位。

0：内部振荡器禁止。1：内部振荡器允许。

➢ 位 6 (IFRDY)　内部振荡器频率准备就绪标志。

0：内部振荡器在设置频率下未准备就绪。

1：内部振荡器在该频率运行。

➢ 位 5～0　保留。读返回值均为 0,写不操作。

表 10.8　内部振荡器校准寄存器 OSCICL

寄存器地址：寄存器 0 页的 0xB3　　复位值：0vvvvvvv*

| 位　号 | 位 7 | 位 6 | 位 5 | 位 4 | 位 3 | 位 2 | 位 1 | 位 0 |
|---|---|---|---|---|---|---|---|---|
| 位定义 | SSE | OSCICL[6：0] | | | | | | |
| 读写允许 | R/W | R/W | | | | | | |

注：* 的含义为 varies，OSCICL 的取值决定晶振工作在 24.5 MHz 的校准情况，不同批次的产品该校准值可能不同。校准完成后每次上电该值不变。

OSCICL 位功能说明如下：

➤ 位 7（SSE）　扩频方式允许位。

　0：扩频时钟抖动禁止。1：扩频时钟抖动允许。

➤ 位 6～0（OSCCAL[6：0]）　内部振荡器校准寄存器。工厂校准对应 24.5 MHz，该值增加则振荡器频率降低，减小则频率提高。

表 10.9　外部振荡器控制寄存器 OSCXCN

寄存器地址：寄存器 0 页的 0xB1　　复位值：00000000

| 位　号 | 位 7 | 位 6 | 位 5 | 位 4 | 位 3 | 位 2 | 位 1 | 位 0 |
|---|---|---|---|---|---|---|---|---|
| 位定义 | XCLKVLD | XOSCMD[2：0] | | | 保留 | XFCN[2：0] | | |
| 读写允许 | R | R/W | | | R/W | R/W | | |

OSCXCN 位功能说明如下：

➤ 位 7（XCLKVLD）　外部晶体振荡器有效标志，该标志反映除 CMOS 外其他外部振荡期的状态。在 CMOS 方式下该位总是返回 0，该位只读。

　0：晶体振荡器未用或未稳定。1：晶体振荡器稳定运行。

➤ 位 6～4（XOSCMD[2：0]）　外部振荡器方式位。

　00x：外部振荡器电路关闭。010：外部 CMOS 时钟方式。

　011：外部 CMOS 时钟方式 2 分频。100：RC 振荡器方式。

　101：电容振荡器方式。110：晶体振荡器方式。

　111：晶体振荡器方式 2 分频。

➤ 位 3　保留。读返回值为 0，写不操作。

➤ 位 2～0（XFCN[2：0]）　外部振荡器频率控制位。可取值 000～111，该取值与外部振荡器频率控制位选择相关联。有关它的取值含义在外部振荡器方式已说明。

## 10.4　时钟源配置与使用

### 10.4.1　片外电容振荡器模式

片外电容振荡器模式仅适用于一些不需要精确时序的场合，同时要注意电容的取值，无法设定准确的频率，即使使用准确容量的电容，单分布电容就是未知量。但可以估计振荡器的大概频率，设置好 XFCN 值也可以得到较为稳定的振源，如果温度变化可能导致频率变化。一般电容不可取太大的值，最好 100 pF 以下，并且保证振荡频率最少几十 kHz。改变 XFCN 可以改变频率，表 10.10 给出了使用 12 pF 与 510 pF 电容作为振荡器时，频率随 XFCN 变化的情况。

**表 10.10　12 pF 和 510 pF 振荡器与 XFCN 变化情况**

| 电容值为 12 pF | | | 电容值为 510 pF | | |
|---|---|---|---|---|---|
| XFCN | 实测频率/kHz | 是否稳定 | XFCN | 实测频率/kHz | 是否稳定 |
| 000 | — | 不稳定 | 000 | — | 不稳定 |
| 001 | — | 不稳定 | 001 | — | 不稳定 |
| 010 | — | 不稳定 | 010 | — | 不稳定 |
| 011 | 102.7 | 稳定 | 011 | 397 | 稳定 |
| 100 | 293.8 | 稳定 | 100 | 70.3 | 稳定 |
| 101 | 852.6 | 稳定 | 101 | 231.1 | 稳定 |
| 110 | 3 472 | 稳定 | 110 | 1 133 | 稳定 |
| 111 | 10 082 | 稳定 | 111 | 5 197 | 稳定 |

程序如下：

```
#include <C8051F930.h>
#include <stdio.h>
#include <INTRINS.H>
#define uint unsigned int
#define uchar unsigned char
#define ulong unsigned long
#define nop() _nop_();_nop_();
#define XFCN  4                                         //定义 XFCN 值
//----------------------------------------------------------------
// 函数声明
//----------------------------------------------------------------
void OSCILLATOR_Init (void);
void PORT_Init (void);
void PCA_Init();
//----------------------------------------------------------------
// main() Routine
//----------------------------------------------------------------
void main (void)
{
   PCA_Init();
   PORT_Init();
   OSCILLATOR_Init ();
   while (1);;
}
//----------------------------------------------------------------
//时钟源初始化函数
```

```
//-----------------------------------------------------------------------------
void OSCILLATOR_Init (void)
{
   OSCXCN = (0x50 | XFCN);                          //外部电容模式,XFCN已定义
   while (!(OSCXCN & 0x80));                        //等待时钟稳定
   RSTSRC = 0x06;
   CLKSEL = 0x01;                                   //选择外部振荡器为系统时钟
}
//-----------------------------------------------------------------------------
//PCA初始化函数
//-----------------------------------------------------------------------------
 void PCA_Init()
{
    PCA0MD &= ~0x40;
    PCA0MD = 0x00;
  }
//-----------------------------------------------------------------------------
//端口初始化及功能分配函数
//-----------------------------------------------------------------------------
void PORT_Init (void)
{
   // Oscillator Pins
   P0MDIN |=  0x08;                                 // P0.3定义为数字口
   P0SKIP |=  0x08;                                 // P0.3跳过
   P0MDOUT &= ~0x08;                                // P0.3输出方式为漏极开路
   P0 |=  0x08;                                     // P0.3输出驱动器关,降低功耗
   P0MDOUT |= 0x01;
   XBR0 = 0x08;                                     //时钟信号在P0.0脚输出
   XBR2 = 0x40;
}
```

## 10.4.2 片内低功耗振荡器模式

C8051F9xx片内集成了一个低功耗的20 MHz振荡器,可用于一般场合。该振荡器仅耗电流100 μA左右,在电池供电的场合很有优势,但频率误差较大。以下是它的配置与使用。

程序如下:

```
#include <C8051F930.h>
#define FREQUEN     20000000
#define DIVCLK      32
#define SYSCLK   FREQUEN/DIVCLK                   // SYSCLK frequency in Hz
//-----------------------------------------------------------------------------
// 函数声明
//-----------------------------------------------------------------------------
   void OSCILLATOR_Init (void);
   void PORT_Init (void);
```

```
void PCA_Init();
//-----------------------------------------------------------------------------
// main() Routine
//-----------------------------------------------------------------------------
void main (void)
{
   PCA_Init();
   PORT_Init();
   OSCILLATOR_Init ();
   while (1);
}
//-----------------------------------------------------------------------------
//PCA 初始化函数
//-----------------------------------------------------------------------------
 void PCA_Init()
{
   PCA0MD &=  ~0x40;
   PCA0MD  =  0x00;
  }
//-----------------------------------------------------------------------------
//时钟源初始化函数
//-----------------------------------------------------------------------------
void OSCILLATOR_Init (void)
{
    RSTSRC  =  0x06;
    CLKSEL  =  0x04;                              //选择振荡器为片内低功耗方式
   switch(DIVCLK)
   {
    case 1:
    {      CLKSEL |= 0x00;                        //系统频率 1 分频
    break;}
   case 2:
    {      CLKSEL |=  0x10;                       //系统频率 2 分频
    break;}
    case 4:
    {      CLKSEL |=  0x20;                       //系统频率 4 分频
    break;}
    case 8:
    {      CLKSEL |=  0x30;                       //系统频率 8 分频
    break;}
    case 16:
    {      CLKSEL |=  0x40;                       //系统频率 16 分频
    break;}
    case 32:
    {      CLKSEL |=  0x50;                       //系统频率 32 分频
```

```
        break;}
        case 64:
        {     CLKSEL |= 0x60;                          //系统频率 64 分频
            break;}
        case 128:
        {     CLKSEL |= 0x70;                          //系统频率 128 分频
        break;}
        }
}
//-----------------------------------------------------------------------
//端口初始化及功能分配函数
//-----------------------------------------------------------------------
void PORT_Init (void)
{
    P0MDOUT |= 0x01;
    XBR0 = 0x08;                                       //时钟信号在 P0.0 脚输出
    XBR2 = 0x40;
}
```

## 10.4.3 片内精密振荡器模式

精确定时与较为严格的时序(如串行通信)需要使用稳定性和精确度较高的振荡器。C8051F9xx 片内集成了一个精密振荡器,出厂前已标定到了 24.5 MHz,可以用于一些对时序要求较高的场合。以下给出了它的使用匹配方法。程序如下:

```
#include <C8051F930.h>                               // SFR declarations
#define FREQUEN    24500000
#define DIVCLK    4
#define SYSCLK  FREQUEN/DIVCLK                        // SYSCLK frequency in Hz
//-----------------------------------------------------------------------
// 函数声明
//-----------------------------------------------------------------------
    void OSCILLATOR_Init (void);
    void PORT_Init (void);
    void PCA_Init();
//-----------------------------------------------------------------------
// main() 函数
//-----------------------------------------------------------------------
void main (void)
{
    PCA_Init();
    PORT_Init();
    OSCILLATOR_Init ();
    while (1);
}
```

```
//------------------------------------------------------------------
//PCA 初始化函数
//------------------------------------------------------------------
 void PCA_Init()
{
    PCA0MD &= ~0x40;
    PCA0MD = 0x00;
  }
//------------------------------------------------------------------
//时钟源初始化函数
//------------------------------------------------------------------
void OSCILLATOR_Init (void)
{
      OSCICN |= 0x80;                       //允许内部精密时钟
      RSTSRC = 0x06;                        // Enable missing clock detector and
                                            // leave VDD Monitor enabled
    CLKSEL = 0x00;
     switch(DIVCLK)
     {
      case 1:
      {     CLKSEL |= 0x00;                 //系统频率 1 分频
      break;}
     case 2:
      {     CLKSEL |= 0x10;                 //系统频率 2 分频
      break;}
      case 4:
      {     CLKSEL |= 0x20;                 //系统频率 4 分频
      break;}
      case 8:
      {     CLKSEL |= 0x30;                 //系统频率 8 分频
      break;}
      case 16:
      {     CLKSEL |= 0x40;                 //系统频率 16 分频
      break;}
      case 32:
      {     CLKSEL |= 0x50;                 //系统频率 32 分频
      break;}
      case 64:
      {     CLKSEL |= 0x60;                 //系统频率 64 分频
      break;}
      case 128:
      {     CLKSEL |= 0x70;                 //系统频率 128 分频
      break;}
          }
      }
```

```
//------------------------------------------------------------------------
//端口初始化及功能分配函数
//------------------------------------------------------------------------
void PORT_Init (void)
{
    P0MDOUT |= 0x01;
    XBR0 = 0x08;                                    //时钟信号在 P0.0 脚输出
    XBR2 = 0x40;
}
```

### 10.4.4 片内精密振荡器频率调整

片内振荡器频率为 24.5 MHz,可以分频产生其他频率,但有些频率并不是分频点上的值。此时可以通过使用外晶振配合分频实现,还有一种比较经济的方案,即通过配置晶体调整寄存器 OSCICL 来改变频率,比如希望产生 PWM 输出 38 kHz 频率方波。下列程序给出了随 OSCICL 变化频率的变化情况,具体见表 10.11。要想使用非分频点的频率,最好在芯片内设计自动校准程序,校准源可以使用一些精度较高的振荡源如 RTC 的振荡器。

**表 10.11 OSCICL 取值与频率变化的关系**

| 测 点 | OSCICL | 振荡器频率/MHz | 测 点 | OSCICL | 振荡器频率/MHz |
|---|---|---|---|---|---|
| 1 | 0x2F | 24.663 | 21 | 0x43 | 22.299 |
| 2 | 0x30 | 25.932 | 22 | 0x44 | 22.073 |
| 3 | 0x31 | 26.075 | 23 | 0x45 | 21.913 |
| 4 | 0x32 | 25.979 | 24 | 0x46 | 21.726 |
| 5 | 0x33 | 25.786 | 25 | 0x47 | 21.570 |
| 6 | 0x34 | 25.504 | 26 | 0x48 | 21.344 |
| 7 | 0x35 | 25.288 | 27 | 0x49 | 21.195 |
| 8 | 0x36 | 25.039 | 28 | 0x4A | 21.020 |
| 9 | 0x37 | 24.832 | 29 | 0x4B | 20.877 |
| 10 | 0x38 | 24.543 | 30 | 0x4C | 20.674 |
| 11 | 0x39 | 24.345 | 31 | 0x4D | 20.535 |
| 12 | 0x3A | 24.115 | 32 | 0x4E | 20.374 |
| 13 | 0x3B | 23.923 | 33 | 0x4F | 20.237 |
| 14 | 0x3C | 23.667 | 34 | 0x50 | 20.019 |
| 15 | 0x3D | 23.483 | 35 | 0x51 | 19.887 |
| 16 | 0x3E | 23.271 | 36 | 0x52 | 19.733 |
| 17 | 0x3F | 23.094 | 37 | 0x53 | 19.605 |
| 18 | 0x40 | 22.841 | 38 | 0x54 | 19.438 |
| 19 | 0x41 | 22.668 | 39 | 0x55 | 19.314 |
| 20 | 0x42 | 22.466 | 40 | 0x56 | 19.169 |

续表 10.11

| 测 点 | OSCICL | 振荡器频率/MHz | 测 点 | OSCICL | 振荡器频率/MHz |
|---|---|---|---|---|---|
| 41 | 0x57 | 19.048 | 62 | 0x6C | 16.507 |
| 42 | 0x58 | 18.878 | 63 | 0x6D | 16.418 |
| 43 | 0x59 | 18.762 | 64 | 0x6E | 16.315 |
| 44 | 0x5A | 18.626 | 65 | 0x6F | 16.229 |
| 45 | 0x5B | 18.514 | 66 | 0x70 | 16.100 |
| 46 | 0x5C | 18.362 | 67 | 0x71 | 16.015 |
| 47 | 0x5D | 18.252 | 68 | 0x72 | 15.916 |
| 48 | 0x5E | 18.125 | 69 | 0x73 | 15.833 |
| 49 | 0x5F | 18.018 | 70 | 0x74 | 15.724 |
| 50 | 0x60 | 17.843 | 71 | 0x75 | 15.644 |
| 51 | 0x61 | 17.739 | 72 | 0x76 | 15.550 |
| 52 | 0x62 | 17.616 | 73 | 0x77 | 15.471 |
| 53 | 0x63 | 17.514 | 74 | 0x78 | 15.360 |
| 54 | 0x64 | 17.375 | 75 | 0x79 | 15.284 |
| 55 | 0x65 | 17.277 | 76 | 0x7A | 15.195 |
| 56 | 0x66 | 17.162 | 77 | 0x7B | 15.120 |
| 57 | 0x67 | 17.065 | 78 | 0x7C | 15.019 |
| 58 | 0x68 | 16.927 | 79 | 0x7D | 14.946 |
| 59 | 0x69 | 16.834 | 80 | 0x7E | 14.861 |
| 60 | 0x6A | 16.724 | 81 | 0x7F | 14.790 |
| 61 | 0x6B | 16.634 | 82 | 0x80 | 不稳定 |

程序如下：

```
#include <C8051F930.h>                          // SFR declarations
#define FREQUEN    24500000
#define DIVCLK   1
#define SYSCLK  FREQUEN/DIVCLK                  // SYSCLK frequency in Hz
#define uint unsigned int
#define uchar unsigned char
#define ulong unsigned  long int
#define nop() _nop_();_nop_();_nop_();_nop_();
#define rise     55
#define down     66
#define LED_ON   0
#define LED_OFF   1
sbit HI_LED = P1^5;                             //频率最高时指示灯
sbit LOW_LED = P1^6;                            //频率最低时指示灯
sbit s1 = P0^2;
```

```
sbit s2 = P0^3;
//------------------------------------------------------------------
// 函数声明
//------------------------------------------------------------------
void OSCILLATOR_Init (void);
void PORT_Init (void);
uchar getkey();
void delay(uint time);
void PCA_Init();
//------------------------------------------------------------------
// main() Routine
//------------------------------------------------------------------
void main (void)
{
uchar key;
   PCA_Init();
   PORT_Init();                                    // Initialize Port I/O
   OSCILLATOR_Init ();                             // Initialize Oscillator
   while (1)
   { key = getkey();
    switch(key)
    {
     case rise:
     {  if(OSCICL = = 0xff)
         { HI_LED =  LED_OFF ;
           LOW_LED = LED_ON;
        }
        else
        {
           LOW_LED = LED_OFF;
           HI_LED =  LED_OFF ;
           OSCICL + + ;
        }
       break;
     }
     case down:
     {
       if(OSCICL = = 0x00)
         {
           LOW_LED = LED_OFF;
           HI_LED =  LED_ON ;
        }
        else
        {
           LOW_LED = LED_OFF;
```

```
            HI_LED = LED_OFF ;
            OSCICL -- ;
          }
          break;
        }
      }
    }                                              // Infinite Loop
}
//----------------------------------------------------------------
//时钟源初始化函数
//----------------------------------------------------------------
void OSCILLATOR_Init (void)
{
    OSCICN |= 0x80;                                //允许内部精密时钟
    RSTSRC = 0x06;
  CLKSEL = 0x00;
   switch(DIVCLK)
   {
    case 1:
    {     CLKSEL |= 0x00;                          //系统频率 1 分频
    break;}
   case 2:
    {     CLKSEL |= 0x10;                          //系统频率 2 分频
    break;}
    case 4:
    {     CLKSEL |= 0x20;                          //系统频率 4 分频
    break;}
    case 8:
    {     CLKSEL |= 0x30;                          //系统频率 8 分频
    break;}
    case 16:
    {     CLKSEL |= 0x40;                          //系统频率 16 分频
    break;}
    case 32:
    {     CLKSEL |= 0x50;                          //系统频率 32 分频
    break;}
    case 64:
    {     CLKSEL |= 0x60;                          //系统频率 64 分频
    break;}
    case 128:
    {     CLKSEL |= 0x70;                          //系统频率 128 分频
    break;}
        }
}
```

```
//------------------------------------------------------------------
//PCA 初始化函数
//------------------------------------------------------------------
 void PCA_Init()
{
    PCA0MD &= ~0x40;
    PCA0MD = 0x00;
  }
//------------------------------------------------------------------
//端口初始化及功能分配函数
//------------------------------------------------------------------
void PORT_Init (void)
{
   P0MDOUT |= 0x01;                          // P0.0 is push-pull
   P0MDIN |=  0x0C;                          // P0.2, P0.3 are digital
   P0MDOUT &= ~0x0C;                         // P0.2, P0.3 are open-drain
   P0 |=  0x0C;                              // Set P0.2, P0.3 latches to '1'
   P0SKIP |=  0x0C;                          // P0.2, P0.3 skipped in Crossbar
   // LEDs
   P1MDIN |= 0x60;                           // P1.5, P1.6 are digital
   P1MDOUT |= 0x60;                          // P1.5, P1.6 are push-pull
   P1 |= 0x60;                               // Set P1.5, P1.6 latches to '1'
   P1SKIP |= 0x60;                           // P1.5, P1.6 skipped in Crossbar
   // Crossbar Initialization
   XBR0 = 0x08;                              // Route /SYSCLK to first available pin
   XBR2 = 0x40;                              // Enable Crossbar and weak pull-ups
}
 uchar getkey()
{ uchar i;
  i = 0;
     delay(50);
if(s1 == 0)
{
  i = 55;
}
else if(s2 == 0)
{
  i = 66;
}
while((s1 == 0)||(s2 == 0))
{
}
return i;
}
void delay(uint time)
```

```
{
    uint i,j;
    for (i = 0;i<time;i ++){
        for(j = 0;j<300;j ++);
    }
}
```

## 10.4.5 使用 smaRTClock 振荡器作为系统振荡器

C8051F9xx 可以使用 smaRTClock 振荡器作为系统振荡器。smaRTClock 使用晶振的频率较低，仅有 32.768 kHz，系统使用这一频率可以降低系统功耗，实现电池寿命最大化。笔者实测使用 RTC 的 32.768 kHz 频率功耗很低，双电池模式下电流仅为 870 μA，单电池模式电流也仅为 1.238 mA。由于 smaRTClock 振荡器启动较慢，编程时需要考虑从内部振荡器切换到 smaRTClock 振荡器的过程。程序如下：

```
#include <C8051F930.h>                          // SFR declarations
#define uint unsigned int
#define uchar unsigned char
#define ulong unsigned  long int
#define nop() _nop_();_nop_();_nop_();_nop_();
#define RTC0CN      0x04                        //定义 smaRTClock 内部寄存器 RTC0CN 地址
#define RTC0XCN     0x05                        //定义 smaRTClock 内部寄存器 RTC0XCN 地址
#define RTC0XCF     0x06                        //定义 smaRTClock 内部寄存器 RTC0XCF 地址
//-----------------------------------------------------------------------
// 函数声明
//-----------------------------------------------------------------------
 void PCA_Init();
 void PORT_Init (void);
 void smaRTClock_Init (void);
 void OSCILLATOR_Init (void);
 uchar RTC_Read (uchar);
 void RTC_Write (uchar, uchar);
//-----------------------------------------------------------------------
// main() 函数
//-----------------------------------------------------------------------
void main (void)
{
    PCA_Init();
    PORT_Init();
    smaRTClock_Init ();
    OSCILLATOR_Init ();
   while (1);
}
```

```
//------------------------------------------------------------------------------
//端口初始化
//------------------------------------------------------------------------------
void PORT_Init (void)
{
   P0MDOUT |= 0x03;
   XBR0 = 0x08;                          // Route /SYSCLK to first available pin
   XBR2 = 0x40;                          // Enable Crossbar and weak pull - ups
}
//------------------------------------------------------------------------------
// smaRTClock 初始化
//------------------------------------------------------------------------------
void smaRTClock_Init (void)
{
   uchar i;
  // uchar CLKSEL_SAVE = CLKSEL;                   //保存系统时钟
   RTC0KEY = 0xA5;                               //时钟解锁
   RTC0KEY = 0xF1;
   RTC_Write (RTC0XCN, 0xC0);                    //允许自动增益控制,选择时钟为晶体模式
   RTC_Write (RTC0XCF, 0x88);                    //允许电容负载步进到设定值
   RTC_Write (RTC0CN, 0x80);                     //允许 smaRTClock 振荡器
   CLKSEL = 0x74;     //将时钟切换到片内低功耗时钟并 128 分频,此时系统频率约 156 kHz
   for (i = 0xFF;i! = 0;i--);                    //等待 2 ms
   while ((RTC_Read (RTC0XCN) & 0x10) == 0x00);  //查询时钟有效位
   while ((RTC_Read (RTC0XCF) & 0x40) == 0x00);  //查询负载电容就序位
   RTC_Write (RTC0CN, 0xC0);                     //允许 smaRTClock 丢失检测
   for (i = 0xFF;i! = 0;i--);                    //等待 2 ms
   PMU0CF = 0x20;                                //清除电源管理唤醒源标志
  // CLKSEL = CLKSEL_SAVE;                       //恢复系统时钟
}
//------------------------------------------------------------------------------
// 时钟初始化
//------------------------------------------------------------------------------
void OSCILLATOR_Init (void)
{
   RSTSRC = 0x06;
   CLKSEL &= ~0x70;                              //使时钟分频数为 1,其他值系统可能死机
   while(!(CLKSEL & 0x80));                      //等待时钟就绪位是 1
   CLKSEL = 0x03;                                //把 smaRTClock 振荡器的时钟作为系统时钟
}
//------------------------------------------------------------------------------
//PCA 初始化函数
//------------------------------------------------------------------------------
 void PCA_Init()
{
```

```
    PCA0MD &= ~0x40;
    PCA0MD = 0x00;
}
//------------------------------------------------------------------------------
   //smaRTClock 读函数
//------------------------------------------------------------------------------
uchar RTC_Read (uchar reg)
{
   reg &= 0x0F;                                  // mask low nibble
   RTC0ADR = reg;                                // pick register
   RTC0ADR |= 0x80;                              // set BUSY bit to read
   while ((RTC0ADR & 0x80) == 0x80);             // poll on the BUSY bit
   return RTC0DAT;                               // return value
}
//------------------------------------------------------------------------------
//smaRTClock 写函数
//------------------------------------------------------------------------------
void RTC_Write (uchar reg, uchar value)
{
   reg &= 0x0F;                                  // mask low nibble
   RTC0ADR = reg;                                // pick register
   RTC0DAT = value;                              // write data
   while ((RTC0ADR & 0x80) == 0x80);             // poll on the BUSY bit
}
```

# 第11章

# smaRTClock 时钟单元

## 11.1 smaRTClock 时钟结构和功能概述

C8051F9xx 片内还集成了一个 32 位的低功耗 smaRTClock 和报警外设。该时钟外设有一个专用的 32 kHz 的振荡器，可以使用晶振也可以不使用晶振，同时可以省去外部的负载电阻器或负载电容器。片上集成的负载电容可以进行 16 级连续编程，允许晶体最大的兼容性。即使当芯片进入低功耗模式，时钟仍能直接从 0.9～3.6 V 电池电压取得电力而且保持正常运行。

当使用一个 32.768 kHz 的钟表晶体时，可允许 32 位定时器最大 36 小时的定时长，并且该定时器是独立的不依赖于系统时钟。时钟提供了报警事件与时钟丢失事件，可以被当作复位或唤醒源使用。

根据实际需要，该定时器可以工作在两种模式：模式 1 为单次计数，模式 2 为循环计数永久时基方式。

图 11.1 是 smaRTClock 内部的原理图。

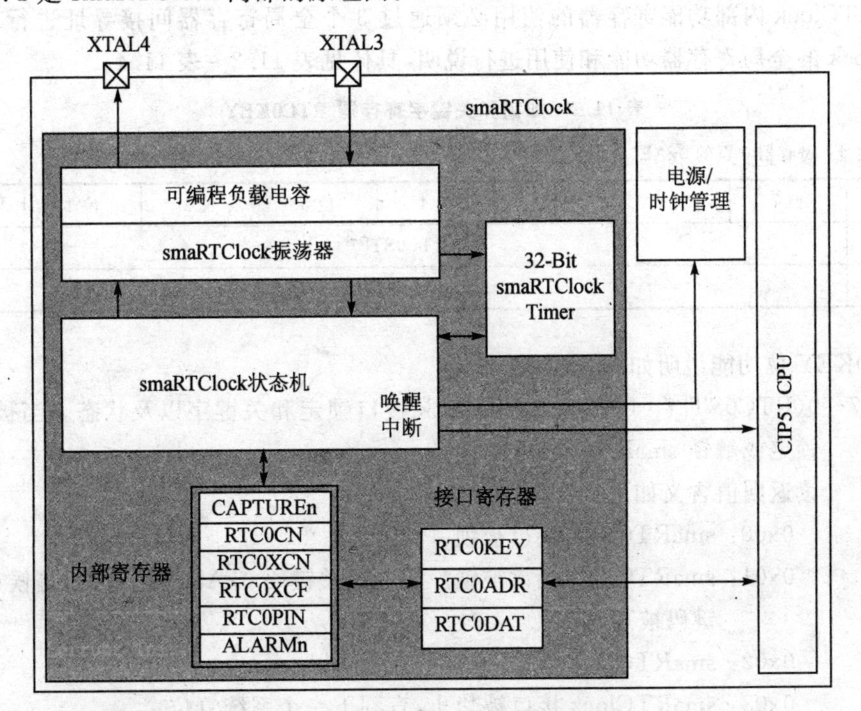


图 11.1 smaRTClock 内部原理图

## 11.2 smaRTClock 全局寄存器

smaRTClock 接口包括 3 个寄存器：加锁和关键字寄存器 RTC0KEY、全局地址寄存器 RTC0ADR、全局数据寄存器 RTC0DAT。这些寄存器位于 CIP51 内核的 SFR 映射空间上。需通过这些接口寄存器间接地访问 smaRTClock 的内部寄存器。同时 smaRTClock 时钟内部还定义了自己专用的寄存器，这些寄存器不能直接访问，需要利用全局寄存器间接访问，它们的地址分布见表 11.1。

**表 11.1 时钟内部寄存器地址分布**

| smaRTClock 地址 | smaRTClock 内部寄存器 | 寄存器名 | 说　明 |
|---|---|---|---|
| 0x00～0x03 | CAPTUREn | smaRTClock 捕捉寄存器 | 4 个寄存器被用来设定时钟的时间或读取它的当前值 |
| 0x04 | RTC0CN | smaRTClock 控制寄存器 | 控制时钟的运行状态 |
| 0x05 | RTC0XCN | smaRTClock 振荡器控制寄存器 | 控制时钟振荡器的运行 |
| 0x06 | RTC0XCF | smaRTClock 振荡器设置寄存器 | 编程振荡器电容负载值以及允许和禁止 AutoStep |
| 0x07 | RTC0PIN | smaRTClock 引脚定义寄存器 | XTAL3 和 XTAL4 内部强制短路位 |
| 0x08～0x0B | ALARMn | smaRTClock 报警寄存器 | 4 个寄存器被用来设定和读取报警的时间值 |

### 11.2.1 smaRTClock 全局寄存器功能解析

smaRTClock 内部功能寄存器的使用必须通过 3 个全局寄存器间接寻址进行。以下对 smaRTClock 的全局寄存器功能和使用进行说明，具体见表 11.2～表 11.4。

**表 11.2 加锁和关键字寄存器 RTC0KEY**

寄存器地址：寄存器 0 页的 0xAE　　复位值：0x00

| 位　号 | 位 7 | 位 6 | 位 5 | 位 4 | 位 3 | 位 2 | 位 1 | 位 0 |
|---|---|---|---|---|---|---|---|---|
| 位定义 | RTC0ST[7：0] | | | | | | | |
| 读写允许 | R/W | | | | | | | |

RTC0KEY 位功能说明如下：

➢ 位 7～0(RTC0ST[7：0])　smaRTClock 接口锁定和关键字以及状态。当被写入时，锁定或解锁 smaRTClock 接口。

读返回值含义如下：

0x00：smaRTClock 接口被锁。

0x01：smaRTClock 接口被锁。第一个关键码 0xA5 已经被写，等候第二个关键码被写入。

0x02：smaRTClock 参数 0xF1 已经被写入。

0x03：smaRTClock 接口被禁止，直到下一个系统复位。

写操作的含义如下：

RTC0ST＝0x00，接口被锁定，写 0xA5 随后写 0xF1，smaRTClock 被解锁。

RTC0ST＝0x01，等候第二关键码写入，此时写除了第二个关键码 0xF1 之外的任何数值都将会使 RTC0STATE 变成 0x03，并且使 smaRTClock 接口被禁止，直到下一个系统复位。

RTC0ST＝0x02，接口被解锁，任何写入 RTC0KEY 的操作都将会锁定 smaRTClock 接口。

RTC0ST＝0x03，接口被禁止，此时 RTC0KEY 的写操作失效。

**表 11.3　smaRTClock 全局地址寄存器 RTC0ADR**

寄存器地址：寄存器 0 页的 0xAC　　复位值：0x00

| 位　号 | 位 7 | 位 6 | 位 5 | 位 4 | 位 3 | 位 2 | 位 1 | 位 0 |
|---|---|---|---|---|---|---|---|---|
| 位定义 | BUSY | AUTORD | — | SHORT | ADDR[3：0] | | | |
| 读写允许 | R/W | R/W | R | R/W | R/W | | | |

RTC0ADR 位功能说明如下：

➢ 位 7（BUSY）　smaRTClock 接口忙指示位。指示 smaRTClock 的接口状态。写 1 到该位将启动一次间接读。

读 0：smaRTClock 外设不忙。

读 1：smaRTClock 外设正在进行一次读或写操作。

➢ 位 6（AUTORD）　smaRTClock 接口自动读允许位，该位允许或禁止自动读功能。

0：禁止自动读。1：允许自动读。

➢ 位 5　未使用。读返回值为 0，写忽略操作。

➢ 位 4（SHORT）　短选通功能允许位。允许/禁止短选通功能。

0：短选通功能禁止。1：短选通功能允许。

➢ 位 3～0（ADDR[3：0]）　smaRTClock 间接寄存器地址。设置当前 smaRTClock 选择的寄存器。

**表 11.4　smaRTClock 全局数据寄存器 RTC0DAT**

寄存器地址：寄存器 0 页的 0xAD　　复位值：0x00

| 位　号 | 位 7 | 位 6 | 位 5 | 位 4 | 位 3 | 位 2 | 位 1 | 位 0 |
|---|---|---|---|---|---|---|---|---|
| 位定义 | RTC0DAT[7：0] | | | | | | | |
| 读写允许 | R/W | | | | | | | |

RTC0DAT 位功能说明如下：

➢ 位 7～0（RTC0DAT[7：0]）　时钟外设的数据位。该寄存器中装载着 RTC0ADR 选择的需要传送到内部或是由内部寄存器读取的数据。

## 11.2.2　smaRTClock 锁定与解锁

smaRTClock 的接口通过一个锁定和解锁功能保护内部数据。利用全局地址寄存器 RTC0ADR 设定操作地址和全局数据寄存器 RTC0DAT 进行读写操作之前，必须先进行解锁操作，即向锁定和解锁寄存器（RTC0KEY）按顺序写入正确的解锁码。解锁码是：0xA5、0xF1，写入过程中没有时间长短的限制，但是一定要按顺序写入。如果次序错误，或写入错误的码，都将导致时钟的接口被禁止，必须进行系统复位才可以解除禁止状态。一旦 smaRTClock 的接口被解锁，即可间接访问内部的寄存器。接口被解锁后，对 RTC0KEY 的写操作将使接口重新被锁定。

### 11.2.3　smaRTClock 全局寄存器访问方式示例

smaRTClock 内部的寄存器由于其地址不在寄存器空间上，只能利用 RTC0ADR 和 RTC0DAT 间接访问。RTC0ADR 寄存器用于选择将进行读或写的内部寄存器。在进行读写操作之前，需先查询 BUSY 位（RTC0ADR.7）以确定接口是否被占用，只有没有进行读或写操作才可以操作它。确定好操作的地址目标后将数据写入 RTC0DAT 寄存器，即启动一次写操作。

以下给出了利用全局寄存器进行间接操作的步骤。

① 查询 BUSY（RTC0ADR.7）位，直到它返回 0 值或插入一个 6 个系统时钟周期的延迟。

② 写入要操作的目标单元，这里以 0x05 为例，将 0x05 写入到 RTC0ADR。这样相当于内部 RTC0CN 寄存器操作地址为 0x05。

③ 向 RTC0DAT 写入待写的数据。本例写入 0x00 到 RTC0DAT。

④ 数据 0x00 被写入到内部寄存器 RTC0CN 的 0x05。

读操作与写操作类似，也都要 RTC0ADR、RTC0DAT 寄存器的参与。读操作的启动是通过置 1 时钟接口的 BUSY 位来实现的，RTC0ADR 内保存着要操作的地址，RTC0DAT 则装载着从内部寄存器读取的内容。传输的数据将一直保存在 RTC0DAT 寄存器中，直到下一次读或写操作。

以下给出了读一个时钟内部寄存器的步骤。

① 判断接口状态。查询 BUSY（RTC0ADR.7）状态，直到它返回 0 或插入 4 个系统时钟周期的延迟。

② 确定待读单元地址。这里是 0x05，即将 0x05 写入 RTC0ADR，选择了 smaRTClock 内部寄存器的 RTC0CN 的 0x05 单元。

③ 启动读操作。置 1 BUSY 位，启动从 RTC0CN 到 RTC0DAT 的数据传输。

④ 判断接口状态。查询 BUSY（RTC0ADR.7）位，直到它返回 0 或插入一个 4 个系统时钟周期的延迟，以确保传输过程结束。

⑤ 读取数据。读来自 RTC0DAT 的数据，这一个数据来自 RTC0CN 寄存器的一个单元，是它的一个拷贝。

以上操作是假定短时选通功能被允许，如果短时选通功能被禁止。则应插入 5 个系统时钟周期的延迟。smaRTClock 正常的间接读和写寄存器需占用 7 个系统时钟周期。通过短时选通可将间接的寄存器访问时间减少，即可把读和写访问时间减少到 6 个系统时钟。短时选通功能在复位后自动被允许，也可以用短时控制位（RTC0ADR.4）人工允许或禁止。

为了简化读和写 32 位的捕获和报警值的步骤，可以使用地址自动累加功能。每次对 CAPTUREn或 ALARMn 寄存器进行读或写操作之后，RTC0ADR 值自动加 1，这样加快了设定报警值或读取当前 smaRTClock 时间值的进程。地址自动加 1 功能是一直有效的。

通过设定 AUTORD (RTC0ADR.6) 为逻辑 1 来允许自动读功能。间接读操作步骤多、效率低,为了提高操作的效率,该外设还提供了自动读功能。自动读可减少操作过程,每次读 RTC0DAT 的操作,都将启动下一次对 RTC0ADR 选择的内部寄存器的间接读操作。因此允许自动读功能后,只需置 1 BUSY 位一次,即可软件连续读。为保证操作的可靠性,操作之前还需要检查一下 smaRTClock 接口的状态,即检查 BUSY 位的状态。

## 11.3 smaRTClock 的时钟源定义与设置

smaRTClock 外设定时基于它自己的时基,不依赖系统时钟。该时基由自身专用的振荡器电路产生,并且有两种运行模式:晶体模式、自激振荡模式。晶体模式使用振荡频率是 32.768 kHz的晶振,自激模式的振荡频率可以在一定范围内编程改变。时钟的振荡频率有一定的离散性,尤其是自激振荡方式下,为了获得精确的时基,就需要对振荡频率进行在线测试调整。C8051F9xx 具有这样的测试功能,可以利用片上的其他时钟源测试 smaRTClock 振荡器的频率。在低功耗应用中,可以选择 smaRTClock 的时基作为系统时钟。

### 11.3.1 标准晶振模式

晶体模式使用一个 32.768 kHz 的钟表晶体,并把它连在 XTAL3 和 XTAL4 之间,不需要任何其他的元件。可以参考以下步骤可靠地启动 smaRTClock 晶体振荡器:

① 选择时钟工作在晶体模式,即把 XMODE 位置 1 。

② (该步可选择)允许或禁止自动增益控制位 AGCEN 和偏压加倍位 BIASX2。

③ 设定所需要的负载电容。需要设置 RTC0XCF 。

④ 允许 smaRTClock 振荡器电路,即将 RTC0EN 位置 1,此时电路上电工作。

⑤ 等待 2 ms 。

⑥ 查询晶体振荡器稳定。即查询 smaRTClock 时钟有效位 CLKVLD。

⑦ 查询负载电容是否就绪。即查询负载电容就绪位 LOADRDY,直到负载电容达到它的编程数值。

⑧ 允许 smaRTClock 时钟丢失检测功能。

⑨ 等待 2 ms。

⑩ 清 PMU0CF 唤醒源标志。

自动增益控制功能,用于自动调整晶体的振荡振幅以达到耗电量最低。自动增益控制电路自动地检测振荡的振幅以使它的电流降低到安全的驱动门限。该功能可以在晶体启动期间被允许,推荐在任何使用 smaRTClock 晶体模式振荡器系统中应用它。

振荡器启动之后,禁止自动增益控制将会使晶体工作在启动之初较高驱动强度的水平上。这样必将导致能耗的增加,但这样也会使晶体的抗干扰性增强。如果使用 smaRTClock 自激振荡器,自动增益控制一定被禁止。否则可能发生频率不可预知的变化。

smaRTClock 偏压加倍功能允许振荡频率倍增,大约为 2 倍关系,并且允许晶体模式较高的驱动强度。当和一个高 ESR 和较大的电容负载一起使用一个晶体的时候,推荐提高晶体驱动强度。

表 11.5 给出了偏置和所对应的驱动条件。

表 11.5　smaRTClock 偏置和所对应的驱动条件

| 模　式 | 设置情况 | 功耗水平 | 应用条件 |
| --- | --- | --- | --- |
| 晶体 | 偏置加倍禁止，自动增益控制允许 | 最低 | ESR＜40 kΩ，任何负载<br>ESR＜50 kΩ，电容负载＜10 pF<br>ESR＜80 kΩ，电容负载＜8 pF |
| | 偏置加倍禁止，自动增益控制禁止 | 低 | ESR ＜ 80 kΩ，电容负载＜ 10 pF |
| | 偏置加倍允许，自动增益控制允许 | 高 | ESR ＜ 50 kΩ，任何负载<br>ESR ＜ 80 kΩ，电容负载＜ 10 pF |
| | 偏置加倍允许，自动增益控制禁止 | 最高 | 该模式建议只在调试时使用，因为此时功耗会增加，对低功耗不利 |
| 自激振荡 | 偏置加倍禁止 | 低 | 20 kHz |
| | 偏置加倍允许 | 高 | 40 kHz |

## 11.3.2　片内自激振荡模式

使用自激模式不需要片外的元件。只需将 XTAL3 和 XTAL4 引脚短接。要使 smaRTClock 在自激振动模式下可靠工作，除了物理连接外还要注意它的配置。如何配置和使用自激模式请参考以下步骤：

① 设定 smaRTClock 为自激振荡模式。将 XMODE 位清 0。

② 设定需要的振荡频率。BIASX2＝0，振荡器大约 20 kHz；设定 BIASX2＝1，振荡器大约 40 kHz。

③ 振荡器启动。

④ 微调振荡频率。通过调整负载电容值大小，需要设置 RTC0XCF。

## 11.3.3　可编程容性匹配负载设置

振荡器频率的改变通过改变负载电容实现，片内集成了 16 级程控负载电容器。可以在晶体模式或自激模式下使用，除可适应较大范围内的晶体，还可以在自激模式下校准振荡频率。如果自动负载电容步进被允许，晶体的负载电容设定为最小值，使启动时间最短，然后慢慢地增加电容值直到最终的程控数值。最终的程控电容器数值使用 RTC0XCF 寄存器的 LOADCAP 位设定。

片上负载电容器的设定值不包括 PCB 板的杂散电容。一旦达到了预定的程控负载电容值，LOADRDY 位将被硬件置 1。

当 smaRTClock 振荡器工作在自激振荡模式，可编程的负载电容能用来微调振荡频率。增加负载电容器数值将降低振荡频率。

表 11.6 给出了负载电容设置情况。

表 11.6 smaRTClock 负载电容设置

| LOADCAP | 晶体负载电容数值/pF | XTAL3 和 XTAL4 之间等效电容/pF | LOADCAP | 晶体负载电容数值/pF | XTAL3 和 XTAL4 之间等效电容/pF |
|---|---|---|---|---|---|
| 0000 | 4.0 | 8.0 | 1000 | 8.0 | 16.0 |
| 0001 | 4.5 | 9.0 | 1001 | 8.5 | 17.0 |
| 0010 | 5.0 | 10.0 | 1010 | 9.0 | 18.0 |
| 0011 | 5.5 | 11.0 | 1011 | 9.5 | 19.0 |
| 0100 | 6.0 | 12.0 | 1100 | 10.5 | 21.0 |
| 0101 | 6.5 | 13.0 | 1101 | 11.5 | 23.0 |
| 0110 | 7.0 | 14.0 | 1110 | 12.5 | 25.0 |
| 0111 | 7.5 | 15.0 | 1111 | 13.5 | 27.0 |

### 11.3.4 时钟故障检测和保护

#### 1. smaRTClock 时钟丢失检测

时钟丢失检测器是一个单稳态电路，通过 MCLKEN 位(RTC0CN.6)置 1 允许。当它被允许，如果发生 smaRTClock 振荡器保持高电平或低电平超过 100 μs，则 OSCFAIL 位(RTC0CN.5)被硬件置 1。该位置 1 可以触发一个中断，将器件从低功耗状态唤醒，或者复位器件。在改变振荡器设置时，会造成振荡频率不稳，为避免造成误操作，则时钟丢失检测器应该被禁止。

#### 2. smaRTClock 振荡器晶体有效性检测

smaRTClock 晶体振荡器有效性检测器是一个检测振幅的电路，被用在晶体启动期间，来判断晶体是否已经启动并且稳定。检测的结果能从 CLKVLD 位(RTX0XCN.4) 被读取。需注意的是，在允许晶体振荡器之后有大约 2 ms 检测的结果不可信，因此需要在晶体振荡器上电 2 ms 后再读取 CLKVLD 位。本检测器的作用只是判断晶体工作是否稳定，并不是用来检测晶体故障的，要实现此目的需使用用时钟丢失检测器。

## 11.4 smaRTClock 定时和报警功能

定时器是一个 32 位的独立计数器，RTC0TR=1 为运行态，每个时钟振荡周期加 1。定时器具有报警功能，利用该功能可以在某个特定的时间产生一个中断，或将器件从一个低功耗态唤醒，或者复位器件。由于定时器完全独立于系统时钟，这就允许内核可处在低功耗态，只是在必要时有定时器唤醒，这样可以大大降低待机功耗。尤其是一些无人值守的低功耗应用场合。

smaRTClock 定时器还具有自动更新启动功能，即在报警发生后它在一个时钟周期内自动的复位定时器到 0，这为需要循环报警的场合提供了方便。使用自动复位功能，报警匹配值应该比期望的数值小 1。写 1 到 ALRM 位(RTC0CN.2)可允许自动复位功能。

### 11.4.1 定时功能的设置与使用

32 位的 smaRTClock 定时器值通过 4 个 CAPTUREn 内部寄存器设定和读取。读取和设定定时器值时不需要停止定时器的运行。需要采用以下步骤设置定时器值：

① 向 32 位的 CAPTUREn 寄存器写入期望设定的值。

② 写 1 到 RTC0SET。这将会把 CAPTUREn 寄存器的内容传递到定时器。

③ 查询直到 RTC0SET 位被硬件清 0 时。

读取定时器的值，也是通过 CAPTUREn 寄存器，读取的并不是定时器本身，而是它的一个拷贝。可以采用以下步骤读取定时器值：

① 把定时器的内容传递到 CAPTUREn 寄存器。通过写 1 到 RTC0CAP 实现。

② 查询 RTC0CAP，直到它被硬件清 0，表示传送结束。

③ 从 CAPTUREn 寄存器读取定时器的瞬时值。

### 11.4.2 报警功能的设置与使用

时钟的报警功能是将 smaRTClock 定时器 32 位值与 ALARMn 寄存器值进行比较，如果二者相等，则一个报警器事件就会发生。如果自动复位功能被允许，则 32 位定时器也将被清 0。报警事件可以被配置成低功耗态唤醒或复位 MCU，或产生一个中断。可采用下列的步骤配置 smaRTClock 报警功能：

① 禁止 smaRTClock 报警事件(RTC0AEN＝0)。

② 将 ALARMn 寄存器设定为需要的值。

③ 允许 smaRTClock 报警事件(RTC0AEN＝1)。

ALRM 位被当作 smaRTClock 报警标志位使用时，可以清除 RTC0AEN 位，禁止报警事件的发生。报警事件发生之后，若没有修改 ALARMn 寄存器值，则在 2～32 个 smaRTClock 周期之后将自动设定下一次报警的时刻。

### 11.4.3 smaRTClock 报警的双模式选择

smaRTClock 为适应不同的应用，有二种运行模式可以被选择，即多循环计数与单循环计数，与一般定时器的重载方式与不重载方式类似。两种模式描述如下：

模式 1——该模式下 smaRTClock 定时器作为永久的时基不会被清 0，当该定时器连续运行时，每 36 个小时溢出一次，不会停止。报警的时间间隔可编程，每次报警后可以通过软件改变 ALRMn 寄存器的值。这样允许报警匹配值总是比编程的值多 1。如果软件使用无符号的 32 位累加使报警匹配值加 1，则不需要进行溢出处理，因为计时器和报警器匹配值以相同的方式溢出。

这种方式适合处理较长报警器间隔，比如 24 小时或 36 小时，此时需要一个永久的时基。适合这种应用的例子是唤醒间隔不是固定的情形，可以利用软件手段设置一个 16 位的变量，记录定时器溢出的次数。这样可以把 32 位(36 小时)定时器扩充到 48 位(272 年)永久时基。

模式 2——该模式下 smaRTClock 定时器作为通用定时器使用，每次报警发生后硬件清 0。报警的间隔是由存储在 ALRMn 寄存器中的数值决定。软件只在硬件初始化期间设定报警间隔。每次报警之后需要软件保存已发生报警的数目，以便知道时间。

这个模式需要最小的软件干预,对有一个固定的报警间隔的应用是理想的。这一个模式是最有效率的,因为每次报警它占用最少的 CPU 时间。

## 11.5 smaRTClock 内部寄存器定义

smaRTClock 内部寄存器分布在 0x00～0x0B 的内部地址范围上,具体分布前面已经介绍,有关这些寄存器的具体定义见表 11.7～表 11.12。

**表 11.7 smaRTClock 控制寄存器 RTC0CN**

寄存器地址:时钟内部地 0x04　　复位值:不定

| 位　号 | 位 7 | 位 6 | 位 5 | 位 4 | 位 3 | 位 2 | 位 1 | 位 0 |
|---|---|---|---|---|---|---|---|---|
| 位定义 | RTC0EN | MCLKEN | OSCFAIL | RTC0TR | RTC0AEN | ALRM | RTC0SET | RTC0CAP |
| 读写允许 | R/W | R/W | R/W | R/W | R/W | R/W | R/W | R/W |

RTC0CN 位功能说明如下:

- 位 7 (RTC0EN)　smaRTClock 允许位。允许或禁止 smaRTClock 振荡器偏置电路。
  1:允许 smaRTClock 振荡器。0:禁止 smaRTClock 振荡器。
- 位 6 (MCLKEN)　smaRTClock 时钟丢失检测允许位。
  1:允许时钟丢失检测。0:禁止时钟丢失检测。
- 位 5 (OSCFAIL)　smaRTClock 振荡器失效标志位。当时钟丢失事件发生后该位被硬件置 1,必须被软件清 0。当 smaRTClock 振荡器被禁止时,该位值是不确定的。
- 位 4 (RTC0TR)　smaRTClock 定时器运行控制位。控制 smaRTClock 定时器运行或停止,停止后将保持当前值。
  1:smaRTClock 定时器运行。0:smaRTClock 定时器停止。
- 位 3(RTC0AEN)　smaRTClock 报警允许位。
  1:smaRTClock 报警允许。0:smaRTClock 报警禁止。
- 位 2 (ALRM)　smaRTClock 报警标志位和自动复位允许位。读返回报警事件标志的状态,写允许或禁止自动复位功能。
  读 0:报警事件没有发生。读 1:报警事件发生。
  写 0:禁止自动复位功能。写 1:允许自动复位功能。
- 位 1 (RTC0SET)　smaRTClock 时间设定。写 1 初始化 smaRTClock 定时器设定。设定完成后改为硬件清 0。
- 位 0 (RTC0CAP)　smaRTClock 定时器捕获。写 1 初始化 smaRTClock 定时器捕获,定时器捕获运行完成后该位硬件清 0。

**表 10.8 smaRTClock 振荡器控制寄存器 RTC0XCN**

寄存器地址:时钟内部地址 0x05　　复位值:0x00

| 位　号 | 位 7 | 位 6 | 位 5 | 位 4 | 位 3 | 位 2 | 位 1 | 位 0 |
|---|---|---|---|---|---|---|---|---|
| 位定义 | AGCEN | XMODE | BIASX2 | CLKVLD | — | — | — | — |
| 读写允许 | R/W | R/W | R/W | R | R | R | R | R |

RTC0XCN 位功能说明如下：

- 位 7（AGCEN） 晶体振荡器自动增益控制允许位，仅限于晶体方式。

  0：自动增益控制禁止。1：自动增益控制允许。
- 位 6（XMODE） 时钟振荡器方式选择位，该位选择时钟是否使用晶体。

  0：时钟振荡器被配置为自振荡方式。1：时钟振荡器被配置为晶体方式。
- 位 5（BIASX2） smaRTClock 偏置加倍允许位。

  0：偏置加倍功能禁止。1：偏置加倍功能允许。
- 位 4（CLKVLD） 振荡晶体有效标志位。该位用来指示时钟晶体振荡器振幅值是否能维持振荡。

  0：未启振或振幅值过低，不能维持振荡进行。

  1：振幅值达到了一定强度，振荡可维持。
- 位 3～0 未用。读返回值均为 0，写无操作。

**表 11.9 smaRTClock 振荡器配置寄存器 RTC0XCF**

寄存器地址：时钟内部地址 0x06　　复位值：0x00

| 位　号 | 位 7 | 位 6 | 位 5 | 位 4 | 位 3 | 位 2 | 位 1 | 位 0 |
|---|---|---|---|---|---|---|---|---|
| 位定义 | AUTOSTP | LOADRDY | — | — | LOADCAP[3：0] | | | |
| 读写允许 | R/W | R | R | R | R/W | | | |

RTC0XCF 位功能说明如下：

- 位 7（AUTOSTP） 自动负载电容步进允许位。允许/禁止自动负载电容步进功能。

  0：禁止自动负载电容步进功能。1：允许自动负载电容步进功能。
- 位 6（LOADRDY） 负载电容准备好标志。当负载电容值与编程值匹配，则该位硬件置 1。

  0：负载电容正在步进调整。1：负载电容达到了编程值。
- 位 5～4 未用。读返回值均为 0，写忽略操作。
- 位 3～0（LOADCAP[3：0]） 负载电容的编程值，存储着用户期望的电容值。具体各位定义见表 11.6。

**表 11.10 smaRTClock 引脚配置寄存器 RTC0PIN**

寄存器地址：时钟内部地址 0x07　　复位值：01100111

| 位　号 | 位 7 | 位 6 | 位 5 | 位 4 | 位 3 | 位 2 | 位 1 | 位 0 |
|---|---|---|---|---|---|---|---|---|
| 位定义 | RTC0PIN[7：0] | | | | | | | |
| 读写允许 | W | | | | | | | |

RTC0PIN 位功能说明如下：

- 位 7～0（RTC0PIN[7：0]） 振荡器引脚配置。向该寄存器写 0xE7 强制 XTAL3 与 XTAL4 引脚在内部短接，工作在自振荡方式。向该寄存器写 0x67 使 XTAL3 与 XTAL4 返回正常方式。

表 11.11 smaRTClock 定时器捕捉寄存器 CAPTUREn

寄存器地址：时钟内部地址 0x00～0x03　　复位值：00000000

| 位　号 | 位 7 | 位 6 | 位 5 | 位 4 | 位 3 | 位 2 | 位 1 | 位 0 |
|---|---|---|---|---|---|---|---|---|
| 位定义 | D7 | D6 | D5 | D4 | D3 | D2 | D1 | D0 |
| 读写允许 | R/W | R/W | R/W | R/W | R/W | R/W | R/W | R/W |

CAPTUREn 位功能说明如下：

➢ 位 7～0（CAPTUREn）　smaRTClock 设置/捕捉值。该寄存器地址包括地址为 0x00～0x03 的 4 个寄存器（CAPTURE3～CAPTURE0），用于读或设置 32 位的 smaRTClock 定时器。当 RTC0SET 或 RTC0CAP 位置 1 时，数据被传送到 smaRTClock 定时器或从 smaRTClock 定时器读出。

表 11.12 smaRTClock 报警寄存器 ALARMn

寄存器地址：时钟内部寄存器 0x08～0x0B　　复位值：00000000

| 位　号 | 位 7 | 位 6 | 位 5 | 位 4 | 位 3 | 位 2 | 位 1 | 位 0 |
|---|---|---|---|---|---|---|---|---|
| 位定义 | D7 | D6 | D5 | D4 | D3 | D2 | D1 | D0 |
| 读写允许 | R/W | R/W | R/W | R/W | R/W | R/W | R/W | R/W |

ALARMn 位功能说明如下：

➢ 位 7～0（ALARMn）　smaRTClock 报警值设置，4 个寄存器 ALARM3～ALARM0 对应地址为 0x08～0x0B。当更新这些寄存器时，报警功能应被禁止（RTC0AEN＝0）。

## 11.6 smaRTClock 功能应用

### smaRTClock 唤醒源在低功耗系统中的应用

C8051F9xx 片上的 smaRTClock 采用独立的时钟，可以独立运行。它可以作为一个超级定时器，单次最长可实现 36 小时的定时，利用这一特性可发生一些周期性事件。如果系统需要超低功耗，并且任务是周期性的，就可以利用它作为唤醒源，在必要时才把处理器唤醒，执行完任务后再进入低功耗状态。下列程序就是演示了这方面的应用。LED 仅在系统活动时闪烁。应用本例需注意：发生时钟报警事件唤醒系统后，还可能发生振荡器故障报警事件，这要在应用中很好识别。该时钟还可以作为系统的事件，但此时的应用较为烦琐，须将 32 位定时器的值转化为当前时间，应用也不如一般的时钟芯片方便。

程序如下：

```
#include <C8051F930.h>                                    // SFR declarations
#define uint unsigned int
#define uchar unsigned char
#define ulong unsigned  long int
#define nop() _nop_();_nop_();_nop_();_nop_();
```

```
union tcfint32{
    ulong mydword;
    struct{uchar by4;uchar by3;uchar by2;uchar by1;}bytes;
}mylongint;                                  //用联合体定义 32 位操作

#define SYCLK              20000000       // 定义系统频率
#define RTCCLK             32768          // 定义 smaRTClock 频率
#define WAKE_INTERVAL      2000           // 唤醒时间间隔
#define SUSPEND            0x40           // 定义挂起方式 PMU0CF 取的值
#define SLEEP              0x80           // 定义休眠方式 PMU0CF 取的值
#define POWER_MODE         SUSPEND
#define LED_ON             0
#define LED_OFF            1

#define CAPTURE0    0x00                  //定义 smaRTClock 内部寄存器 CAPTURE0 地址
#define CAPTURE1    0x01                  //定义 smaRTClock 内部寄存器 CAPTURE1 地址
#define CAPTURE2    0x02                  //定义 smaRTClock 内部寄存器 CAPTURE2 地址
#define CAPTURE3    0x03                  //定义 smaRTClock 内部寄存器 CAPTURE3 地址
#define RTC0CN      0x04                  //定义 smaRTClock 内部寄存器 RTC0CN 地址
#define RTC0XCN     0x05                  //定义 smaRTClock 内部寄存器 RTC0XCN 地址
#define RTC0XCF     0x06                  //定义 smaRTClock 内部寄存器 RTC0XCF 地址
#define RTC0PIN     0x07                  //定义 smaRTClock 内部寄存器 RTC0PIN 地址
#define ALARM0      0x08                  //定义 smaRTClock 内部寄存器 ALARM0 地址
#define ALARM1      0x09                  //定义 smaRTClock 内部寄存器 ALARM1 地址
#define ALARM2      0x0A                  //定义 smaRTClock 内部寄存器 ALARM2 地址
#define ALARM3      0x0B                  //定义 smaRTClock 内部寄存器 ALARM3 地址

sbit RED_LED = P1^5;
sbit YELLOW_LED = P1^6;
sbit s1 = P0^2;
sbit s2 = P0^3;
//--------------------------------------------------------------------
// 函数声明
//--------------------------------------------------------------------
void PCA_Init();
void PORT_Init (void);
void smaRTClock_Init (void);
void OSCILLATOR_Init (void);
uchar RTC_Read (uchar);
void RTC_Write (uchar, uchar);
void Timer2_Init (int counts);
void TIMER2_ISR(void);
//--------------------------------------------------------------------
// main() 函数
//--------------------------------------------------------------------
void main (void)
{    uchar wakeup_source;
```

```
 PCA_Init();
 PORT_Init();
 PORT_Init ();
 OSCILLATOR_Init ();
 smaRTClock_Init ();                  // Initialize RTC
 Timer2_Init (SYSCLK / 12 / 10);      // Init Timer2 to generate interrupts at a 10 Hz rate
EA = 1;                               // Enable global interrupts
//-----------------------------------
// Main Application Loop
//-----------------------------------
while (1)
{
   if(PMU0CF & 0x0C)                  //发生 smaRTClock 报警或者时钟丢失事件
   {
      if(PMU0CF & 0x08)               //检查时钟是否有效
      {
         EA = 0;
         YELLOW_LED = LED_ON;
         RED_LED = LED_ON;
        // while(1);                  //发生时钟报警事件后,也发生了振荡器报警
      }
      // Configure the Port I/O for Sleep Mode
      RED_LED = LED_OFF;              // Turn off the LED or other
                                      // high - current devices
      // Place the device in Sleep Mode
      PMU0CF = 0x20;                  // Clear all wake - up flags
      YELLOW_LED = LED_ON;
      PMU0CF = (POWER_MODE | 0x0C);
      YELLOW_LED = LED_OFF;
      wakeup_source = PMU0CF & 0x1F;
      PMU0CF = 0x20;
      if(wakeup_source & 0x10)
      {
         EA = 0;
         YELLOW_LED = LED_ON;
         RED_LED = LED_ON;
         while(1);
      }
      if(wakeup_source & 0x08)
      {
         EA = 0;
         YELLOW_LED = LED_ON;
         RED_LED = LED_ON;
         while(1);
```

```
        }

        if(wakeup_source & 0x04)
        {
        }
      }
    }
}
//--------------------------------------------------------------------------
//端口初始化
//--------------------------------------------------------------------------
void PORT_Init (void)
{
    P0MDIN |= 0x0C;                              // P0.2, P0.3 are digital
    P1MDIN |= 0x60;                              // P1.5, P1.6 are digital
    P0MDOUT &= ~0x0C;                            // P0.2, P0.3 are open-drain
    P1MDOUT |= 0x60;                             // P1.5, P1.6 are push-pull
    P0 |= 0x0C;                                  // Set P0.2, P0.3 latches to '1'
    XBR2 = 0x40;                                 // Enable crossbar and enable weak pull-ups
}
//--------------------------------------------------------------------------
// smaRTClock 初始化
//--------------------------------------------------------------------------
void smaRTClock_Init (void)
{
    uchar i;
    uchar CLKSEL_SAVE = CLKSEL;                  //保存系统时钟
    RTC0KEY = 0xA5;                              //时钟解锁
    RTC0KEY = 0xF1;
    RTC_Write (RTC0XCN, 0xC0);                   //允许自动增益控制,选择时钟为晶体模式
    RTC_Write (RTC0XCF, 0x88);                   //允许电容负载步进到设定值
    RTC_Write (RTC0CN, 0x80);                    //允许 smaRTClock 振荡器
    CLKSEL = 0x74;     //将时钟切换到片内低功耗时钟并 128 分频,此时系统频率约 156 kHz
    for (i = 0xFF;i! = 0;i--);                   //等待 2 ms
    while ((RTC_Read (RTC0XCN) & 0x10) == 0x00); //查询时钟有效位
    while ((RTC_Read (RTC0XCF) & 0x40) == 0x00); //查询负载电容就序位
    RTC_Write (RTC0CN, 0xC0);                    //允许 smaRTClock 丢失检测
    for (i = 0xFF;i! = 0;i--);                   //等待 2 ms
    PMU0CF = 0x20;                               //清除电源管理唤醒源标志
    CLKSEL = CLKSEL_SAVE;                        //恢复系统时钟
    mylongint.mydword = ((RTCCLK * WAKE_INTERVAL) / 1000L);    //设置时钟报警值
    RTC_Write (ALARM0, mylongint.bytes.by1);     // Least significant byte
    RTC_Write (ALARM1, mylongint.bytes.by2);
    RTC_Write (ALARM2, mylongint.bytes.by3);
    RTC_Write (ALARM3, mylongint.bytes.by4);     // Most significant byte
    RTC_Write (RTC0CN, 0xDC);                    //允许 smaRTClock 定时器报警与自动复位功能
```

```
}
//-------------------------------------------------------------------
// 时钟初始化
//-------------------------------------------------------------------
void OSCILLATOR_Init (void)
{
   RSTSRC = 0x06;
   CLKSEL = 0x04;                    //选择片内 20 MHz 低功耗振荡器,分频系数选 1
}
//-------------------------------------------------------------------
//PCA 初始化函数
//-------------------------------------------------------------------
 void PCA_Init()
{
    PCA0MD &= ~0x40;
    PCA0MD = 0x00;
}
//-------------------------------------------------------------------
//smaRTClock 读函数
//-------------------------------------------------------------------
uchar RTC_Read (uchar reg)
{
   reg &= 0x0F;
   RTC0ADR = reg;                            //设置 RTC 内部存储器地址
   RTC0ADR |= 0x80;                          //置 1 BUSY 位,读数据
   while ((RTC0ADR & 0x80) == 0x80);         //查询 BUSY 位
   return RTC0DAT;                           //返回读取值
}
//-------------------------------------------------------------------
//smaRTClock 写函数
//-------------------------------------------------------------------
void RTC_Write (uchar reg, uchar value)
{
   reg &= 0x0F;
   RTC0ADR = reg;                            //设置 RTC 内部存储器地址
   RTC0DAT = value;                          //写数据
   while ((RTC0ADR & 0x80) == 0x80);         //查询 BUSY 位
}
//-------------------------------------------------------------------
// Timer2_Init
//-------------------------------------------------------------------
void Timer2_Init (int counts)
{
   TMR2CN = 0x00;                            // Stop Timer2; Clear TF2;
                                             // use SYSCLK/12 as timebase
```

```
    CKCON &= ~0x60;                          // Timer2 clocked based on T2XCLK
    TMR2RL = -counts;                        // Init reload values
    TMR2 = TMR2RL;                           // initalize timer to reload value
    ET2 = 1;                                 // enable Timer2 interrupts
    TR2 = 1;                                 // start Timer2
}
//-----------------------------------------------------------------
// Timer2 中断
//-----------------------------------------------------------------
void TIMER2_ISR(void)  INTERRUPT_TIMER2
{
    TF2H = 0;                                //清定时器 2 中断标志
    RED_LED = !RED_LED;
}
```

# 第12章

# SMBus 总线

SMBus 接口是双线双向串行总线，它与 $I^2C$ 串行总线兼容，完全符合系统管理总线规范 2.0 版，有关详细协议请读者查询相关资料。该接口的读/写传输操作是以字节为单位的，由 SMBus 接口自动控制数据的串行传输。在主或从器件工作时，数据传输的最大速率取决于所使用的系统时钟，可达系统时钟频率的二十分之一。总线上不同速度的器件采用延长低电平时间的方法协调它们的传输。

SMBus 总线最大的特点就是省口线，同时可以完成数据的双向传输。该总线应用非常广泛，有好多计算机外围芯片都是依据该总线扩展的，在数字家电中也很常用。应该说完整的通信协议很复杂，给应用带来一些困难。

尽管 SMBus 只有 SDA(串行数据)、SCL(串行时钟)两根信号线，但在总线上可以有多个器件，它们工作在主和/或从方式。前者提供数据与控制字的进出通路，后者产生和控制同步、仲裁逻辑以及起始/停止等方面的信号。C8051F9xx 将一些信号由硬件产生从而降低了应用难度。

与 SMBus 相关的特殊功能寄存器有 3 个：配置寄存器 SMB0CF 配置 SMBus；控制寄存器 SMB0CN 控制 SMBus 的状态；数据寄存器 SMB0DAT 用于发送和接收 SMBus 数据和从器件地址。

## 12.1 SMBus 配置与外设扩展

SMBus 原理如图 12.1 所示。

SMBus 外设的扩展很简单，所有外设都通过 SCL 与 SDA 两条线连接。SMBus 接口由于是开漏输出，因此总线上的外设工作电压可以不相同，在 3.0 V 和 5.0 V 之间即可。串行时钟 SCL 和串行数据 SDA 线是双向工作的，它们都必须通过一个上拉电阻或等效电路将它们连到电源电压。

连接在总线上的每个器件的 SCL 和 SDA 都必须是漏极开路或集电极开路的，因此当总线空闲时，这两条线都被拉到高电平，同时在交叉开关配置时应将 SDA 和 SDL 引脚配置为高阻抗过驱动模式。该上拉电阻的取值与总线上的元件数，以及总线的长度有关。元件数多一些及总线长度较长时，该电阻值应适当减小。总线上的最大器件数只受规定的上升和下降时间限制，上升和下降时间分别不能超过 300 ns 和 1 000 ns。图 12.2 给出了一个典型的 SMBus 配置示意。

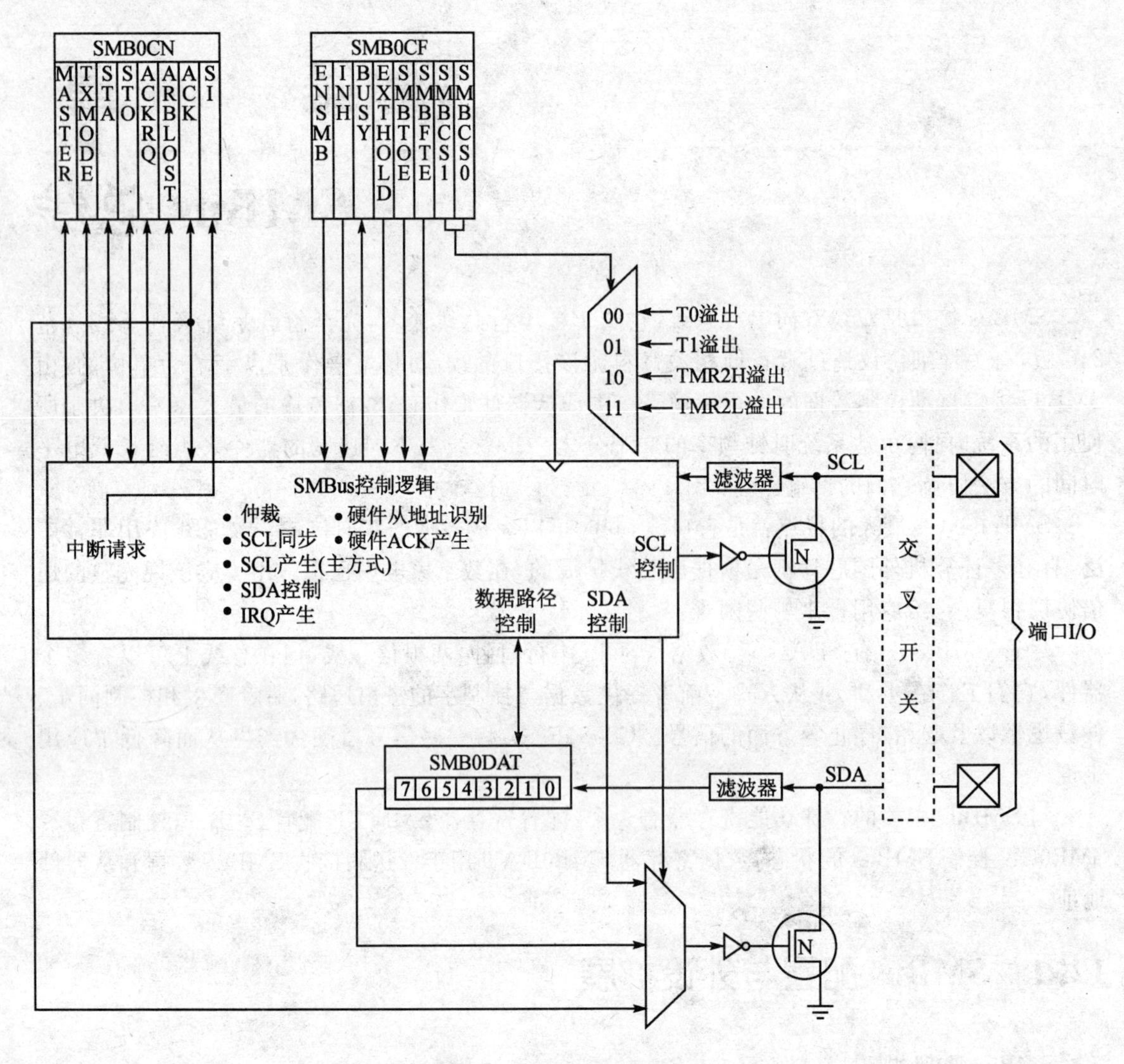


图 12.1 SMBus 原理图

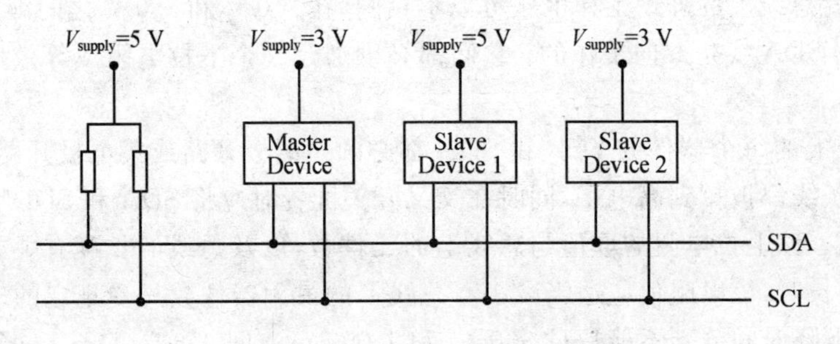


图 12.2 典型 SMBus 配置

## 12.2 SMBus 的通信概述

### 12.2.1 总线的仲裁

SMBus 的一大特点就是节约口线,仅使用两根线。对于两线制通信来说,两根线需要完成数据的发送和接收,即有两种可能的数据传输类型:从主发送器到所寻址的从接收器,该操作为主发送器对从接收器的写操作和从被寻址的从发送器到主接收器的读操作。这两种数据传输都由主器件启动,SCL 上的串行时钟由主器件提供。SMBus 总线上扩展的器件可以工作在主方式或从方式,并且允许有多个主器件。也有一些器件总是工作在从方式,譬如非易失存储器与时钟芯片等。如果两个或多个主器件同时启动数据传输,在其他的总线中是不允许的,这样可能造成数据丢失,对 SMBus 来说,仲裁机制将保证最终只有一个主器件会赢得总线。因此主器件的角色是可以转换的,任何一个发送起始位 START 和从器件地址的器件就成为该次数据传输的主器件。

主器件只能在总线空闲时启动一次传输。所谓空闲的定义是:在一个停止条件之后或 SCL 和 SDA 保持高电平已经超过了指定发生高电平时间,则认为总线是空闲的。可能有两个或多个主器件可能在同一时刻产生起始条件,仲裁机制迫使主器件放弃总线退出竞争。具体说是:这些主器件持续发送起始条件,由于总线是漏极开路的,因此被拉为低电平。试图发送高电平的主器件将检测到 SDA 上的低电平而退出竞争,直到其中一个主器件发送高电平而其他主器件在 SDA 上发送低电平,即其他参与竞争者都退出。赢得总线的器件继续其数据传输过程,而未赢得总线的器件成为从器件。该仲裁机制是非破坏性的,总会有一个器件赢得总线,不会发生数据丢失。

### 12.2.2 总线的时序

所有的数据传输都由主器件启动,可以寻址一个或多个目标从器件。主器件产生一个起始条件,然后发送地址和方向位。如果本次数据传输是一个由主器件到从器件的写操作,则主器件每发送一个数据字节并等待来自从器件的确认。如果是一个读操作,则由从器件发送数据并等待主器件的确认。在数据传输结束时,主器件产生一个停止条件,结束数据交换并释放总线。

一次典型的 SMBus 数据传输过程包括一个起始位 START、1 个地址字节位 7~1(其中 7 位从地址,第 0 位为 R/W 方向位、1 个或多个字节的数据和 1 个停止位 STOP。每个接收的字节都必须用 SCL 高电平期间的 SDA 低电平来确认 ACK。如果接收器件不确认 ACK,则发送器件将读到一个“非确认”NACK,这用 SCL 高电平期间的 SDA 高电平表示。方向位 R/W 占据地址字节的最低位。方向位被设置为逻辑 1 表示这是一个“读”(READ)操作,方向位为逻辑 0 表示这是一个“写”(WRITE)操作。图 12.3 给出了 SMBus 数据传输时序。

### 12.2.3 总线的状态

SMBus 的同步机制与 I²C 类似,以保证不同速度的器件共存于同一个总线上。为了使低速从器件能与高速主器件通信速度匹配,在传输期间采取增加信号低电平宽度的措施。从器

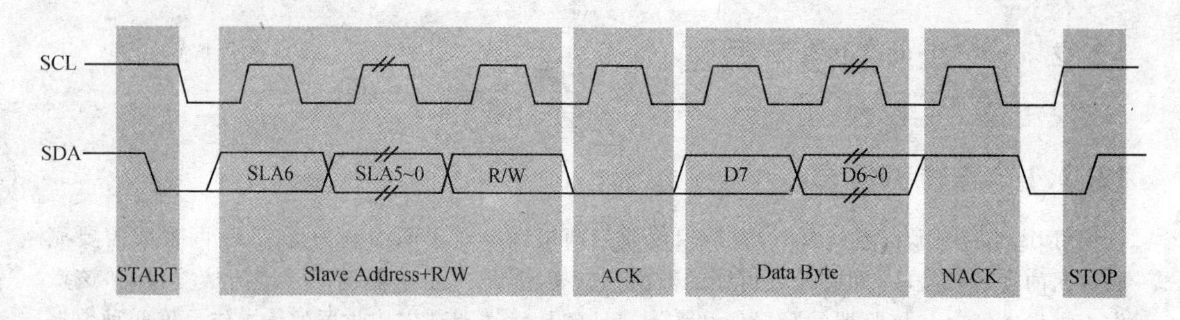


图 12.3 SMBus 数据传输时序

件可以临时保持 SCL 为低电平以扩展时钟低电平宽度,此举相当于降低了串行时钟频率。

如果 SCL 线被总线上的从器件拉为低电平,这样就不能继续进行通信,并且主器件也不能强制 SCL 为高电平来纠正这种错误。为了解决这一问题,SMBus 协议规定:参加一次数据传输的器件必须检查时钟低电平时间,若超过一定时间(一般定义为 25 ms)则认为是"超时"。检测到超时条件的器件必须在 10 ms 以内复位通信电路。

如果使用超时功能检测,需将 SMB0CF 中的 SMBTOE 位置 1,定时器 3 被用于检测 SCL 低电平超时。在 SCL 为高电平时被强制重装载定时常数,在 SCL 为低电平时开始计数。如果定时器 3 被允许并且超出了溢出周期,则 SMBTOE 置 1。发生 SCL 低电平超时事件后,可用定时器 3 中断服务程序,对 SMBus 复位禁止后重新允许。

SMBus 标准规定:如果一个器件保持 SCL 和 SDA 线为高电平的时间超过 50 μs,则认为总线处于空闲状态。当 SMB0CF 中的 SMBFTE 位置 1 时,可以认为 SCL 和 SDA 保持高电平的时间超过 10 个 SMBus 时钟周期,总线将被视为空闲。如果一个 SMBus 器件正等待产生一个主起始条件,则该起始条件将在总线空闲超时之后立即产生。主从器件进行总线空闲超时检测需要一个时钟源,应用它对传输很有利。

## 12.3 SMBus 寄存器的定义与配置

SMBus 可以工作在主方式或从方式。底层接口提供串行传输的时序和移位控制,更高层的协议由用户软件实现。值得一提的是,一些原来需要软件实现的操作在 C8051F9xx 中改为硬件实现,简化了应用。SMBus 接口提供下述与应用无关的特性:

① 按位传输串行数据并且以字节为单位;

② 作为主器件时产生 SCL 时钟信号,且其 SDA 数据同步;

③ 超时/总线错误识别功能可以在配置寄存器 SMB0CF 中定义;

④ START/STOP 信号的产生、定时、检测功能;

⑤ 出现冲突时可以总线仲裁;

⑥ 有专用的中断源产生中断;

⑦ 可知总线所处的状态信息。

⑧ 从地址自动识别与地址数据自动确定。

传输数据字节或从地址时都将产生 SMBus 中断。确认信号可以硬件产生,当被禁止时中断产生的时刻决定硬件的角色是数据发送者还是接收者。发送数据时,即发送数据/地址收到

ACK，此时中断产生在 ACK 周期后，这样保证能读取接收到的确认信号 ACK 值；接收数据时，即接收数据/地址发送 ACK，中断将产生在 ACK 周期之前，以使软件确定要发出的确认信号 ACK 的值。当硬件确认被允许时，中断将总是产生于 ACK 周期之后。

主器件发送起始位时也会产生一个中断，指示数据传输开始，从器件在检测到停止条件时产生一个中断，指示数据传输结束。软件应通过读 SMBus 控制寄存器 SMB0CN 来确定 SMBus 中断的原因。SMB0CN 寄存器的说明见 12.3.2 小节。

## 12.3.1 SMBus 初始配置寄存器

SMBus 配置寄存器 SMB0CF 用于总线主和/或从方式的允许，该寄存器完成选择时钟源、设置时序和超时选项。当 ENSMB 位被置 1 时，SMBus 的所有主和从事件都被允许。INH 位是从事件的开关位，该位置 1 可禁止从事件。在从事件被禁止后，SMBus 接口仍然监视 SCL 和 SDA 引脚，只在接收到地址时会发出非确认信号 NACK，并且不会产生任何从中断。当 INH 置 1 时，在下一个起始位 START 后所有的从事件都将被禁止，当前传输过程的中断将继续。

SMBCS[1：0]位选择 SMBus 时钟源，时钟源只在主方式或空闲超时检测时设置生效。SMBus 可以与其他外设共享时钟源，如定时器 1 溢出可以同时用于产生 SMBus 和 UART 波特率，但是时钟源定时器的运行状态不能被改变。当 SMBus 接口工作在主方式时，所选择时钟源的溢出周期决定 SCL 低电平和高电平的最小时间，计算公式如下：

$$T_{\text{HighMin}} = T_{\text{LowMin}} = \frac{1}{f_{\text{ClockSourceOverflow}}} \tag{12.1}$$

其中，$T_{\text{HighMin}}$为最小 SCL 高电平时间；$T_{\text{LowMin}}$为最小 SCL 低电平时间；$f_{\text{ClockSourceOverflow}}$为时钟源的溢出频率。

所选择的时钟源应满足所定义的最小 SCL 高电平和低电平时间要求。当接口工作在主方式时，并且 SCL 不被总线上的任何其他器件驱动，典型的 SMBus 位速率计算式如下：

$$\text{BitRate} = \frac{f_{\text{ClockSourceOverflow}}}{3} \tag{12.2}$$

$T_{\text{High}}$通常为 $T_{\text{Low}}$的 2 倍，但实际的 SCL 输出波形可能会因总线上有其他器件而发生改变，SCL 可能被低速从器件扩展低电平，或被其他参与竞争的主器件驱动为低电平。当工作在主方式时，位速率不应超过估算的典型的 SMBus 位速率。图 12.4 给出了典型的 SMBus SCL 波形。

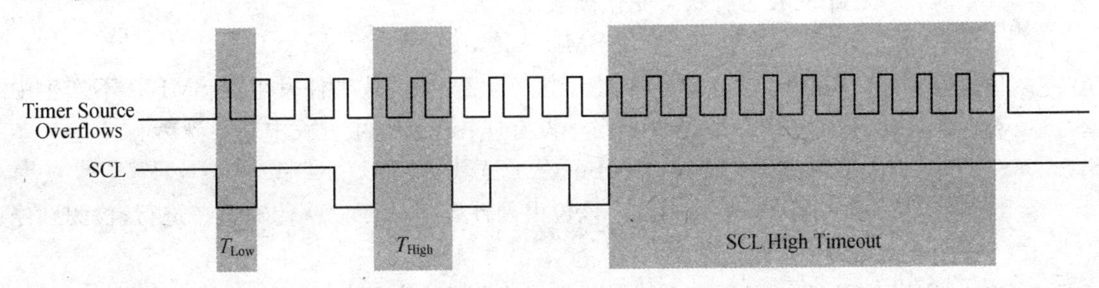


**图 12.4 典型的 SMBus SCL 波形**

设置 EXTHOLD 位为逻辑 1，将扩展 SDA 线的最小建立时间和保持时间。最小 SDA 建立时间定义了在 SCL 上升沿到来之前 SDA 的最小稳定时间；最小 SDA 保持时间定义了在 SCL 降沿过去之后 SDA 继续保持稳定的最小时间。SMBus 规定的最小建立和保持时间分别为 250 ns 和 300 ns。必要时应将 EXTHOLD 位置 1，以保证最小建立和保持时间符合SMBus 规范。表 12.1 列出了对应两种 EXTHOLD 设置情况的最小建立和保持时间。当 SYSCLK 大于 10 MHz 时，通常需要扩展建立和保持时间。

**表 12.1 最小 SDA 建立和保持时间**

| EXTHOLD | 最小 SDA 建立时间* | 最小 SDA 保持时间 |
|---|---|---|
| 0 | $T_{Low}-4$ 个系统时钟 | 3 个系统时钟 |
| | 1 个系统时钟＋软件延时 | |
| 1 | 11 个系统时钟 | 12 个系统时钟 |

* SDA 建立时间是指发送 ACK 位和所有数据传输中 MSB 的建立时间。软件延时发生在写 SMB0DAT 或 ACK 到 SI 被清除之间。如果写 ACK 和清除 SI 发生在同一个写操作，则软件延时为 0。

当 SMBTOE 位被置 1 的情况下，定时器 3 应被配置为以 25 ms 为周期溢出，以检测 SCL 低电平超时。SMBus 接口在 SCL 为高电平时强制重装载定时器 3，并允许定时器 3 在 SCL 为低电平时开始计数。应使用定时器 3 中断服务程序对 SMBus 通信复位，这可通过先禁止然后再重新允许 SMBus 接口来实现。

通过将 SMBFTE 位置 1 来允许 SMBus 总线超时检测。当该位置 1 时，如果 SCL 和 SDA 保持高电平的时间超过 10 个 SMBus 时钟周期(详见图 12.4)，总线将被视为空闲。当检测到空闲超时时，SMBus 接口的响应就如同检测到一个停止条件，产生中断，STO 置 1。表 12.2、表 12.3 给出了 SMBus 配置寄存器 SMB0CF 的定义和说明。

**表 12.2 SMBus 配置寄存器 SMB0CF**

寄存器地址：寄存器 0 页的 0xC1　　复位值：00000000

| 位　号 | 位 7 | 位 6 | 位 5 | 位 4 | 位 3 | 位 2 | 位 1 | 位 0 |
|---|---|---|---|---|---|---|---|---|
| 位定义 | ENSMB | INH | BUSY | EXTHOLD | SMBTOE | SMBFTE | SMBCS1 | SMBCS0 |
| 读写允许 | R/W | R/W | R | R/W | R/W | R/W | R/W | R/W |

SMB0CF 位功能说明如下：

➢ 位 7 (ENSMB)　SMBus 允许。该位允许/禁止 SMBus 串行接口。当 SMBus 被允许时，SDA 和 SCL 引脚状态变化被监视。

　0：禁止 SMBus 接口；1：允许 SMBus 接口。

➢ 位 6 (INH)　SMBus 从方式设置位。当该位置 1 时，从事件发生后 SMBus 不产生中断。此时将 SMBus 从器件相当于没有连在总线。主方式中断不受影响。

　0：SMBus 从方式允许；1：SMBus 从方式禁止。

➢ 位 5 (BUSY)　SMBus 忙标志位。该位由硬件置 1，表示一次传输正在进行；检测到停止或空闲超时，该位被清 0。

➢ 位 4 (EXTHOLD)　SMBus 总线时间扩展。设置该位可控制 SDA 的建立和保持时间。

　0：禁止 SDA 时间扩展；1：允许 SDA 时间扩展。

➢ 位 3（SMBTOE） SMBus 的 SCL 超时检测允许位。该位允许/禁止 SCL 低电平超时检测。当置 1 时，SMBus 接口在 SCL 为高电平时定时器 3 被强制重装载，同时允许定时器 3 在 SCL 为低电平时开始计数。定时器 3 被编程为每 25 ms 产生一次中断，利用定时器 3 中断服务程序对 SMBus 复位。该功能对总线自动恢复，防止死锁很有意义，但此时实际上需要占用了一个定时器资源。需注意没有在同一时刻对定时器 3 的操作。

➢ 位 2（SMBFTE） SMBus 空闲超时检测允许位。该位置 1，将进行总线超时检测，即如果 SCL 和 SDA 保持高电平的时间超过 10 个 SMBus 时钟周期，总线被视为空闲。

➢ 位 1～0（SMBCS[1：0]） SMBus 时钟源选择位，用于选择产生 SMBus 位传输所需的时钟源。应根据式（12.1）以及式（12.2）确定并配置时钟源，有关时钟源的选择详见表 12.3。

表 12.3 SMBus 时钟源选择

| SMBCS1 | SMBCS0 | SMBus 时钟源 | SMBCS1 | SMBCS0 | SMBus 时钟源 |
|---|---|---|---|---|---|
| 0 | 0 | 定时器 0 溢出 | 1 | 0 | 定时器 2 高字节溢出 |
| 0 | 1 | 定时器 1 溢出 | 1 | 1 | 定时器 2 低字节溢出 |

## 12.3.2 SMBus 状态控制寄存器

控制寄存器 SMB0CN 用于控制 SMBus 接口和提供状态信息。SMB0CN 中的高 4 位 MASTER、TXMODE、STA 和 STO 是状态指示位，指示一些状态信息。中断服务程序根据这些信息进行相应操作，在发生 SMBus 中断时可以检测到。

MASTER 指示当前器件工作在主/从方式，TXMODE 位指示当前是在接收数据还是发送数据。STA 和 STO 只是上次中断以来收到或产生的起始位 START 和/或停止位 STOP 信息。

当 SMBus 工作在主方式时，STA 和 STO 还用于产生起始和停止条件。当总线空闲时，向 STA 写 1 将使 SMBus 接口进入主方式并产生一个起始条件。

在产生起始条件后 STA 不能由硬件清 0，必须用软件清 0。在主方式，向 STO 写 1 将使 SMBus 接口产生一个停止条件，并在下一个 ACK 周期之后结束当前的数据传输。如果 STA 和 STO 都被置位在主方式，则发送一个停止条件后再发送一个起始条件。

SMBus 总线竞争失败状态指示位 ARBLOST 置 1 在发送方式和从方式中的含义不同：工作在发送方式时出现这种情况可能是由竞争失败引起的；当工作在从方式时，出现这种情况表示发生了总线错误条件。

在每次 SI 清除后，ARBLOST 硬件清除。在每次传输的开始和结束、每个字节帧之后或竞争失败时，SI 位（SMBus 中断标志）硬件置 1。当 SI 位置 1 时，SMBus接口暂停工作，SCL 线保持为低电平，总线状态被冻结，直到 SI 软件清 0 为止。表 12.4 所列为 SMBus 控制寄存器 SMB0CN。

**表 12.4　SMBus 控制寄存器 SMB0CN**

寄存器地址：寄存器 0 页的 0xC0　　复位值：00000000

| 位　号 | 位 7 | 位 6 | 位 5 | 位 4 | 位 3 | 位 2 | 位 1 | 位 0 |
|---|---|---|---|---|---|---|---|---|
| 位定义 | MASTER | TXMODE | STA | STO | ACKRQ | ARBLOST | ACK | SI |
| 读写允许 | R | R | R/W | R/W | R | R | R/W | R/W |

SMB0CN 位功能说明如下：

➢ 位 7（MASTER）　SMBus 主/从标志。该只读位指示 SMBus 工作在主方式还是从方式。

0：SMBus 工作在从方式；1：SMBus 工作在主方式。

➢ 位 6（TXMODE）　SMBus 发送方式标志。该只读位指示 SMBus 工作在接收器方式还是发送器方式。

0：SMBus 工作在接收器方式；1：SMBus 工作在发送器方式。

➢ 位 5（STA）　SMBus 起始标志。

写 0：不产生起始条件。

写 1：当工作在主方式时，若总线空闲，则发送出一个起始条件，如果总线不空闲，在收到停止条件或检测到超时后再发送起始条件；当工作在主方式时，如果 STA 被软件置 1，在下一个 ACK 周期之后将产生一个重复起始条件。

读 0：无起始条件或无重复起始条件；

读 1：有起始条件或有重复起始条件。

➢ 位 4（STO）　SMBus 停止标志。如果硬件置 1，则必须由软件清 0。

写 0：不发送停止条件。

写 1：将 STO 置为逻辑 1，将导致在下一个 ACK 周期之后发送一个停止条件。在产生停止条件之后，硬件将 STO 清为逻辑 0。如果 STA 和 STO 都置 1，则发送一个停止条件后再发送一个起始条件。

读 0：未检测到停止条件。

读 1：在从方式检测到停止条件，或在主方式挂起。

➢ 位 3（ACKRQ）　SMBus 确认请求。当 SMBus 接收到一个字节并需要向 ACK 位写 ACK 响应值时，该只读位硬件置 1。

➢ 位 2（ARBLOST）　SMBus 竞争失败标志。当 SMBus 作为发送器在总线竞争中失败时，该只读位置 1。在从方式时，竞争失败表示发生了总线错误条件。

➢ 位 1：ACK：SMBus 确认标志。该位定义要发出的 ACK 电平和记录接收的 ACK 电平。应在每接收到一个字节后写 ACK 位。当 ACKRQ 为 1 时，或在发送一个字节后读 ACK 位。

0：在发送器方式接收到“非确认”或在接收器方式将发出“非确认”；

1：在发送器方式接收到“确认”或在接收器方式将发出“确认”。

➢ 位 0（SI）　SMBus 中断标志。当出现表 12.5 列出的条件时该位硬件置 1。SI 只能软件清除。当 SI 置 1 时，SCL 保持为低电平，总线状态冻结。

表 12.5 列出了影响 SMB0CN 寄存器中各个位的有关硬件源。

表 12.5 影响 SMB0CN 的硬件源

| 位 | 以下情况硬件置 1 | 以下情况硬件清 0 |
|---|---|---|
| MASTER | 产生了起始条件 | 产生了停止条件；<br>总线竞争失败 |
| TXMODE | 产生了起始条件；<br>SMBus 帧开始之前写了 SMB0DAT | 起始条件被检测到；<br>总线竞争失败；<br>没有在 SMBus 帧开始之前写；<br>SMB0DAT |
| STA | 起始条件后收到一个地址字节 | 必须用软件清除 |
| STO | 作为从器件寻址时检测到一个停止条件；<br>因检测到停止条件而导致竞争失败 | 产生一个挂起的停止条件；<br>STO 硬件置 1，必须软件清 0 |
| ACKRQ | 接收到一个字节并需要一个 ACK 响应值 | 每个 ACK 周期之后 |
| ARBLOST | 当 STA 为 0 时，主器件检测到一个重复起始条件，此时不希望的重复起始条件产生；<br>在试图产生一个停止条件或重复起始条件时检测到 SCL 为低电平；<br>在试图发送 1 时检测到 SDA 为低电平，不包括 ACK 位 | 每次 SI 清 0 时 |
| ACK | 输入的 ACK 值为低，确认信号 | 输入的 ACK 值为高，非确认信号 |
| SI | 产生了一个起始条件；<br>竞争失败；<br>发送了一个字节并收到一个 ACK/NACK；<br>接收到一个字节；<br>在起始条件或重复起始条件之后接收到一个从地址字节＋R/W；<br>收到一个停止条件 | 必须用软件清 0 |

当 SMBus 接口作为接收器时，写 ACK 位将发出 ACK 确认值；当作为发送器时，读 ACK 位将收到一个 ACK 值。ACKRQ 在每接收到一个字节后置 1，表示需要设置 ACK 值。当 ACKRQ 置 1 时，应在清除 SI 之前将寄存器的 ACK 位置 1。如果在清除 SI 之前未将 ACK 位置 1，将产生一个 NACK 信号。ACK 位置 1 后，SDA 线将立即出现所定义的 ACK 值，但 SCL 将保持低电平，直到 SI 清除。如果接收的从地址未被确认，则以后的从事件将被忽略，直到检测到下一个起始条件。

## 12.3.3 硬件从地址识别

SMBus 硬件从地址识别是 C8051F 小封装产品功能的一大扩展（区别于 C8051F4xx、C8051F3xx 等）。该功能具有硬件自动识别进入的从地址并自动发送 ACK，此过程无需软件干预。可以通过寄存器 SMB0ADM 中的 EHACK 位置 1 允许该功能。允许该功能后可以自动识别从地址自动硬件产生接收字节的 ACK 信号。

硬件从地址识别的功能应用通过定义从地址寄存器与地址掩码寄存器来实现。利用这两个寄存器来指定单个地址或一个地址范围，包括了全局呼叫地址 0x00。这两个寄存器高 7 位定义要确认的地址，其中掩码地址 SLVM[6：0]中值为 1 的位与从地址 SLV[6：0]中的位比较。SLVM[6：0]为 0 的位比较时被忽略。当从地址寄存器的 GC 位置 1 时，会识别全局呼叫地址 0x00。表 12.6 为硬件从地址识别示例，表 12.7、表 12.8 给出了 SMBus 从地址寄存器 SMB0ADR、从地址掩码寄存器 SMB0ADM 的定义。

**表 12.6　硬件从地址识别示例(EHACK=1)**

| 硬件从地址 SLV[6：0] | 从地址掩码 SLVM[6：0] | GC 位 | 硬件识别的从地址位 |
|---|---|---|---|
| 0x34 | 0x7F | 0 | 0x34 |
| 0x34 | 0x7F | 1 | 0x34、0x00（全局呼叫） |
| 0x34 | 0x7E | 0 | 0x34、0x35 |
| 0x34 | 0x7E | 1 | 0x34、0x35、0x00(全局呼叫) |
| 0x70 | 0x73 | 0 | 0x70、0x74、0x78、0x7C |

**表 12.7　SMBus 从地址寄存器 SMB0ADR**

寄存器地址：寄存器 0 页的 0xF4　　复位值：00000000

| 位　号 | 位 7 | 位 6 | 位 5 | 位 4 | 位 3 | 位 2 | 位 1 | 位 0 |
|---|---|---|---|---|---|---|---|---|
| 位定义 | SLV6 | SLV5 | SLV4 | SLV3 | SLV2 | SLV1 | SLV0 | GC |
| 读写允许 | R/W | R/W | R/W | R/W | R/W | R/W | R/W | R/W |

SMB0ADR 位功能说明如下：

- 位 7～1(SLV[6：0])　硬件从地址。用于定义要硬件识别的从地址值，允许多个地址被识别。
- 位 0（GC）　全局呼叫地址允许位。当硬件地址识别位 EHACK 置 1 时，该位用于是否识别全局呼叫地址 0x00。

**表 12.8　SMBus 从地址掩码寄存器 SMB0ADM**

寄存器地址：寄存器 0 页的 0xF5　　复位值：00000000

| 位　号 | 位 7 | 位 6 | 位 5 | 位 4 | 位 3 | 位 2 | 位 1 | 位 0 |
|---|---|---|---|---|---|---|---|---|
| 位定义 | SLVM6 | SLVM5 | SLVM4 | SLVM3 | SLVM2 | SLVM1 | SLVM0 | EHACK |
| 读写允许 | R/W | R/W | R/W | R/W | R/W | R/W | R/W | R/W |

SMB0ADM 位功能说明如下：

- 位 7～1(SLVM[6：0])　硬件从地址掩码。用于定义要与从地址寄存器 SMB0ADR 比较的值，为 1 的位有效，为 0 的位被忽略。
- 位 0（EHACK）　硬件从地址识别确认允许位。当硬件地址识别位 EHACK 置 1 时，自动识别从地址并硬件确认接收到的数据字节。

## 12.3.4　SMBus 数据收发寄存器

SMBus 数据寄存器 SMB0DAT 保存要发送或刚接收的串行数据字节。在 SI 标志置 1 时数据是稳定的，此时可以读/写数据寄存器。当 SMBus 被允许但 SI 标志不为 0 时不应访问

SMB0DAT 寄存器，因为硬件可能正在对该寄存器中的数据字节进行移入或移出操作，读出的数据可能产生错误。

SMB0DAT 中的数据总是从最高位到最低位依次移出。接收数据时，接收的第一位是SMB0DAT 的最高位。在数据被移出的同时，总线上的数据被移入，SMB0DAT 寄存器中总是保存着最后出现在总线上的数据字节。在竞争失败后，由主发送器变为从接收器时，SMB0DAT 中的数据或地址保持不变。SMBus 数据寄存器见表 12.9。

**表 12.9 SMBus 数据寄存器 SMB0DAT**

寄存器地址：寄存器 0 页的 0xC2　　复位值：00000000

| 位　号 | 位 7 | 位 6 | 位 5 | 位 4 | 位 3 | 位 2 | 位 1 | 位 0 |
|---|---|---|---|---|---|---|---|---|
| 位定义 | D7 | D6 | D5 | D4 | D3 | D2 | D1 | D0 |
| 读写允许 | R/W | R/W | R/W | R/W | R/W | R/W | R/W | R/W |

SMB0DAT 位功能说明如下：

- 位 7～0(SMB0DAT)　SMBus 数据 SMB0DAT，寄存器保存要发送到 SMBus 串行接口上的一个数据字节，或刚从 SMBus 串行接口接收到的一个字节。一旦 SI 串行中断标志置 1，CPU 即可读或写该寄存器。只要串行中断标志位 SI(SMB0CN.0)为逻辑 1，该寄存器内的串行数据就是稳定的。当 SI 标志位不为 1 时，系统可能正在移入/移出数据，此时 CPU 不应访问该寄存器。

## 12.4 SMBus 工作方式选择

SMBus 接口可以被配置为工作在主方式或从方式。在任一时刻，它将工作在下述 4 种方式之一：主发送、主接收、从发送或从接收。SMBus 在产生起始条件时进入主方式，并保持该方式直到产生一个停止条件或在总线竞争中失败。SMBus 在每个字节帧结束后都产生一个中断，但作为接收器时中断在 ACK 周期之前产生，作为发送器时中断在 ACK 周期之后产生。作为接受器工作时 ACK 的产生与设置有关，即是否使用硬件地址识别与接受确认。

### 12.4.1 主发送方式

工作在主发送方式时，SDA 上发送串行数据，SCL 上输出同步串行时钟。SMBus 接口首先产生一个起始条件，然后发送含有目标从器件地址和数据方向位的第一个字节。在主发送方式下，数据方向位 R/W 应为逻辑 0，表示这是一个“写”操作。主发送接着发送一个或多个字节的串行数据。每发送一字节后，从器件发出确认 ACK 或非确认应答 NACK。当 STO 位置 1 并产生一个停止条件后，串行传输结束。如果在发生主发送中断后没有向 SMB0DAT 写入数据，则接口将切换到主接收方式。图 12.5 给出了典型的主发送时序，只给出了发送两字节的传输时序，尽管可以发送任意多字节。在该方式下，“数据字节传输结束”中断发生在 ACK 周期之后，与 ACK 是硬件产生还是软件产生无关。

### 12.4.2 主接收方式

工作在主接收方式时，SDA 上接收串行数据，SCL 上输出同步串行时钟。SMBus 接口首

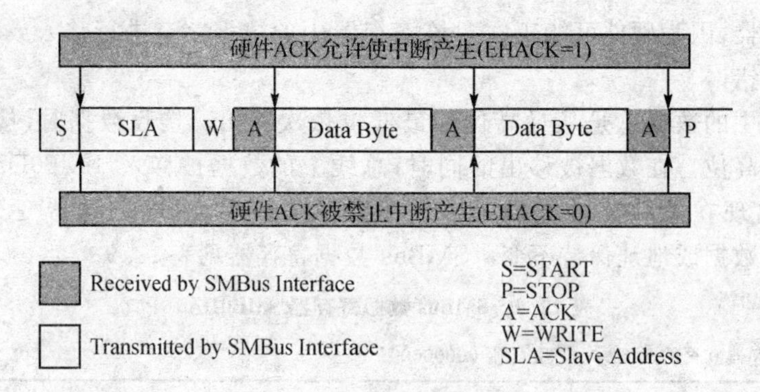


图 12.5　典型的主发送时序

先产生一个起始条件，然后发送含有目标从器件地址和数据方向位的第一个字节。此时数据方向位 R/W 应为逻辑 1，表示这是一个“读”操作。接着从 SDA 接收来自从器件的串行数据，同时在 SCL 上输出串行时钟。从器件发送一个或多个字节的串行数据。

每收到一个字节后，ACKRQ 置 1 并产生一个中断。如果是硬件产生 ACK，SMBus 会自动硬件产生 ACK/NACK，并触发中断。当硬件产生 ACK 被禁止时，接收到一个字节后 ACKRQ 位置 1 并触发中断。此时 ACK 位(SMB0CN.1)需要软件写，以此来定义要发出的确认值 ACK/NACK。向 ACK 位写 1 产生一个 ACK，写 0 产生一个 NACK。主接收端应在收到最后一个字节后向 ACK 位写 0，以发送 NACK，然后 STO 位置 1 产生一个停止条件后退出主接收方式。在主接收方式，如果执行 SMB0DAT 写操作，接口将切换到主发送方式。图 12.6给出了典型的主接收时序，只给出了接收两个字节的传输时序，当然可以接收任意多个字节。在该方式下，“数据字节传输结束”中断发生在 ACK 周期之前。当硬件 ACK 被允许后中断发生在 ACK 之后。

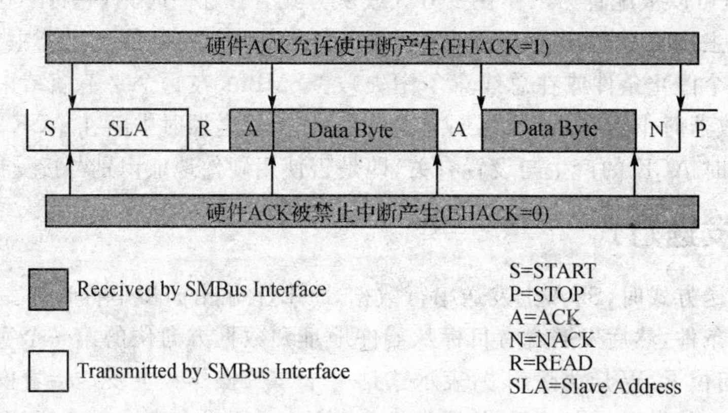


图 12.6　典型的主接收时序

## 12.4.3　从接收方式

工作在从接收方式时，SDA 上发送串行数据，SCL 上输出同步串行时钟。在从事件被允许的情况下，即 INH 为 0 时，当 SMBus 接口接收到一个起始条件 START 和一个含有从地址和数据方向位(此处应为写)的字节时，SMBus 接口进入从接收方式。在进入从接收方式时将产生一个中断，并且 ACKRQ 置 1。软件用一个 ACK 对接收到的需要的从地址确认，或用一个 NACK 忽略该地址。如果接收到的从地址被忽略，无论该信号是由硬件还是由软件产生，从事件中断将被禁止，直到检测到下一个起始条件。如果收到的从地址被确认，将接收 0 个或多个字节的数据。

如果是硬件产生 ACK，SMBus 会自动硬件产生 ACK/NACK，并触发中断。当硬件产生 ACK 被禁止时，接收到一个字节后 ACKRQ 位置 1 并触发中断。此时 ACK 位（SMB0CN.1）需要软件写，以此来定义要发出的确认值 ACK/NACK，以对接收字节作出应答。在收到主器件发出的停止条件后，SMBus 接口退出从接收方式。如果在从接收方式对 SMB0DAT 进行写操作，接口将切换到从发送方式。图 12.7 所示为典型的从接收时序，只给出了接收两个字节的传输时序，当然可以接收任意多个字节。在该方式下“数据字节传输”中断发生在 ACK 周期之前。

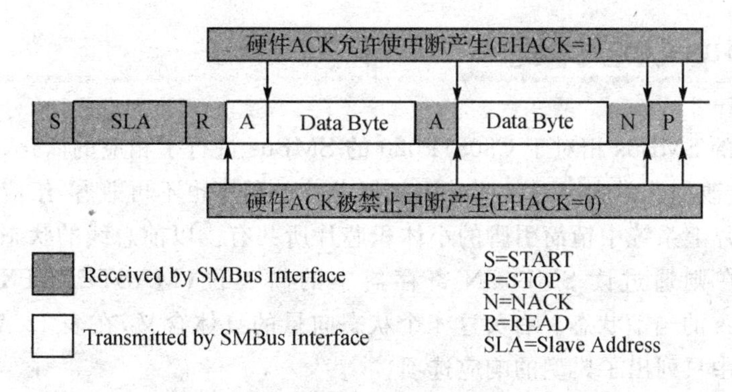


**图 12.7 典型的从接收读时序**

## 12.4.4 从发送方式

工作在从发送方式时，SDA 上发送串行数据，SCL 上输出同步串行时钟。在从事件被允许的情况下，即 INH 为 0 时，当 SMBus 接口接收到一个起始条件 START 和一个含有从地址和数据方向位（此处应为读）的字节时，SMBus 接口进入从接收方式，接收从地址。

在进入从发送方式时，会产生一个中断，并且 ACKRQ 位置 1。软件用一个 ACK 对接收到的需要的从地址确认，或用一个 NACK 忽略该地址。如果接收到的从地址被忽略，无论该信号是由硬件还是由软件产生，从事件中断将被禁止，直到检测到下一个起始条件。如果收到的从地址被确认，软件应向 SMB0DAT 写入待发送的数据，SMBus 进入从发送方式，并发送一个或多个字节的数据。如果是硬件产生 ACK，SMBus 硬件会对满足匹配条件的从地址产生 ACK（该地址由从地址寄存器 SMB0ADR 与从地址掩码寄存器 SMB0ADM 定义），并触发中断。当硬件产生 ACK 被禁止时，接收到一个字节后 ACKRQ 位置 1，并触发中断。此时 ACK 位（SMB0CN.1）需要软件写，以此来定义要发出的确认值 ACK/NACK。每发送一个字节后，主器件发出确认位。如果确认位为 ACK，应向 SMB0DAT 写入下一个数据字节；如果确认位为 NACK，在 SI 被清除前不应再写 SMB0DAT。在从发送方式，如果在收到 NACK 后写 SMB0DAT，将会导致一个错误条件。在收到主器件发出的停止条件后，SMBus 接口退出从发送方式。如果在一个从发送中断发生之后没有对 SMB0DAT 进行写操作，接口将切换到从接收方式。图 12.8 所示为典型的从发送时序。在该方式下“数据字节传输”中断发生在 ACK 周期之后。

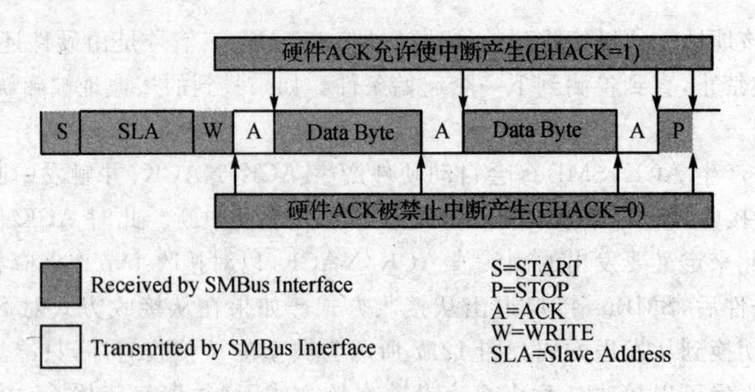


**图 12.8 典型的从发送写时序**

## 12.5 SMBus 状态译码

C8051F9xx 的 SMBus 相对于 C8051F020 的 SMBus 进行了相应的简化,省去了一些寄存器,因而操作方式改变非常大。对一些外围扩展芯片的程序也不再兼容,给应用造成了一些不便。这些改动是片上系统中精简引脚的小体积芯片所共有。以前总线的状态是通过特定的状态字反应的,现在则通过读 SMB0CN 寄存器中的高 4 位(MASTER、TXMODE、STA 和 STO)得到 SMBus 的当前状态。有关这 4 个状态向量的具体含义,在表 12.10 和表 12.11 中有详细说明。表中只列出了典型的响应选项。

只要符合 SMBus 规范,特定应用过程是允许的。表 12.10 中灰色显示的响应选项是允许的,但不符合 SMBus 规范。

**表 12.10 SMBus 状态译码表(硬件 ACK 产生被禁止)(EHACK=0)**

| 工作方式 | 读取值 | | | | SMBus 的当前状态 | 典型响应选项 | 写入值 | | | 以下期望的数值 |
|---|---|---|---|---|---|---|---|---|---|---|
| 主发送方式 | 1110 | 0 | 0 | X | 起始条件已发出 | 将从地址+R/W 装入到 SMB0DAT | 0 | 0 | X | 1100 |
| | 1100 | 0 | 0 | 0 | 数据或地址字节已发出;收到 NACK | 置 1 STA 以重新发送数据 | 1 | 0 | X | 1100 |
| | | | | | | 终止发送 | 0 | 1 | X | — |
| | | 0 | 0 | 1 | 数据或地址字节已发出;收到 ACK | 将下一字节装入到 SMB0DAT | 0 | 0 | X | 1110 |
| | | | | | | 用停止条件结束数据传输 | 0 | 1 | X | — |
| | | | | | | 用停止条件结束数据传输并开始另一次传输 | 1 | 1 | X | — |
| | | | | | | 发送重复起始条件 | 1 | 0 | X | 1110 |
| | | | | | | 切换到主接收方式(清除 SI,不向 SMB0DAT 写新数据) | 0 | 0 | X | 1000 |

续表 12.10

| 工作方式 | 读取值 | | | | SMBus 的当前状态 | 典型响应选项 | 写入值 | | | 以下期望的数值 |
|---|---|---|---|---|---|---|---|---|---|---|
| 主接收方式 | 1000 | 1 | 0 | X | 收到数据字节；请求确认 | 收到确认接收字节，读 SMB0DAT 值 | 0 | 0 | 1 | 1000 |
| | | | | | | 发 NACK，表示这是最后一个字节，发停止条件 | 0 | 1 | 0 | — |
| | | | | | | 发 NACK，表示这是最后一个字节，接着发停止条件，再发起始条件 | 1 | 1 | 0 | 1110 |
| | | | | | | 发 ACK 后再发重复起始条件 | 1 | 0 | 1 | 1110 |
| | | | | | | 发 NACK，表示这是最后一个字节，接着发重复起始条件 | 1 | 0 | 0 | 1110 |
| | | | | | | 发 ACK 并切换到主发送方式（在清除 SI 之前写 SMB0DAT） | 0 | 0 | 1 | 1100 |
| | | | | | | 发 NACK 并切换到主发送方式（在清除 SI 之前写 SMB0DAT） | 0 | 0 | 0 | 1100 |
| 从发送方式 | 0100 | 0 | 0 | 0 | 字节已发送；收到 NACK | 等待停止条件 | 0 | 0 | X | 0001 |
| | | 0 | 0 | 1 | 字节已发送；收到 ACK | 将下一个要发送的数据字节装入到 SMB0DAT | 0 | 0 | X | 0100 |
| | | 0 | 1 | X | 字节已发送；检测到错误 | 等待主器件结束传输 | 0 | 0 | X | 0001 |
| | 0100 | 0 | X | X | 当寻址从发送器时检测到停止条件 | 传输结束 | 0 | 0 | X | — |
| 从接收方式 | 0010 | 1 | 0 | X | 接收到从地址；请求确认 | 确认接收到的地址 | 0 | 0 | 1 | 0000 |
| | | | | | | 不确认接收到的地址 | 0 | 0 | 0 | 0100 |
| | | 1 | 1 | X | 竞争主器件失败；收到从地址；请求确认 | 确认接收到的地址 | 0 | 0 | 1 | — |
| | | | | | | 不确认接收到的地址 | 0 | 0 | 0 | 0000 |
| | | | | | | 重新启动失败的传输，不对接收到的地址进行确认 | 1 | 0 | 0 | 0100 |
| | 0001 | 1 | 1 | X | 试图发送停止条件时竞争失败 | 传输完成/终止 | 0 | 0 | 0 | — |
| | | 0 | 0 | X | 检测到停止条件 | 传输完成 | 0 | 0 | X | — |
| | 0000 | 1 | 0 | X | 接收到字节；请求确认 | 确认接收字节，读 SMB0DAT | 0 | 0 | 1 | — |
| | | | | | | 不对接收到的字节进行确认 | 0 | 0 | 0 | 1110 |

续表 12.10

| 工作方式 | 读取值 | | | | SMBus 的当前状态 | 典型响应选项 | 写入值 | | | 以下期望的数值 |
|---|---|---|---|---|---|---|---|---|---|---|
| 总线错误条件 | 0010 | 0 | 1 | X | 试图发送重复起始条件时竞争失败 | 终止失败的发送 | 0 | 0 | X | — |
| | | | | | | 重新启动失败的发送 | 1 | 0 | X | 1110 |
| | 0001 | 0 | 1 | X | 因检测到停止条件而导致竞争失败 | 终止传输 | 0 | 0 | X | — |
| | | | | | | 重新启动失败的传输 | 1 | 0 | X | 1110 |
| | 0000 | 0 | 1 | X | 试图作为主器件发送数据字节时竞争失败 | 终止失败的传输 | 0 | 0 | 0 | — |
| | | | | | | 重新启动失败的传输 | 1 | 0 | 0 | 1110 |

表 12.11　SMBus 状态译码表(硬件 ACK 产生被允许)(EHACK=1)

| 工作方式 | 读取值 | | | | SMBus 的当前状态 | 典型响应选项 | 写入值 | | | 以下期望的数值 |
|---|---|---|---|---|---|---|---|---|---|---|
| 主发送方式 | 1110 | 0 | 0 | X | 起始条件已发出 | 将从地址+R/W 装入到 SMB0DAT | 0 | 0 | X | 1100 |
| | 1100 | 0 | 0 | 0 | 数据或地址字节已发出;收到 NACK | 置 1 STA 以重新发送数据 | 1 | 0 | X | 1100 |
| | | | | | | 终止发送 | 0 | 1 | X | — |
| | | 0 | 0 | 1 | 数据或地址字节已发出;收到 ACK | 将下一字节装入到 SMB0DAT | 0 | 0 | X | 1110 |
| | | | | | | 用停止条件结束数据传输 | 0 | 1 | X | — |
| | | | | | | 用停止条件结束数据传输并开始另一次传输 | 1 | 1 | X | — |
| | | | | | | 发送重复起始条件 | 1 | 0 | X | 1110 |
| | | | | | | 切换到主接收方式(清除 SI,不向 SMB0DAT 写新数据)。为初始字节置 1 ACK | 0 | 0 | 1 | 1000 |
| 主接收方式 | 1000 | 0 | 0 | 1 | 收到数据字节;已发送 ACK | 发 ACK 准备接收下一字节,读 SMB0DAT | 0 | 0 | 1 | 1000 |
| | | | | | | 发 NACK,表示这是最后一个字节,读 SMB0DAT | 0 | 1 | 0 | 1000 |
| | | | | | | 发送重复起始条件 | 1 | 0 | 0 | 1110 |
| | | | | | | 切换到主发送方式(在清除 SI 之前写 SMB0DAT) | 0 | 0 | X | 1100 |
| | | 0 | 0 | 0 | 收到数据字节,已发送 NACK(最后一个字节) | 读 SMB0DAT,发送停止条件 | 0 | 1 | 0 | — |
| | | | | | | 读 SMB0DAT 发送停止条件,再发送起始条件 | 1 | 1 | 0 | 1110 |
| | | | | | | 发送重复起始条件 | 1 | 0 | 0 | 1110 |
| | | | | | | 并切换到主发送方式(在清除 SI 之前写 SMB0DAT) | 0 | 0 | X | 1100 |

续表 12.11

| 工作方式 | 读取值 | | | | SMBus 的当前状态 | 典型响应选项 | 写入值 | | | 以下期望的数值 |
|---|---|---|---|---|---|---|---|---|---|---|
| 从发送方式 | 0100 | 0 | 0 | 0 | 字节已发送；收到 NACK | 等待停止条件 | 0 | 0 | X | 0001 |
| | | 0 | 0 | 1 | 字节已发送；收到 ACK | 将下一个要发送的数据字节装入到 SMB0DAT | 0 | 0 | X | 0100 |
| | | 0 | 1 | X | 字节已发送；检测到错误 | 等待主器件结束传输 | 0 | 0 | X | 0001 |
| | 0101 | 0 | X | X | 从发送期间检测到非法停止或总线错误 | 传输结束，清 STO | 0 | 0 | X | — |
| 从接收方式 | 0010 | 0 | 0 | X | 接收到从地址＋R/W；ACK 已发送 | 如果写，设置第一个数据字节的 ACK | 0 | 0 | 1 | 0000 |
| | | | | | | 如果读，向 SMB0DAT 装入数据字节 | 0 | 0 | 0 | 0100 |
| | | 0 | 1 | X | 竞争主器件失败；收到从地址＋R/W；ACK 已发送 | 如果写，设置第一个数据字节的 ACK | 0 | 0 | 1 | 0000 |
| | | | | | | 如果读，向 SMB0DAT 装入数据字节 | 0 | 0 | 0 | 0100 |
| | | | | | | 重新启动失败的传输 | 1 | 0 | 0 | 1110 |
| | 0001 | 0 | 1 | X | 试图发送停止条件时竞争失败 | 不需任何操作（传输完成/放弃） | 0 | 0 | 0 | — |
| | | 0 | 0 | X | 作为从发送器或从接收器检测到停止条件 | 传输完成，清 STO | 0 | 0 | X | — |
| | 0000 | 0 | 0 | X | 接收到字节 | 为下一个字节设置 ACK，读 SMB0DAT | 0 | 0 | 1 | 0000 |
| | | | | | | 为下一个字节设置 NACK，读 SMB0DAT | 0 | 0 | 0 | 0000 |
| 总线错误条件 | 0010 | 0 | 1 | X | 试图发送重复起始条件时竞争失败 | 终止失败的发送 | 0 | 0 | X | — |
| | | | | | | 重新启动失败的发送 | 1 | 0 | X | 1110 |
| | 0001 | 0 | 1 | X | 因检测到停止条件而导致竞争失败 | 终止传输 | 0 | 0 | X | — |
| | | | | | | 重新启动失败的传输 | 1 | 0 | X | 1110 |
| | 0000 | 0 | 1 | X | 试图作为主器件发送数据字节时竞争失败 | 终止失败的传输 | 0 | 0 | X | — |
| | | | | | | 重新启动失败的传输 | 1 | 0 | X | 1110 |

## 12.6 SMBus 总线扩展应用实例

### 64 KB 非易失铁电存储器 FM24C512 应用

存储器的生产技术可以分为两类：易失性和非易失性。易失性存储器在断电后存储的数据会丢失，而非易失性存储器则不然。传统的易失性存储器包括 SRAM(静态随机存储器)和 DRAM(动态随机存储器)。它们都源自 RAM 技术——随机存取存储器技术。

片内的 Flash 也可以作为非易失参数存储，在一些低成本系统中可以采用。但它也有一定的局限性，首先是寿命问题，它的可靠擦写次数是 10 万次，在一些数据更新频繁的场合明显不足；其次是操作的不灵活性，片上的程序 Flash 只能按页擦，即使你只更新某页中的一个字节，也必须把其他字节保存，否则信息将永远丢失。采用 AT24Cxx 系列 $E^2$PROM 的非易失存储器，可以按字节操作，给数据存储带来了方便，但这种存储器擦写寿命也不超过 100 万次，应用场合也受限制。

铁电存储器(FRAM)在性能方面与 $E^2$PROM 和 Flash 相比有三点优势：首先，铁电存储器的读写速度更快。与其他存储器相比，铁电存储器的写入速度要快 10 万倍以上。读的速度同样也很快，和写操作在速度上几乎没有太大的区别。其次，FRAM 存储器可以无限次擦写。同时铁电存储器所需功耗远远低于其他非易失性存储器。功耗低，静态电流小于 1 μA，读写电流小于 10 μA。下面就以 64 KB 的铁电存储器 FM24C512 为例，说明该非易失存储器在低功耗系统中的应用。程序如下：

```
#include <C8051F930.h>
#define FREQUEN    24500000
#define DIVCLK    1
#define SYSCLK  FREQUEN/DIVCLK                      // SYSCLK frequency in Hz
#define  SMB_FREQUENCY  50000                       // SCL 波特率可在 10 K~100 K 之间选择
#define  WRITE          0x00                        // SMBus 写命令
#define  READ           0x01                        // SMBus 读命令
#define  EEPROM_ADDR    0xA0  //器件地址，根据器件 A0、A1 位电平状态决定，其值等于 0xa0|A1A0
#define  SMB_BUFF_SIZE  64                          //定义 E2PROM 的缓冲页面大小
//定义 SMBus 高 4 位的标致向量值
#define  SMB_MTSTA      0xE0                        //传输开始
#define  SMB_MTDB       0xC0                        //字节数据发送
#define  SMB_MRDB       0x80                        //字节数据接收
unsigned char * pSMB_DATA_IN;                       //定义数据接收指针
unsigned char SMB_SINGLEBYTE_OUT;                   //发送数据变量
unsigned char * pSMB_DATA_OUT;                      //数据发送指针
unsigned char SMB_DATA_LEN;
unsigned char WORD_ADDR;                            // E2PROM 的字地址指向存储空间
unsigned char BYTE_NUMBER ;                         //字地址字节数
unsigned char     High_adr ;                        //字地址高 8 位
unsigned char   Low_adr ;                           //字地址低 8 位
unsigned char TARGET_adr;                           // SMBUS 从机地址
bit SMB_BUSY = 0;
bit SMB_RW;                                         //数据传输的软件标志位
bit SMB_SENDWORDADDR;                               //发送从机字地址的标志位
bit SMB_RANDOMREAD;                                 // E2PROM 随机读标志，1 为读操作，0 为写操作
bit SMB_ACKPOLL;                                    //从机发送 ACK 信号后发送重复开始信号标志位
sbit LED = P0^7;                                    // LED on port P2.1
sbit SDA = P0^0;                                    // SMBus on P0.0
```

```
sbit SCL = P0^1;                                    // and P0.1

void SMBus_Init(void);
void Timer1_Init(void);
void Timer3_Init(void);
void Port_Init(void);
void Oscillator_Init();
void SMBus_ISR(void);
void Timer3_ISR(void);
void PCA_Init();
void smbusreset();
void EEPROM_ByteWrite(unsigned int addr, unsigned char dat);
void EEPROM_WriteArray(unsigned int dest_addr, unsigned char * src_addr,
                       unsigned char len);
unsigned char EEPROM_ByteRead(unsigned int addr);
void EEPROM_ReadArray(unsigned char * dest_addr, unsigned int src_addr,
                      unsigned char len);

void smbusreset()
{unsigned char i;
 while(!SDA)
   {
     XBR1 = 0x40;
     SCL = 0;
     for(i = 0; i < 255; i++);
     SCL = 1;
     while(!SCL);
     for(i = 0; i < 10; i++);
     XBR1 = 0x00;
   }
}
void main (void)
{
   unsigned char i;
   xdata char in_buff[64];                          // 接收缓存
   xdata char out_buff[64];                         //发送缓存
   unsigned char temp_char;
   bit error_flag = 0;                              //正误标志
   PCA_Init();
   Oscillator_Init();
   Port_Init();
   Timer1_Init ();
   Timer3_Init ();
   SMBus_Init ();
   smbusreset();
   LED = 0;
   EIE1 |= 0x01;                                    // SMBus 中断开
```

```
    EA = 1;
    for(i = 0;i<64;i++)                            //缓存初始化
    {
     in_buff[i] = 0;
    out_buff[i] = i;
    }
    EEPROM_ByteWrite(0x25, 0xAA);                  //向 0x0025 发送数据 0xAA
      temp_char = EEPROM_ByteRead(0x25);           //读取 0x0025 单元的值
    if (temp_char != 0xAA)                         //检查正误
    {
       error_flag = 1;
    }
    EEPROM_ByteWrite(0x25, 0xBB);                  //向 0x0025 发送数据 0xBB
    EEPROM_ByteWrite(0x1138, 0xCC);                //向 0x0038 发送数据 0xCC
    temp_char = EEPROM_ByteRead(0x25);             //读取 0x0025 单元的值
    if (temp_char != 0xBB)                         //检查正误
    {
       error_flag = 1;
    }
    temp_char = EEPROM_ByteRead(0x1138);           //读取 0x0038 单元的值
    if (temp_char != 0xCC)                         //检查正误
    {
       error_flag = 1;
    }
   EEPROM_WriteArray(0x2350, out_buff, sizeof(out_buff));   //向 0x2350 之后的 64 字节数据写入
                                                            //out_buff 中的数字
    EEPROM_ReadArray(in_buff, 0x2350, sizeof(in_buff));     //把 0x2350 之后的 64 字节数据读入
                                                            //in_buff 缓存
    for (i = 0; i < sizeof(in_buff); i++)                   //检查正误
    {
       if (in_buff[i] != out_buff[i])
       {
          error_flag = 1;
       }
    }
    if (error_flag == 0)
    {
       LED = 1;                                   //全部正确点亮指示 LED
    }
    while(1);
}
 void PCA_Init()
{
    PCA0MD    &= ~0x40;
    PCA0MD     = 0x00;
```

```
}
void Oscillator_Init()
{  OSCICN |= 0x80;                              //允许内部精密时钟
   RSTSRC = 0x06;
CLKSEL = 0x00;
     switch(DIVCLK)
     {
      case 1:
      {     CLKSEL |= 0x00;                     //系统频率 1 分频
      break;}
     case 2:
      {     CLKSEL |= 0x10;                     //系统频率 2 分频
      break;}
      case 4:
      {     CLKSEL |= 0x20;                     //系统频率 4 分频
      break;}
      case 8:
      {     CLKSEL |= 0x30;                     //系统频率 8 分频
      break;}
      case 16:
      {     CLKSEL |= 0x40;                     //系统频率 16 分频
      break;}
      case 32:
      {     CLKSEL |= 0x50;                     //系统频率 32 分频
      break;}
      case 64:
      {     CLKSEL|= 0x60;                      //系统频率 64 分频

      break;}
      case 128:
      {     CLKSEL |= 0x70;                     //系统频率 128 分频
      break;}
     }
}
void Port_Init()
{
   P0MDOUT = 0x00;                              //P0 口漏极开路输出
   P2MDOUT |= 0x02;                             // P2.1 推挽输出
   XBR0 = 0x04;                                 //SMBus 允许
   XBR1 = 0x40;                                 //交叉开关允许并且弱上拉
   P0 = 0xFF;
}
void SMBus_Init (void)
{
   SMB0CF = 0x5D;                  // Timer1 溢出作为 SMBus 时钟源,主机工作方式,允许低电平扩展
```

```
                                                    //SMBus 超时检测有效,SCL 低电平检测有效
    SMB0CF |= 0x80;                                 //允许 SMBus
}

void Timer1_Init (void)                             //作为 SMBus 时钟源产生 10～100 kHz 频率,
                                                    //如超过此频率范围需设置 CKCON 寄存器
{
#if ((SYSCLK/SMB_FREQUENCY/3) < 255)
    #define SCALE 1
        CKCON |= 0x08;
#elif ((SYSCLK/SMB_FREQUENCY/4/3) < 255)
    #define SCALE 4
        CKCON |= 0x01;
        CKCON &= ～0x0A;
#endif
    TMOD = 0x20;
    TH1 = -(SYSCLK/SMB_FREQUENCY/12/3);
    TL1 = TH1;
    TR1 = 1;
}

void Timer3_Init (void)   //Timer3 用作 SMBus 低电平超时检测,其应用于 16 位自动重载方式,周期
                          //设为 25 ms
{
    TMR3CN = 0x00;                                  // Timer3 16 位重载模式
    CKCON &= ～0x40;                                // Timer3 时钟源为 SYSCLK/12
    TMR3RL = -(SYSCLK/12/40);                       // Timer3 定时 25 ms 作为 SMBus 低电平超时检测
    EIE1 |= 0x80;                                   // Timer3 中断允许
    TMR3CN |= 0x04;                                 // Timer3 开始
}

//SMBus 中断处理程序
void SMBus_ISR (void) interrupt 7
{
    bit FAIL = 0;
    static char i;
    static bit SEND_START = 0;
    switch (SMB0CN & 0xF0)
    {
        // 主发送发与主接收:传输开始
        case SMB_MTSTA:
            SMB0DAT = TARGET_adr;
            SMB0DAT &= 0xFE;
            SMB0DAT |= SMB_RW;
            STA = 0;
            i = 0;
            break;
```

```
// 主发送向从机发送地址或数据
case SMB_MTDB:
    if (ACK)
    {
        if (SEND_START)
        {
            STA = 1;
            SEND_START = 0;
            break;
        }
        if(SMB_SENDWORDADDR)
        {
            if( BYTE_NUMBER == 2)
            {  SMB0DAT = High_adr;
               BYTE_NUMBER -- ;
               break;
            }
            else if( BYTE_NUMBER == 1)
            {
                SMB_SENDWORDADDR = 0;
                SMB0DAT = Low_adr;
                BYTE_NUMBER -- ;
            }
         if (SMB_RANDOMREAD&&( BYTE_NUMBER == 0))
         {
            SEND_START = 1;
            SMB_RW = READ;
         }
         break;
    }
    if (SMB_RW == WRITE)
    {
        if (i < SMB_DATA_LEN)
        {
            SMB0DAT = * pSMB_DATA_OUT;
            pSMB_DATA_OUT ++ ;

            i ++ ;
        }
        else
        {
            STO = 1;
            SMB_BUSY = 0;
        }
    }
```

```
            else {}

        }
        else
        {
            if(SMB_ACKPOLL)
            {
                STA = 1;
            }
            else
            {
                FAIL = 1;
            }
        }
        break;
    // 主接收接收数据
    case SMB_MRDB:
        if ( i < SMB_DATA_LEN )
        {
            *pSMB_DATA_IN = SMB0DAT;
            pSMB_DATA_IN++;
            i++;
            ACK = 1;
        }
        if (i == SMB_DATA_LEN)
        {
            SMB_BUSY = 0;
            ACK = 0;
            STO = 1;
        }
        break;
    default:
        FAIL = 1;
        break;
}
if (FAIL)
{
    SMB0CF &= ~0x80;
    SMB0CF |= 0x80;
    STA = 0;
    STO = 0;
    ACK = 0;
    SMB_BUSY = 0;
    FAIL = 0;
}
```

```
    SI = 0;
}
void Timer3_ISR (void) interrupt 14
{
    SMB0CF &= ~0x80;                          //禁止 SMBus
    SMB0CF |= 0x80;                           //重新允许 SMBus
    TMR3CN &= ~0x80;                          //清 Timer3 中断标志位
    SMB_BUSY = 0;                             //释放总线
}
void EEPROM_ByteWrite(unsigned int addr, unsigned char dat)
{
    while (SMB_BUSY);
    SMB_BUSY = 1;
    TARGET_adr = EEPROM_ADDR;                 //设定从机地址
    SMB_RW = WRITE;
    SMB_SENDWORDADDR = 1;
    SMB_RANDOMREAD = 0;
    SMB_ACKPOLL = 1;
    High_adr = ((addr >> 8) & 0x00FF);        // Upper 8 address bits
    Low_adr = (addr & 0x00FF);                // Lower 8 address bits
    BYTE_NUMBER = 2;
    SMB_SINGLEBYTE_OUT = dat;
    pSMB_DATA_OUT = &SMB_SINGLEBYTE_OUT;
    SMB_DATA_LEN = 1;
    STA = 1;
}
void EEPROM_WriteArray(unsigned int dest_addr, unsigned char * src_addr,
                       unsigned char len)
{
    unsigned char i;
    unsigned char * pData = (unsigned char * ) src_addr;
    for( i = 0; i < len; i++ ){
        EEPROM_ByteWrite(dest_addr++, * pData++);
    }
}
unsigned char EEPROM_ByteRead(unsigned int addr)
{
    unsigned char retval;
    while (SMB_BUSY);
    SMB_BUSY = 1;
    // Set SMBus ISR parameters
    TARGET_adr = EEPROM_ADDR;
    SMB_RW = WRITE;
    SMB_SENDWORDADDR = 1;
```

```
    SMB_RANDOMREAD = 1;
    SMB_ACKPOLL = 1;
    High_adr = ((addr >> 8) & 0x00FF);
    Low_adr = (addr & 0x00FF);
    BYTE_NUMBER = 2;
    pSMB_DATA_IN = &retval;
    SMB_DATA_LEN = 1;
    STA = 1;
    while(SMB_BUSY);
    return retval;
}
void EEPROM_ReadArray (unsigned char * dest_addr, unsigned int src_addr,
                       unsigned char len)
{
    while (SMB_BUSY);
    SMB_BUSY = 1;
    TARGET_adr = EEPROM_ADDR;
    SMB_RW = WRITE;
    SMB_SENDWORDADDR = 1;
    SMB_RANDOMREAD = 1;
    SMB_ACKPOLL = 1;
    High_adr = ((src_addr >> 8) & 0x00FF);
    Low_adr = (src_addr & 0x00FF);
    BYTE_NUMBER = 2;
    pSMB_DATA_IN = (unsigned char * ) dest_addr;
    SMB_DATA_LEN = len;
    STA = 1;
    while(SMB_BUSY);
}
```

# 第13章

# 异步串口 UART0

串行口是计算机非常重要的外设,各个领域都少不了它的身影。我们平时熟知的 USB、1394 口、以太网都是串行通信的模式。在工业控制中应用非常广泛的是 RS-232 以及 RS-485,其实它们只是传输过程中采用的电气规范,数据发送和接收都少不了底层的 UART。现在绝大多数的单片机,只要不是针对低端的产品线都会包括 UART 外设。通过它可以完成扩展或级联,做到数据或控制的延伸。

C8051F9xx 系列处理器片上也集成了 UART 外设,它是一个可以实现异步、全双工工作的串口。相对于标准 8051,它去除了工作方式 0,即移位方式。毕竟现在运用 UART 大多数还是为了与上位机通信,外设扩展可以利用更高效率的 SMBus 或 SPI 实现。其他的如方式 1 和方式 3 是兼容的。同时在通用 51 串口的基础上又进行了功能增强与扩充,比如增加了可用时钟源。同时 UART0 具有增强的波特率发生器电路,有多个时钟源可用于产生标准波特率。接收数据缓冲机制允许 UART0 在软件尚未读取前一个数据字节的情况下开始接收第二个输入数据字节。UART0 有两个相关的特殊功能寄存器:串行控制寄存器 SCON0 和串行数据缓冲器 SBUF0。用同一个 SBUF0 地址可以访问发送寄存器和接收寄存器。写 SBUF0 时自动访问发送寄存器,读 SBUF0 时自动访问接收寄存器。

UART0 外设是支持中断的,当中断被允许,每次发送或接收都将触发中断。发送中断发生在每次发送完成时,由 SCON0 寄存器的 TI0 位置 1 产生;接收中断在收到数据字节后 SCON0 中的 RI0 位置 1 产生一个中断申请。当 CPU 转向中断服务程序时硬件不清除 UART0 中断标志,这些标志必须用软件清除,此举允许软件查询 UART0 中断的原因(发送完成或接收完成)。利用 UART0 通信的发送标志位或接收标志位也可以实现查询方式发送或接收数据。图 13.1 为 UART0 的原理图。

## 13.1 增强的波特率发生器

波特率是 UART 通信中最重要的参数,它决定通信速率以及通信的可靠性。波特率即调制速率,指的是信号被调制以后在单位时间内的波特数,即单位时间内载波参数变化的次数。它是对信号传输速率的一种度量,通常以“波特”(band)为单位。波特率可以被理解为单位时间内传输码元符号的个数(传符号率),通过不同的调制方法可以在一个码元上负载多个比特信息。对于 C8051F9xx 的 UART0 波特率由定时器 1 工作在 8 位自动重装载方式产生。其中发送 TX 的时钟由 TL1 产生,接收 RX 的时钟由 TL1 的重装寄存器产生,此时该寄存器不能被用户访问。TX 和 RX 定时器的溢出信号经过 2 分频后用于产生 TX 和 RX 波特率。当定时器 1 被允许时,RX 定时器运行并使用与定时器 1 相同的重载值 TH1。当检测到 RX 引

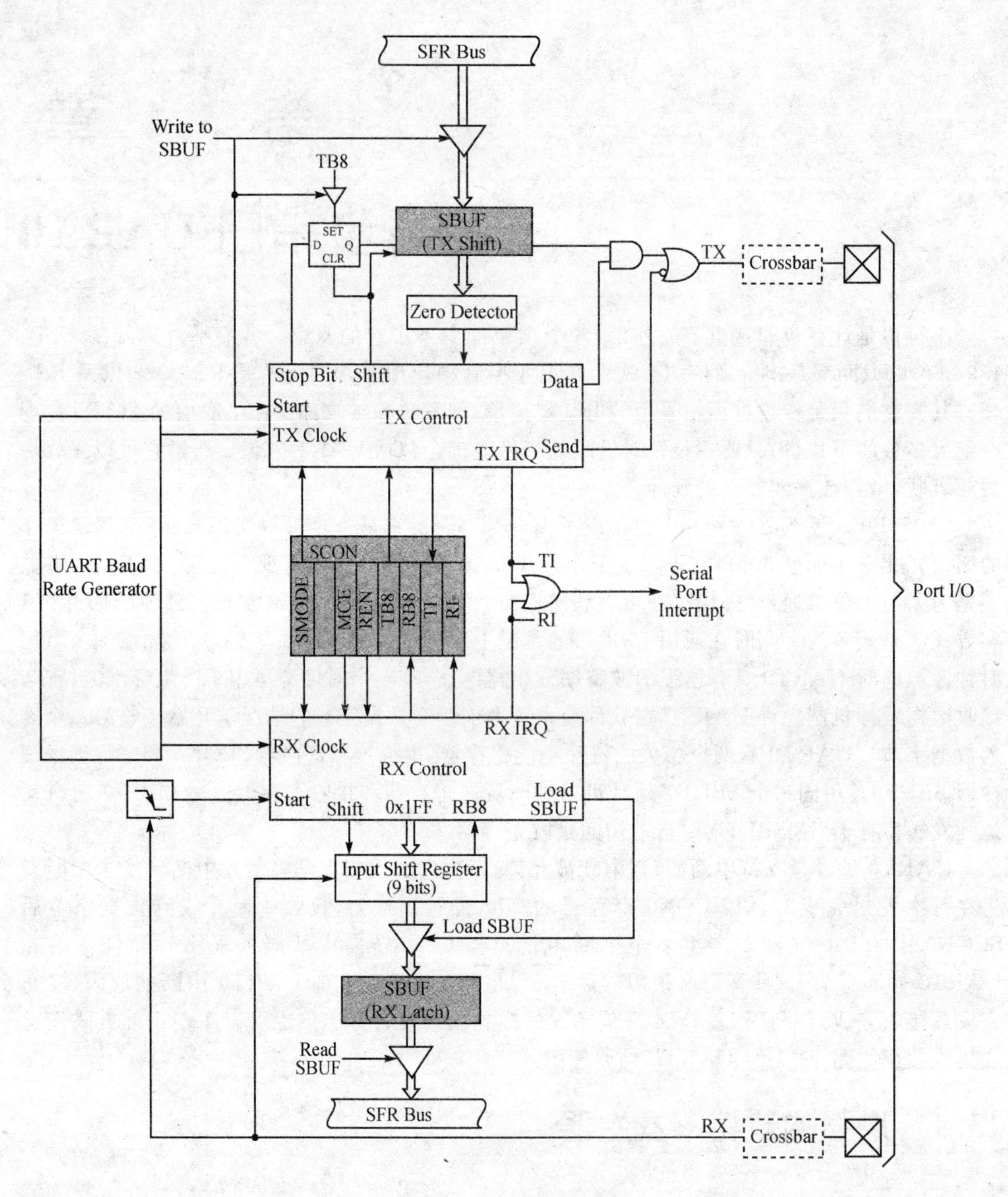


**图 13.1 UART0 原理图**

脚上的起始条件时，RX 定时器被强制重载，这允许在检测到起始位时立即开始接收过程，而与 TX 定时器的状态无关。图 13.2 为 UART0 波特率发生原理。

定时器 1 被专用于 UART 产生波特率之用，此时它需被配置为方式 2，即 8 位自动重装载方式。当然也可以同时为其他外设如 SMBus、SPI 使用，只是参数不可改变。由于波特率发生时采用了 2 分频，所以定时器 1 的重载值应设置为使其溢出频率为所期望的波特率频率的两倍。定时器 1 的时钟可以在 6 个时钟源中选择：系统频率、系统频率 4 分频、系统频率 12 分频、系统频率 48 分频、外部振荡器时钟 8 分频和外部输入 T1，如此多的选择对于产生特定

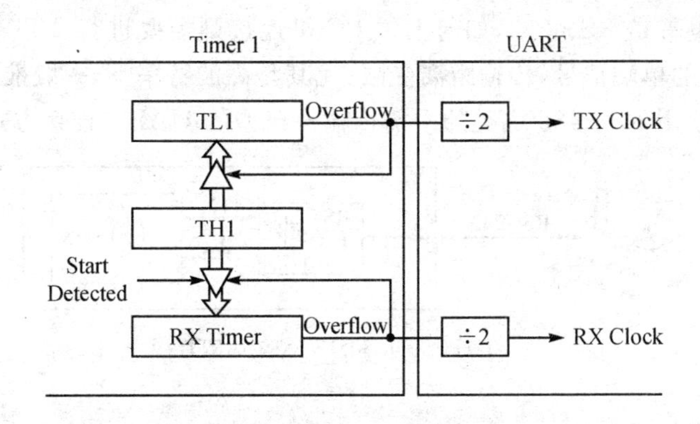


图 13.2 UART0 波特率发生原理

波特率是非常方便的。即使外部振荡器驱动定时器 1 时，内部振荡器仍可产生系统时钟。对于任何给定的定时器 1 时钟源，UART0 的波特率计算由下式决定：

$$\left.\begin{aligned} \text{UartBaudRate} &= \frac{1}{2} \times \text{T1\_Overflow\_Rate} \\ \text{T1\_Overflow\_Rate} &= \frac{\text{T1}_{\text{CLK}}}{256 - \text{TH1}} \end{aligned}\right\} \tag{13.1}$$

式中，$T1_{CLK}$是定时器 1 的时钟频率；TH1 是定时器 1 的高字节 8 位自动重装载方式的重载值。

定时器 1 时钟频率的选择与设置方法见 15.1 节。表 13.1 给出了工作在片内 24.5 MHz 振荡器下的典型波特率的对照表。

表 13.1 对应标准波特率的定时器设置(使用内部 24.5 MHz 振荡器)

| 目标波特率/band | 波特率误差/% | 振荡器分频系数 | 定时器时钟源 | SCA[1：0](分频选择) | T1M | 定时器 1 重载值 |
|---|---|---|---|---|---|---|
| 230 400 | −0.32 | 106 | SYSCLK | XX* | 1 | 0xCB |
| 115 200 | −0.32 | 212 | SYSCLK | XX* | 1 | 0x96 |
| 57 600 | 0.15 | 426 | SYSCLK | XX* | 1 | 0x2B |
| 28 800 | −0.32 | 848 | SYSCLK/4 | 01 | 0 | 0x96 |
| 14 400 | 0.15 | 1 704 | SYSCLK/12 | 00 | 0 | 0xB9 |
| 9 600 | −0.32 | 2 544 | SYSCLK/12 | 00 | 0 | 0x96 |
| 2 400 | −0.32 | 10 176 | SYSCLK/48 | 10 | 0 | 0x96 |
| 1 200 | 0.15 | 20 448 | SYSCLK/48 | 10 | 0 | 0x2B |

* X 表示忽略。

## 13.2 串行通信工作方式选择

UART0 可以实现标准的异步、全双工通信，其工作方式可以为 8 位或 9 位，这里说的位数是指传输的数据位，不包括起始位和结束位。选择哪种方式通过 S0MODE 位(SCON0.7)来确定。UART 外设的输出电平是 TTL，满足此电平可以直接发送或接受，TTL 电平传输距离短易受干扰，控制中一般很少直接使用它，需要采用 RS-232 或 RS-485 等电气参数进行

传递。上位机串口电平是 RS-232,如与上位 PC 机连接则需要进行 TTL—RS-232 电平转换,这是一种不平衡的单端信号,传输距离受限,尤其是高波特率下,一般推荐十几米以内。如希望距离更远则要使用 RS-485 之类的平衡传输。典型的 UART 连接方式如图 13.3 所示。

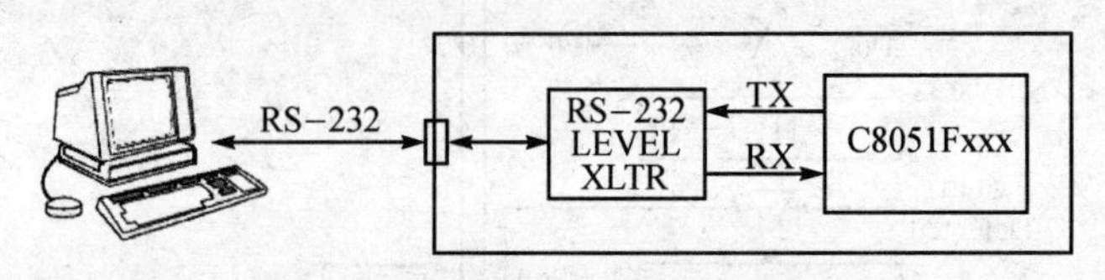


(a) PC机与C8051F9xx的UART连接

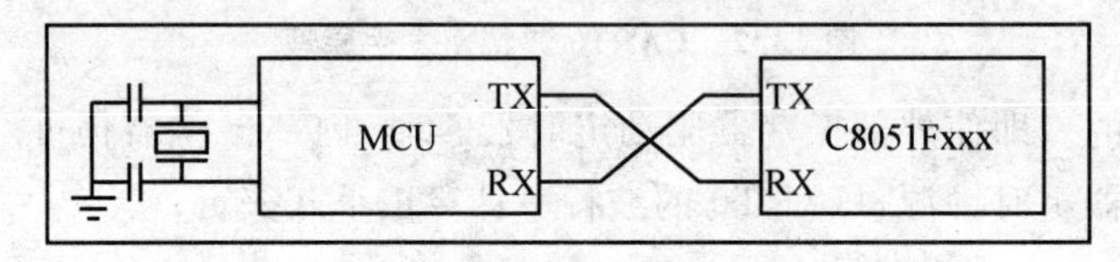


(b) 其他微处理器与C8051F9xx的连接

**图 13.3 UART 连接图**

## 13.2.1 8 位通信模式

8 位通信模式是指传输的数据位是 8 位,在此 UART 方式下,每帧传输共使用 10 位,它们包括:1 个起始位、8 个数据位(低位在前)和 1 个停止位。数据从 TX0 引脚发送,在 RX0 引脚接收。接收时,8 个数据位存入 SBUF0,停止位进入 RB80 位(SCON0.2)。

向 SBUF0 寄存器写入一个字节时即启动数据发送。在发送结束时从停止位开始发送中断标志,TI0 位(SCON0.1)置 1。接收允许位 REN0(SCON0.4)置 1 后,数据接收可以在任何时刻开始。收到停止位后,满足一定条件则数据字节将被装入到接收寄存器 SBUF0。这些条件是 RI0 必须为逻辑 0,当 MCE0 为 1,则停止位必须也为 1。在发生接收数据溢出的情况下,先接收到的 8 位数据被锁存到 SBUF0,而后面的溢出数据被丢弃。

8 位数据存入 SBUF0 后,停止位被存入 RB80,RI0 标志置 1。如果不满足上述那些条件,则不装入 SBUF0 和 RB80,RI0 标志也不会置 1。如果中断被允许,在 TI0 或 RI0 置 1 时将产生一个中断。图 13.4 为 8 位 UART 通信的时序图。

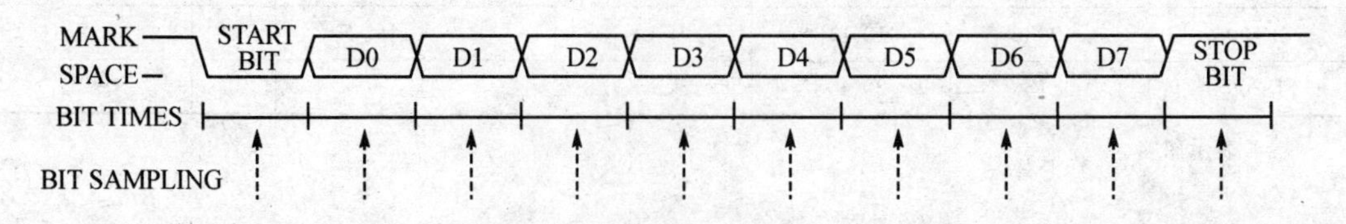


**图 13.4 8 位 UART 通信时序图**

## 13.2.2 9 位通信模式

9 位 UART 方式,传输一个字节数据需使用 11 位,包括 1 个起始位、8 个数据位(低位在前)、1 个可编程的第九位和 1 个停止位。第九数据位由 TB80 位(SCON0.3)中的值决定,由用户软件赋值。它可以被赋值为 PSW 中的奇偶位 P,作为奇偶检验之用,也可以将该位用于多机通信。在接收时，第九数据位进入 RB80 位(SCON0.2)，停止位被忽略。

当向 SBUF0 寄存器写入一个数据字节的指令时即启动数据发送。在发送结束时从停止位开始发送中断标志 TI0 置 1。在接收允许位 REN0 置 1 后，数据接收可以在任何时刻开始。收到停止位后如果满足下述条件则收到的数据字节将被装入到接收寄存器 SBUF0，这些条件是：当 RI0 为逻辑 0 时，如果 MCE0 为逻辑 1，则第九位必须为逻辑 1；而当 MCE0 为逻辑 0 时，第九位数据的状态并不重要。如果这些条件满足，则 8 位数据被存入 SBUF0，第九位存入 RB80，同时 RI0 标志置 1。如果这些条件不满足，则不会装入 SBUF0 和 RB80，RI0 标志也不会置 1。如果中断被允许，在 TI0 或 RI0 置 1 时将产生中断。图 13.5 为 9 位 UART 时序图。

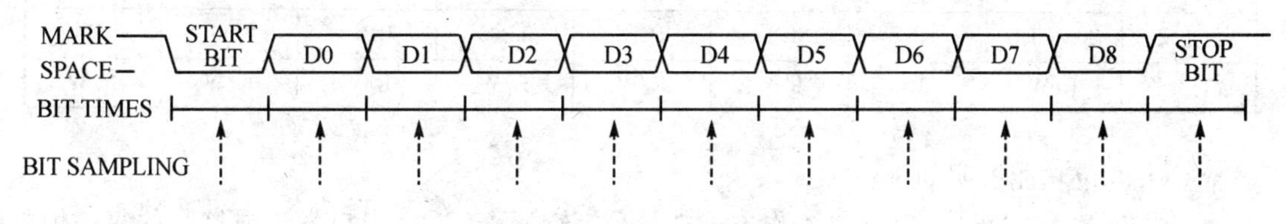


图 13.5 9 位 UART 时序图

## 13.3 多机通信

UART0 也支持多机扩展，此时使用 9 位 UART 通信方式，可以通过使用第九数据位支持一个主处理器与一个或多个从处理器之间的多机通信。当主机要发送数据给一个或多个从机时，需先发送一个用于选择目标地址的字节，用于寻找接收数据的从机。地址字节与数据字节的区别是：地址字节的第九位为 1，数据字节的第九位总是设置为 0。

如果从机的 MCE0 位(SCON.5)置 1，则只有当 UART 接收到的第九位为 1 时(即 RB80 为 1)并收到有效的停止位后，UART 才会产生中断。在 UART 的中断处理程序中，软件将接收到的地址与从机自身的 8 位地址进行比较。如果地址匹配，从机将清除它的 MCE0 位，将接收状态由接收地址转为接收数据，以后每接收数据字节时都产生中断。未被寻址的从机 MCE0 位仍为 1，则在收到后续的数据字节时不产生中断，从而忽略收到的数据。一旦接收完整个消息，被寻址的从机将它的 MCE0 位重新置 1，以使自己重新处于接收地址状态。

可以将多个地址分配给一个从机，或将一个地址分配给多个从机，从而允许同时向多个从机"广播"发送。主机可以被配置为接收所有的传输数据，或通过实现某种协议使主/从角色能临时变换，以允许原来的主机和从机之间进行半双工通信。图 13.6 为 UART 多机方式连接图。

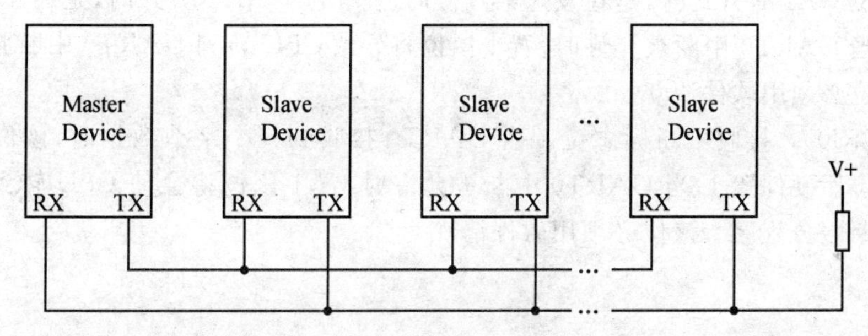


图 13.6 UART 多机方式连接图

## 13.4 串行通信相关寄存器说明

UART0 有两个相关的特殊功能寄存器：串行控制寄存器 SCON0（见表 13.2）和串行数据缓冲器 SBUF0（见表 13.3）。

**表 13.2 UART0 控制寄存器 SCON0**

寄存器地址：寄存器 0 页的 0x98　　复位值：01000000

| 位　号 | 位 7 | 位 6 | 位 5 | 位 4 | 位 3 | 位 2 | 位 1 | 位 0 |
|---|---|---|---|---|---|---|---|---|
| 位定义 | S0MODE | — | MCE0 | REN0 | TB80 | RB80 | TI0 | RI0 |
| 读写允许 | R/W | R | R/W | R/W | R/W | R/W | R/W | R/W |

SCON0 位功能说明如下：

➢ 位 7（S0MODE）　串行口工作方式选择位，该位用于选择串口发送或接收的每一帧是 8 位还是 9 位。

0：波特率可编程的 8 位 UART。

1：波特率可编程的 9 位 UART。

➢ 位 6　未使用。读返回值为 1。写忽略操作。

➢ 位 5（MCE0）　多处理器通信允许位，该位的功能与串行口工作方式有关。

S0MODE=0，即工作在 8 位方式，该位功能为检查有效停止位。

0：停止位的逻辑电平被忽略。1：只有当停止位为逻辑 1 时 RI0 激活。

S0MODE=1，即工作在 9 位方式，该位的功能是多处理器通信允许。

0：第九位的逻辑电平被忽略。

1：只有当第九位为逻辑 1 时 RI0 才置 1 并产生中断。

➢ 位 4（REN0）　接收允许位。该位允许/禁止 UART 接收器。

0：UART0 接收禁止。1：UART0 接收允许。

➢ 位 3（TB80）　第九发送位。该位的值被赋给 9 位 UART 方式的第九发送位。在 8 位 UART 方式中未用。根据需要用软件置 1 或清 0。

➢ 位 2（RB80）　第九接收位。在方式 0，RB80 被赋值为停止位的值。在方式 1，该位被赋值为 9 位 UART 方式中第九数据位的值。

➢ 位 1（TI0）　发送中断标志位。当 UART0 发送完一个字节数据后该位硬件置 1，在 8 位 UART 方式时，是在发送第八位后；在 9 位 UART 方式时，是在停止位开始时。当 UART0 中断被允许时，置 1 该位将导致 CPU 转到 UART0 中断服务程序。该位必须用软件清 0。

➢ 位 0（RI0）　接收中断标志位。当 UART0 接收到一个字节数据时，该位在收到停止位后硬件置 1；当 UART0 中断被允许时，置 1 该位将会使 CPU 转到 UART0 中断服务程序。该位必须用软件清 0。

**表 13.3 UART0 串行数据缓冲寄存器 SBUF0**

寄存器地址：寄存器 0 页的 0x99　　复位值：00000000

| 位　号 | 位 7 | 位 6 | 位 5 | 位 4 | 位 3 | 位 2 | 位 1 | 位 0 |
|---|---|---|---|---|---|---|---|---|
| 位定义 | D7 | D6 | D5 | D4 | D3 | D2 | D1 | D0 |
| 读写允许 | R/W | R/W | R/W | R/W | R/W | R/W | R/W | R/W |

SBUF0 位功能说明如下：

➢ 位 7～0(SBUF0[7：0])　UART0 数据缓冲器位。尽管是一个地址，实际上包括两个寄存器：发送移位寄存器和接收锁存寄存器。当数据被写到 SBUF0 时，它进入发送移位寄存器等待串行发送。

向 SBUF0 写入一个字节即启动发送过程。读 SBUF0 时返回接收锁存器的内容。

# 13.5 串口 UART0 实例

串口通信的应用非常广泛，根据总线的协议以及驱动的电平不同，常用的串行通信有 RS－232、RS－485 总线，CAN 总线，这也是最简单的与上位机或其他微处理器数据交换的手段。其中 RS－232 口是最简单的一种通信形式，但总线负载与通信距离受限。后面的两种适合于更长距离通信的情况。RS－232 串口的实现是最简单的，只要经过一个电平转换芯片即可与 PC 机接口，简单实用。

## 串口自环调试实例

本实例给出了最基本的串口功能调试，该程序可用于串口初始阶段调试，后续功能及协议的开发可在此基础上进行。程序中采用自环手段，即串口的 2 脚与 3 脚短接，利用串口的全双工性，组成自发自收，不需要其他的资源即可判断硬件工作是否正常。

数据的发送和接收采用了中断方式。程序中发送与接收缓存均为 256 字节，发送结束也就意味着接收完成。此时可对比两部分结果是否正常，同时查看发送与接收字节数是否相等。图 13.7 是发送和接收字节数，图 13.8 和图 13.9 分别是发送数组和接收数组的局部。比较二者的一致性可验证通信的正确性。

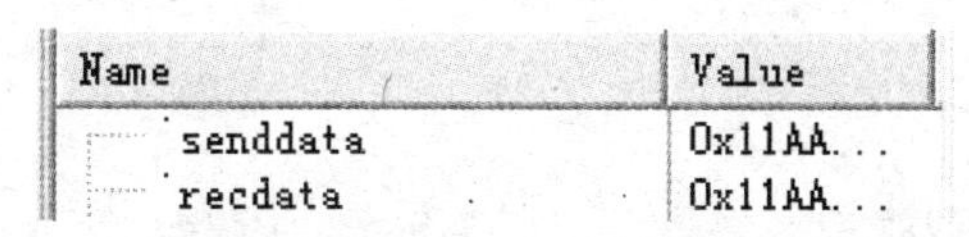


**图 13.7　发送和接收字节数**

| Name | Value |
|---|---|
| sendtest | X:0x000100.. |
| [0] | 0x00 |
| [1] | 0x01 |
| [2] | 0x02 |
| [3] | 0x03 |
| [4] | 0x04 |
| [5] | 0x05 |
| [6] | 0x06 |
| [7] | 0x07 |
| [8] | 0x08 |
| [9] | 0x09 |
| [10] | 0x0A |

**图 13.8　发送数组**

| Name | Value |
|---|---|
| rectest | X:0x000000.. |
| [0] | 0x00 |
| [1] | 0x01 |
| [2] | 0x02 |
| [3] | 0x03 |
| [4] | 0x04 |
| [5] | 0x05 |
| [6] | 0x06 |
| [7] | 0x07 |
| [8] | 0x08 |
| [9] | 0x09 |
| [10] | 0x0A |

**图 13.9　接收数组**

本程序使用了自发自收，波特率选择了 9 600，波特率的值不能选择很高，从原理上讲，波特率太高导致接收跟不上步调。其实，实用中串口大都工作在异步条件下，即先接收或先发送。程序如下：

```
#include <c8051f930.h>
#include <stdio.h>
#include <INTRINS.H>
#define FREQUEN    24500000
#define DIVCLK     8
#define SYSCLK   FREQUEN/DIVCLK                                    // SYSCLK frequency in Hz
#define BAUDRATE 9600
#define uint unsigned int
#define uchar unsigned char
#define ulong unsigned  long int
#define nop() _nop_();_nop_();_nop_();_nop_();
uchar xdata sendtest[256];
uchar xdata rectest[256];
uchar  con,rec;
uint recdata,senddata;
bit reok;
//------------------------------------------------------------------
void Oscillator_Init();
void UART0_Init (void);
void delay(uint time);
void PORT_Init (void);
void Timer2_Init (int);
void Port_IO_Init();
void PCA_Init();
//------------------------------------------------------------------
//函数体定义
//------------------------------------------------------------------
void delay(uint time){
    uint i,j;
    for (i=0;i<time;i++){
        for(j=0;j<300;j++);
    }
}
//------------------------------------------------------------------
// MAIN Routine
//------------------------------------------------------------------
void main (void) {
    uchar i;
    PCA_Init();
    Port_IO_Init();
    Oscillator_Init();
```

```
    EA = 0;
    UART0_Init();
for(i = 0;i<255;i++)
{   sendtest[i] = i;
     rectest[i] = 0x00;
}
con = 0;
rec = 0;
i = 0;
recdata = 0;
senddata = 0;
RI0 = 0;
TI0 = 0;
EA = 1;
 ES0 = 1;
 reok = 0;
    while (1) {
    if((TI0 == 0)&&(RI0 == 0))
    {
    SBUF0 = sendtest[con];
    i++;
}
if(i>= 32)
{
  delay(1);
  i = 0;
      }
    }
}
void Port_IO_Init()
{
     XBR0  =  0x01;
     XBR2  =  0x40;
}
void PCA_Init()
{    PCA0CN  =  0x40;
     PCA0MD &=  ~0x40;
}
//-------------------------------------------------------------------
void OSCILLATOR_Init (void)
{
    OSCICN |=  0x80;                              //允许内部精密时钟
    RSTSRC  =  0x06;                              // Enable missing clock detector and
                                                  // leave VDD Monitor enabled.
```

```
CLKSEL = 0x00;
    switch(DIVCLK)
    {
     case 1:
     {     CLKSEL |= 0x00;                                    //系统频率 1 分频
     break;}
    case 2:
     {     CLKSEL |= 0x10;                                    //系统频率 2 分频
     break;}
     case 4:
     {     CLKSEL |= 0x20;                                    //系统频率 4 分频
     break;}
     case 8:
     {     CLKSEL |= 0x30;                                    //系统频率 8 分频
     break;}
     case 16:
     {     CLKSEL |= 0x40;                                    //系统频率 16 分频
     break;}
     case 32:
     {     CLKSEL |= 0x50;                                    //系统频率 32 分频
     break;}
     case 64:
     {     CLKSEL |= 0x60;                                    //系统频率 64 分频
     break;}
     case 128:
     {     CLKSEL |= 0x70;                                    //系统频率 128 分频
     break;}
    }
}
//----------------------------------------------------------------
// UART0 初始化,Timer1 为波特率发生器,8 位数据,1 位停止位无校验
//----------------------------------------------------------------
void UART0_Init (void)
{
   SCON0 = 0x10;
   if (SYSCLK/BAUDRATE/2/256 < 1) {
      TH1 = -(SYSCLK/BAUDRATE/2);
      CKCON &= ~0x0B;
      CKCON |=  0x08;
   } else if (SYSCLK/BAUDRATE/2/256 < 4) {
      TH1 = -(SYSCLK/BAUDRATE/2/4);
      CKCON &= ~0x0B;
      CKCON |=  0x09;
   } else if (SYSCLK/BAUDRATE/2/256 < 12) {
      TH1 = -(SYSCLK/BAUDRATE/2/12);
```

```
        CKCON &= ～0x0B;
    } else {
        TH1 =  - (SYSCLK/BAUDRATE/2/48);
        CKCON &= ～0x0B;
        CKCON |=  0x02;
    }
    TL1 = TH1;
    TMOD &= ～0xf0;
    TMOD |=  0x20;
    TR1 = 1;
    TI0 = 1;
}
void UART0_ISR() interrupt 4                        //串口中断服务程序
 {
   if(TI0 == 1)
 {    senddata++;
      con++;
      TI0 = 0;
      reok = 1;
 }
  if(RI0 == 1)
 {  rectest[rec] = SBUF0;
    recdata++;
    rec++;
    RI0 = 0;
    reok = 0;
 }
}
```

# 第14章

# 增强型全双工同步串行外设接口 SPI0 /SPI1

串行外围设备接口 SPI(Serial Peripheral Interface)总线技术是 Motorola 公司推出的一种同步串行接口,SPI 用于 CPU 与各种外围器件进行全双工、同步串行通信。由于收发是两根信号线,则该总线可以同时发出和接收串行数据。完整的 SPI 总线包括 4 条线,这 4 条线是:串行时钟线(SCK)、主机输入从机输出数据线(MISO)、主机输出从机输入数据线(MOSI)和低电平有效从机选择线(NSS)。外围器件可以是简单的 TTL 移位寄存器,复杂的 LCD 显示驱动器,A/D、D/A 转换子系统或其他的 MCU。现在 SPI 总线已经是一种常用重要的总线形式,绝大多数 MCU,主流产品也都配有 SPI 硬件接口。

大部分的 C8051F 系列 SoC 微控器也都配置了这一总线。对于 C8051F9xx 包括了两个增强型串行外设接口 SPI0 与 SPI1,提供访问一个全双工同步串行总线的能力。这两个 SPI 外设接口既可以作为主器件也可以作为从器件工作,可以工作在 3 线或 4 线方式,并在同一总线上可以连接多个主器件和从器件。从选择信号 NSS 可被配置为输入,以选择工作在从方式的 SPI 器件,这样在多主环境中禁止主方式操作,以避免两个以上主器件试图同时进行数据传输时发生 SPI 总线冲突。在主方式,NSS 被配置为片选输出,在 3 线方式时该操作则被禁止。主方式时,也可以用其他通用端口 I/O 引脚选择多个从器件。

## 14.1 SPI0 的信号定义

图 14.1 为 SPI 原理图。

完整的 SPI 总线包括 4 个信号,MOSI、MISO、SCK 和 NSS,以下分别说明。

主输出从输入控制线 MOSI,该信号线作为主器件的输出和从器件的输入,用于由主器件到从器件的串行数据传输。具体的信号输入或输出取决于器件工作在主器件或从器件,当 SPI0 作为主器件时,该信号是输出,当 SPI0 作为从器件时,该信号是输入。数据传输时最高位在先。当被配置为主器件时,MOSI 由移位寄存器的 MSB 驱动。

主输入从输出控制线 MISO,该信号线作为从器件的输出和主器件的输入,用于由从器件到主器件的串行数据传输。信号输入或输出取决于主器件或从器件,当 SPI0 作为主器件时,该信号是输入,当 SPI0 作为从器件时,该信号是输出。数据传输时最高位在先。当 SPI 被禁止或工作在 4 线从方式而未被选中时,MISO 引脚被置于高阻态。当作为从器件工作在 3 线方式时,MISO 由移位寄存器的 MSB 驱动。

串行时钟控制线 SCK,为主器件和从器件提供时钟信号,用于同步主器件和从器件之间在 MOSI 和 MISO 线上的串行数据传输。该信号由 SPI 总线中的主器件产生。在 4 线从方式,当从器件未被选中时(即 NSS=1),SCK 信号被忽略。

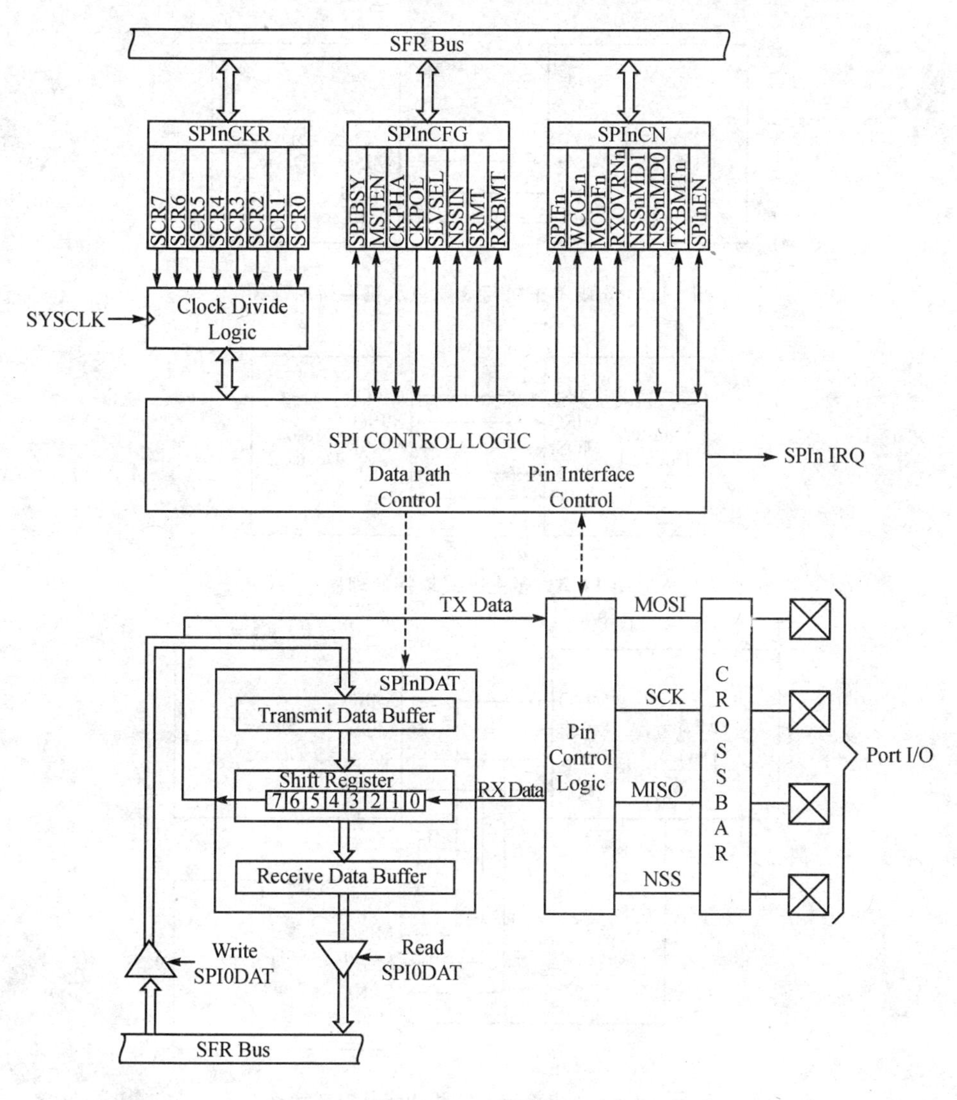


**图 14.1　SPI 原理图**

从选择控制线 NSS 的功能取决于 SPI0CN 寄存器中 NSSnMD[1：0]位的设置。有以下 3 种可能的方式：

① NSSnMD[1：0]＝00 时，为 3 线工作方式。此时 SPI 总线工作在 3 线主方式或从方式，NSS 信号被禁止。此时，SPI0/SPI1 总是被选择。由于没有选择信号，总线上必须具有唯一的主、从器件。这种情况用于一个主器件和一个从器件之间点对点通信。图 14.2 为 3 线单主机与 3 线单从机连接原理图。

② NSSnMD[1：0]＝01 时，为 4 线工作方式，SPI 总线工作在 4 线从方式或多主方式，NSS 信号作为输入。当作为从器件时，NSS 选择从 SPI 器件；当作为主器件时，NSS 信号的负跳变禁止主器件功能，此时允许总线上具有多个主器件。图 14.3 是多主方式连接原理图，图 14.4 为 4 线单主方式和 4 线从方式连接原理图。

③ NSSnMD[1：0]＝1x 时，为 4 线主方式，SPI0/SPI1 工作在 4 线方式，NSS 信号作为输出。NSSnMD0 的设置值决定 NSS 引脚的输出电平。该方式是 SPI 作为主器件使用的设置。

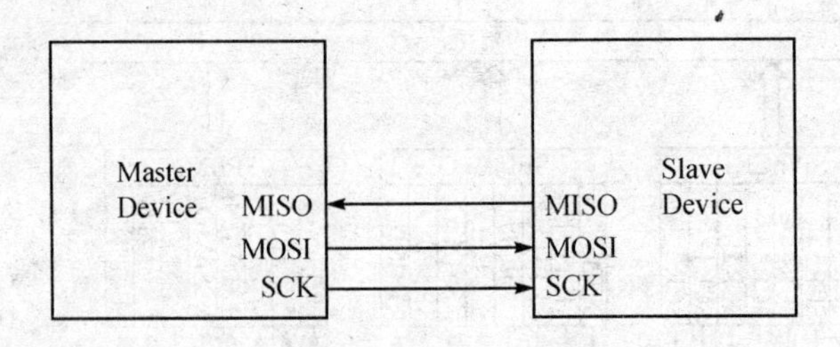


图 14.2　3 线单主机与 3 线单从机连接原理图

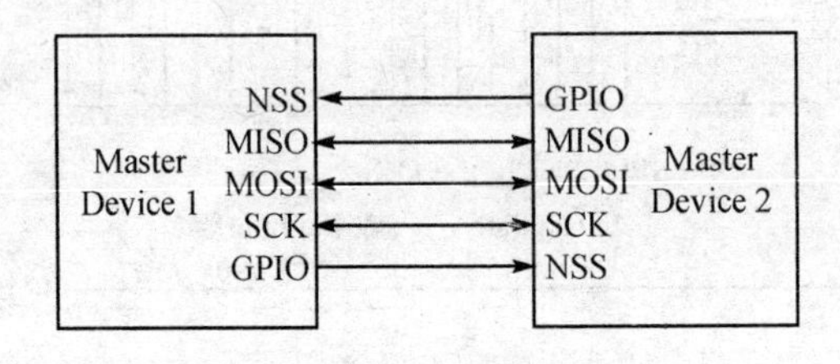


图 14.3　多主方式连接原理图

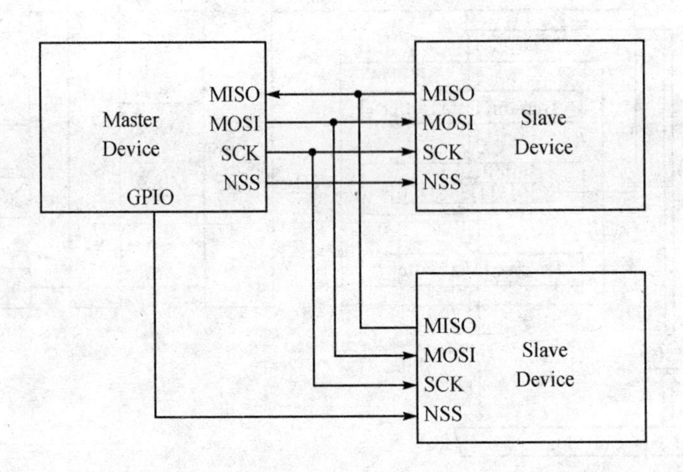


图 14.4　4 线单主方式和 4 线从方式连接

## 14.2　SPI0/SPI1 主工作方式

当 SPI0/SPI1 工作在 3 线主或从方式时，NSS 不被交叉开关分配引脚。除了 3 线主或从方式外的其他方式，NSS 都将被映射到器件引脚。SPI 总线上的所有数据传输都由 SPI 主器件启动。将 SPI0/SPI1 置为主方式的方法是把主允许标志 MSTEN 即（SPI0CFG. 6 或 SPI1CFG. 6）置 1。当工作于主方式时，向 SPI0 的数据寄存器 SPI0DAT 或 SPI1 的 SPI1DAT 写入一个字节时（即写发送缓冲器），如果 SPI 移位寄存器为空，发送缓冲器中的数据字节被传送到移位寄存器，数据传输开始。SPI0/SPI1 主器件立即在 MOSI 线上串行移出数据，同时在 SCK 上提供串行时钟。在传输结束后，SPIF0 或 SPIF1（即位 SPI0CN. 7 或 SPI1CN. 7）标志被置为逻辑 1。如果中断被允许，标志置 1 时将产生一个中断请求。在全双工操作中，当 SPI 的主器件在 MOSI 线向从器件发送数据时，被寻址的 SPI 从器件可以同时在 MISO 线上向主器件发送其移位寄存器中的内容。因此，SPI 的中断标志既作为发送完成标志又作为接收数据准备好标志。从器件接收的数据字节格式以高字节在先的形式传送到主器件的移位寄存器。当一个数据字节被完全移入移位寄存器时，便被传送到接收缓冲器，处理器通过读 SPI0DAT 或 SPI1DAT 来读该缓冲器。

当被配置为主器件时，SPI0/SPI1 可以工作在下面的三种方式之一：多主方式、3 线单主方式和 4 线单主方式。其中当 NSSnMD1 位(即 SPI0CN.3)为 0 且 NSSnMD0 位(SPI0CN.2)为 1 时，是默认的多主方式。此时允许总线中存在多个主器件，但各主器件分时工作。NSS 是器件的输入，用于禁止器件作为主器件工作，以允许另一主器件访问总线避免冲突。在该方式，当 NSS 被拉为低电平时，MSTENn 位(即 SPI0CN.6)和 SPIENn 位(即 SPI0CN.0)硬件清 0，以禁止 SPI 主器件，且方式错误标志 MODF 位(即 SPI0CN.5)置 1。如果允许中断，将产生中断。并且此时必须用软件重新允许 SPI 总线。在多主系统中，当器件不作为系统主器件用时，一般被默认为从器件。在多主方式，可以用通用 I/O 引脚对从器件单独寻址。连接原理图见图 14.2～图 14.4。

## 14.3 SPI0/SPI1 从工作方式

当 SPI0/SPI1 允许而未被配置为主器件时，那么它将作为 SPI 从器件工作。从器件受主器件串行时钟 SCK 控制，从 MOSI 移入数据，从 MISO 移出数据。SPI0/SPI1 的位计数器对 SCK 边沿计数。当 8 位数据经过移位寄存器后，中断标志位 SPIF0/SPIF1 置为逻辑 1，接收到的字节被传送到接收缓冲器。通过读 SPI0DAT 或 SPI1DAT 来读取接收缓冲器中的数据。从器件受主器件控制不能启动数据传送，写 SPI0DAT 或 SPI1DAT 只能预装要发送给主器件的数据，写入的数据是双缓冲的，首先被放在发送缓冲器。如果移位寄存器为空，发送缓冲器中的数据会立即被传送到移位寄存器。当移位寄存器中已经有数据时，SPI 将等到数据发送完后再将发送缓冲器的内容装入移位寄存器。

当配置为从器件时，SPI0/SPI1 可以工作 4 线或 3 线方式。当 NSSnMD1(即位 SPI0CN.3 或 SPI1CN.3)为 0 且 NSSnMD0(即位 SPI0CN.2 或 SPI1CN.2)为 1 时，是默认的 4 线方式。在 4 线方式，NSS 被分配端口引脚并被配置为数字输入。当 NSS 为逻辑 0 时，SPI0/SPI1 允许，当 NSS 为逻辑 1 时，SPI0/SPI1 禁止。在 NSS 的下降沿，位计数器被复位。对应每次字节传输，在第一个有效 SCK 边沿到来之前，NSS 信号必须被驱动到低电平至少两个系统时钟周期。

当 NSSnMD1(即位 SPI0CN.3)为 0 且 NSSnMD0(即位 SPI0CN.2)为 0 时，SPI0/SPI1 工作在 3 线从方式。在该方式，NSS 未被使用，也不被交叉开关映射到外部端口引脚。由于在 3 线从方式无法唯一地寻址从器件，所以 SPI0/SPI1 必须是总线上唯一的从器件。需要注意的是，在 3 线从方式，没有外部手段对位计数器复位以判断是否收到一个完整的字节。只能通过用 SPIEN 位禁止并重新允许 SPI0/SPI1 来复位位计数器。

## 14.4 SPI0/SPI1 中断源说明

如果 SPI0/SPI1 的中断被允许时，下述的 4 个标志位置 1 时都将产生中断。这 4 个标志位都必须用软件清 0。

① 传输结束标志位 SPIF0/SPIF1(SPI0CN.7 或 SPI1CN.7)。在每次字节传输结束时，该标志位置 1。该标志适用于所有 SPI 方式。

② 写冲突标志位 WCOL0/WCOL1(对应 SPI0CN.6 与 SPI1CN.6)。该标志位置 1 表示发送缓冲器非空，数据尚未传送到移位寄存器时写数据寄存器 SPI0DAT 或 SPI1DAT。此时，写数据寄存器的操作被忽略，不会把数据传送到发送缓冲器。该标志适用于所有 SPI 方式。

③ 方式错误标志位 MODF0/MODF1(SPI0CN.5 与 SPI1CN.5)。当 SPI0/SPI1 被配置为工作于多主方式的主器件而 NSS 被拉为低电平时，该标志位置 1。当发生方式错误时，SPI0CN 与 SPI1CN 中的 MSTEN 和 SPIEN0/SPIEN1 位清 0，以禁止 SPI0/SPI1 并允许另一个主器件访问总线。

④ 接收溢出标志位 RXOVRN0/RXOVRN1(SPI0CN.4/SPI1CN.4)。SPI0/SPI1 工作在从器件，一次传输结束且上一次接收缓冲器中的数据未被读取时，该标志位置 1。新接收的字节将不能进入接收缓冲器，未读的数据依然可读，此时造成数据丢失。

## 14.5 串行时钟相位与极性

使用 SPI 配置寄存器 SPI0CFG/SPI1CFG 中的时钟控制选择位可以在串行时钟相位和极性的 4 种组合中选择其一。CKPHA 位(SPI0CFG.5/SPI1CFG.5)选择两种时钟相位，即锁存数据所用的边沿上沿或下沿中的一种。CKPOL 位(SPI0CFG.4/SPI1CFG.4)在高电平有效和低电平有效的时钟之间选择。主器件和从器件必须配置为使用相同的时钟相位和极性。在改变时钟相位和极性期间应禁止 SPI，即清除 SPIEN 位(SPI0CN.0/SPI1CN.0)。时钟和数据线的时序关系如图 14.5～图 14.9 所示。

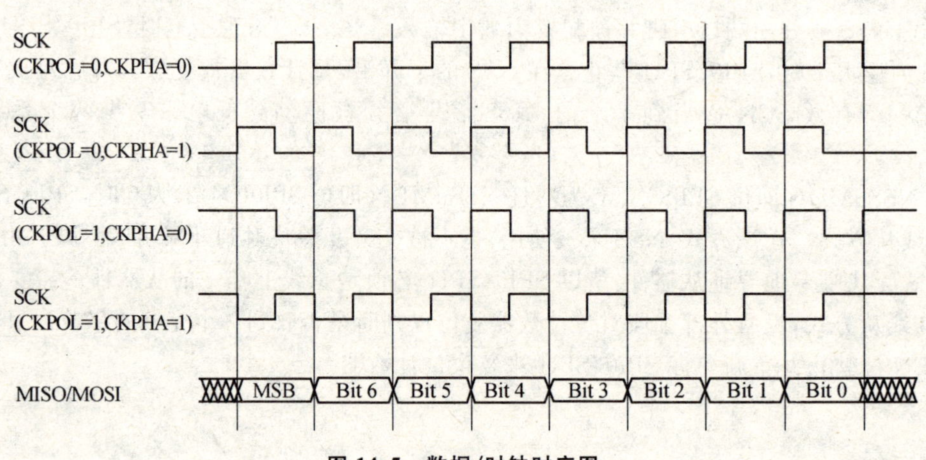


图 14.5 数据/时钟时序图

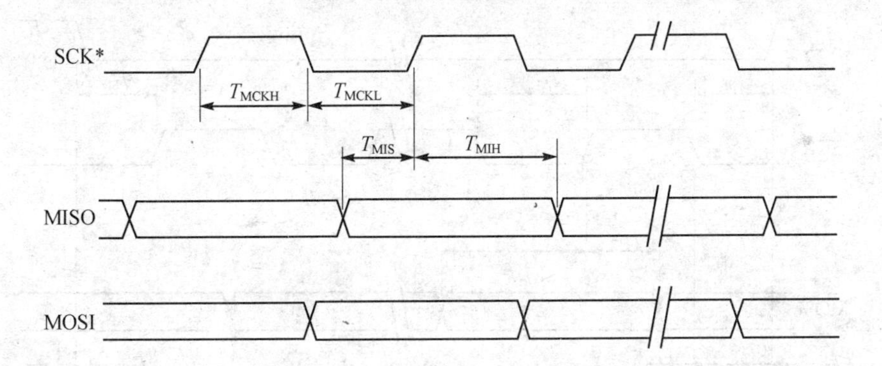


* 这是对应 CKPOL＝0 时的 SCK 波形。对于 CKPOL＝1，SCK 波形的极性反向。

**图 14.6　SPI 主方式时序（CKPHA＝0）**

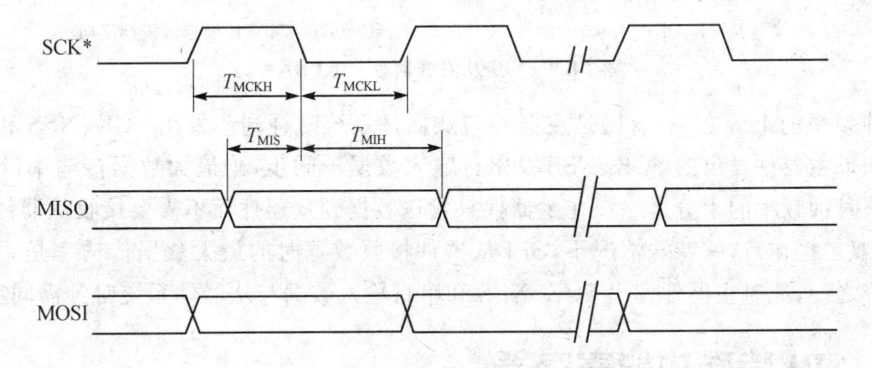


* 这是对应 CKPOL＝0 时的 SCK 波形。对于 CKPOL＝1，SCK 波形的极性反向。

**图 14.7　SPI 主方式时序（CKPHA＝1）**

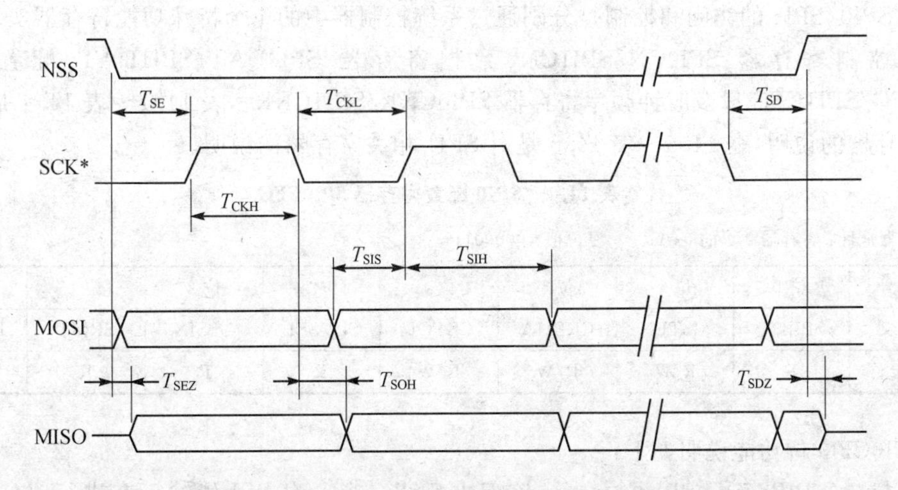


* 这是对应 CKPOL＝0 时的 SCK 波形。对于 CKPOL＝1，SCK 波形的极性反向。

**图 14.8　SPI 从方式时序（CKPHA＝0）**

SPI 时钟速率寄存器 SPI0CKR/SPI1CKR 控制着主方式的串行时钟频率。当工作于从方式时该寄存器被忽略。当 SPI 配置为主器件时，最大数据传输率是系统时钟频率的二分之一或 12.5 MHz，取其中较低的频率。当 SPI 配置为从器件时，全双工操作的最大数据传输率是

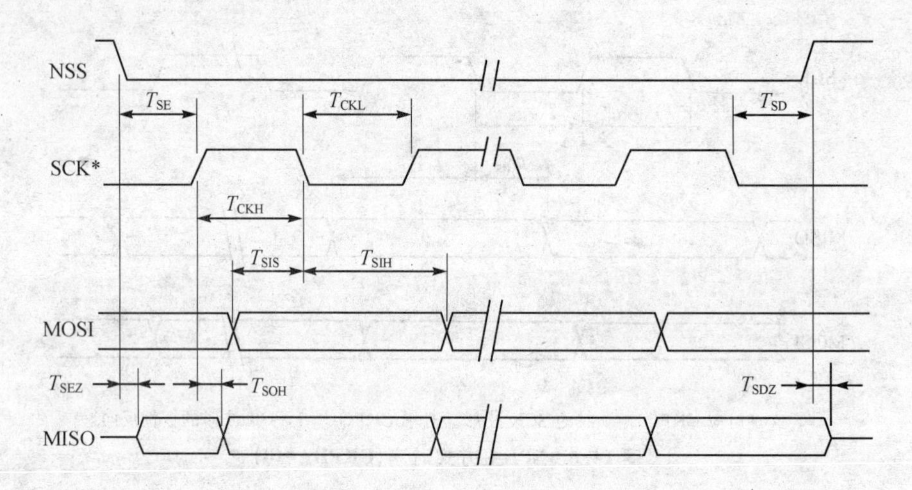


* 这是对应 CKPOL＝0 时的 SCK 波形。对于 CKPOL＝1,SCK 波形的极性反向。

**图 14.9 SPI 从方式时序(CKPHA＝1)**

系统时钟频率的十分之一，前提是主器件与从器件系统时钟同步发出 SCK、NSS 和串行输入数据。如果主器件发出的 SCK、NSS 及串行输入数据不同步，则最大数据传输率(bit/s)必须小于系统时钟频率的十分之一。在主器件只发送数据到从器件而不需要接收从器件发出的数据(即半双工操作)这一特殊情况下，SPI 从器件接收数据时的最大数据传输率是系统时钟频率的四分之一，此时主器件发出 SCK、NSS 和串行输入数据与从器件系统时钟需同步。

## 14.6 SPI 特殊功能寄存器

对 SPI0/SPI1 的访问和控制是分别通过系统控制器中的 4 个特殊功能寄存器实现的。它们是：控制寄存器 SPI0CN/SPI1CN、数据寄存器 SPI0DAT/SPI1DAT、配置寄存器 SPI0CFG/SPI1CFG 以及时钟频率寄存器 SPI0CKR/SPI1CKR。表 14.1～表 14.4 是对 SPI0 相关寄存器的说明，表 14.5～表 14.8 是对 SPI1 相关寄存器的说明。

**表 14.1 SPI0 配置寄存器 SPI0CFG**

寄存器地址：寄存器 0 页的 0xA1　　复位值：00000111

| 位 号 | 位 7 | 位 6 | 位 5 | 位 4 | 位 3 | 位 2 | 位 1 | 位 0 |
|---|---|---|---|---|---|---|---|---|
| 位定义 | SPIBSY | MSTEN | CKPHA | CKPOL | SLVSEL | NSSIN | SRMT | RXBMT |
| 读写允许 | R | R/W | R/W | R/W | R | R | R | R |

SPI0CFG 位功能说明如下：

- 位 7 (SPIBSY)　SPI 忙标志。该标志只读。当一次 SPI 传输正在进行时(主或从方式)，该位置为逻辑 1。
- 位 6 (MSTEN)　主方式允许位。

  0：禁止主方式，工作在从方式。1：允许主方式，工作在主器件方式。
- 位 5 (CKPHA)　SPI0 时钟相位。该位控制 SPI0 时钟的相位。

  0：在 SCK 周期的第一个边沿采样数据。

1：在 SCK 周期的第二个边沿采样数据。

➢ 位 4（CKPOL） SPI0 时钟极性。该位控制 SPI0 时钟的极性。

0：SCK 在空闲状态时处于低电平。1：SCK 在空闲状态时处于高电平。

➢ 位 3（SLVSEL） 从选择标志，该标志只读。

当 NSS 引脚为低电平时该位置 1，表示 SPI0 是被选中的从器件；当 NSS 引脚为高电平时表示未被选中为从器件，则该位自动清 0。该位不指示 NSS 引脚的即时值，而是该引脚输入的滤波去噪信号。

➢ 位 2（NSSIN） NSS 引脚的瞬时值，该值只读。该位指示读该寄存器时 NSS 引脚的即时值。该信号未被去噪。

➢ 位 1（SRMT） 移位寄存器空标志（只在从方式有效）。该标志只读。当所有数据都被移入或移出移位寄存器并且没有新数据可以从发送缓冲器读出或向接收缓冲器写入时，该位置 1；当数据字节被从发送缓冲器传送到移位寄存器或 SCK 发生变化时，该位清 0。在主方式时 SRMT 始终为 1。

➢ 位 0（RXBMT） 接收缓冲器空（只在从方式下有效）。该位只读。当接收缓冲器被读取且没有新数据时，该位置 1。如果在接收缓冲器中有新数据未被读取，则该位清 0。在主方式时，RXBMT 始终为 1。

**表 14.2 SPI0 控制寄存器 SPI0CN**

寄存器地址：寄存器 0 页的 0xF8　　复位值：00000110

| 位　号 | 位 7 | 位 6 | 位 5 | 位 4 | 位 3 | 位 2 | 位 1 | 位 0 |
|---|---|---|---|---|---|---|---|---|
| 位定义 | SPIF0 | WCOL0 | MODF0 | RXOVRN0 | NSSMD1 | NSSMD0 | TXBMT0 | SPI0EN |
| 读写允许 | R/W | R/W | R/W | R/W | R/W | R/W | R | R/W |

说明：该寄存器可以位寻址。

SPI0CN 位功能说明如下：

➢ 位 7（SPIF0） SPI0 中断标志。该位在数据传输结束后硬件置 1。如果中断被允许，置 1 该位将会使 CPU 转到 SPI0 中断处理服务程序。该位不能硬件自动清 0，必须软件清 0。

➢ 位 6（WCOL0） 写冲突标志。该位由硬件置为逻辑 1 并产生一个 SPI0 中断，表示数据传送期间对 SPI0 数据寄存器进行了写操作。该标志位必须软件清 0。

➢ 位 5（MODF0） 方式错误标志。当检测到主方式冲突，此时 NSS 为低电平，MSTEN＝1，NSSMD[1：0]＝01 时，该位硬件置 1 并产生一个 SPI0 中断。该位不能硬件自动清 0，必须软件清 0。

➢ 位 4（RXOVRN0） 接收溢出标志。该标志位只适用于从方式。当前传输的最后一位已经移入 SPI0 移位寄存器，而接收缓冲器中仍保存着前一次传输未被读取的数据时，该位由硬件置 1 并产生一个 SPI0 中断。该位不会硬件自动清 0，必须软件清 0。

➢ 位 3～2（NSSMD[1：0]） 从选择方式位。默认值为 01。选择 NSS 工作方式：

00：3 线从方式或 3 线主方式。NSS 信号不连到端口引脚。

01：4 线从方式或多主方式。NSS 总是器件的输入。

1x：4 线单主方式。NSS 被分配一个输出引脚并输出 NSSMD0 的值。

➢ 位 1（TXBMT0） 发送缓冲器空标志。当新数据被写入发送缓冲器时，该位清 0；当发送缓冲器中的数据被传送到 SPI 移位寄存器时，该位置 1，表示可以向发送缓冲器写新数据。

➢ 位 0（SPI0EN） SPI0 允许位。该位允许/禁止 SPI0。

0：禁止 SPI0。1：允许 SPI0

**表 14.3 SPI0 时钟速率寄存器 SPI0CKR**

寄存器地址：寄存器 0 页的 0xA2　　复位值：00000000

| 位　号 | 位 7 | 位 6 | 位 5 | 位 4 | 位 3 | 位 2 | 位 1 | 位 0 |
|---|---|---|---|---|---|---|---|---|
| 位定义 | SCR07 | SCR06 | SCR05 | SCR04 | SCR03 | SCR02 | SCR01 | SCR00 |
| 读写允许 | R/W | R/W | R/W | R/W | R/W | R/W | R/W | R/W |

说明：该寄存器可以位寻址。

SPI0CKR 位功能说明如下：

➢ 位 7～0（SCR0[7：0]） SPI0 时钟频率。当 SPI0 模块被配置为工作于主方式时，这些位决定 SCK 输出的频率。SCK 时钟频率是从系统时钟分频得到的，由式（14.1）给出，其中：SYSCLK 是系统时钟频率，SPI0CKR 是 SPI0CKR 寄存器中的 8 位值，取值为 0～255。

$$f_{SCK}=\frac{SYSCLK}{2\times(SPI0CKR+1)} \tag{14.1}$$

**表 14.4 SPI0 数据寄存器 SPI0DAT**

寄存器地址：寄存器 0 页的 0xA3　　复位值：00000000

| 位　号 | 位 7 | 位 6 | 位 5 | 位 4 | 位 3 | 位 2 | 位 1 | 位 0 |
|---|---|---|---|---|---|---|---|---|
| 位定义 | D7 | D6 | D5 | D4 | D3 | D2 | D1 | D0 |
| 读写允许 | R/W | R/W | R/W | R/W | R/W | R/W | R/W | R/W |

SPI0DAT 位功能说明如下：

➢ 位 7～0（SPI0DAT[7：0]） SPI0 发送和接收数据寄存器。SPI0DAT 寄存器用于发送和接收 SPI0 数据。在主方式下，向 SPI0DAT 写入数据时，数据被放到发送缓冲器并启动发送。读 SPI0DAT 返回接收缓冲器的内容。

**表 14.5 SPI1 配置寄存器 SPI1CFG**

寄存器地址：寄存器 0 页的 0x84　　复位值：00000111

| 位　号 | 位 7 | 位 6 | 位 5 | 位 4 | 位 3 | 位 2 | 位 1 | 位 0 |
|---|---|---|---|---|---|---|---|---|
| 位定义 | SPIBSY | MSTEN | CKPHA | CKPOL | SLVSEL | NSSIN | SRMT | RXBMT |
| 读写允许 | R | R/W | R/W | R/W | R | R | R | R |

SPI1CFG 位功能说明如下：

➢ 位 7（SPIBSY） SPI 忙标志。该标志只读。当一次 SPI 传输正在进行时主或从方式，该位被置为逻辑 1。

➢ 位 6（MSTEN） 主方式允许位。

0：禁止主方式，工作在从方式。

1：允许主方式，工作在主器件方式。

➢ 位 5（CKPHA） SPI1 时钟相位。该位控制 SPI1 时钟的相位。

0：在 SCK 周期的第一个边沿采样数据。

1：在 SCK 周期的第二个边沿采样数据。

➢ 位 4（CKPOL） SPI1 时钟极性。该位控制 SPI1 时钟的极性。

0：SCK 在空闲状态时处于低电平。

1：SCK 在空闲状态时处于高电平。

➢ 位 3（SLVSEL） 从选择标志，该标志只读。

当 NSS 引脚为低电平时该位置 1，表示 SPI1 是被选中的从器件；当 NSS 引脚为高电平时表示未被选中为从器件，则该位自动清 0。该位不指示 NSS 引脚的即时值，而是该引脚输入的滤波去噪信号。

➢ 位 2（NSSIN） NSS 引脚的瞬时值，该值只读。该位指示读该寄存器时 NSS 引脚的即时值。该信号未被去噪。

➢ 位 1（SRMT） 移位寄存器空标志（只在从方式有效）。该标志只读。当所有数据都被移入或移出移位寄存器并且没有新数据可以从发送缓冲器读出或向接收缓冲器写入时，该位置 1；当数据字节被从发送缓冲器传送到移位寄存器或 SCK 发生变化时，该位清 0。在主方式时 SRMT 始终为 1。

➢ 位 0（RXBMT） 接收缓冲器空（只在从方式下有效）。该位只读当接收缓冲器被读取且没有新数据时，该位置 1。如果在接收缓冲器中有新数据未被读取，则该位清 0。在主方式时，RXBMT 始终为 1。

**表 14.6 SPI1 控制寄存器 SPI1CN**

寄存器地址：寄存器 0 页的 0xB0　　复位值：00000110

| 位　号 | 位 7 | 位 6 | 位 5 | 位 4 | 位 3 | 位 2 | 位 1 | 位 0 |
|---|---|---|---|---|---|---|---|---|
| 位定义 | SPIF1 | WCOL1 | MODF1 | RXOVRN1 | NSSMD1 | NSSMD0 | TXBMT1 | SPI1EN |
| 读写允许 | R/W | R/W | R/W | R/W | R/W | R/W | R | R/W |

说明：该寄存器可以位寻址。

SPI1CN 位功能说明如下：

➢ 位 7（SPIF1） SPI1 中断标志。该位在数据传输结束后硬件置 1。如果中断被允许，置 1 该位将会使 CPU 转到 SPI1 中断处理服务程序。该位不能硬件自动清 0，必须软件清 0。

➢ 位 6（WCOL1） 写冲突标志。该位由硬件置为逻辑 1 并产生一个 SPI1 中断，表示数据传送期间对 SPI1 数据寄存器进行了写操作。该标志位必须软件清 0。

➢ 位 5（MODF1） 方式错误标志。当检测到主方式冲突，此时 NSS 为低电平，MSTEN＝1，NSSMD[1：0]＝01 时，该位硬件置 1 并产生一个 SPI1 中断。该位不能硬件自动清 0，必须软件清 0。

➢ 位 4（RXOVRN1） 接收溢出标志。该标志位只适用于从方式。当前传输的最后一位已经移入 SPI1 移位寄存器，而接收缓冲器中仍保存着前一次传输未被读取的数据时，该位由硬件置 1 并产生一个 SPI1 中断。该位不会硬件自动清 0，必须软件清 0。

➢ 位 3～2(NSSMD[1：0]) 从选择方式位。默认值为 01。选择 NSS 工作方式：

00：3 线从方式或 3 线主方式。NSS 信号不连到端口引脚。

01：4 线从方式或多主方式。NSS 总是器件的输入。

1x：4 线单主方式。NSS 被分配一个输出引脚并输出 NSSMD0 的值。

➢ 位 1 (TXBMT1) 发送缓冲器空标志。当新数据被写入发送缓冲器时，该位清 0；当发送缓冲器中的数据被传送到 SPI 移位寄存器时，该位置 1，表示可以向发送缓冲器写新数据。

➢ 位 0 (SPI1EN) SPI1 允许位。该位允许/禁止 SPI1。

0：禁止 SPI1。1：允许 SPI1。

**表 14.7 SPI1 时钟速率寄存器 SPI1CKR**

寄存器地址：寄存器 0 页的 0x85　　复位值：00000000

| 位　号 | 位 7 | 位 6 | 位 5 | 位 4 | 位 3 | 位 2 | 位 1 | 位 0 |
|---|---|---|---|---|---|---|---|---|
| 位定义 | SCR17 | SCR16 | SCR15 | SCR14 | SCR13 | SCR12 | SCR11 | SCR10 |
| 读写允许 | R/W | R/W | R/W | R/W | R/W | R/W | R/W | R/W |

说明：该寄存器可以位寻址。

SPI1CKR 位功能说明如下：

➢ 位 7～0 (SCR1[7：0]) SPI1 时钟频率。当 SPI1 模块配置为工作于主方式时，这些位决定 SCK 输出的频率。SCK 时钟频率是从系统时钟分频得到的，由式(14.2)给出，其中：SYSCLK 是系统时钟频率，SPI1CKR 是 SPI1CKR 寄存器中的 8 位值，取值为 0～255。

$$f_{SCK}=\frac{SYSCLK}{2\times(SPI1CKR+1)} \tag{14.2}$$

**表 14.8 SPI1 数据寄存器 SPI1DAT**

寄存器地址：寄存器 0 页的 0xA3　　复位值：00000000

| 位　号 | 位 7 | 位 6 | 位 5 | 位 4 | 位 3 | 位 2 | 位 1 | 位 0 |
|---|---|---|---|---|---|---|---|---|
| 位定义 | D7 | D6 | D5 | D4 | D3 | D2 | D1 | D0 |
| 读写允许 | R/W | R/W | R/W | R/W | R/W | R/W | R/W | R/W |

SPI1DAT 位功能说明如下：

➢ 位 7～0 (SPI1DAT[7：0]) SPI1 发送和接收数据寄存器。SPI1DAT 寄存器用于发送和接收 SPI1 数据。在主方式下，向 SPI1DAT 写入数据时，数据被放到发送缓冲器并启动发送。读 SPI1DAT 返回接收缓冲器的内容。

表 14.9 给出了 SPI 从方式时序参数。

表 14.9 SPI 从方式时序参数

| 参 数 | 说 明 | 最小值 | 最大值 | 单 位 |
|---|---|---|---|---|
| 主方式时序(见图 14.6 和图 14.7) | | | | |
| $T_{MCKH}$ | SCK 高电平时间 | $1\times T_{SYSCLK}$ | — | ns |
| $T_{MCKL}$ | SCK 低电平时间 | $1\times T_{SYSCLK}$ | — | ns |
| $T_{MIS}$ | MISO 有效到 SCK 移位边沿 | $1\times T_{SYSCLK}+20$ | — | ns |
| $T_{MIH}$ | SCK 移位边沿到 MISO 发生改变 | 0 | — | ns |
| 从方式时序(见图 14.8 和图 14.9) | | | | |
| $T_{SE}$ | NSS 下降沿到第一个 SCK 边沿 | $2\times T_{SYSCLK}$ | — | ns |
| $T_{SD}$ | 最后一个 SCK 边沿到 NSS 上升沿 | $2\times T_{SYSCLK}$ | — | ns |
| $T_{SEZ}$ | NSS 下降沿到 MISO 有效 | — | $4\times T_{SYSCLK}$ | ns |
| $T_{SDZ}$ | NSS 上升沿到 MISO 变为高阻态 | — | $4\times T_{SYSCLK}$ | ns |
| $T_{CKH}$ | SCK 高电平时间 | $5\times T_{SYSCLK}$ | — | ns |
| $T_{CKL}$ | SCK 低电平时间 | $5\times T_{SYSCLK}$ | — | ns |
| $T_{SIS}$ | MOSI 有效到 SCK 采样边沿 | $2\times T_{SYSCLK}$ | — | ns |
| $T_{SIH}$ | SCK 采样边沿到 MOSI 发生改变 | $2\times T_{SYSCLK}$ | — | ns |
| $T_{SOH}$ | SCK 移位边沿到 MISO 发生改变 | — | $4\times T_{SYSCLK}$ | ns |
| $T_{SLH}$ | 最后一个 SCK 边沿到 MISO 发生改变(只限于 CKPHA=1) | $6\times T_{SYSCLK}$ | $8\times T_{SYSCLK}$ | ns |

注：$T_{SYSCLK}$为系统时钟(SYSCLK)的一个周期。

## 14.7 SPI 主工作方式下扩展实例

目前 SPI 是嵌入式系统中一种很常用的总线，广泛应用在一些常见的外围设备上，比如 A/D、D/A、存储器、语音芯片、数字传感器等。不同类的外围设备使用和设置方法不同，就数据传输的方式来说，则是完全相同的。对这众多的外围设备，掌握和应用它们的前提是要熟悉外围的 SPI 通信。本书 17.4 节给出了基于 SPI 总线的 NOR Flash 的应用，有关 SPI 总线的具体应用可参考该实例。

# 第15章

# 定时器

C8051F系列元件除包含2个与标准8051兼容的计数器/定时器外，一般还集成了多个16位计数器/定时器，对于32脚的小体积产品一般包括4个定时器。它们在传统51计数器/定时器的基础上增加了较多的功能，使其在计数速率、时钟源上扩展了必要的功能。这些改进让计数器/定时器应用更灵活，功能更强。需注意的是C8051F9xx集成的定时器功能并不等同，其中两个可以用于外部计数，另外2个是16位自动重装载定时器，可用于其他外设或作为通用定时器使用。

这些定时器非常有用，可用于定时、计数、测脉宽以及完成一些周期性任务。定时器0和定时器1有着相同的工作方式。定时器2和定时器3可灵活地配置为16位或两个8位自动重装载定时器。

定时器2和定时器3还具有捕捉功能，可用于测量和校准C、RC、比较器0/1、smaRT-Clock。使用这4个定时器时要注意，它们的功能并不对等。定时器0和定时器1相似，可以作为定时器及其片外计数器使用；定时器2和定时器3功能类似，它们只能用作定时器，不可用于片外计数器，但可以用作捕捉方式，使用时要注意二者的异同，即功能类似但操作方法不同。表15.1所列为片内定时器的工作方式表。

表15.1 片内定时器工作方式表

<table>
<tr><th>定时器0和定时器1工作方式</th><th>定时器2工作方式</th><th>定时器3工作方式</th></tr>
<tr><td>13位计数器/定时器</td><td rowspan="2">16位自动重装载定时器</td><td rowspan="2">16位自动重装载定时器</td></tr>
<tr><td>16位计数器/定时器</td></tr>
<tr><td>8位自动重装载计数器/定时器</td><td rowspan="2">两个8位自动重装载定时器</td><td rowspan="2">两个8位自动重装载定时器</td></tr>
<tr><td>两个8位计数器/定时器(仅限于定时器0)</td></tr>
</table>

## 15.1 定时器0和定时器1

定时器0和定时器1可以选择5个时钟源，使用哪个由时钟选择位T1M/T0M和时钟分频位SCA[1∶0]决定。时钟分频位定义了一个分频时钟，作为定时器0或定时器1的时钟源。定时器0和定时器1可以配置为使用分频时钟或系统时钟。

定时器0或定时器1的输入端被配置到芯片的引脚上，当对应的输入引脚上出现负跳变时，计数器寄存器的值加1。计数的最大频率可达到系统时钟频率的四分之一，当频率太高则需要扩展分频芯片。输入信号不需要是周期性的,但在一个给定电平上的保持时间至少应为两个完整的系统时钟周期,以保证该电平能够被正确采样。

计数器/定时器是 16 位的寄存器,在被访问时以两个字节的形式出现:一个低字节 TL0/TL1 和一个高字节 TH0/TH1,由于地址排布关系无法使用 SFR 16 寻址。计数器/定时器控制寄存器 TCON 用于允许定时器 0 和定时器 1 以及指示它们的状态。通过将 IE 寄存器中的 ET0 位置 1 来允许定时器 0 中断,通过将 ET1 位置 1 来允许定时器 1 中断。这两个计数器/定时器都有四种工作方式,通过设置计数器/定时器方式寄存器 TMOD 中的方式选择位 T1M[1:0]/T0M[1:0]来选择工作方式,每个定时器都可以独立配置。

## 15.1.1 定时器 0/定时器 1 的方式 0——13 位计数器/定时器

方式 0 时定时器 0/定时器 1 作为 13 位的计数器/定时器使用。由于这两个定时器在工作原理上完全相同,所以其配置过程也一样。下面介绍对定时器 0 的配置和操作。TH0 寄存器保持 13 位计数器/定时器的 8 个 MSB,TL0 在 TL0.4~TL0.0 位置保持 5 个 LSB。TL0 的高 3 位(TL0.7~TL0.5)是不确定的,在读计数值时应屏蔽掉或忽略这 3 位。作为 13 位定时器寄存器,计数到 0x1FFF(全 1)后,再计数一次将发生溢出,使计数值回到 0x0000,此时定时器溢出标志 TF0(TCON.5)置 1,如果该中断被允许将产生一个中断。图 15.1 给出了定时器 0 工作在方式 0 时的原理图。

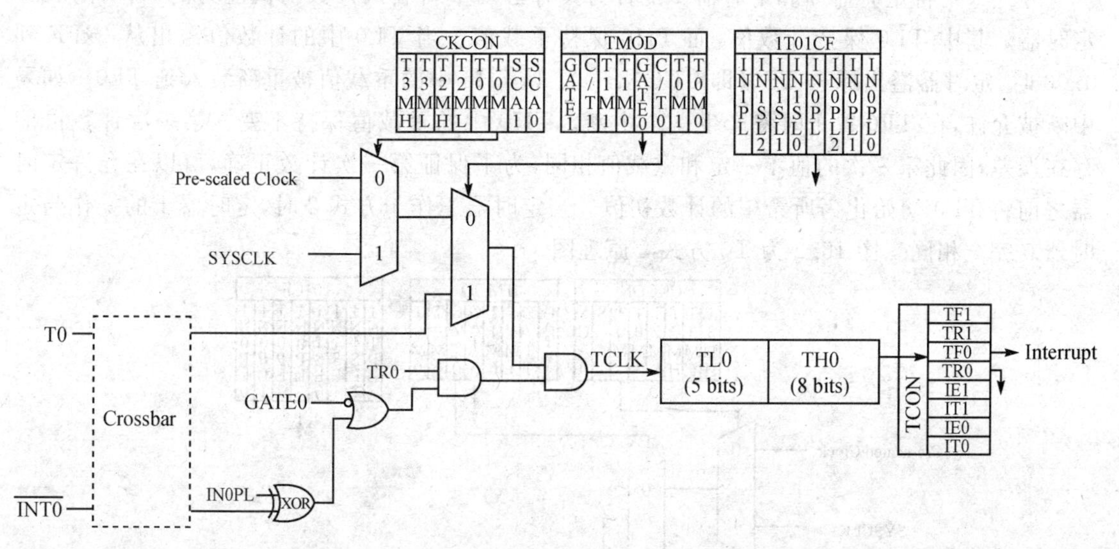


**图 15.1 T0 工作在方式 0 时的原理图**

C/T0 位(TMOD.2)选择计数器/定时器的时钟源。当 C/T0 设置为逻辑 1 时,出现在定时器 0 输入引脚 T0 上的负跳变使定时器寄存器加 1。清除 C/T0 位将选择由 T0M 位(CKCON.3)定义的时钟作为定时器的输入。当 T0M 置 1 时,定时器 0 的时钟为系统时钟,当 T0M 位清 0 时,定时器 0 的时钟源由 CKCON 中的时钟分频位定义。当 GATE0(即 TMOD.3)为逻辑 0 或输入信号 $\overline{\text{INT0}}$ 有效时,有效电平由 IT01CF 寄存器中的 IN0PL 位定义,置 1 TR0 位(TCON.4)将允许定时器 0 工作。设置 GATE0 为逻辑 1,允许定时器受外部输入信号 $\overline{\text{INT0}}$ 的控制,便于脉冲宽度测量,见表 15.2。

表 15.2　定时器 13 位方式应用

| TR0 | GATE0 | $\overline{\text{INT0}}$ | 计数器/定时器 |
|---|---|---|---|
| 0 | X | X | 禁止 |
| 1 | 0 | X | 允许 |
| 1 | 1 | 0 | 禁止 |
| 1 | 1 | 1 | 允许 |

注:X 表示任意取值。

**注意**:置 1 TR0 并不强制定时器复位。应在定时器被允许前将定时器寄存器装入所需要的初值。与上述的 TL0 和 TH0 一样,TL1 和 TH1 构成定时器 1 的 13 位寄存器。定时器 1 的配置和控制方法与定时器 0 一样,使用 TCON 和 TMOD 中的对应位。输入信号 $\overline{\text{INT1}}$ 为定时器 1 所用,其极性由 IT01CF 寄存器中的 IN1PL 位定义。

## 15.1.2　定时器 0/定时器 1 的方式 1 和方式 2

方式 1 的操作与方式 0 完全一样,区别仅是计数器/定时器的位数不同,前者使用了 13 位,后者使用全部 16 位。可以把定时器工作在方式 0 的允许和配置方法用在方式 1 上。

方式 2 是将定时器 0 和定时器 1 配置为具有自动重新装入计数初值能力的 8 位计数器/定时器。其中 TL0 保持计数值,而 TH0 保持重载值。当 TL0 中的计数值溢出从 0xFF 到 0x00 时,定时器溢出标志 TF0(即 TCON.5)置 1,TH0 中的重载值被重新装入到 TL0。如果中断被允许,在 TF0 置 1 时将产生一个中断。TH0 中的重载值保持不变。第一次计数可能存在误差,因此第一次的值不一定和重载值相同,为了保证第一次计数正确,可以在允许定时器之前将 TL0 初始化为所希望的计数初值。当定时器工作于方式 2 时,定时器 1 的操作与定时器 0 完全相同。图 15.2 为 T0 方式 2 原理图。

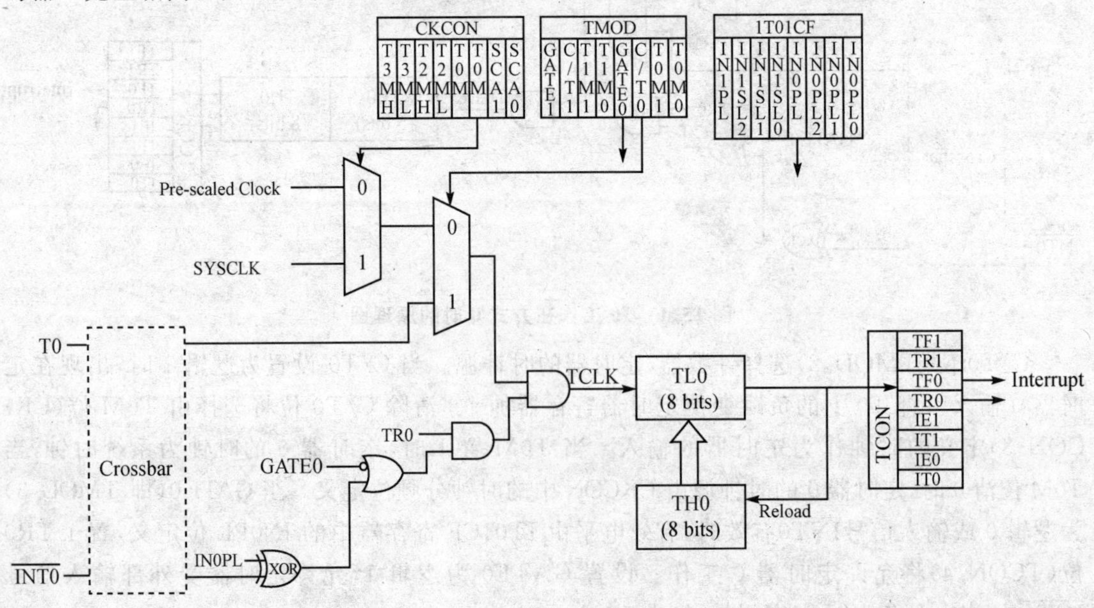


图 15.2　T0 方式 2 原理图

定时器 1 和定时器 0 在方式 2 的配置和控制方法与方式 0 一样。当 GATE0(即 TMOD.3)为逻辑 0 或输入信号 $\overline{\text{INT0}}$ 有效时,有效电平由 INT01CF 寄存器中的 IN0PL 位定义,置 1 TR0 位(TCON.4)将允许定时器 0 工作。

## 15.1.3 定时器 0 的方式 3

定时器 0 在方式 3 被配置成两个独立的 8 位定时器/计数器,计数值分别保存在 TL0 和 TH0 中。在 TL0 中的计数器/定时器使用 TCON 和 TMOD 中定时器 0 的控制/状态位:TR0、C/T0、GATE0 和 TF0。TL0 既可以使用系统时钟也可以使用一个外部输入信号作为时基外部计数。TH0 寄存器只能作为定时器使用,由系统时钟或分频时钟提供时基。TH0 使用定时器 1 的运行控制位 TR1,并在发生溢出时将定时器 1 的溢出标志位 TF1 置 1,所以它控制定时器 1 的中断。

定时器 1 不能工作在方式 3,在该方式时它停止运行。当定时器 0 工作于方式 3 时,定时器 1 可以工作在方式 0、1 或 2,但不能用外部信号作为时钟,也不能设置 TF1 标志和产生中断。但是定时器 1 溢出可以用于为 SMBus 和 UART 产生波特率,也可以作为 ADC0 转换的启动源。当定时器 0 工作在方式 3 时,定时器 1 的运行控制由其方式设置决定。为了在定时器 0 工作于方式 3 时使用定时器 1,应使定时器 1 工作在方式 0、1 或 2。还可以通过将定时器 1 切换到方式 3 使其停止运行。图 15.3 是 T0 方式 3 的原理图。

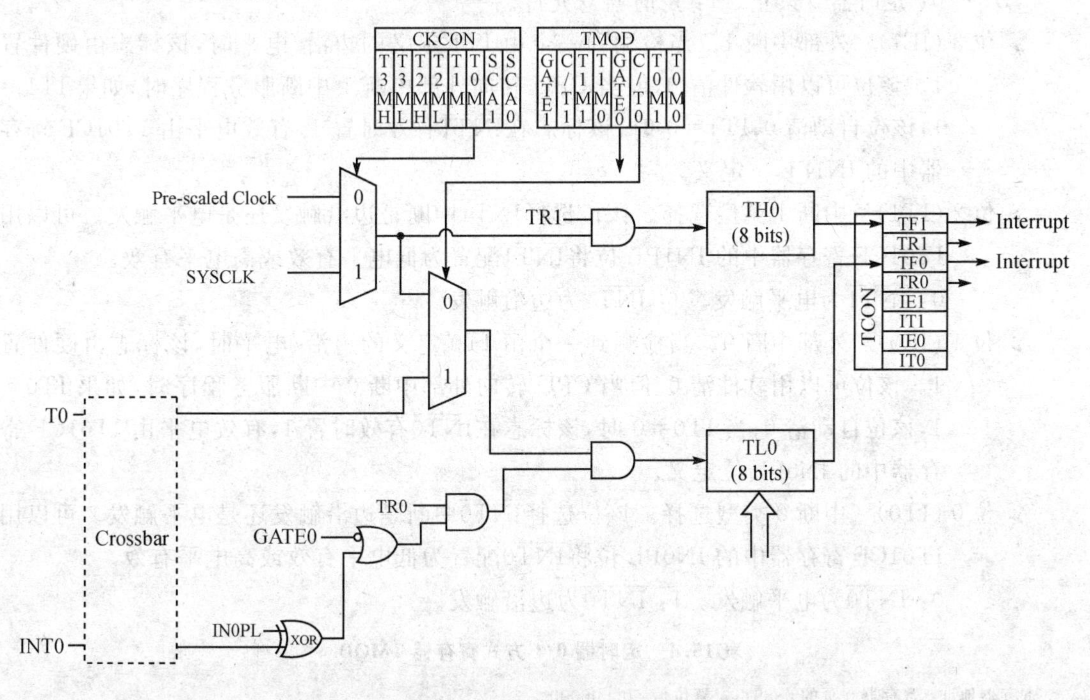


图 15.3　T0 方式 3 原理图

## 15.1.4 定时器 0/定时器 1 的相关寄存器

除了时钟源选择扩展外,其他与传统 51 内核完全兼容。定时器 0/1 配置的相关寄存器见表 15.3～表 15.12。

表 15.3 定时器 0/1 控制寄存器 TCON

寄存器地址：寄存器 0 页的 0x88　　复位值：00000000

| 位　号 | 位 7 | 位 6 | 位 5 | 位 4 | 位 3 | 位 2 | 位 1 | 位 0 |
|---|---|---|---|---|---|---|---|---|
| 位定义 | TF1 | TR1 | TF0 | TR0 | IE1 | IT1 | IE0 | IT0 |
| 读写允许 | R/W | R/W | R/W | R/W | R/W | R/W | R/W | R/W |

TCON 位功能说明如下：

➢ 位 7（TF1）　定时器 1 溢出标志。当定时器 1 溢出时由硬件置 1；该位可以用软件清 0。但当 CPU 转向定时器 1 中断服务程序时该位自动清 0。

　0：未检测到定时器 1 溢出。1：定时器 1 发生溢出。

➢ 位 6（TR1）　定时器 1 运行控制。

　0：定时器 1 禁止。1：定时器 1 允许。

➢ 位 5（TF0）　定时器 0 溢出标志。当定时器 0 溢出时由硬件置 1；该位可以用软件清 0。但当 CPU 转向定时器 0 中断服务程序时该位自动清 0。

　0：未检测到定时器 1 溢出。1：定时器 1 发生溢出。

➢ 位 4（TR0）　定时器 0 运行控制。

　0：定时器 0 禁止。1：定时器 0 允许。

➢ 位 3（IE1）　外部中断 1。当检测到一个由 IT1 定义的边沿/电平时，该标志由硬件置 1。该位可以用软件清 0，但当 CPU 转向外部中断 1 中断服务程序时，如果 IT1＝1，该位自动清 0；IT1＝0 时，该标志在 $\overline{\text{INT1}}$ 有效时置 1，有效电平由 IT01CF 寄存器中的 IN1PL 位定义。

➢ 位 2（IT1）　中断 1 类型选择。该位选择 $\overline{\text{INT1}}$ 中断是边沿触发还是电平触发。可以用 IT01CF 寄存器中的 IN1PL 位将 $\overline{\text{INT1}}$ 配置为低电平有效或高电平有效。

　0：$\overline{\text{INT1}}$ 为电平触发。1：$\overline{\text{INT1}}$ 为边沿触发。

➢ 位 1（IE0）　外部中断 0。当检测到一个由 IT0 定义的边沿/电平时，该标志由硬件置 1。该位可以用软件清 0，但当 CPU 转向外部中断 0 中断服务程序时，如果 IT0＝1，该位自动清 0；当 IT0＝0 时，该标志在 $\overline{\text{INT0}}$ 有效时置 1，有效电平由 IT01CF 寄存器中的 IN0PL 位定义。

➢ 位 0（IT0）　中断 0 类型选择。该位选择 $\overline{\text{INT0}}$ 中断是边沿触发还是电平触发。可以用 IT01CF 寄存器中的 IN0PL 位将 $\overline{\text{INT0}}$ 配置为低电平有效或高电平有效。

　0：$\overline{\text{INT0}}$ 为电平触发。1：$\overline{\text{INT0}}$ 为边沿触发。

表 15.4 定时器 0/1 方式寄存器 TMOD

寄存器地址：寄存器 0 页的 0x89　　复位值：00000000

| 位　号 | 位 7 | 位 6 | 位 5 | 位 4 | 位 3 | 位 2 | 位 1 | 位 0 |
|---|---|---|---|---|---|---|---|---|
| 位定义 | GATE1 | C/T1 | T1M1 | T1M0 | GATE0 | C/T0 | T0M1 | T0M0 |
| 读写允许 | R/W | R/W | R/W | R/W | R/W | R/W | R/W | R/W |

TMOD 位功能说明如下：

➢ 位 7（GATE1） 定时器 1 门控位。

0：当 TR1＝1 时，定时器 1 工作，与$\overline{\text{INT1}}$的逻辑电平无关。

1：只有当 TR1＝1 并且$\overline{\text{INT1}}$有效时，定时器 1 才工作。

➢ 位 6（C/T1） 计数器/定时器 1 功能选择。

0：定时器功能。定时器 1 由 T1M 位（CKCON.4）定义的时钟加 1。

1：计数器功能。定时器 1 由外部输入引脚（T1）的负跳变加 1。

➢ 位 5～4（T1M[1：0]） 定时器 1 方式选择。这些位选择定时器 1 的工作方式，详见表 15.5。

**表 15.5 定时器 1 工作方式选择**

| T1M1 | T1M0 | 方 式 |
|---|---|---|
| 0 | 0 | 方式 0：13 位计数器/定时器 |
| 0 | 1 | 方式 1：16 位计数器/定时器 |
| 1 | 0 | 方式 2：自动重装载的 8 位计数器/定时器 |
| 1 | 1 | 方式 3：定时器 1 停止运行 |

➢ 位 3（GATE0） 定时器 0 门控位。

0：当 TR0＝1 时，定时器 0 工作，与$\overline{\text{INT0}}$的逻辑电平无关。

1：只有当 TR0＝1 并且$\overline{\text{INT0}}$有效时，定时器 0 才工作。

➢ 位 2（C/T0） 计数器/定时器 0 功能选择。

0：定时器功能。定时器 0 由 T0M 位（CKCON.3）定义的时钟加 1。

1：计数器功能。定时器 0 由外部输入引脚（T0）的负跳变加 1。

➢ 位 1～0（T0M[1：0]） 定时器 0 方式选择。这些位选择定时器 0 的工作方式，详见表 15.6。

**表 15.6 定时器 0 工作方式选择**

| T0M1 | T0M0 | 方 式 |
|---|---|---|
| 0 | 0 | 方式 0：13 位计数器/定时器 |
| 0 | 1 | 方式 1：16 位计数器/定时器 |
| 1 | 0 | 方式 2：自动重装载的 8 位计数器/定时器 |
| 1 | 1 | 方式 3：两个 8 位计数器/定时器 |

**表 15.7 时钟控制寄存器 CKCON**

寄存器地址：寄存器 0 页的 0x8E　　复位值：00000000

| 位 号 | 位 7 | 位 6 | 位 5 | 位 4 | 位 3 | 位 2 | 位 1 | 位 0 |
|---|---|---|---|---|---|---|---|---|
| 位定义 | T3MH | T3ML | T2MH | T2ML | T1M | T0M | SCA1 | SCA0 |
| 读写允许 | R/W | R/W | R/W | R/W | R/W | R/W | R/W | R/W |

CKCON 位功能说明：

➢ 位 7（T3MH） 定时器 3 高字节时钟选择。该位选择供给定时器 3 高字节的时钟（如果定时器 3 被配置为两个 8 位定时器)。定时器 3 工作在其他方式时该位被忽略。

0:定时器 3 高字节使用 TMR3CN 中的 T3XCLK 位定义的时钟。

1:定时器 3 高字节使用系统时钟。

- 位 6(T3ML) 定时器 3 低字节时钟选择。该位选择供给定时器 3 的时钟。如果定时器 3 被配置为两个 8 位定时器,该位选择供给低 8 位定时器的时钟。

  0:定时器 3 低字节使用 TMR3CN 中的 T3XCLK 位定义的时钟。

  1:定时器 3 低字节使用系统时钟。

- 位 5(T2MH) 定时器 2 高字节时钟选择。该位选择供给定时器 2 高字节的时钟(如果定时器 2 被配置为两个 8 位定时器)。定时器 2 工作在其他方式时该位被忽略。

  0:定时器 2 高字节使用 TMR2CN 中的 T2XCLK 位定义的时钟。

  1:定时器 2 高字节使用系统时钟。

- 位 4(T2ML) 定时器 2 低字节时钟选择。该位选择供给定时器 2 的时钟。如果定时器 2 被配置为两个 8 位定时器,该位选择供给低 8 位定时器的时钟。

  0:定时器 2 低字节使用 TMR2CN 中的 T2XCLK 位定义的时钟。

  1:定时器 2 低字节使用系统时钟。

- 位 3(T1M) 定时器 1 时钟选择。该位选择定时器 1 的时钟源。当 C/T1 被设置为逻辑 1 时,T1M 被忽略。

  0:定时器 1 使用由分频位(SCA[1:0])定义的时钟。

  1:定时器 1 使用系统时钟。

- 位 2(T0M) 定时器 0 时钟选择。该位选择定时器 0 的时钟源。当 C/T0 被设置为逻辑 1 时,T0M 被忽略。

  0:定时器 0 使用由分频位(SCA[1:0])定义的时钟。

  1:定时器 0 使用系统时钟。

- 位 1~0(SCA[1:0]) 定时器 0/1 预分频位。如果定时器 0/1 被配置为使用分频时钟,则这些位控制时钟分频数。详见表 15.8。

**表 15.8 定时器 0/1 预分频位定义**

| SCA1 | SCA0 | 分频时钟 | SCA1 | SCA0 | 分频时钟 |
|---|---|---|---|---|---|
| 0 | 0 | 系统时钟/12 | 1 | 0 | 系统时钟/48 |
| 0 | 1 | 系统时钟/4 | 1 | 1 | 外部时钟/8 |

注:外部时钟 8 分频与系统时钟同步。

**表 15.9 定时器 0 低字节 TL0**

寄存器地址:寄存器 0 页的 0x8A　　复位值:00000000

| 位　号 | 位 7 | 位 6 | 位 5 | 位 4 | 位 3 | 位 2 | 位 1 | 位 0 |
|---|---|---|---|---|---|---|---|---|
| 位定义 | D7 | D6 | D5 | D4 | D3 | D2 | D1 | D0 |
| 读写允许 | R/W | R/W | R/W | R/W | R/W | R/W | R/W | R/W |

TL0 位功能说明如下:

- 位 7~0(TL0) 定时器 0 低字节。TL0 寄存器是 16 位定时器 0 的低字节。

表 15.10　定时器 1 低字节 TL1

寄存器地址：寄存器 0 页的 0x8B　　复位值：00000000

| 位　号 | 位 7 | 位 6 | 位 5 | 位 4 | 位 3 | 位 2 | 位 1 | 位 0 |
|---|---|---|---|---|---|---|---|---|
| 位定义 | D7 | D6 | D5 | D4 | D3 | D2 | D1 | D0 |
| 读写允许 | R/W | R/W | R/W | R/W | R/W | R/W | R/W | R/W |

TL1 位功能说明如下：

➢ 位 7～0(TL1)　定时器 1 低字节。TL1 寄存器是 16 位定时器 1 的低字节。

表 15.11　定时器 0 高字节 TH0

寄存器地址：寄存器 0 页的 0x8C　　复位值：00000000

| 位　号 | 位 7 | 位 6 | 位 5 | 位 4 | 位 3 | 位 2 | 位 1 | 位 0 |
|---|---|---|---|---|---|---|---|---|
| 位定义 | D7 | D6 | D5 | D4 | D3 | D2 | D1 | D0 |
| 读写允许 | R/W | R/W | R/W | R/W | R/W | R/W | R/W | R/W |

TH0 位功能说明如下：

➢ 位 7～0(TH0)　定时器 0 高字节。TH0 寄存器是 16 位定时器 0 的高字节。

表 15.12　定时器 1 高字节 TH1

寄存器地址：寄存器 0 页的 0x8D　　复位值：00000000

| 位　号 | 位 7 | 位 6 | 位 5 | 位 4 | 位 3 | 位 2 | 位 1 | 位 0 |
|---|---|---|---|---|---|---|---|---|
| 位定义 | D7 | D6 | D5 | D4 | D3 | D2 | D1 | D0 |
| 读写允许 | R/W | R/W | R/W | R/W | R/W | R/W | R/W | R/W |

TH1 位功能说明如下：

➢ 位 7～0(TH1)　定时器 1 高字节。TH1 寄存器是 16 位定时器 1 的高字节。

## 15.2　定时器 2

定时器 2 也是一个 16 位的定时器，由两个 8 位的寄存器组成：TMR2L(为低字节)和 TMR2H(为高字节)。定时器 2 可以工作在 16 位自动重装载方式或 8 位自动重装载方式，其中后者相当于两个 8 位定时器。T2SPLIT 位(即 TMR2CN.3)定义定时器 2 的工作方式。定时器 2 还可以被用于捕捉方式，来测量 smaRTClock 频率或比较器 0 的周期。

时钟源可以设置为系统时钟、系统时钟 12 分频、smaRTClock 时钟 8 分频以及比较器 0 输出。需注意的是，smaRTClock 时钟 8 分频、比较器 0 的时钟与系统时钟要同步。

### 15.2.1　定时器 2 的 16 位自动重装载方式

当 T2SPLIT 位(TMR2CN.3)设置为逻辑 0 时，定时器 2 工作在自动重装载的 16 位定时器方式。当 16 位定时器寄存器发生溢出从 0xFFFF 到 0x0000 时，定时器 2 重载寄存器

TMR2RLH 和 TMR2RLL 中的 16 位计数初值被自动装入到定时器 2 寄存器，并将定时器 2 高字节溢出标志 TF2H 位(TMR2CN.7)置 1。如果定时器 2 中断允许(即 IE.5 置 1)，每次溢出都将产生中断。如果定时器 2 中断允许并且 TF2LEN 位(TMR2CN.5 置 1)，则每次低 8 位 TMR2L 溢出时从 0xFF 到 0x00 都将产生一个中断。定时器 2 在该模式可用的时钟源包括系统时钟、系统时钟 12 分频、smaRTClock 时钟 8 分频、以及比较器 0 输出。图 15.4 是定时器 2 的 16 位方式原理图。

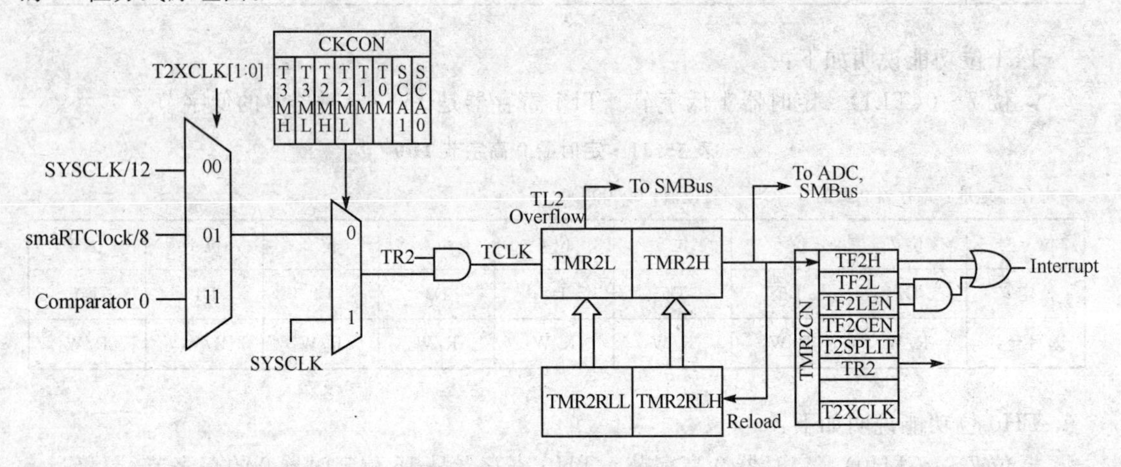


图 15.4 定时器 2 的 16 位重载方式原理图

## 15.2.2 定时器 2 的 8 位自动重装载定时器方式

当 T2SPLIT 位置 1 时，定时器 2 工作在双 8 位定时器方式，高 8 位与低 8 位寄存器分别为 TMR2H 和 TMR2L。这两个 8 位定时器都工作在自动重装载方式。TMR2RLL 保持 TMR2L 的重载值，而 TMR2RLH 保持 TMR2H 的重载值。TMR2CN 中的 TR2 是 TMR2H 的运行控制位。当定时器 2 被配置为 8 位方式时，TMR2L 总是处于运行状态。

每个 8 位定时器的时钟源可以配置为使用系统时钟、系统时钟 12 分频、smaRTClock 时钟 8 分频、以及比较器 0 输出。定时器 2 时钟选择位 T2MH 和 T2ML 位于 CKCON 寄存器中，通过它可选择 SYSCLK 或由定时器 2 外部时钟选择位 TMR2CN 中的 T2XCLK[1∶0]定义的时钟源。

时钟源的选择情况如表 15.13、表 15.14 所列。

表 15.13 定时器 2 高 8 位定时器时钟源

| T2MH | T2XCLK[1∶0] | TMR2H 时钟源 |
|---|---|---|
| 0 | 00 | SYSCLK/12 |
| 0 | 01 | smaRTClock/8 |
| 0 | 10 | 保留 |
| 0 | 11 | 比较器 0 |
| 1 | x | SYSCLK |

表 15.14 定时器 2 低 8 位定时器时钟源

| T2ML | T2XCLK[1∶0] | TMR2L 时钟源 |
|---|---|---|
| 0 | 00 | SYSCLK/12 |
| 0 | 01 | smaRTClock/8 |
| 0 | 10 | 保留 |
| 0 | 11 | 比较器 0 |
| 1 | x | SYSCLK |

当 TMR2H 发生溢出时(从 0xFF 到 0x00),TF2H 置 1,当 TMR2L 发生溢出时(从 0xFF 到 0x00),TF2L 置 1。如果定时器 2 中断被允许,则每次 TMR2H 溢出时都将产生一个中断。如果定时器 2 中断允许并且 TF2LEN 位(TMR2CN.5)置 1,则每当 TMR2L 或 TMR2H 发生溢出时都将产生一个中断,共用一个中断源。TF2LEN 位置 1 要判断中断来源,软件应检查 TF2H 和 TF2L 标志来区分。TF2H 和 TF2L 标志不能硬件自动清除,必须软件清除。图 15.5 是定时器 2 的 8 位方式原理图。

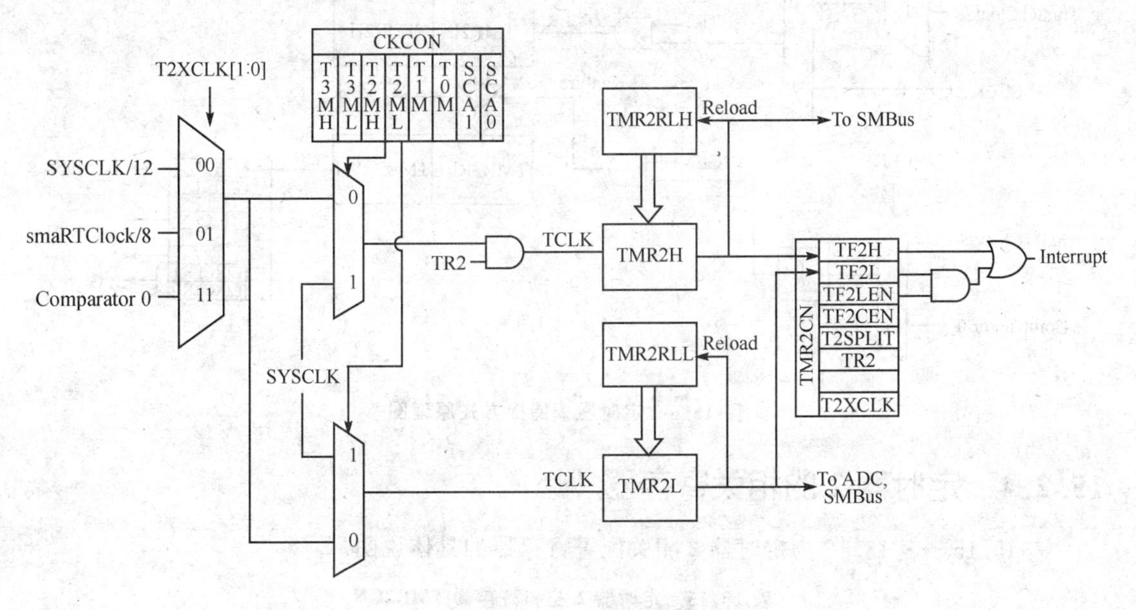


图 15.5 定时器 2 的 8 位方式原理图

## 15.2.3 比较器 0 /smaRTClock 捕捉方式

该捕捉方式允许使用系统时钟或系统频率 12 分频测量比较器 0 或 smaRTClock 频率。比较器 0 和 smaRTClock 也可以互相测量。

定时器 2 可以使用系统时钟、系统时钟 12 分频、比较器 0 或 smaRTClock 8 分频作为其时钟源。定时器每 8 个外部时钟周期或每 8 个 smaRTClock 周期捕捉一次,捕捉外部时钟还是 smaRTClock 取决于 T2RCLK 的设置。

当捕捉事件发生时,定时器 2 的内容 TMR2H∶TMR2L 被装入定时器 2 重装载寄存器 TMR2RLH∶TMR2RLL,TF2H 标志置 1。通过计算定时器两个连续的捕捉值的差值,可以确定外部振荡器或 smaRTClock 的周期,即利用定时器 2 的已知时钟频率去检测或标定前者的周期。

为获得精确的测量值,定时器 2 的时钟频率应远大于捕捉时钟的频率。当使用捕捉方式时,定时器 2 应被配置为 16 位自动重装载方式。该方式允许通过软件方式确定自振荡模式下准确的 smaRTClock 频率,还可以应用于比较器 0 上升沿检测,这一特性可应用于触摸按键识别。定时器 2 工作在捕捉方式的原理图见图 15.6。

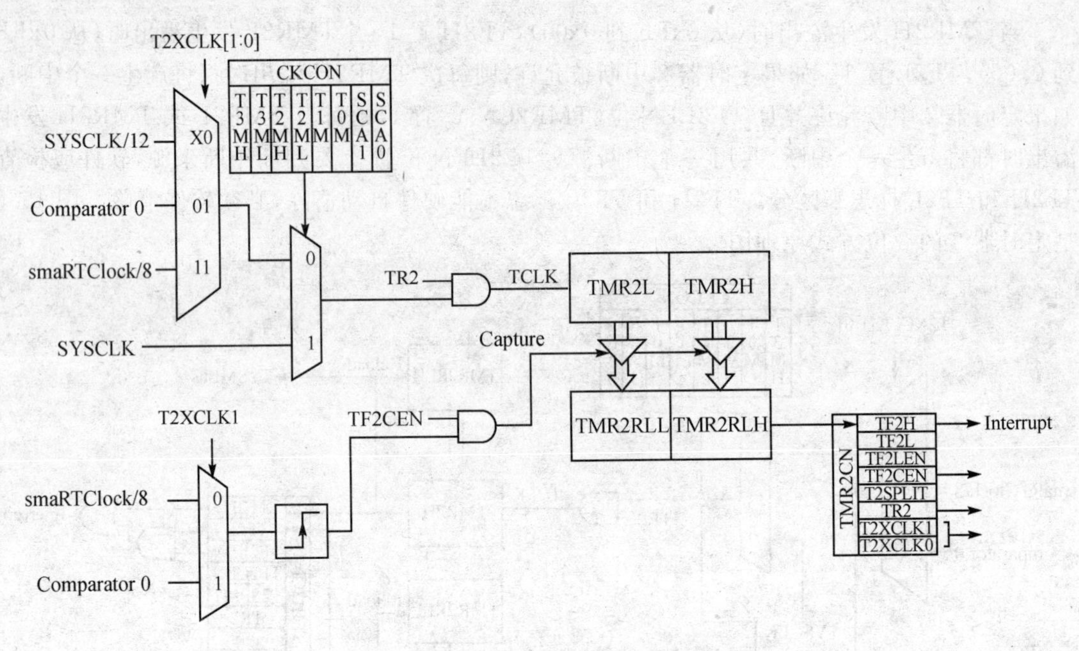


图 15.6　定时器 2 捕捉方式原理图

## 15.2.4　定时器 2 的相关寄存器

表 15.15～表 15.19 为定时器 2 相关配置寄存器的具体说明。

表 15.15　定时器 2 控制寄存器 TMR2CN

寄存器地址：寄存器 0 页的 0xC8　　复位值：00000000

| 位　号 | 位 7 | 位 6 | 位 5 | 位 4 | 位 3 | 位 2 | 位 1 | 位 0 |
|---|---|---|---|---|---|---|---|---|
| 位定义 | TF2H | TF2L | TF2LEN | TF2CEN | T2SPLIT | TR2 | T2XCLK1 | T2XCLK0 |
| 读写允许 | R/W | R/W | R/W | R/W | R/W | R/W | R/W | R/W |

TMR2CN 位功能说明如下：

➢ 位 7（TF2H）　定时器 2 高字节溢出标志。当定时器 2 高字节发生溢出时(从 0xFF 到 0x00)，该位硬件置 1；在 16 位方式，当定时器 2 发生溢出时（从 0xFFFF 到 0x0000)，该位硬件置 1；当定时器 2 中断允许时，该位置 1 将导致 CPU 转向定时器 2 的中断服务程序。该位不能硬件自动清 0，必须软件清 0。

➢ 位 6（TF2L）　定时器 2 低字节溢出标志。当定时器 2 低字节发生溢出时(从 0xFF 到 0x00)，该位硬件置 1；当定时器 2 中断允许并且 TF2LEN 位设置为逻辑 1 时，该位置 1 将产生中断。TF2L 在低字节溢出时置 1，与定时器 2 的工作方式无关。该位不能硬件自动清 0，必须软件清 0。

➢ 位 5（TF2LEN）　定时器 2 低字节中断允许位。该位允许/禁止定时器 2 低字节中断。如果 TF2LEN 置 1 并且定时器 2 中断允许（IE.5＝1)，则当定时器 2 低字节发生溢出时将产生一个中断。当定时器 2 工作在 16 位方式时，该位应清 0。
0：禁止定时器 2 低字节中断。1：允许定时器 2 低字节中断。

➤ 位 4（TF2CEN） 定时器 2 捕捉允许位。

0：禁止定时器 2 捕捉方式。1：允许定时器 2 捕捉方式。

➤ 位 3（T2SPLIT） 定时器 2 双 8 位方式允许位。当该位置 1 时，定时器 2 工作在双 8 位自动重装载定时器方式。

0：定时器 2 工作在 16 位自动重装载方式。

1：定时器 2 工作在双 8 位自动重装载定时器方式。

➤ 位 2（TR2） 定时器 2 运行控制。该位允许/禁止定时器 2。在 8 位方式，该位只控制 TMR2H、TMR2L 总是处于运行状态。

0：定时器 2 禁止。1：定时器 2 允许。

➤ 位 1～0（T2RCLK[1：0]） 定时器 2 外部时钟源及捕捉源选择位。该位选择定时器 2 的外部时钟源。如果定时器 2 工作在 8 位方式，该位为两个 8 位定时器，选择外部振荡器时钟源，但仍可用定时器 2 时钟选择位（CKCON 中的 T2MH 和 T2ML）在外部时钟和系统时钟之间作出选择，定义如下：

00：定时器 2 外部时钟为系统时钟/12；捕捉触发为 smaRTClock 8 分频。

01：定时器 3 外部时钟为比较器 0 输出；捕捉触发为 smaRTClock 8 分频。

10：定时器 3 外部时钟为系统时钟/12；捕捉触发为比较器 0 输出。

11：定时器 3 外部时钟为比较器 0 输出；捕捉触发为 smaRTClock 8 分频。

**表 15.16 定时器 2 重载寄存器低字节 TMR2RLL**

寄存器地址：寄存器 0 页的 0xCA　　复位值：00000000

| 位　号 | 位 7 | 位 6 | 位 5 | 位 4 | 位 3 | 位 2 | 位 1 | 位 0 |
|---|---|---|---|---|---|---|---|---|
| 位定义 | D7 | D6 | D5 | D4 | D3 | D2 | D1 | D0 |
| 读写允许 | R/W | R/W | R/W | R/W | R/W | R/W | R/W | R/W |

TMR2RLL 位功能说明如下：

➤ 位 7～0（TMR2RLL） 定时器 2 重载寄存器的低字节，保持定时器 2 重载值的低字节。

**表 15.17 定时器 2 重载寄存器高字节 TMR2RLH**

寄存器地址：寄存器 0 页的 0xCB　　复位值：00000000

| 位　号 | 位 7 | 位 6 | 位 5 | 位 4 | 位 3 | 位 2 | 位 1 | 位 0 |
|---|---|---|---|---|---|---|---|---|
| 位定义 | D7 | D6 | D5 | D4 | D3 | D2 | D1 | D0 |
| 读写允许 | R/W | R/W | R/W | R/W | R/W | R/W | R/W | R/W |

TMR2RLH 位功能说明如下：

➤ 位 7～0（TMR2RLH） 定时器 2 重载寄存器的高字节，保持定时器 2 重载值的高字节。

**表 15.18 定时器 2 低字节 TMR2L**

寄存器地址：寄存器 0 页的 0xCC　　复位值：00000000

| 位　号 | 位 7 | 位 6 | 位 5 | 位 4 | 位 3 | 位 2 | 位 1 | 位 0 |
|---|---|---|---|---|---|---|---|---|
| 位定义 | D7 | D6 | D5 | D4 | D3 | D2 | D1 | D0 |
| 读写允许 | R/W | R/W | R/W | R/W | R/W | R/W | R/W | R/W |

TMR2L 位功能说明如下：

➢ 位 7～0（TMR2L） 定时器 2 的低字节。在 16 位方式，TMR2L 寄存器保持 16 位定时器 2 的低字节。在 8 位方式，TMR2L 中保持 8 位低字节定时器的计数值。

**表 15.19 定时器 2 高字节 TMR2H**

寄存器地址：寄存器 0 页的 0xCD　　复位值：00000000

| 位　号 | 位 7 | 位 6 | 位 5 | 位 4 | 位 3 | 位 2 | 位 1 | 位 0 |
|---|---|---|---|---|---|---|---|---|
| 位定义 | D7 | D6 | D5 | D4 | D3 | D2 | D1 | D0 |
| 读写允许 | R/W | R/W | R/W | R/W | R/W | R/W | R/W | R/W |

TMR2H 位功能说明如下：

➢ 位 7～0（TMR2H） 定时器 2 的高字节。在 16 位方式，TMR2H 寄存器保持 16 位定时器 2 的高字节。在 8 位方式，TMR2H 中保持 8 位高字节定时器的计数值。

## 15.3 定时器 3

定时器 3 也是一个 16 位的定时器，由两个 8 位的寄存器组成：TMR3L 为低字节，TMR3H 为高字节。它可以工作在 16 位自动重装载方式或 8 位自动重装载方式，此时相当于两个 8 位定时器。T3SPLIT 位（TMR3CN.3）定义定时器 3 的工作方式。定时器 3 还可被用于捕捉方式，以测量 smaRTClock 频率或外部振荡器时钟频率。定时器 3 的时钟源可以是系统时钟、系统时钟 12 分频或外部振荡源时钟 8 分频。在使用实时时钟 RTC 功能时，外部时钟方式是理想的选择，此时用内部振荡器驱动系统时钟。定时器 3 与定时器 2 功能类似，但由于定时器 2 所在的地址具有位操作，操作更灵活方便；定时器 3 的所在地址不具备位操作，只能利用字节对位进行逻辑赋值，操作较烦琐。

### 15.3.1 定时器 3 的 16 位自动重装载方式

当 T3SPLIT 位（TMR3CN.3）被设置为逻辑 0 时，定时器 3 的工作方式为 16 位自动重装载定时器方式。定时器 3 可以使用多种信号源作为其时钟源，这些时钟信号包括：系统频率、系统频率 12 分频，外部振荡器时钟 8 分频。当 16 位定时器寄存器计数溢出（从 0xFFFF 到 0x0000）时，定时器 3 重载寄存器 TMR3RLH 和 TMR3RLL 中的 16 位计数初值被自动装入定时器 3 寄存器，并将定时器 3 高字节溢出标志 TF3H 位（TMR3CN.7）置 1。如果定时器 3 中断允许，即 EIE1.7 位置 1，每次溢出都将产生中断。如果定时器 3 中断允许并且 TF3LEN 位（TMR3CN.5）置 1，则每次低 8 位 TMR3L 溢出时（从 0xFF 到 0x00）将产生中断。图 15.7 为定时器 3 的 16 位方式工作原理图。

### 15.3.2 定时器 3 的 8 位自动重装载定时器方式

当 T3SPLIT 位（TMR3CN.3）置 1 时，定时器 3 的工作方式为双 8 位定时器方式（TMR3H 和 TMR3L）。此时相当于两个 8 位自动重装载方式的定时器，TMR3RLL 保持 TMR3L 的重载值，而 TMR3RLH 保持 TMR3H 的重载值。TMR3CN 中的 TR3 是 TMR3H 的运行控制位。当定时器 3 配置为 8 位方式时，TMR3L 总是处于运行状态。

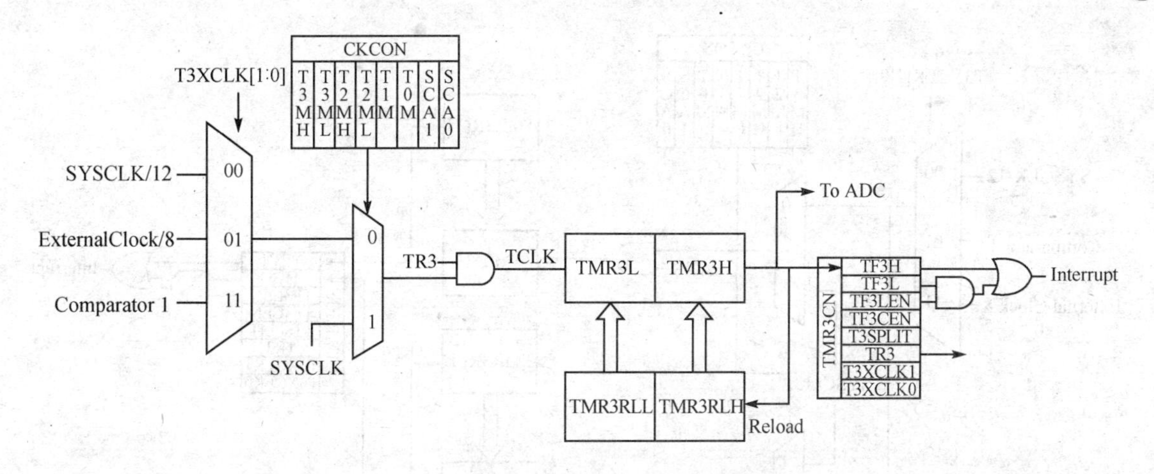


图 15.7　定时器 3 的 16 位方式工作原理图

每个 8 位定时器都可以配置为使用系统时钟、系统时钟 12 分频或外部振荡器时钟 8 分频作为其时钟源。定时器 3 时钟选择位 T3MH 和 T3ML 位于 CKCON 中，通过它可以选择定时器 3 的时钟是系统时钟还是外部时钟，其中外部时钟由 TMR3CN 中的 T3XCLK 定义时钟源。时钟源的可选择情况如表 15.20、表 15.21 所列。

表 15.20　定时器 3 高 8 位定时器时钟源

| T3MH | T3XCLK | TMR3H 时钟源 |
|---|---|---|
| 0 | 0 | SYSCLK/12 |
| 0 | 1 | 外部时钟/8 |
| 1 | X | SYSCLK |

表 15.21　定时器 3 低 8 位定时器时钟源

| T3ML | T3XCLK | TMR3L 时钟源 |
|---|---|---|
| 0 | 0 | SYSCLK/12 |
| 0 | 1 | 外部时钟/8 |
| 1 | X | SYSCLK |

当 TMR3H 溢出时(即从 0xFF 到 0x00)，TF3H 置 1，当 TMR3L 溢出时(即从 0xFF 到 0x00)，TF3L 置 1。如果定时器 3 中断允许，则每次 TMR3H 溢出时都将产生一个中断。如果定时器 3 中断允许并且 TF3LEN 位(TMR3CN.5)置 1，则每当 TMR3L 或 TMR3H 发生溢出时将产生一个中断。在 TF3LEN 位置 1 的情况下，软件应检查 TF3H 和 TF3L 标志，以确定中断的来源。TF3H 和 TF3L 标志不能硬件自动清除，必须软件清除。定时器 3 的 8 位方式原理如图 15.8 所示。

## 15.3.3　比较器 1/外部振荡器捕捉方式

与定时器 2 类似，定时器 3 也具有捕捉工作方式。该捕捉方式的功能为：使用系统时钟或系统频率的 12 分频测量比较器 1 或外部振荡器时钟的周期。比较器 1 和外部振荡器的时钟周期也可以互相测量。

定时器 3 可以使用系统时钟、系统时钟 12 分频、外部振荡器 8 分频或比较器 1 作为其时钟源，由 T3ML、T3XCLK 和 T3RCLK 的设置决定。捕捉功能允许后，定时器在每个比较器 1 上升沿或 8 个外部时钟周期后捕捉一次，捕捉外部时钟还是比较器 1 取决于 T3RCLK 的设置。捕捉事件发生时，定时器 3 的内容 TMR3H：TMR3L 被装入定时器 3 重装载寄存器 TMR3RLH：TMR3RLL，同时 TF3H 标志置 1，如果中断允许则会触发中断。计算定时器连

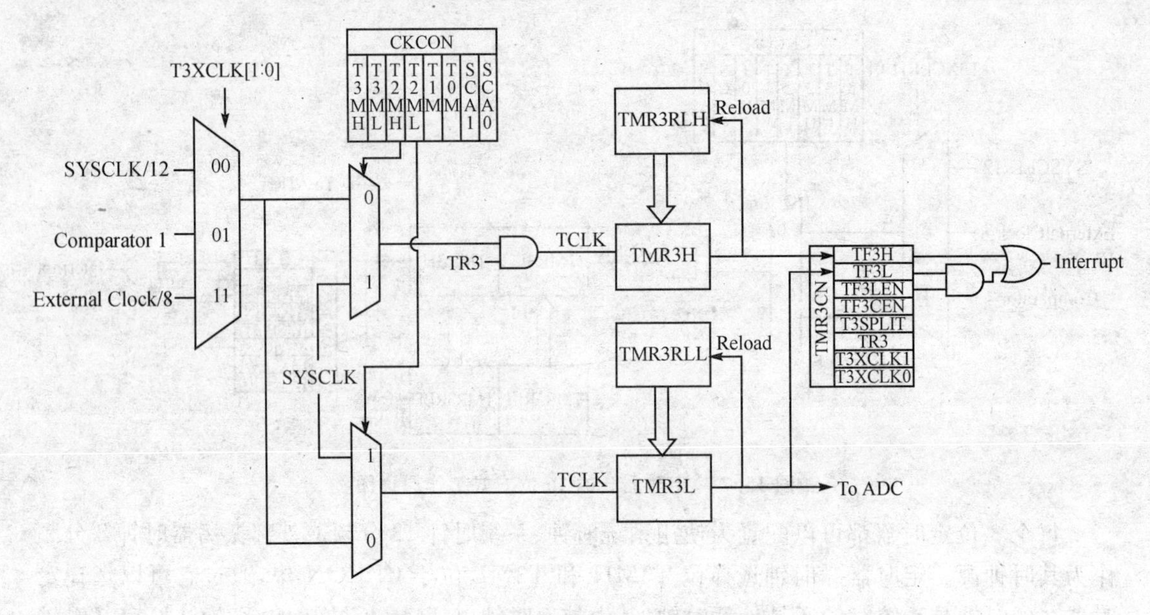


图 15.8　定时器 3 的 8 位方式原理图

续两个捕捉值的差值，就可以确定比较器 1 或外部振荡器的时钟周期，测量结果是参照于定时器 3 时钟。因此为了获得精确的测量值，就要求定时器 3 的时钟频率应远大于被捕捉时钟的频率。当使用捕捉方式时，定时器 3 应配置为 16 位自动重装载方式。

该方式可在线校准由 C 或 RC 产生的时钟频率，此时时钟频率影响因素较多无法定量计算，还可以测量比较器两次连续上升沿之间的时间，其中比较器上升沿的检测方式可用于触摸开关按键识别。图 15.9 为定时器 3 捕捉方式原理图。

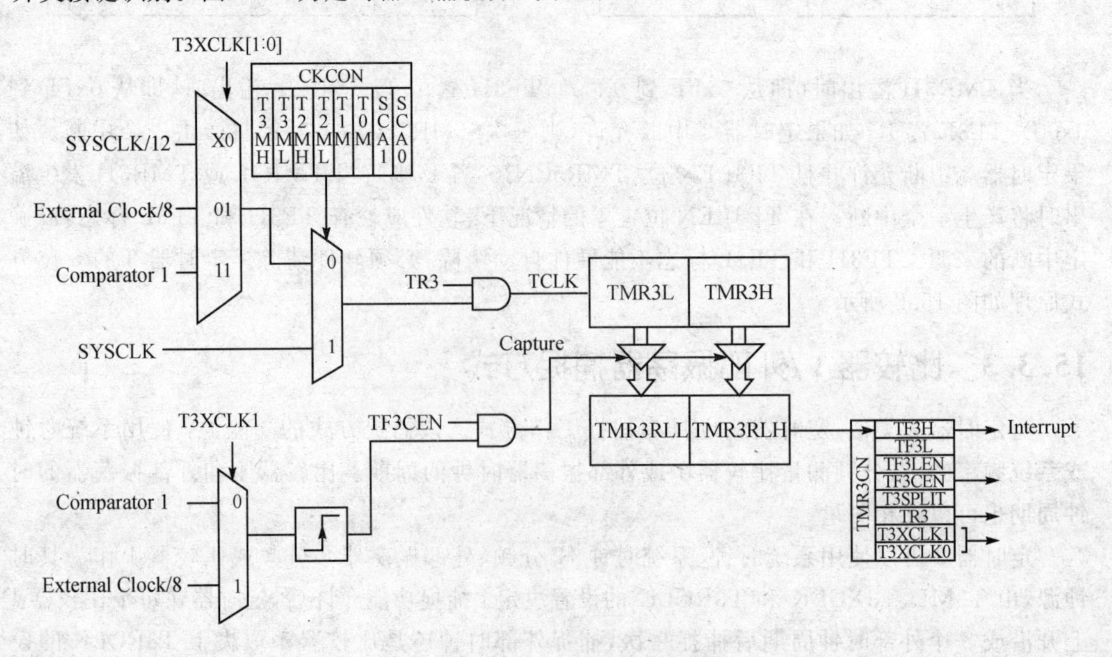


图 15.9　定时器 3 捕捉方式原理图

### 15.3.4 定时器3的相关寄存器

定时器3相关寄存器的具体定义见表15.22～表15.26。使用时不可完全参照定时器2，尽管二者形式相同，但由于定时器3所有寄存器均不具备位操作能力，因此二者操作方法有区别。

表15.22 定时器3控制寄存器TMR3CN

寄存器地址：寄存器0页的0x91　　复位值：00000000

| 位号 | 位7 | 位6 | 位5 | 位4 | 位3 | 位2 | 位1 | 位0 |
|---|---|---|---|---|---|---|---|---|
| 位定义 | TF3H | TF3L | TF3LEN | TF3CEN | T3SPLIT | TR3 | T3XCLK1 | T3XCLK0 |
| 读写允许 | R/W | R/W | R/W | R/W | R/W | R/W | R/W | R/W |

TMR3CN位功能说明如下：

- 位7(TF3H)　定时器3高字节溢出标志。当定时器3高字节发生溢出时(从0xFF到0x00)，该位硬件置1；在16位方式，当定时器3发生溢出时(从0xFFFF到0x0000)，该位硬件置1；当定时器3中断允许时，该位置1将导致CPU转向定时器3的中断服务程序。该位不能硬件自动清0，必须软件清0。
- 位6(TF3L)　定时器3低字节溢出标志。当定时器3低字节发生溢出时(从0xFF到0x00)，该位硬件置1；当定时器3中断允许并且TF3LEN位设置为逻辑1时，该位置1将产生中断。TF3L在低字节溢出时置1，与定时器3的工作方式无关。该位不能硬件自动清0。
- 位5(TF3LEN)　定时器3低字节中断允许位。该位允许/禁止定时器3低字节中断。如果TF3LEN置1并且定时器3中断允许，则当定时器3低字节发生溢出时将产生一个中断。当定时器3工作在16位方式时，该位应清0。
  0：禁止定时器3低字节中断。1：允许定时器3低字节中断。
- 位4(TF3CEN)　定时器3捕捉允许位。
  0：禁止定时器3捕捉方式。1：允许定时器3捕捉方式。
- 位3(T3SPLIT)　定时器3双8位方式允许位。当该位置1时，定时器3工作在双8位自动重装载定时器方式。
  0：定时器3工作在16位自动重装载方式。
  1：定时器3工作在双8位自动重装载定时器方式。
- 位2(TR3)　定时器3运行控制。该位允许/禁止定时器3。在8位方式，该位只控制TMR3H，TMR3L总是处于运行状态。
  0：定时器3禁止。1：定时器3允许。
- 位1～0(T3RCLK[1：0])　定时器3外部时钟源及捕捉源选择位。该位选择定时器3的外部时钟源。如果定时器3工作在8位方式，该位为两个8位定时器选择外部振荡器时钟源。但仍可用定时器3时钟选择位(CKCON中的T3MH和T3ML)在外部时钟和系统时钟之间作出选择。定义如下：
  00：定时器3外部时钟为系统时钟/12；捕捉触发为比较器1输出。

01：定时器 3 外部时钟为外部振荡器/8；捕捉触发为比较器 1 输出。

10：定时器 3 外部时钟为系统时钟/12；捕捉触发为外部振荡器/8。

11：定时器 3 外部时钟为比较器 1 输出；捕捉触发为外部振荡器/8。

**表 15.23 定时器 3 重载寄存器低字节 TMR3RLL**

寄存器地址：寄存器 0 页的 0x92　　复位值：00000000

| 位　号 | 位 7 | 位 6 | 位 5 | 位 4 | 位 3 | 位 2 | 位 1 | 位 0 |
|---|---|---|---|---|---|---|---|---|
| 位定义 | D7 | D6 | D5 | D4 | D3 | D2 | D1 | D0 |
| 读写允许 | R/W | R/W | R/W | R/W | R/W | R/W | R/W | R/W |

TMR3RLL 位功能说明如下：

➢ 位 7～0（TMR3RLL）　定时器 3 重载寄存器的低字节。保存定时器 3 重载值的低字节。

**表 15.24 定时器 3 重载寄存器高字节 TMR3RLH**

寄存器地址：寄存器 0 页的 0x93　　复位值：00000000

| 位　号 | 位 7 | 位 6 | 位 5 | 位 4 | 位 3 | 位 2 | 位 1 | 位 0 |
|---|---|---|---|---|---|---|---|---|
| 位定义 | D7 | D6 | D5 | D4 | D3 | D2 | D1 | D0 |
| 读写允许 | R/W | R/W | R/W | R/W | R/W | R/W | R/W | R/W |

TMR3RLH 位功能说明如下：

➢ 位 7～0（TMR3RLH）　定时器 3 重载寄存器的高字节。保存定时器 3 重载值的高字节。

**表 15.25 定时器 3 低字节 TMR3L**

寄存器地址：寄存器 0 页的 0x94　　复位值：00000000

| 位　号 | 位 7 | 位 6 | 位 5 | 位 4 | 位 3 | 位 2 | 位 1 | 位 0 |
|---|---|---|---|---|---|---|---|---|
| 位定义 | D7 | D6 | D5 | D4 | D3 | D2 | D1 | D0 |
| 读写允许 | R/W | R/W | R/W | R/W | R/W | R/W | R/W | R/W |

TMR3L 位功能说明如下：

➢ 位 7～0（TMR3L）　定时器 3 的低字节。在 16 位方式，TMR3L 寄存器保持 16 位定时器 3 的低字节。在 8 位方式，TMR3L 中保持 8 位低字节定时器的计数值。

**表 15.26 定时器 3 高字节 TMR3H**

寄存器地址：寄存器 0 页的 0x95　　复位值：00000000

| 位　号 | 位 7 | 位 6 | 位 5 | 位 4 | 位 3 | 位 2 | 位 1 | 位 0 |
|---|---|---|---|---|---|---|---|---|
| 位定义 | D7 | D6 | D5 | D4 | D3 | D2 | D1 | D0 |
| 读写允许 | R/W | R/W | R/W | R/W | R/W | R/W | R/W | R/W |

TMR3H 位功能说明如下：

➢ 位 7～0（TMR3H）　定时器 3 的高字节。在 16 位方式，TMR3H 寄存器保持 16 位定时器 3 的高字节。在 8 位方式，TMR3H 中保持 8 位高字节定时器的计数值。

## 15.4 定时器应用实例

### 15.4.1 利用定时器测试比较器的输出

用定时器捕捉比较器的输出脉冲，是C8051F9xx扩展的新功能，这一功能可以非常方便地实现触摸按键识别功能，这也是C8051F9xx的一大特色。实现触摸按键识别的核心算法其实就是对弛张振荡频率进行测试。程序中给出了弛张振荡频率原始值，以及当等效电容增加后振荡器频率降低的值。程序如下：

```
#include <C8051F930.h>
#include <stdio.h>
#include <INTRINS.H>
#define uint unsigned int
#define uchar unsigned char
#define nop() _nop_();_nop_();
//------------------------------------------------------------------------
// Pin Declarations
//------------------------------------------------------------------------
sbit P21_LED = P1^5;
sbit P20_LED = P1^6;
sbit SW2 = P0^2;
sbit SW3 = P0^3;
//------------------------------------------------------------------------
// Global CONSTANTS
//------------------------------------------------------------------------
#define FREQUEN     24500000
#define DIVCLK     8
#define SYSCLK   FREQUEN/DIVCLK                    // SYSCLK frequency in Hz
//------------------------------------------------------------------------
// 全局变量
//------------------------------------------------------------------------
uint P20_oldcounter;
uint P21_oldcounter;
uint P20_counter;
uint P21_counter;
//------------------------------------------------------------------------
// 函数声明
//------------------------------------------------------------------------
void SYSCLK_Init (void);
void UART0_Init (void);
void PORT_Init (void);
void Touch_init (void);
void delay(uint time);
```

```
void capture_touch(void);
void PCA_Init();
uint TEST_PRO(uchar KEYIO);
//------------------------------------------------------------------------
// MAIN Routine
//------------------------------------------------------------------------
void main (void)
{
   PCA_Init();
   PORT_Init();
   SYSCLK_Init ();
   Touch_init();
   P20_oldcounter = 0;
   P21_oldcounter = 0;
   capture_touch();
   P20_oldcounter =  P20_counter;
   P21_oldcounter = P21_counter;
   while(1)
   {
      delay(30);
      capture_touch();
         if(P20_oldcounter + 100<P20_counter)
            P20_LED  =  0;
          else
            P20_LED  =  1;
        if(P21_oldcounter + 100<P21_counter)
            P21_LED  =  0;
          else
            P21_LED  =  1;
   }
}
 void delay(uint time)
{
    uint i,j;
    for (i = 0;i<time;i++){
        for(j = 0;j<300;j++);
    }
}
//------------------------------------------------------------------------
//捕捉比较器输入端 P2.0 与比较器输入端 P2.1 所对应比较器输出端上的弛张振荡频率
//------------------------------------------------------------------------
void capture_touch (void)
{
     P20_counter  =  TEST_PRO(0xc8);
     P21_counter  =  TEST_PRO(0x8c);
```

```
}
//--------------------------------------------------------------------------------------
//测试弛张振荡器周期以识别触摸事件
//--------------------------------------------------------------------------------------
uint TEST_PRO(uchar KEYIO)
{
   uint  count,timer_count_A, timer_count_B;
   CPT0MX = KEYIO;
   // Prepare Timer2 for the first TouchSense reading
   TMR2CN &= ~0x80;                                         //清溢出标志
   while(!(TMR2CN & 0x80));                                 //等待溢出
   timer_count_A = TMR2RL;                                  //记录数值
   // Prepare Timer2 for the second TouchSense reading
   TMR2CN &= ~0x80;                                         //清溢出标志
   while(!(TMR2CN & 0x80));                                 //等待溢出
   timer_count_B = TMR2RL;                                  //记录数值
   // Calculate the oscillation period
  count = timer_count_B - timer_count_A;
return count;
}
//--------------------------------------------------------------------------------------
//PCA 初始化函数
//--------------------------------------------------------------------------------------
 void PCA_Init()
{
    PCA0MD &= ~0x40;
    PCA0MD = 0x00;
}
//--------------------------------------------------------------------------------------
//初始化比较器 0 与定时器 2
//--------------------------------------------------------------------------------------
void Touch_init (void)
{
   // Initialize Comparator0
   CPT0CN = 0x8F;                                           // Enable Comparator0; clear flags
                                                            // select maximum hysterisis
   CPT0MD = 0x0F;                                           // Comparator interrupts disabled,
                                                            // lowest power mode
   CPT0MX = 0xC8;                                           // Positive Mux: P2.0 - TouchSense Switch
                                                            // Negative Mux: TouchSense Compare
   // Initialize Timer2
   CKCON |= 0x10;                                           // Timer2 counts system clocks
   TMR2CN = 0x16;                                           // Capture mode enabled, capture
                                                            // trigger is Comparator0
```

```
                                                    // Start timer (TR2 = 1)
}
//-----------------------------------------------------------------------------
// 端口初始化
//-----------------------------------------------------------------------------
void PORT_Init (void)
{
   // Configure TouchSense switches
   P2MDIN &= ～0x03;                                // P2.0, P2.1 are analog
   P2MDOUT &= ～0x03;                               // P2.0, P2.1 are open - drain
   P2 |=  0x03;                                     // P2.0, P2.1 latches - > '1'
   // Configure Hardware Switches
   P0MDIN |= 0x0C;                                  // P0.2, P0.3 are digital
   P0MDOUT &= ～0x0C;                               // P0.2, P0.3 are open - drain
   P0 |= 0x0C;                                      // Set P0.2, P0.3 latches to '1'
   // Configure LEDs
   P1MDIN |= 0x60;                                  // P1.5, P1.6 are digital
   P1MDOUT |= 0x60;                                 // P1.5, P1.6 are push - pull
   // Configure UART
   P0MDOUT |= 0x10;                                 // Enable UTX as push - pull output
   // Configure Crossbar
   XBR0 = 0x01;                                     // Enable UART on P0.4(TX) and P0.5(RX)
   XBR2 = 0x40;                                     // Enable crossbar and weak pull - ups
}
//-----------------------------------------------------------------------------
//时钟源初始化函数
//-----------------------------------------------------------------------------
void SYSCLK_Init (void)
{
   OSCICN |= 0x80;                                  //允许内部精密时钟
   RSTSRC = 0x06;                                   // Enable missing clock detector and
                                                    // leave VDD Monitor enabled

CLKSEL = 0x00;
    switch(DIVCLK)
    {
     case 1:
      {     CLKSEL |= 0x00;                         //系统频率 1 分频
      break;}
     case 2:
      {     CLKSEL |= 0x10;                         //系统频率 2 分频
      break;}
     case 4:
      {     CLKSEL |= 0x20;                         //系统频率 4 分频
      break;}
```

```
case 8:
{     CLKSEL |= 0x30;                                      //系统频率 8 分频
break;}
case 16:
{     CLKSEL |= 0x40;                                      //系统频率 16 分频
break;}
case 32:
{     CLKSEL |= 0x50;                                      //系统频率 32 分频
break;}
case 64:
{     CLKSEL |= 0x60;                                      //系统频率 64 分频
break;}
case 128:
{     CLKSEL |= 0x70;                                      //系统频率 128 分频
break;}
   }
}
```

图 15.10 为弛张振荡器原始频率,图 15.11 为等效电容增加后弛张振荡器频率。

| Name | Value |
|---|---|
| P20_oldcounter | 0x0081 |
| P21_oldcounter | 0x0090 |
| <type F2 to edit> | |

图 15.10 弛张振荡器原始频率

| Name | Value |
|---|---|
| P20_counter | 0x01D9 |
| P21_counter | 0x016F |
| <type F2 to edit> | |

图 15.11 等效电容增加后弛张振荡器频率

## 15.4.2 利用定时器实现节拍时控系统

时间触发控制操作系统的模型,可以有效解决人机对话与实时性之间的矛盾。利用定时器实现节拍时控系统程序如下:

```
#include <C8051F930.h>                          // SFR declarations
#define uint unsigned int
#define uchar unsigned char
#define ulong unsigned  long int
#define nop() _nop_();_nop_();_nop_();_nop_();
//-----------------------------------------------------------------------
// 全局常量
//-----------------------------------------------------------------------
#define     FREQUEN    24500000
#define DIVCLK    16
#define SYSCLK   FREQUEN/DIVCLK                 // SYSCLK frequency in Hz
#define TICKS_MS    100                         //定义 TICK 的周期
#define on    0
#define off    1
#define ontime    4
#define offtime    2
```

```
#define keydelay 2
//-----------------------------------------------------------------
// Pin 声明
//-----------------------------------------------------------------
sbit led1 = P1^5;
sbit led2 = P1^6;
sbit KEY1 = P0^2;
sbit KEY2 = P0^3;
//-----------------------------------------------------------------
// 全局变量
//-----------------------------------------------------------------
bit led1flg,led2flg,keyflg;
uchar delay;
uchar keyci;
uchar ledon,ledoff;
//-----------------------------------------------------------------
// 函数声明
//-----------------------------------------------------------------
void Port_Init (void);                    // Port initialization routine
void Timer2_Init (void);                  // Timer2 initialization routine
void TIMER2_ISR(void) ;
void OSCILLATOR_Init (void);
void PCA_Init();
//-----------------------------------------------------------------
// MAIN 函数
//-----------------------------------------------------------------
void main (void)
{
   PCA_Init();
   OSCILLATOR_Init ();
   Timer2_Init ();                        // Initialize the Timer2
   Port_Init ();                          // Init Ports
   EA = 1;                                // Enable global interrupts
   led1flg = 0;
   led2flg = 0;
   keyflg = 0;
   ledon = 0;
   ledoff = 0;
   while (1)
   {
   if((KEY1 == 0)&&(KEY2 == 1))
   {
     keyflg = 1;
   if(keyci>= keydelay)
      {
        led1flg = 1;
```

```
        }
    }
    else if((KEY2 = = 0)&&(KEY1 = = 1))
    {
       keyflg = 1;
      if(keyci>= keydelay)
       {
       led1flg = 0;
       }
    }
      else
    {
       keyflg = 0;
    }
if(ledon>= ontime)
  {led2flg = 0;
  }
if(ledoff> = offtime)
  {
  led2flg = 1;
  }
  if(led1flg = = 1)
   {
   led1 = on;
   }
   else
   {
   led1 = off;
   }
     if(led2flg = = 1)
   {
   led2 = on;
   }
   else
   {
   led2 = off;
   }
   }
}
//------------------------------------------------------------------
//时钟源初始化函数
//------------------------------------------------------------------
void OSCILLATOR_Init (void)
{
   OSCICN |= 0x80;                          //允许内部精密时钟
   RSTSRC = 0x06;                           // Enable missing clock detector and
```

```
                                              // leave VDD Monitor enabled
CLKSEL = 0x00;
    switch(DIVCLK)
    {
     case 1:
     {      CLKSEL |= 0x00;                   //系统频率 1 分频
     break;}
    case 2:
     {      CLKSEL |=  0x10;                  //系统频率 2 分频
     break;}
     case 4:
     {      CLKSEL |=  0x20;                  //系统频率 4 分频
     break;}
     case 8:
     {      CLKSEL |=  0x30;                  //系统频率 8 分频
     break;}
     case 16:
     {      CLKSEL |=  0x40;                  //系统频率 16 分频
     break;}
     case 32:
     {      CLKSEL |=  0x50;                  //系统频率 32 分频
     break;}
     case 64:
     {      CLKSEL|=  0x60;                   //系统频率 64 分频
     break;}
     case 128:
     {      CLKSEL |=  0x70;                  //系统频率 128 分频
     break;}
    }
}
//-----------------------------------------------------------------------
//PCA 初始化函数
//-----------------------------------------------------------------------
 void PCA_Init()
{
    PCA0MD &=  ~0x40;
    PCA0MD  =  0x00;
}
//-----------------------------------------------------------------------
//端口初始化及功能分配函数
//-----------------------------------------------------------------------
void Port_Init (void)
{

   // Switches
   P0MDIN   |=    0x0C;                       // P0.2, P0.3 are digital
   P0MDOUT  &=  ~0x0C;                        // P0.2, P0.3 are open-drain
```

```
    P0        |=  0x0C;                       // Set P0.2, P0.3 latches to '1'
    P0SKIP    |=  0x0C;                       // P0.2, P0.3 skipped in Crossbar
    // LEDs
    P1MDIN    |= 0x60;                        // P1.5, P1.6 are digital
    P1MDOUT   |= 0x60;                        // P1.5, P1.6 are push - pull
    P1        |= 0x60;                        // Set P1.5, P1.6 latches to'1'
    P1SKIP    |= 0x60;                        // P1.5, P1.6 skipped in Crossbar
    XBR2       = 0x40;                        // Enable crossbar and enable
                                              // weak pull - ups
}
//-----------------------------------------------------------------
// Timer2 初始化
//-----------------------------------------------------------------
void Timer2_Init(void)
{
    CKCON &= ~0x60;                           // Timer2 的时钟源为系统频率 12 分频
    TMR2CN &= ~0x01;
    TMR2RL = 65536 - SYSCLK/12/1000 * TICKS_MS;
    TMR2 = TMR2RL;
    TMR2CN = 0x04;
    ET2 = 1;
}
//-----------------------------------------------------------------
// 定时器 2 中断服务程序
//-----------------------------------------------------------------
void TIMER2_ISR(void) INTERRUPT_TIMER2
{
    TF2H = 0;                                 //清中断标志位
      if(keyflg == 1)
      {
     keyci ++ ;
     }
     else
     {keyci = 0;
     }
     if(led2flg == 1)
     {
     ledon ++ ;
     ledoff = 0;
     }
     else
     {
     ledoff ++ ;
     ledon = 0;
     }
}
```

# 第16章

# 可编程计数器阵列

可编程计数器阵列PCA0是功能增强的定时器，与传统MCS51的计数器/定时器相比功能更强，对CPU的依赖性也更小。PCA由1个专用的16位计数器/定时器和6个16位捕捉/比较模块组成。每个捕捉/比较模块有自己专用的I/O即CEXn，CEXn允许后，可通过交叉开关连到端口I/O。该计数器/定时器的时基信号源是可编程的，可选择为系统时钟、系统时钟4分频、系统时钟12分频、外部振荡器时钟8分频、smaRTClock 8分频、定时器0溢出或ECI输入引脚上的外部时钟信号。每个捕捉/比较模块都有6种工作方式：边沿触发捕捉、软件定时器、高速输出、频率输出、8～11位PWM和16位PWM。各模块的工作方式都可以被独立配置。PCA的配置和控制是通过设置内核的特殊功能寄存器值来实现的。只有PCA的模块5可被用作看门狗定时器WDT，系统复位后默认该方式的状态为允许，如不使用要马上禁止。看门狗方式被允许时，某些寄存器的访问会受到限制。图16.1是PCA的原理图。

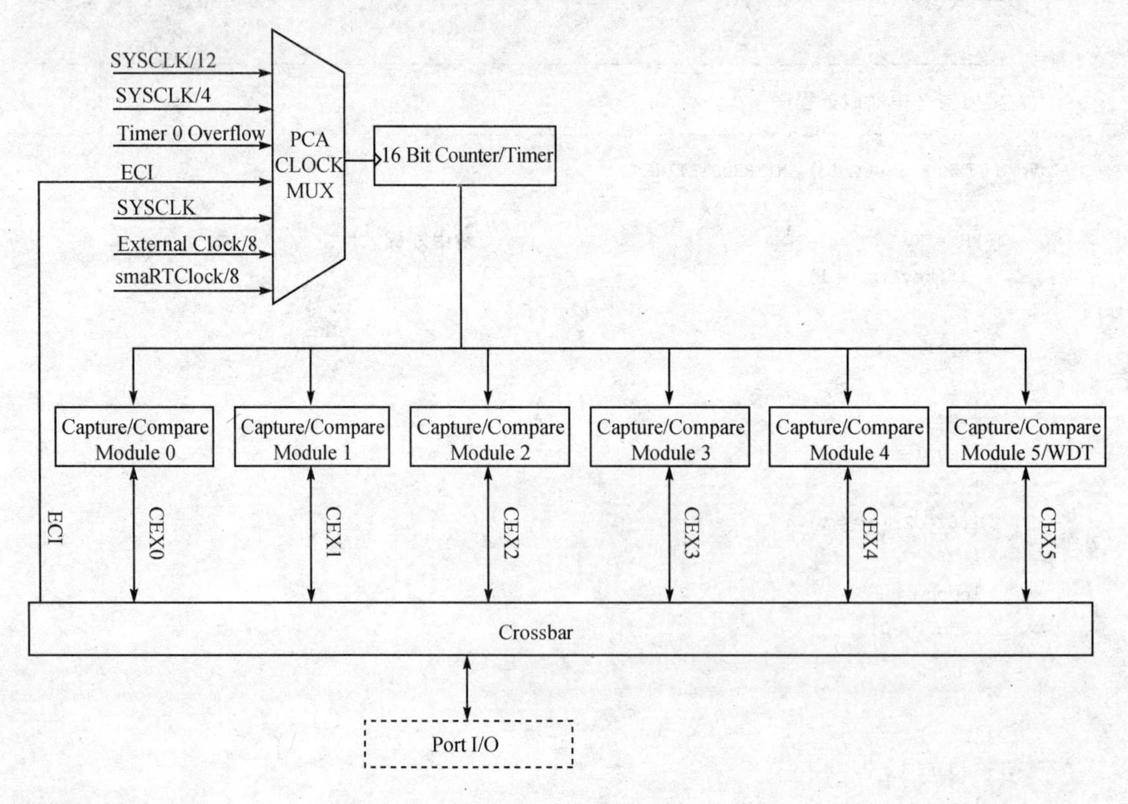


**图16.1　PCA原理图**

## 16.1 PCA 计数器/定时器与中断源

PCA 的 16 位计数器/定时器包括两个 8 位的寄存器:PCA0L 和 PCA0H。PCA0H 是该计数器/定时器的高字节,而 PCA0L 是低字节。每次读 PCA0L 时,PCA0H 寄存器的瞬时值被锁存,随后读 PCA0H 时将访问的是这个锁存值而不是 PCA0H 本身,此举可减少读数延迟造成的误差。因此,先读 PCA0L 寄存器就可以保证正确读取 16 位 PCA0 计数器的全部值。读 PCA0H 或 PCA0L 的过程并不影响计数器工作。PCA 计数器/定时器的时基通过 PCA0MD 寄存器中的 CPS2～CPS0 位选择。表 16.1 列出了可选 PCA 时钟输入源。

**表 16.1 PCA 时基输入源选择**

| CPS2 | CPS1 | CPS0 | 时间基准 |
|---|---|---|---|
| 0 | 0 | 0 | 系统时钟的 12 分频 |
| 0 | 0 | 1 | 系统时钟的 4 分频 |
| 0 | 1 | 0 | 定时器 0 溢出 |
| 0 | 1 | 1 | ECI 下降沿(最大速率＝系统时钟频率/4) |
| 1 | 0 | 0 | 系统时钟 |
| 1 | 0 | 1 | 外部振荡器 8 分频* |
| 1 | 1 | 0 | smaRTClock 时钟 8 分频* |

* 外部振荡器 8 分频和 smaRTClock 时钟 8 分频与系统时钟同步。

当计数器/定时器溢出时(即计数值从 0xFFFF 到 0x0000),PCA0MD 中的计数器溢出标志 CF 置为逻辑 1,并产生一个中断请求,如果 CF 中断允许,将转向中断服务程序。PCA0MD 的 ECF 位(CF 中断请求允许位)设置为逻辑 1 表示允许。中断响应后,CF 位不能硬件自动清除,必须用软件清除。要使 CF 中断得到响应,全局中断 EA 必须置 1,并且将 EPCA0 位(EIE1.4)设置为逻辑 1 来允许总体 PCA0 中断。清除 PCA0MD 寄存器中的 CIDL 位将允许 PCA 在微控制器内核处于空闲方式时继续正常工作。图 16.2 为 PCA 计数器/定时器工作原理图。

为了加快响应速度,PCA0 有属于自己的中断源,有 8 个独立的事件都可以触发中断。它们是 PCA 计数器溢出标志 CF,在 16 位计数器溢出时置 1;中间溢出标志 COVF,它在计数器 8、9、10 以及 11 位溢出时置 1,具体与设置有关;每个独立的 PCA 模块标志位 CCF0、CCF1、CCF2、CCF3、CCF4、CCF5,这些标识位会根据不同的工作方式而置 1,具体发生的条件与设置有关。

要使中断有效发生还要设置相应允许位,其中 ECF 对应 CF,ECOV 对应 COVF,ECCFn 位对应各模块的 CCFn 中断,要允许对应中断就要将相应位置 1。要使单个的 CCFn 中断得到响应,必须先置 1 全局中断位 EA,并将 EPCA0 位(EIE1.3)设置为逻辑 1 来整体允许 PCA0 中断。

PCA0 中断配置情况如图 16.3 所示。

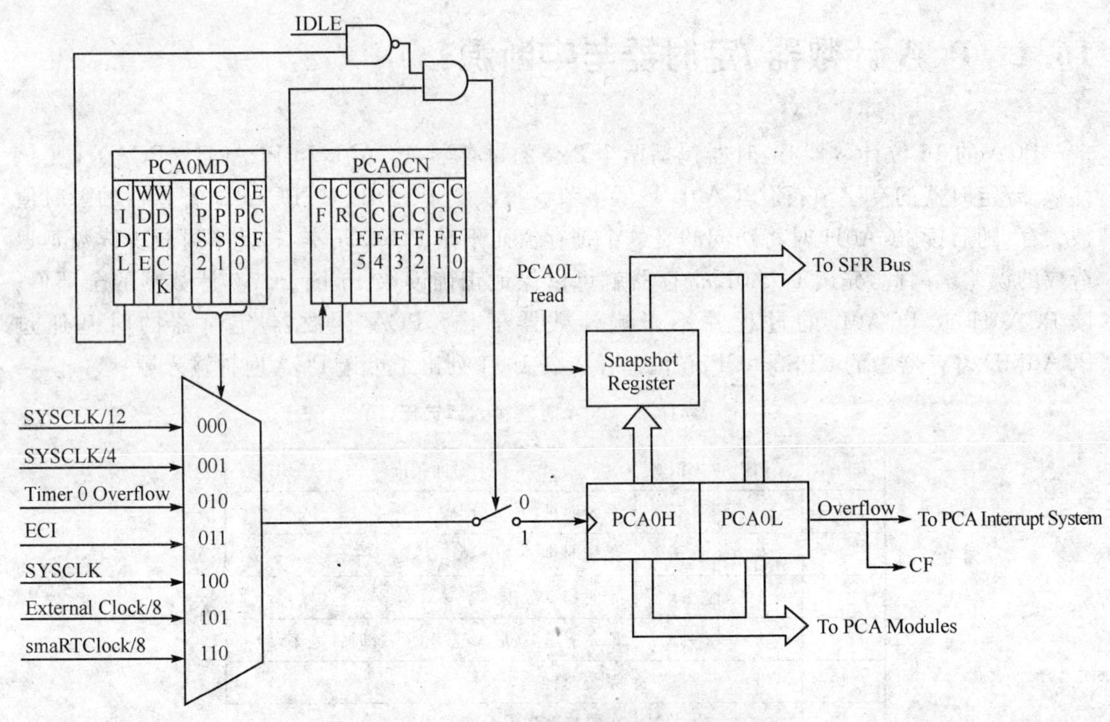


图 16.2　PCA 计数器/定时器工作原理图

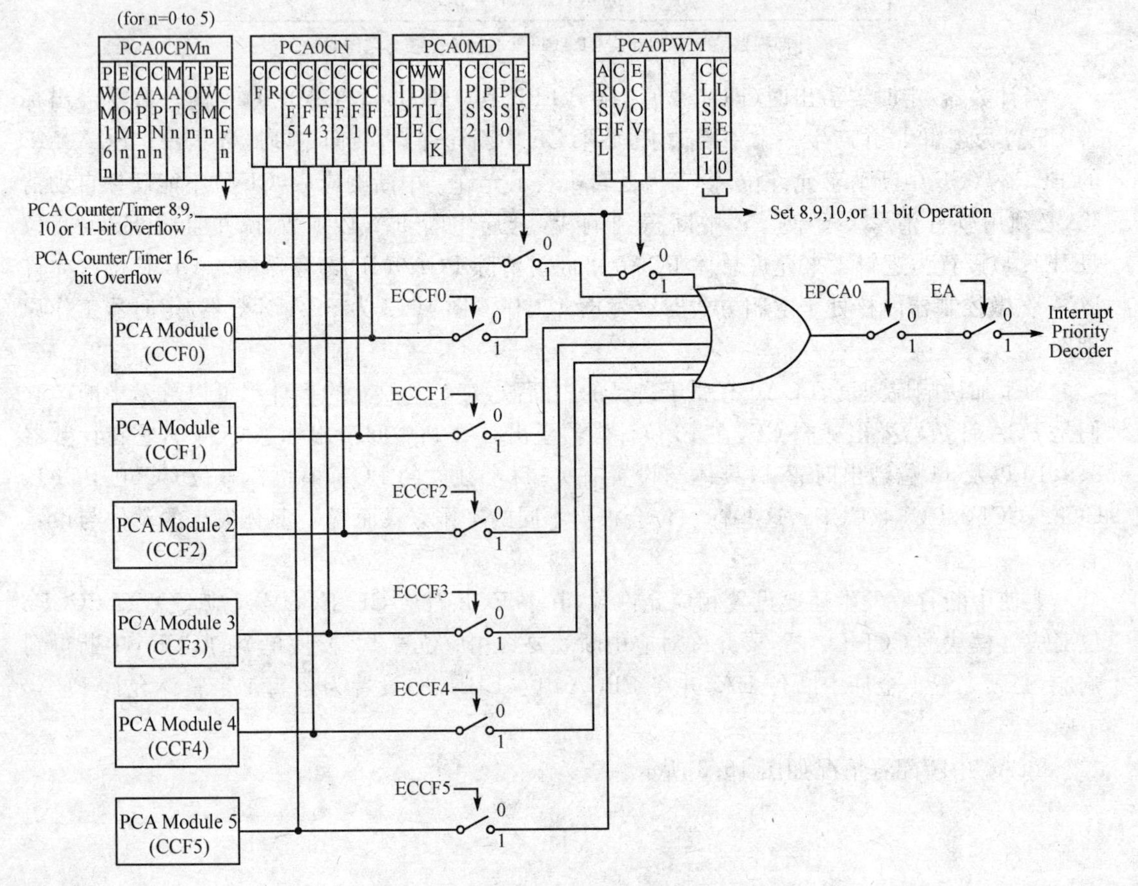


图 16.3　PCA0 中断原理图

## 16.2 PCA的捕捉/比较模块

PCA单元的每个模块都可独立工作,并有6种工作方式可供选择:边沿触发捕捉、软件定时器、高速输出、频率输出、8～11位脉宽调制器和16位脉宽调制器。每个模块在内核寄存器空间中都有属于自己的寄存器,保证了设置的独立性。利用这些寄存器可以配置模块的工作方式或读/写数据。PCA0PWM与PCA0CPMn寄存器用于配置PCA捕捉/比较模块的工作方式,表16.2所列为模块工作在不同方式时两个寄存器各位的设置情况。

表16.2 PCA捕捉/比较模块的PCA0CPM及PCA0PWM寄存器设置

| 工作方式 \ 寄存器 | PCA0CPMn | | | | | | | | PCA0PWM | | | | |
|---|---|---|---|---|---|---|---|---|---|---|---|---|---|
| | 7 | 6 | 5 | 4 | 3 | 2 | 1 | 0 | 7 | 6 | 5 | 4～2 | 1～0 |
| 用CEXn的正沿触发捕捉 | X | X | 1 | 0 | 0 | 0 | 0 | A | 0 | X | B | XXX | XX |
| 用CEXn的负沿触发捕捉 | X/ | X | 0 | 1 | 0 | 0 | 0 | A | 0 | X | B | XXX | XX |
| 用CEXn的跳变触发捕捉 | X | X | 1 | 1 | 0 | 0 | 0 | A | 0 | X | B | XXX | XX |
| 软件定时器 | X | C | 0 | 0 | 1 | 0 | 0 | A | 0 | X | B | XXX | XX |
| 高速输出 | X | C | 0 | 0 | 1 | 1 | 0 | A | 0 | X | B | XXX | XX |
| 频率输出 | X | C | 0 | 0 | 0 | 1 | 1 | A | 0 | X | B | XXX | XX |
| 8位脉冲宽度调制器* | 0 | C | 0 | 0 | E | 0 | 1 | A | 0 | X | B | XXX | 00 |
| 9位脉冲宽度调制器* | 0 | C | 0 | 0 | E | 0 | 1 | A | D | X | B | XXX | 01 |
| 10位脉冲宽度调制器* | 0 | C | 0 | 0 | E | 0 | 1 | A | D | X | B | XXX | 10 |
| 11位脉冲宽度调制器* | 0 | C | 0 | 0 | E | 0 | 1 | A | D | X | B | XXX | 11 |
| 16位脉冲宽度调制器 | 1 | C | 0 | 0 | E | 0 | 1 | A | 0 | X | B | XXX | XX |

注:X—任意值(对于单个模块而言,该位取1或0没有区别)。

A—允许该模块的中断(CCFn置1时发出PCA中断)。

B—允许8、9、10、11位溢出中断(取决于CLSEL[1:0])。

C—当被设置为0时,数字比较器不工作。对于高速输出和频率输出方式,相关引脚的电平不切换。在任何一种PWM方式,将产生0%的占空比,此时输出为0。

D—选择通过地址PCA0CPHn和PCA0CPLn访问的是相关通道的捕捉/比较寄存器(0)还是自动装载寄存器(1)。

E—当置1时,一个匹配时间会导致相关通道的CCFn标志置1。

* 设置为8、9、10、11位PWM方式的所有模块都使用相同的周期长度设置。

### 16.2.1 PCA边沿触发的捕捉方式

工作在边沿触发的捕捉方式,CEXn引脚上出现的电平跳变就会发生定时器值的捕捉,即将PCA计数器/定时器中的当前值装入到对应模块的16位捕捉/比较寄存器PCA0CPLn和PCA0CPHn中。PCA0CPMn寄存器中的CAPPn和CAPNn位用于选择触发捕捉的电平变化类型:低电平到高电平上升沿、高电平到低电平下降沿或任何变化上升或下降沿。当捕捉发生时,PCA0CN中的捕捉/比较标志CCFn置1,如果CCF中断允许,将产生一个中断请求。当CPU转向中断服务程序时,CCFn位不能硬件自动清除,必须软件清0。如果CAPPn和

CAPNn 位都设置为逻辑 1,则上升沿、下降沿均触发,此时须结合 CEXn 对应端口引脚的状态来确定本次捕捉的触发源是上升沿还是下降沿。

**注意:** CEXn 输入信号必须在高电平或低电平期间至少保持两个系统时钟周期,以保证能够被硬件识别。

图 16.4 所示为 PCA 捕捉方式原理图。

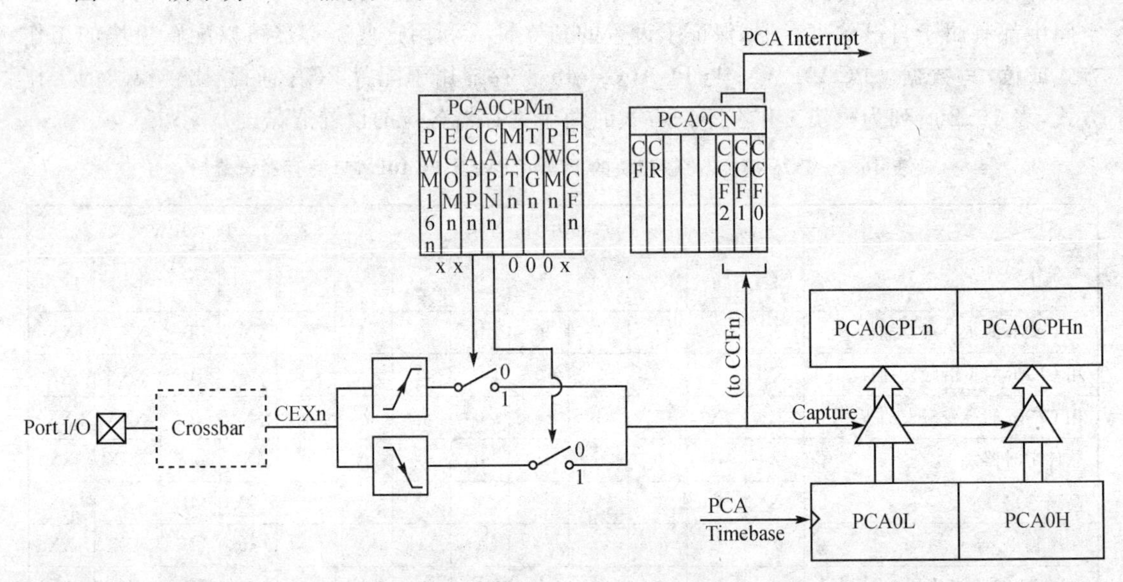


图 16.4 PCA 捕捉方式原理图

## 16.2.2 PCA 软件定时器方式

软件定时器方式也称为比较器方式。该方式 PCA 将计数器/定时器的计数值与 16 位捕捉/比较寄存器 PCA0CPHn 和 PCA0CPLn 的值进行比较。当发生匹配时,PCA0CN 中的捕捉/比较标志 CCFn 置为逻辑 1,并产生一个中断请求,如果 CCF 中断允许,将转向中断服务程序。当 CPU 转向中断服务程序时,CCFn 位不能硬件自动清除,必须软件清 0。置 1 PCA0CPMn 寄存器中的 ECOMn 位和 MATn 位将允许软件定时器方式。当向 PCA0 的捕捉/比较寄存器写入一个 16 位数值时,应先写低字节。向 PCA0CPLn 写入操作时将使 ECOMn 位清 0,向 PCA0CPHn 写入时将使 ECOMn 位置 1。图 16.5 所示为 PCA 软件定时器方式原理图。

## 16.2.3 PCA 高速输出方式

高速输出方式下,PCA 计数器将其值与模块的 16 位捕捉/比较寄存器 PCA0CPHn 和 PCA0CPLn 比较发生匹配时,CEXn 引脚上的电平将发生变化。因为电平的变化是由硬件引起的,而没有软件参与,故称高速输出。要使用高速输出方式就需置 1 PCA0CPMn 寄存器中的 TOGn、MATn 和 ECOMn 位。同样,向捕捉/比较寄存器写入一个 16 位数值时,应先写低字节。向 PCA0CPLn 的写入操作将使 ECOMn 位清 0;向 PCA0CPHn 写入操作将使 ECOMn 位置 1。

PCA 高速输出方式的原理图如图 16.6 所示。

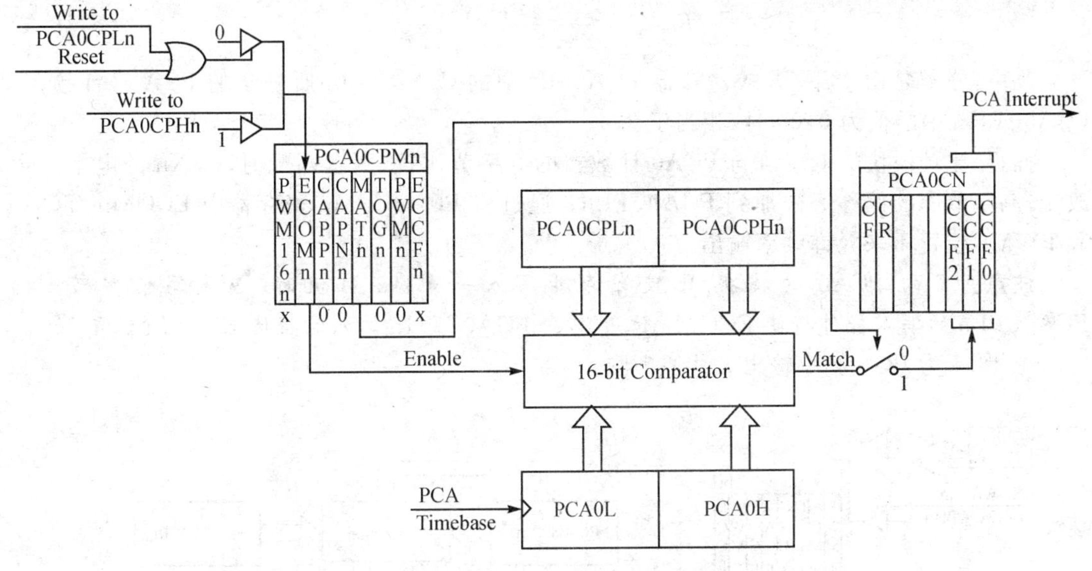


图 16.5　PCA 软件定时器方式原理图

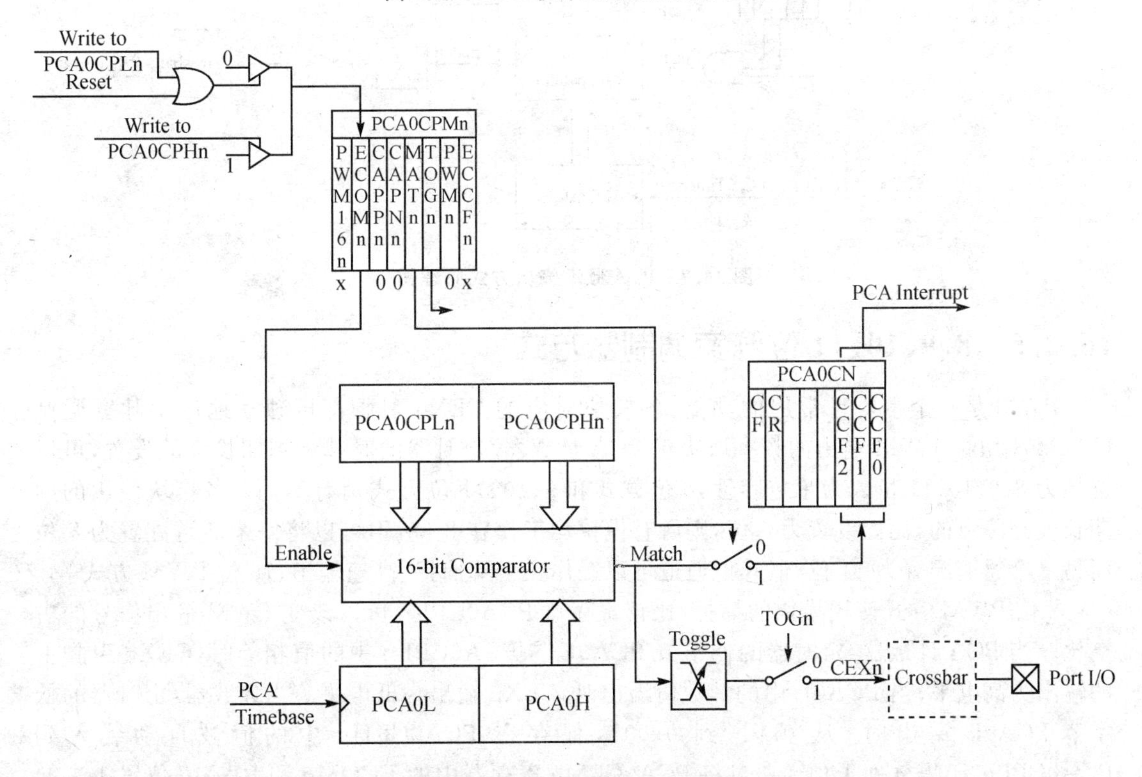


图 16.6　PCA 高速输出方式原理图

## 16.2.4　PCA 频率输出方式

频率输出方式可在 CEXn 引脚产生可编程频率的方波。捕捉/比较模块的高字节保存输出电平改变前要计的 PCA 时钟数。所产生的方波的频率由式(16.1)确定。

$$F_{CEXn}=\frac{F_{PCA}}{2\times PCA0CPHn} \tag{16.1}$$

其中,分子是由 PCA 方式寄存器 PCA0MD 中的 CPS[2:0]所确定的 PCA 时钟频率。PCA0CPHn 中的值为 0x00 时,相当于 256。

捕捉/比较模块的低字节与 PCA0 计数器的低字节比较,两者匹配时,CEXn 的电平发生改变,高字节中的偏移值被加到 PCA0CPLn。通过将 PCA0CPMn 寄存器中 ECOMn、TOGn 和 PWMn 位置 1 来允许频率输出方式。

**注意:** 当向 PCA0 的捕捉/比较寄存器写入一个 16 位值时,应先写低字节。向 PCA0CPLn 的写入操作将使 ECOMn 位清 0,向 PCA0CPHn 写入时将使 ECOMn 位置 1。

图 16.7 为 PCA 频率输出方式原理图。

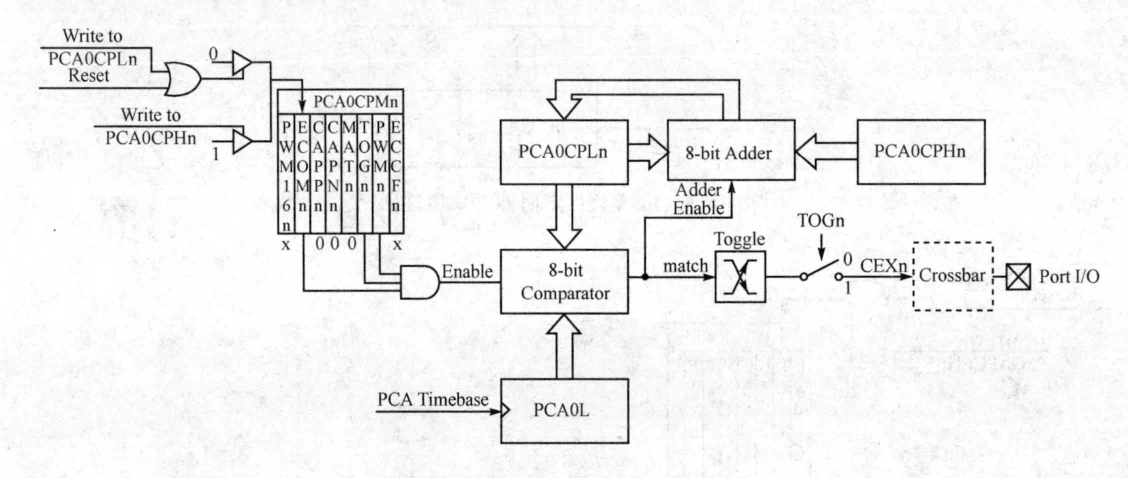


**图 16.7 PCA 频率输出方式原理图**

## 16.2.5 8、9、10、11 位脉宽调制器方式

PWM 是一个重要且常用的功能,各模块对应的 CEXn 引脚都可独立地产生脉宽调制(PWM)输出。PWM 输出的频率取决于 PCA 计数器/定时器的时基和周期长度的设置,可以选择为 8、9、10、11 位。为了兼容性,8 位方式和 9、10、11 位方式稍有不同。各模块使用的周期长度是一致的,比如设置为 8 位,则所有模块均工作在 8 位,不可以将一个通道配置为 8 位而另一个通道配置为 11 位,但其他通道可以工作在引脚捕捉、高速输出、16 位 PWM 方式等。

8 位 PWM 方式使用模块的捕捉/比较寄存器 PCA0CPLn 可以改变 PWM 输出信号的占空比。当 PCA 计数器/定时器的低字节 PCA0L 与 PCA0CPLn 中的值相等时,CEXn 引脚上的输出为高电平;当 PCA0L 中的计数值溢出时,CEXn 输出为低电平。当计数器/定时器的低字节 PCA0L 溢出时(从 0xFF 到 0x00),保存在 PCA0CPHn 中的值被自动装入到 PCA0CPLn,不需软件干预。通过将 PCA0CPMn 寄存器中的 ECOMn 和 PWMn 位置 1 来允许 8 位脉冲宽度调制器方式,8 位 PWM 方式的占空比由下式给出:

$$DutyCycle=\frac{(256-PCA0CPHn)}{256} \tag{16.2}$$

当向 PCA0 的捕捉/比较寄存器写入一个 16 位数值时,应先写低字节。向 PCA0CPLn 的写入操作将使 ECOMn 位清 0,向 PCA0CPHn 写入时将使 ECOMn 位置 1。

由式(16.2)可知,最大占空比为 100%,对应 PCA0CPHn 值为 0;最小占空比为 0.39%,

对应 PCA0CPHn 值为 0xFF。可以通过清除 ECOMn 位产生 0%的占空比。图 16.8 所示为 PCA 的 8 位 PWM 方式原理图。

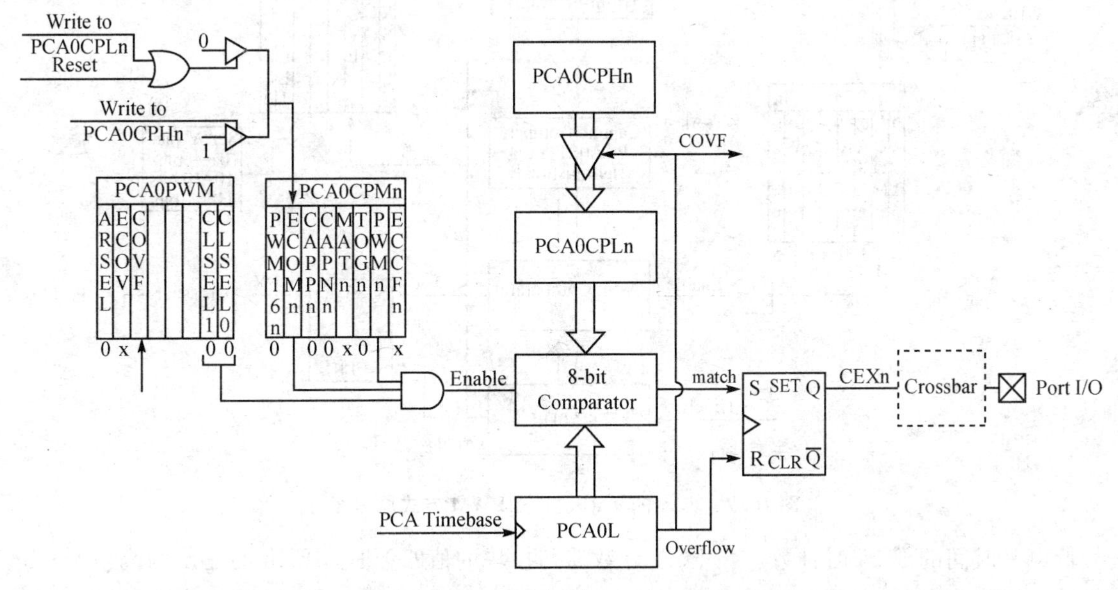


**图 16.8　PCA 的 8 位 PWM 方式原理图**

9、10、11 位脉宽调制器与 8 位的方式稍有不同。它通过写一个自动重装载寄存器，该寄存器被双映射到 PCA0CPHn 和 PCA0CPLn 的地址。改变 9、10、11 位 PWM 方式的占空比，定义占空比的写入数据是右对齐。当 PCA0PWM 中的 ARSEL 位设置为 1 时，即访问该重装寄存器。当 ARSEL 位设置为 0 时，访问捕捉/比较寄存器。

当 PCA0 计数器的低 $N$ 位与捕捉比较寄存器(PCA0CPn)中的值一致时，CEXn 引脚上的输出被置为高电平；当计数从 $N$ 位溢出时，CEXn 输出被置为低电平。当计数从 $N$ 位溢出时，COVF 标志置 1，保存在模块的自动重装寄存器中的值被装入捕捉/比较寄存器。$N$ 值由 PCA0PWM 寄存器中的 CLSEL 位确定。

通过将 PCA0CPMn 寄存器中的 ECOMn 和 PWMn 位置 1 并将 PCA0PWM 寄存器中的 CLSEL 位设置为所期望的周期长度(9、10、11)，以此来允许非 8 位的 PWM 方式。如果 MATn 设置为 1，则每当发生一次比较器匹配，模块 CCFn 标志置 1。PCA0PWM 中的 COVF 标志可用于检测溢出，每 512(9 位)、1 024(10 位)或 2 048(11 位)个 PCA 时钟周期发生一次溢出。占空比计算公式如下：

$$\text{DutyCycle} = \frac{(2^N - \text{PCA0CPn})}{2^N} \tag{16.3}$$

其中，$N$ 为 PWM 周期的位数。当向 PCA0 的捕捉/比较寄存器写入一个 16 位数值时，应先写低字节。向 PCA0CPLn 的写入操作将使 ECOMn 位清 0，向 PCA0CPHn 写入时将使 ECOMn 位置 1。可以通过清除 ECOMn 位产生 0%的占空比。图 16.9 是 PCA 的 9、10、11 位 PWM 方式原理图。

## 16.2.6　16 位脉宽调制器方式

PCA 模块还可工作在 16 位 PWM 方式。在该方式下，16 位捕捉/比较模块定义 PWM 信

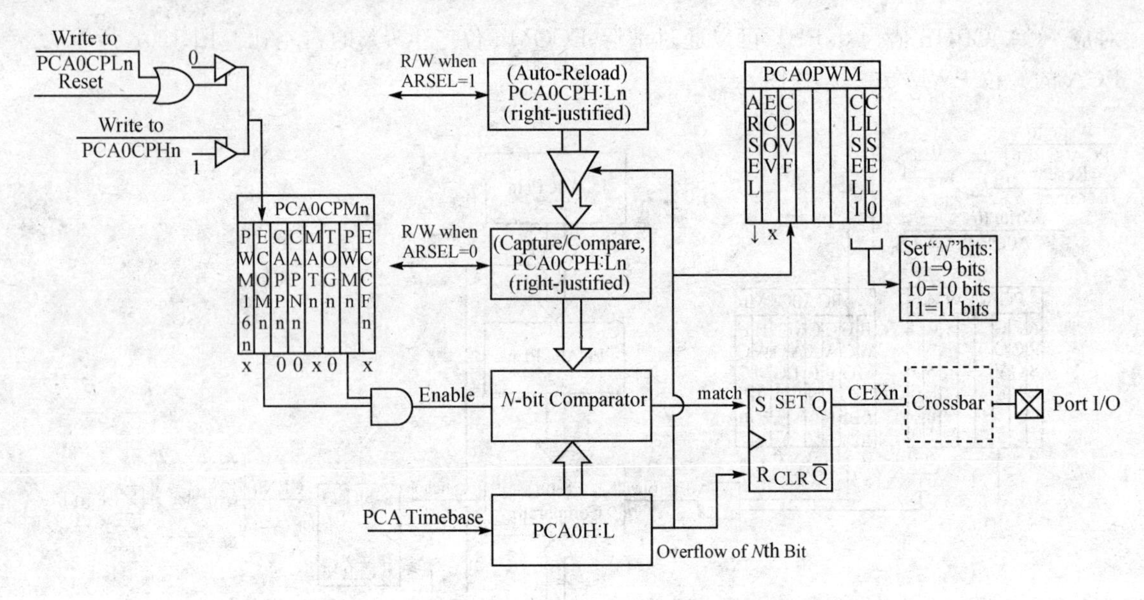


**图 16.9　PCA 的 9、10、11 位 PWM 方式原理图**

号低电平时间的 PCA 时钟数。当 PCA 计数器与模块的值匹配时，CEXn 的输出为高电平；当计数器溢出时，CEXn 输出为低电平。为了输出一个占空比可变的波形，新值的写入应与 PCA 的 CCFn 匹配中断同步。要允许 16 位 PWM 方式，需将 PCA0CPMn 寄存器中的 ECOMn、PWMn 和 PWM16n 位置 1。为了得到可变的占空比，应允许匹配中断，即 ECCFn=1 以及 MATn=1，以同步对捕捉/比较寄存器的写操作。16 位 PWM 方式的占空比公式如下：

$$\text{DutyCycle} = \frac{(65\ 536 - \text{PCA0CPn})}{65\ 536} \tag{16.4}$$

当向 PCA0 的捕捉/比较寄存器写入一个 16 位数值时，应先写低字节。向 PCA0CPLn 的写入操作将使 ECOMn 位清 0；向 PCA0CPHn 写入操作将使 ECOMn 位置 1。

最大占空比为 100%，对应 PCA0CPn 值为 0，最小占空比为 0.001 6%，对应 PCA0CPn 值为 0xFFFF。要产生 0%的占空比，可以通过将 ECOMn 位清 0 得到。图 16.10 为 PCA 的 16 位 PWM 方式原理图。

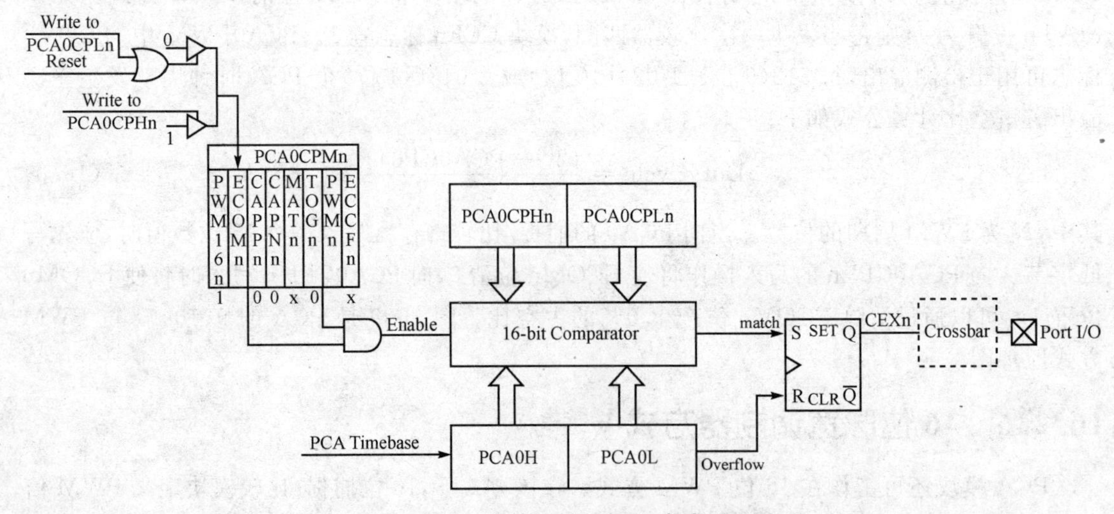


**图 16.10　PCA 的 16 位 PWM 方式原理图**

## 16.3 看门狗定时器方式

看门狗定时器是嵌入式系统一种常见的保护性措施，用于因干扰而导致的系统崩溃。只有 PCA 的模块 5 可以实现可编程看门狗定时器 WDT 功能。如果 WDT 相邻两次更新寄存器 PCA0CPH5 的写操作相隔的时间超过规定时间，WDT 将产生一次复位。可以根据需要在软件中允许/禁止 WDT。

当 PCA0MD 寄存器中的 WDTE 位被置 1 时，模块 5 被专门作为看门狗定时器 WDT 使用。模块 5 高字节与 PCA 计数器的高字节比较；模块 5 低字节保存执行 WDT 更新时要使用的偏移值。在系统复位后看门狗功能被自动允许。

### 16.3.1 看门狗定时器操作

在看门狗被允许时，对某些 PCA 寄存器的写操作受到限制。当 WDT 被允许后 PCA 功能使用有以下限制：

- PCA 计数器被强制运行；
- 不允许写 PCA0L 和 PCA0H；
- PCA 时钟源不可变，即不可更改选择位 CPS[2：0]设置；
- PCA 空闲控制位 CIDL 被冻结；
- 模块 5 被强制进入软件定时器方式；
- 对模块 5 方式寄存器 PCA0CPM5 的写操作被禁止。

在 WDT 被允许直到再次被禁止期间，PCA 计数器不受 CR 位控制，计数器将一直保持运行状态，直到 WDT 被禁止。如果 WDT 被允许，即使用户软件没有允许 PCA 计数器，它仍将运行，则读 PCA 运行控制 CR 位时将返回 0。如果在 WDT 允许时 PCA0CPH5 和 PCA0H 发生匹配，则系统将被复位。为了防止 WDT 复位，需通过写 PCA0CPH5 来更新 WDT 更新寄存器，写入值可以是任意值。PCA0H 的值加上 PCA0CPL5 中保存的偏移值后装入到 PCA0CPH5。图 16.11 所示为 PCA 模块 5 的看门狗定时器工作模式。

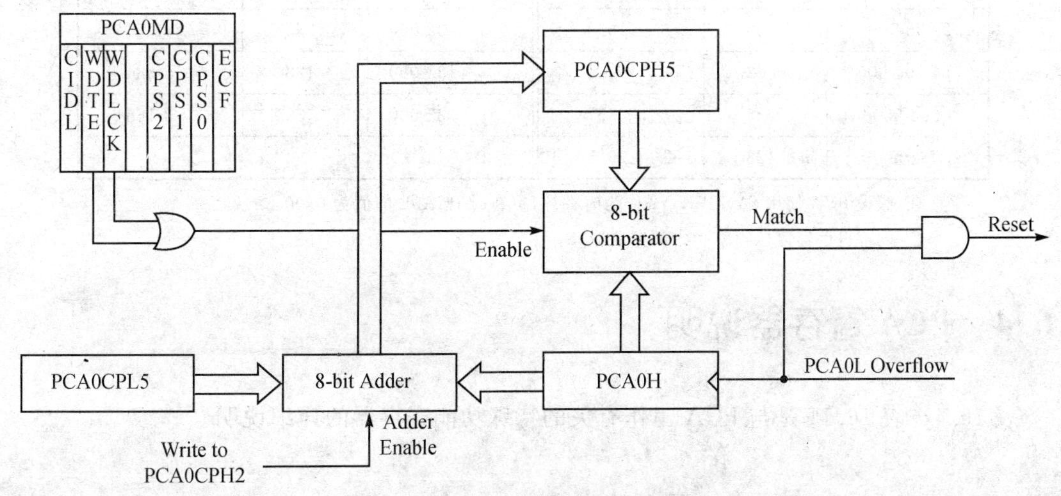


图 16.11 PCA 模块 5 的看门狗定时器工作模式

PCA0CPH5 中的 8 位偏移值与 16 位 PCA 计数器的高字节进行比较，该偏移值是 WDT 复位系统所需 PCA0L 的溢出次数。PCA0L 的第一次溢出周期取决于进行更新操作时 PCA0L 的值，最长可达 256 个 PCA 时钟。看门狗定时器偏移值 PCA 时钟数检公式如下：

$$偏移值 = (256 \times N_{PCA0CPL5}) + (256 - N_{PCA0L}) \tag{16.5}$$

其中，$N_{PCA0L}$ 是执行更新操作时 PCA0L 寄存器的值。

当 PCA0L 发生溢出并且 PCA0CPH5 和 PCA0H 匹配时，WDT 将产生一次复位。在 WDT 允许的情况下，软件可以通过向 CCF5 标志(PCA0CN.2)写 1 来强制产生 WDT 复位。

### 16.3.2 看门狗定时器的配置与使用

为使看门狗正常工作，须按如下的步骤操作 WDT：

① 禁止 WDT。WDTE 位是看门狗允许开关，0 为禁止，1 为允许；

② 通过设置 CPS[2：0]位选择 PCA 时钟源；

③ 向 PCA0CPL5 装入所希望的 WDT 更新偏移值；

④ 配置 PCA 的空闲方式位，如果希望在 CPU 处于空闲方式时 WDT 停止工作，则应将 CIDL 位置 1；

⑤ 允许 WDT，向 WDTE 位写 1。

在 WDT 被允许后，就不能改变 PCA 时钟源和空闲方式的设置值。可通过向 PCA0MD 寄存器的 WDTE 或 WDLCK 位写 1 来允许 WDT。当 WDLCK 被置 1 后，在发生下一次系统复位之前将不能禁止 WDT。如果 WDCLK 未被置 1，清除 WDTE 位将禁止 WDT。WDT 在任何一次系统复位之后都被默认为允许状态。PCA0 计数器的缺省时钟为系统时钟的 12 分频。PCA0L 和 PCA0CPL5 的缺省值均为 0x00，因此 WDT 的超时间隔为 256 个 PCA 时钟周期即 3 072 个系统时钟周期。表 16.3 所列为对应内置晶振频率为系统时钟频率时的超时间隔。

**表 16.3 看门狗定时器超时间隔[①]**

| 系统时钟/Hz | PCA0CPL2 | 超时间隔/ms | 系统时钟/Hz | PCA0CPL2 | 超时间隔/ms |
|---|---|---|---|---|---|
| 24 500 000 | 255 | 32.1 | 3 062 500[②] | 32 | 33.1 |
| 24 500 000 | 128 | 16.2 | 32 000 | 255 | 24 576 |
| 24 500 000 | 32 | 4.1 | 32 000 | 128 | 12 384 |
| 3 062 500[②] | 255 | 257 | 32 000 | 32 | 3 168 |
| 3 062 500[②] | 128 | 129.5 | | | |

注：① 假设 PCA 使用 SYSCLK/12 作为时钟源，更新时 PCA0L 的值为 0x00。

② 内部振荡器复位频率＝内部振荡器/8。

## 16.4 PCA 寄存器说明

表 16.4～表 16.11 是与 PCA 工作有关的特殊功能寄存器的详细说明。

**表 16.4　PCA 控制寄存器 PCA0CN**

寄存器地址：寄存器 0 页的 0xD8　　复位值：00000000

| 位　号 | 位 7 | 位 6 | 位 5 | 位 4 | 位 3 | 位 2 | 位 1 | 位 0 |
|---|---|---|---|---|---|---|---|---|
| 位定义 | CF | CR | CCF5 | CCF4 | CCF3 | CCF2 | CCF1 | CCF0 |
| 读写允许 | R/W | R/W | R/W | R/W | R/W | R/W | R/W | R/W |

PCA0CN 位功能说明如下：

- 位 7（CF）　PCA 计数器/定时器溢出标志位。当 PCA 计数器/定时器从 0xFFFF 到 0x0000 溢出时由硬件置 1。在计数器/定时器溢出 CF 中断允许时，该位置 1 将导致 CPU 转向 PCA 中断服务程序。该位不能硬件自动清 0，必须软件清 0。
- 位 6（CR）　PCA 计数器/定时器运行控制，该位允许/禁止 PCA 计数器/定时器。0：禁止 PCA 计数器/定时器；1：允许 PCA 计数器/定时器。
- 位 5（CCF5）　PCA 模块 5 捕捉/比较标志。在发生一次匹配或捕捉时该位由硬件置 1。当 CCF5 中断允许时，该位置 1 将导致 CPU 转向 PCA 中断服务程序。该位不能硬件自动清 0，必须软件清 0。
- 位 4（CCF4）　PCA 模块 4 捕捉/比较标志。在发生一次匹配或捕捉时该位由硬件置 1。当 CCF4 中断允许时，该位置 1 将导致 CPU 转向 PCA 中断服务程序。该位不能硬件自动清 0，必须软件清 0。
- 位 3（CCF3）　PCA 模块 3 捕捉/比较标志。在发生一次匹配或捕捉时该位由硬件置 1。当 CCF3 中断允许时，该位置 1 将导致 CPU 转向 PCA 中断服务程序。该位不能硬件自动清 0，必须软件清 0。
- 位 2（CCF2）　PCA 模块 2 捕捉/比较标志。在发生一次匹配或捕捉时该位由硬件置 1。当 CCF2 中断允许时，该位置 1 将导致 CPU 转向 PCA 中断服务程序。该位不能硬件自动清 0，必须软件清 0。
- 位 1（CCF1）　PCA 模块 1 捕捉/比较标志。在发生一次匹配或捕捉时该位由硬件置 1。当 CCF1 中断允许时，该位置 1 将导致 CPU 转向 PCA 中断服务程序。该位不能硬件自动清 0，必须软件清 0。
- 位 0（CCF0）　PCA 模块 0 捕捉/比较标志。在发生一次匹配或捕捉时该位由硬件置 1。当 CCF0 中断允许时，该位置 1 将导致 CPU 转向 PCA 中断服务程序。该位不能硬件自动清 0，必须软件清 0。

**表 16.5　PCA 方式寄存器 PCA0MD**

寄存器地址：寄存器 0 页的 0xD9　　复位值：00000000

| 位　号 | 位 7 | 位 6 | 位 5 | 位 4 | 位 3 | 位 2 | 位 1 | 位 0 |
|---|---|---|---|---|---|---|---|---|
| 位定义 | CIDL | WDTE | WDLCK | — | CPS2 | CPS1 | CPS0 | ECF |
| 读写允许 | R/W | R/W | R/W | R | R/W | R/W | R/W | R/W |

PCA0MD 位功能说明如下：

- 位 7（CIDL）　PCA 计数器/定时器等待控制。设置 CPU 空闲方式下的 PCA 工作方式。

0：当系统控制器处于空闲方式时，PCA 继续正常工作；

1：当系统控制器处于空闲方式时，PCA 停止工作。

➢ 位 6（WDTE） 看门狗定时器允许位。如果该位置 1，PCA 模块 5 被用作看门狗定时器。

0：看门狗定时器被禁止；1：PCA 模块 5 被用作看门狗定时器。

➢ 位 5（WDLCK） 看门狗定时器锁定。该位对看门狗定时器允许位锁定/解锁。当 WDLCK 置 1 时，在发生下一次系统复位之前将不能禁止 WDT。

0：看门狗定时器允许位未被锁定；1：锁定看门狗定时器允许位。

➢ 位 4 未用。读返回值为 0，写无效。

➢ 位 3～1（CPS[2：0]） PCA 计数器/定时器时钟选择，这些位选择 PCA 计数器的时钟源，如表 16.6 所列。

**表 16.6 PCA 计数器的时钟源**

| CPS2 | CPS1 | CPS0 | 时钟源 |
|---|---|---|---|
| 0 | 0 | 0 | 系统时钟的 12 分频 |
| 0 | 0 | 1 | 系统时钟的 4 分频 |
| 0 | 1 | 0 | 定时器 0 溢出 |
| 0 | 1 | 1 | ECI 负跳变（最大速率 = 系统时钟频率/4） |
| 1 | 0 | 0 | 系统时钟 |
| 1 | 0 | 1 | 外部时钟的 8 分频 |
| 1 | 1 | 0 | smaRTClock 时钟的 8 分频（与系统时钟同步） |
| 1 | 1 | 1 | 保留 |

注：外部振荡器 8 分频和 smaRTClock 时钟的 8 分频与系统时钟同步。

➢ 位 0：ECF：PCA 计数器/定时器溢出中断允许。该位是 PCA 计数器/定时器溢出（CF）中断的屏蔽位。

0：禁止 CF 中断。

1：当 CF（PCA0CN.7）置 1 时，允许 PCA 计数器/定时器溢出的中断请求。

当 WDTE 位置 1 时，不能改变 PCA0MD 寄存器的值。若要改变 PCA0MD 的内容，必须先禁止看门狗定时器。

**表 16.7 PCA 捕捉/比较寄存器 PCA0CPMn**

寄存器地址：寄存器 0 页地址* 复位值：00000000

| 位 号 | 位 7 | 位 6 | 位 5 | 位 4 | 位 3 | 位 2 | 位 1 | 位 0 |
|---|---|---|---|---|---|---|---|---|
| 位定义 | PWM16n | ECOMn | CAPPn | CAPNn | MATn | TOGn | PWMn | ECCFn |
| 读写允许 | R/W | R/W | R/W | R/W | R/W | R/W | R/W | R/W |

* PCA0CPMn 地址：PCA0CPM0—0xDA；PCA0CPM1—0xDB；PCA0CPM2—0xDC；PCA0CPM3—0xDD；PCA0CPM4—0xDE；PCA0CPM5—0xCE。

PCA0CPMn 位功能说明如下：

➢ 位 7（PWM16n） 8/16 位脉冲宽度调制允许。当脉冲宽度调制方式被允许时，PWMn＝

1,该位选择 16 位方式。

0：选择 8～11 位 PWM;1：选择 16 位 PWM。

➢ 位 6(ECOMn)　比较器功能允许。该位允许/禁止 PCA 模块 n 的比较器功能。

0：禁止;1：允许。

➢ 位 5(CAPPn)　上升沿捕捉功能允许。该位允许/禁止 PCA 模块 n 的上升沿捕捉。

0：禁止;1：允许。

➢ 位 4(CAPNn)　下降沿捕捉功能允许。该位允许/禁止 PCA 模块 n 的下降沿捕捉。

0：禁止;1：允许。

➢ 位 3 (MATn)　匹配功能允许。该位允许/禁止 PCA 模块 n 的匹配功能。如果被允许,当 PCA 计数器与一个模块的捕捉/比较寄存器匹配时,PCA0MD 寄存器中的 CCFn 位置 1。

0：禁止;1：允许。

➢ 位 2 (TOGn)　电平切换功能允许。该位允许/禁止 PCA 模块 n 的电平切换功能。如果允许,当 PCA 计数器与一个模块的捕捉/比较寄存器匹配时,CEXn 引脚的逻辑电平发生切换。如果 PWMn 位也置 1,模块将工作在频率输出方式。

0：禁止;1：允许。

➢ 位 1 (PWMn)　脉宽调制方式允许。该位允许/禁止 PCA 模块 n 的 PWM 功能。当允许时,CEXn 引脚输出脉冲宽度调制信号。PWM16n 为 0 时使用 8 位 PWM 方式,PWM16n 为 1 时使用 16 位方式。如果 TOGn 位也置为逻辑 1,则模块工作在频率输出方式。

0：禁止;1：允许。

➢ 位 0 (ECCFn)　捕捉/比较标志中断允许。该位设置捕捉/比较标志(CCFn)的中断屏蔽。

0：禁止 CCFn 中断;1：当 CCFn 位置 1 时,允许捕捉/比较标志的中断请求。

**表 16.8　PCA 计数器/定时器低字节 PCA0L**

寄存器地址：寄存器 0 页的 0xF9　　复位值：00000000

| 位　号 | 位 7 | 位 6 | 位 5 | 位 4 | 位 3 | 位 2 | 位 1 | 位 0 |
|---|---|---|---|---|---|---|---|---|
| 位定义 | D7 | D6 | D5 | D4 | D3 | D2 | D1 | D0 |
| 读写允许 | R/W | R/W | R/W | R/W | R/W | R/W | R/W | R/W |

PCA0L 位功能说明如下：

➢ 位 7～0 (PCA0L)　PCA 计数器/定时器的低字节。PCA0L 寄存器保存 16 位 PCA 计数器/定时器的低字节。需注意的是当看门狗允许后,此时不能用软件修改 PCA0 里寄存器的内容,必须先禁止看门狗定时器。

**表 16.9　PCA 计数器/定时器高字节 PCA0H**

寄存器地址：寄存器 0 页的 0xFA　　复位值：00000000

| 位　号 | 位 7 | 位 6 | 位 5 | 位 4 | 位 3 | 位 2 | 位 1 | 位 0 |
|---|---|---|---|---|---|---|---|---|
| 位定义 | D7 | D6 | D5 | D4 | D3 | D2 | D1 | D0 |
| 读写允许 | R/W | R/W | R/W | R/W | R/W | R/W | R/W | R/W |

PCA0H 位功能说明如下：

➢ 位 7～0（PCA0H） PCA 计数器/定时器高字节。PCA0H 寄存器保存 16 位 PCA 计数器/定时器的高字节。读该寄存器的值其实读的是该寄存器的一个拷贝，该内容是在读 PCA0L 的内容时被锁存的。需注意的是当看门狗允许后，此时不能用软件修改 PCA0 里寄存器的内容，必须先禁止看门狗定时器。

**表 16.10 PCA 捕捉模块低字节 PCA0CPLn**

寄存器地址：寄存器 0 页具体地址* 复位值：00000000

| 位 号 | 位 7 | 位 6 | 位 5 | 位 4 | 位 3 | 位 2 | 位 1 | 位 0 |
|---|---|---|---|---|---|---|---|---|
| 位定义 | D7 | D6 | D5 | D4 | D3 | D2 | D1 | D0 |
| 读写允许 | R/W | R/W | R/W | R/W | R/W | R/W | R/W | R/W |

* PCA0CPLn 地址：PCA0CPL0—0xFB；PCA0CPL1—0xE9；PCA0CPL2—0xEB；PCA0CPL3—0xED；
PCA0CPL4—0xFD；PCA0CPL5—0xD2。

PCA0CPLn 位功能说明如下：

➢ 位 7～0（PCA0CPLn） PCA 捕捉模块低字节。PCA0CPLn 寄存器保存 16 位捕捉模块 n 的低字节。

**表 16.11 PCA 捕捉模块高字节 PCA0CPHn**

寄存器地址：寄存器 0 页具体地址* 复位值：00000000

| 位 号 | 位 7 | 位 6 | 位 5 | 位 4 | 位 3 | 位 2 | 位 1 | 位 0 |
|---|---|---|---|---|---|---|---|---|
| 位定义 | D7 | D6 | D5 | D4 | D3 | D2 | D1 | D0 |
| 读写允许 | R/W | R/W | R/W | R/W | R/W | R/W | R/W | R/W |

* PCA0CPHn 地址：PCA0CPH0—0xFC；PCA0CPH1—0xEA；PCA0CPH2—0xEC；PCA0CPH3—0xEE；
PCA0CPH4—0xFE；PCA0CPH5—0xD3。

PCA0CPHn 位功能说明如下：

➢ 位 7～0（PCA0CPHn） PCA 捕捉模块高字节。PCA0CPHn 寄存器保存 16 位捕捉模块 n 的高字节。

**表 16.12 PCA PWM 配置寄存器 PCA0PWM**

寄存器地址：寄存器 0 页 0xDF 复位值：00000000

| 位 号 | 位 7 | 位 6 | 位 5 | 位 4 | 位 3 | 位 2 | 位 1 | 位 0 |
|---|---|---|---|---|---|---|---|---|
| 位定义 | ARSEL | ECOV | COVF | — | — | — | CLSEL1 | CLSEL0 |
| 读写允许 | R/W | R/W | R/W | R | R | R | R/W | R/W |

PCA0PWM 位功能说明如下：

➢ 位 7（ARSEL） 自动重载寄存器选择。该位选择读或写 PCA0CPn 还是相同地址上它的重载寄存器。该功能用于定义 9、10、11 位 PWM 方式的重载值。其他方式重载寄存器无功能。

0：读或写 PCA0CPHn 和 PCA0CPLn 寄存器。

1：读或写 PCA0CPHn 和 PCA0CPLn 的重载寄存器。

➢ 位 6(ECOV)　周期溢出中断允许位。

0：COVF 置 1 不产生 PCA 中断。1：COVF 置 1 将产生 PCA 中断。

➢ 位 5(COVF)　周期溢出标志位。该位指示 PCA 计数器的 9、10、11 位溢出。具体哪一位溢出则取决于周期长度选择位。该位可以软件或硬件置 1，但必须软件清 0。

➢ 位 4～2　未用。读返回值均为 0，写忽略操作。

➢ 位 1～0 (CLSEL[1：0])　周期长度选择位。未选择 16 位 PWM 方式时，这些位决定选择 8、9、10、11 位的 PWM 周期长度。当 16 位 PWM 方式被选择时，这些通道的选择将被忽略。具体选择定义如下：

00：8 位周期长度；01：9 位周期长度；

10：10 位周期长度；11：11 位周期长度。

## 16.5 PCA 应用实例

### 16.5.1 8 位 PWM 发生程序

脉宽调制(PWM)技术应用非常广泛，电源、变频调速都能找到它的身影。直流 PWM 技术在电机调速控制上应用很广泛。8 位的 PWM 频率较高，但分辨率低，一般可用在电源或调光、调速等要求不高的场合。源程序如下：

```
#include <C8051F930.h>                          // SFR declarations
#include <stdio.h>
#include <INTRINS.H>
#define uint unsigned int
#define uchar unsigned char
#define nop() _nop_();_nop_();
//------------------------------------------------------------------
// 全局常量
//------------------------------------------------------------------
#define FREQUEN     24500000
#define DIVCLK      1
#define SYSCLK   FREQUEN/DIVCLK                       // SYSCLK frequency in Hz
//------------------------------------------------------------------
// 函数声明
//------------------------------------------------------------------
void SYSCLK_Init (void);
void PORT_Init (void);
void PCA_Init();
void delay(uint time);
void PWMCH(uchar per);
//------------------------------------------------------------------
// main() Routine
//------------------------------------------------------------------
```

```
void main (void)
{
   uchar duty;
   bit direction = 0;                          // 0 = 减小; 1 = 增加
   PCA0MD = 0x00;
   PORT_Init ();
   SYSCLK_Init ();
   PCA_Init ();
   duty = 50;
   PWMCH(duty);
   while (1)
   {
      delay(500);
      if (direction == 1)
      {
         if ((PCA0CPM0 & 0x40) == 0x00)
         {
            PCA0CPM0 |= 0x40;
         }
         else
         {
         duty++;
         PWMCH(duty);
            if (duty == 100)
            {
               direction = 0;
            }
         }
      }
      else
      {
        if(duty == 0)
         {
            PCA0CPM0 &= ~0x40;
            direction = 1;
         }
         else
         {
               duty--;
               PWMCH(duty);
         }
      }
   }
}
void PWMCH(uchar per)
```

```
{
uint zkb;
if(per>100)
{
per = 100;
}
zkb = 255 * per/100;
PCA0CPH0 = 255 - zkb;
}
//////////////////////////////////////////////////////
void delay(uint time)
{
uint i,j;
for (i = 0;i<time;i++){
    for(j = 0;j<300;j++);
}
}
//------------------------------------------------------------------------------
//时钟源初始化函数
//------------------------------------------------------------------------------
void SYSCLK_Init (void)
{
    OSCICN |=  0x80;                                 //允许内部精密时钟
    RSTSRC  =  0x06;
    CLKSEL  =  0x00;
    switch(DIVCLK)
    {
     case 1:
     {      CLKSEL |= 0x00;                          //系统频率 1 分频
     break;}
    case 2:
     {      CLKSEL |=  0x10;                         //系统频率 2 分频
     break;}
     case 4:
     {      CLKSEL |=  0x20;                         //系统频率 4 分频
     break;}
     case 8:
     {      CLKSEL |=  0x30;                         //系统频率 8 分频
     break;}
     case 16:
     {      CLKSEL |=  0x40;                         //系统频率 16 分频
     break;}
     case 32:
     {      CLKSEL |=  0x50;                         //系统频率 32 分频
     break;}
```

```
    case 64:
    {    CLKSEL |= 0x60;                                    //系统频率 64 分频
    break;}
    case 128:
    {    CLKSEL |= 0x70;                                    //系统频率 128 分频
    break;}
}
}
//-----------------------------------------------------------------------------
//端口初始化及功能分配函数
//-----------------------------------------------------------------------------
void PORT_Init (void)
{
   XBR0      = 0x00;
   XBR1      = 0x01;
   XBR2      = 0x40;
   P0MDOUT |= 0x01;
}
//-----------------------------------------------------------------------------
// PCA0  初始化
//-----------------------------------------------------------------------------
void PCA_Init (void)
{
   PCA0CN = 0x00;
   PCA0MD = 0x08;
   PCA0CPM0 = 0x42;                                         //模块 0 8 位 PWM 模式
   CR = 1;
}
```

### 16.5.2 16 位 PWM 发生程序

前面实现的是 8 位 PWM 波，本例给出的是 16 位 PWM 模式，可以实现较高的精度。但受系统频率所限，它的输出频率仅能达到几百 Hz，这在一些场合是远不够的，在电机控制中可能造成电机的低频振动，因此它仅适用于对频率要求不高但对精度要求较高的场合，比如可以将 16 位 PWM 波转换成直流电压，可应用于 V/I 变换中，可以经过高速光耦隔离再通过低通滤波器滤波即可实现由数字量到直流的直接变换，可以等效为 D/A 转换。程序如下：

```
#include <C8051F930.h>
#define FREQUEN     24500000
#define DIVCLK     4
#define SYSCLK   FREQUEN/DIVCLK                          // SYSCLK frequency in Hz
#define uint unsigned int
#define uchar unsigned char
#define ulong unsigned   long int
#define nop() _nop_();_nop_();_nop_();_nop_();
```

```
//------------------------------------------------------------------
// 函数声明
//------------------------------------------------------------------
void OSCILLATOR_Init (void);
void PORT_Init (void);
void PCA0_Init (void);
void PCA0_ISR(void);
void delay(uint time);
void setduty(float duty);
//------------------------------------------------------------------
// 全局变量
//------------------------------------------------------------------
uint PWM_Value;                                // Holds current PCA compare value
//------------------------------------------------------------------
// MAIN 函数
//------------------------------------------------------------------
void main (void)
{
   bit direcflg = 0;                           //定义方向标志,0 为下降,1 为上升
   PCA0MD = 0x00;                              //禁止看门狗
   PORT_Init ();
   OSCILLATOR_Init ();
   PCA0_Init ();
   EA = 1;
 setduty(0.7);
  delay(5000);
   setduty(1);
     delay(5000);
        setduty(0);
       delay(5000);
   while (1)
   {
     delay(1);
      if (direcflg == 1)
      {
         if ((PCA0CPM0 & 0x40) == 0x00)
         {
            PCA0CPM0 |= 0x40;                  // ECOM0 置 1,以便给 PCA0CPHn 赋值
         }
         else
         {
            PWM_Value--;
            if (PWM_Value == 0x0000)
            {
               direcflg = 0;
```

```
            }
        }
    }
    else
    {
        if (PWM_Value == 0xFFFF)
        {
            PCA0CPM0 &= ~0x40;                        // ECOM0 清 0,产生 0%的占空比
            direcflg = 1;
        }
        else
        {
            PWM_Value++;
        }
    }
  }
}
//------------------------------------------------------------------
//根据占空比给 16 位 PWM 赋值
//------------------------------------------------------------------
 void setduty(float duty)
 {
 if(duty>1)
 {
 duty=1;
 }
   PWM_Value = 65536 - (65536 * duty);
   if(duty==0)
   {
     PWM_Value = 65535;
   }
   PCA0CPL0 = (PWM_Value & 0x00FF);
   PCA0CPH0 = (PWM_Value & 0xFF00)>>8;
   }
//------------------------------------------------------------------
//时钟源初始化函数
//------------------------------------------------------------------
void OSCILLATOR_Init (void)
{
   OSCICN |= 0x80;                               //允许内部精密时钟
   RSTSRC = 0x06;                                // Enable missing clock detector and
                                                 // leave VDD Monitor enabled

    CLKSEL = 0x00;
    switch(DIVCLK)
    {
```

```
    case 1:
    {     CLKSEL |= 0x00;                          //系统频率 1 分频
    break;}
   case 2:
    {     CLKSEL |=  0x10;                         //系统频率 2 分频
    break;}
    case 4:
    {     CLKSEL |=  0x20;                         //系统频率 4 分频
    break;}
    case 8:
    {     CLKSEL |=  0x30;                         //系统频率 8 分频
    break;}
    case 16:
    {     CLKSEL |=  0x40;                         //系统频率 16 分频
    break;}
    case 32:
    {     CLKSEL |=  0x50;                         //系统频率 32 分频
    break;}
    case 64:
    {     CLKSEL |=  0x60;                         //系统频率 64 分频
    break;}
    case 128:
    {     CLKSEL |=  0x70;                         //系统频率 128 分频
    break;}
}
}
void delay(uint time)
{
uint i,j;
for (i = 0;i<time;i ++ ){
for(j = 0;j<300;j ++ );
}
}
//-------------------------------------------------------------
//端口初始化及功能分配函数
//-------------------------------------------------------------
void PORT_Init (void)
{
   XBR0     =  0x00;
   XBR1     =  0x01;                               //配置 CEX0 到 P0.0 口
   XBR2     =  0x40;
   P0MDOUT |=  0x01;                               //设置 P0.0 推挽输出
}
//-------------------------------------------------------------
//PCA 初始化函数
```

```
//------------------------------------------------------------------------
void PCA0_Init (void)
{
   PCA0CN = 0x00;                          //停止 PCA 计数器,清所有标志位
   PCA0MD = 0x08;                          //系统频率作为时基
   PCA0CPM0 = 0xCB;                        //模块 0 16 位 PWM 方式
   EIE1 |= 0x10;                           //允许 PCA 中断
   CR = 1;                                 //启动 PCA 计数器
}
//------------------------------------------------------------------------
// PCA0 中断
//------------------------------------------------------------------------
void PCA0_ISR(void) INTERRUPT_PCA0
{
   CCF0 = 0;                               // Clear module 0 interrupt flag
   PCA0CPL0 = (PWM_Value & 0x00FF);
   PCA0CPH0 = (PWM_Value & 0xFF00)>>8;
}
```

### 16.5.3 11 位 PWM 波输出

以前的 C8051F 系列芯片只能实现 8 位或 16 位 PWM,受频率和精度制约,使它的应用受限制。C8051F9xx 扩展了 PWM 的功能,可以轻松实现 9、10、11 位的 PWM,位数越低频率就越高。在 11 位 PWM 的情况下输出频率可达 12 kHz,这在要求较高的场合是可以使用的。以下给出了 11 位 PWM 输出的应用程序。

```
#include <C8051F930.h>                     // SFR declarations
#define FREQUEN    24500000
#define DIVCLK    1
#define SYSCLK  FREQUEN/DIVCLK             // SYSCLK frequency in Hz
#define uint unsigned int
#define uchar unsigned char
#define ulong unsigned  long int
#define nop() _nop_();_nop_();_nop_();_nop_();
//------------------------------------------------------------------------
// 函数声明
//------------------------------------------------------------------------
void OSCILLATOR_Init (void);
void PORT_Init (void);
void PCA0_Init (void);
void PCA0_ISR(void);
void delay(uint time);
void setduty(float duty);
//------------------------------------------------------------------------
// 全局变量
```

```
//--------------------------------------------------------------
uint PWM_Value;
//--------------------------------------------------------------
// MAIN  函数
//--------------------------------------------------------------
void main (void)
{
   bit direcflg = 0;                         // 0 = Decrease; 1 = Increase
   PCA0MD = 0x00;                            // Disable watchdog timer
   PORT_Init ();                             // Initialize crossbar and GPIO
   OSCILLATOR_Init ();                       // Initialize oscillator
   PCA0_Init ();                             // Initialize PCA0
   EA = 1;
 setduty(0.7);
  delay(5000);
   setduty(1);
     delay(5000);
        setduty(0);
      delay(5000);
   while (1)
   {
      delay(1);
      if (direcflg == 1)
      {
         if ((PCA0CPM0 & 0x40) == 0x00)
         {
            PCA0CPM0 |= 0x40;                // ECOM0 置 1,以便给 PCA0CPHn 赋值
         }
         else
         {
            PWM_Value-- ;
            if (PWM_Value == 0x0000)
            {
               direcflg = 0;
            }
         }
      }
      else
      {
         if (PWM_Value == 2047)
         {
            PCA0CPM0 &= ~0x40;               //ECOM0 清 0,产生 0% 的占空比
            direcflg = 1;                    //改变赋值方向
         }
         else
```

```
            {
                PWM_Value++;
            }
        }
    }
}
//----------------------------------------------------------------------
//根据占空比给 11 位 PWM 赋值
//----------------------------------------------------------------------
 void setduty(float duty)
 {
 if(duty>1)
 {
 duty=1;
 }
   PWM_Value = 2048 - (2048 * duty);
   if(duty==0)
   {
     PWM_Value = 2048;
   }
   PCA0CPL0 = (PWM_Value & 0x00FF);
   PCA0CPH0 = (PWM_Value & 0xFF00)>>8;
   }
//----------------------------------------------------------------------
//时钟源初始化函数
//----------------------------------------------------------------------
void OSCILLATOR_Init (void)
{
   OSCICN |= 0x80;                                   //允许内部精密时钟
   RSTSRC = 0x06;
CLKSEL = 0x00;
    switch(DIVCLK)
    {
     case 1:
     {     CLKSEL |= 0x00;                           //系统频率 1 分频
     break;}
    case 2:
     {     CLKSEL |= 0x10;                           //系统频率 2 分频
     break;}
     case 4:
     {     CLKSEL |= 0x20;                           //系统频率 4 分频
     break;}
     case 8:
     {     CLKSEL |= 0x30;                           //系统频率 8 分频
     break;}
```

```
    case 16:
    {     CLKSEL |= 0x40;                         //系统频率 16 分频
    break;}
    case 32:
    {     CLKSEL |= 0x50;                         //系统频率 32 分频
    break;}
    case 64:
    {     CLKSEL |= 0x60;                         //系统频率 64 分频
    break;}
    case 128:
    {     CLKSEL |= 0x70;                         //系统频率 128 分频
    break;}
   }

void delay(uint time)
{
uint i,j;
for (i = 0;i<time;i ++ ){
    for(j = 0;j<300;j ++ );
}
}
//-------------------------------------------------------------------
// 端口初始化及功能分配函数
//-------------------------------------------------------------------
void PORT_Init (void)
{
   XBR0  =  0x00;
   XBR1  =  0x01;                                 //配置 CEX0 到 P0.0 口
   XBR2  =  0x40;
   P0MDOUT |=  0x01;                              //设置 P0.0 推挽输出
}
//-------------------------------------------------------------------
// PCA 初始化函数
//-------------------------------------------------------------------
void PCA0_Init (void)
{
    PCA0CN  =  0x00;                              //停止 PCA 计数器,清所有标志位
    PCA0CN  =  0x40;
    PCA0MD &=  ~0x40;
    PCA0MD  =  0x08;                              //系统频率作为时基
    PCA0CPM0  =  0x42;
    PCA0PWM  =  0x43;
    PCA0PWM |=  0x80;                             //设置 ARSEL 位为 1
    PCA0CPL0  =  0x00;
    PCA0CPH0  =  0x00;
```

```
    EIE1 |= 0x10;                                    //允许 PCA 中断
    CR = 1;                                          //启动 PCA 计数器
}
//-----------------------------------------------------------------
// PCA0_ISR
//-----------------------------------------------------------------
void PCA0_ISR(void) INTERRUPT_PCA0
{
    PCA0PWM  &= ~0x20;
    PCA0CPL0 = (PWM_Value & 0x00FF);
    PCA0CPH0 = (PWM_Value & 0xFF00)>>8;
}
```

## 16.5.4 方波发生输出

PCA 的模块可以很方便地实现方波输出功能,方波用于其他外设的时钟信号或步进电机的控制所需的脉冲信号,可以实现最多 6 路的方波信号输出。该方波在高频段的时钟信号直接取自系统频率或 12 分频导致精度较差,在低频段使用定时器 0 溢出信号作为时钟源可以保证精度。以下给出了简易方波发生程序。

```
#include <C8051F930.h>                              // SFR declarations
#define uint unsigned int
#define uchar unsigned char
#define ulong unsigned  long int
#define nop() _nop_();_nop_();_nop_();_nop_();
//-----------------------------------------------------------------
// 全局常量
//-----------------------------------------------------------------
#define FREQUEN    24500000
#define DIVCLK    2
#define SYSCLK   FREQUEN/DIVCLK                      // SYSCLK frequency in Hz
#define CEX0_FREQUENCY   500000                      // 定义输出频率为 500 000
//-----------------------------------------------------------------
// 函数声明
//-----------------------------------------------------------------
void OSCILLATOR_Init (void);
void PORT_Init (void);
void PCA0_Init (void);
void PCA0_ISR(void);
void delay(uint time);
void setduty(float duty);
//-----------------------------------------------------------------
// 全局变量
//-----------------------------------------------------------------
uint PWM_Value;
```

```
//-------------------------------------------------------------------
// MAIN 函数
//-------------------------------------------------------------------
void main (void)
{
   bit direcflg = 0;                    // 0 = Decrease; 1 = Increase
   PCA0MD = 0x00;                       // Disable watchdog timer
   PORT_Init ();                        // Initialize crossbar and GPIO
   OSCILLATOR_Init ();                  // Initialize oscillator
   PCA0_Init ();                        // Initialize PCA0
       while (1);
   }
//-------------------------------------------------------------------
// 时钟源初始化函数
//-------------------------------------------------------------------
void OSCILLATOR_Init (void)
{
   OSCICN |= 0x80;                      //允许内部精密时钟
   RSTSRC = 0x06;                       // Enable missing clock detector and
                                        // leave VDD Monitor enabled.
  CLKSEL = 0x00;
    switch(DIVCLK)
    {
     case 1:
     {      CLKSEL |= 0x00;             //系统频率 1 分频
     break;}
    case 2:
     {      CLKSEL |= 0x10;             //系统频率 2 分频
     break;}
     case 4:
     {      CLKSEL |= 0x20;             //系统频率 4 分频
     break;}
     case 8:
     {      CLKSEL |= 0x30;             //系统频率 8 分频
     break;}
     case 16:
     {      CLKSEL |= 0x40;             //系统频率 16 分频
     break;}
     case 32:
     {      CLKSEL |= 0x50;             //系统频率 32 分频
     break;}
     case 64:
     {      CLKSEL |= 0x60;             //系统频率 64 分频
     break;}
    case 128:
```

```
  {   CLKSEL |= 0x70;                              //系统频率 128 分频
  break;}
  }
}
void delay(uint time)
{
    uint i,j;
    for (i = 0;i<time;i++){
        for(j = 0;j<300;j++);
    }
}
//-----------------------------------------------------------------
// 端口初始化及功能分配函数
//-----------------------------------------------------------------
void PORT_Init (void)
{
   XBR0 = 0x00;
   XBR1 = 0x01;                                    //配置 CEX0 到 P0.0 口
   XBR2 = 0x40;
   P0MDOUT |= 0x01;                                //设置 P0.0 推挽输出
}
//-----------------------------------------------------------------
// PCA 初始化函数
//-----------------------------------------------------------------
void PCA0_Init (void)
{
   PCA0CN = 0x00;                                  //停止 PCA 计数器,清所有标志位
   PCA0MD = 0x00;                                  //系统频率 12 分频作为时基
   PCA0CPM0 = 0x46;                                //模块 0 频率输出模式
   PCA0CPH0 = (SYSCLK/12)/(2 * CEX0_FREQUENCY);    //频率输出初始化
   CR = 1;                                         //启动 PCA 计数器
}
```

### 16.5.5 频率捕捉功能应用

频率捕捉功能是 PCA 的一项重要功能,它可以实现单周期测频率,但是要求被测频率不能太高,同时 PCA 的时钟频率要远大于被测频率,否则误差极大。本程序利用模块 1 发生被测方波,为了保证一定的发生精度,时钟采用了定时器 0 溢出作为时钟源。模块 0 工作在频率捕捉方式,为了减少中断过程的耗时,中断程序只负责记录数据,处理过程则在中断之外完成,捕捉性能有所提高。捕捉周期的计算方法是“周期=periodvalue×时基”,时基的值是最小时间值,根据实际情况可以设定,但要保证不溢出。

```
#include <C8051F930.h>                     // SFR declarations
#define FREQUEN    24500000
#define DIVCLK     1
```

```
#define SYSCLK   FREQUEN/DIVCLK                    // SYSCLK frequency in Hz
#define uint unsigned int
#define uchar unsigned char
#define ulong unsigned  long int
#define nop() _nop_();_nop_();_nop_();_nop_();
 sbit FREOUT = P0^1;                                //设置模拟方波频率输出端口
//-----------------------------------------------------------------
// 函数声明
//-----------------------------------------------------------------
void OSCILLATOR_Init (void);
void PORT_Init (void);
void PCA0_Init (void);
void TestTimerInit (void);
void PCA0_ISR();
void freqout( uint TESTOUT);
void settimebase(uint time);
//-----------------------------------------------------------------
// 变量定义
//-----------------------------------------------------------------
uint  periodvalue[10];
uchar con;
//-----------------------------------------------------------------
// MAIN 函数
//-----------------------------------------------------------------
void main (void)
{
uchar i;
   PCA0MD  =  0x00;                                 //禁止看门狗
   PORT_Init ();
   OSCILLATOR_Init ();
   settimebase(1);
   PCA0_Init ();
   freqout(10000);
   for(i = 0;i<10;i++)
   {
       periodvalue[i] = 0;
   }
   EA  =  1;
   while (1)
   {
      if (TF2H)
      {
         FREOUT  =  !FREOUT;
         TF2H  =  0;
      }
```

```
    }
}
//------------------------------------------------------------------
// 时钟源初始化函数
//------------------------------------------------------------------
void OSCILLATOR_Init (void)
{
   OSCICN |= 0x80;                              //允许内部精密时钟
   RSTSRC = 0x06;
CLKSEL = 0x00;
    switch(DIVCLK)
    {
     case 1:
     {     CLKSEL |= 0x00;                      //系统频率 1 分频
     break;}
    case 2:
     {     CLKSEL |= 0x10;                      //系统频率 2 分频
     break;}
     case 4:
     {     CLKSEL |= 0x20;                      //系统频率 4 分频
     break;}
     case 8:
     {     CLKSEL |= 0x30;                      //系统频率 8 分频
     break;}
     case 16:
     {     CLKSEL |= 0x40;                      //系统频率 16 分频
     break;}
     case 32:
     {     CLKSEL |= 0x50;                      //系统频率 32 分频
     break;}
     case 64:
     {     CLKSEL |= 0x60;                      //系统频率 64 分频
     break;}
     case 128:
     {     CLKSEL |= 0x70;                      //系统频率 128 分频
     break;}
         }
     }
//------------------------------------------------------------------
// 端口初始化及功能分配函数
//------------------------------------------------------------------
void PORT_Init (void)
{
   XBR0 = 0x00;
   XBR1 = 0x01;                                 //配置 CEX0 到 P0.0 口
```

```
    XBR2 = 0x40;
    P0MDOUT |= 0x01;                                  //设置 P0.0 推挽输出
}
//-----------------------------------------------------------------------
// PCA 初始化函数
//-----------------------------------------------------------------------
void PCA0_Init (void)
{
    PCA0CN = 0x00;                                    //停止 PCA 计数器,清所有标志位
    PCA0MD = 0x04;                                    //使用定时器 0 的溢出作为 PCA 计数器时基
    PCA0CPM0 = 0x21;                                  //配置模块 0 工作在上升沿捕捉模式
    EIE1 |= 0x10;                                     //允许 PCA 中断
    CR = 1;                                           //启动 PCA 计数器
    }
//-----------------------------------------------------------------------
// 频率输出
//-----------------------------------------------------------------------
void freqout ( uint TESTOUT)
{
   CKCON |= 0x10;                                     // Use SYSCLK to clock Timer2
   TMR2RL = 65535 - (SYSCLK / (TESTOUT * 2));         //初始化重载值
   TMR2 = TMR2RL;                                     //初始化定时器值
   TMR2CN = 0x04;                                     // Timer 2 工作在 16 位自动重载方式
}
//-----------------------------------------------------------------------
// 设置时基
//-----------------------------------------------------------------------
void settimebase(uint time)
{
    TMOD &= 0xF0;                                     //清 T0 控制位
    TMOD |= 0x02;                                     //8 位自动重载方式
    CKCON |= 0x04;                                    //T0 使用系统频率作为时钟源
    TH0 = (uchar) - (SYSCLK /1000000) * time;         //设置重载值
    TL0 = (uchar) - (SYSCLK /1000000) * time ;        //设置初始化值
    TR0 = 1;                                          //启动 Timer 0
}
//-----------------------------------------------------------------------
// PCA0  中断
//-----------------------------------------------------------------------
void PCA0_ISR() INTERRUPT_PCA0
{
    static unsigned int current_value, previous_value;
    static unsigned int capture_period;
    if (CCF0)
    {
```

```
        CCF0 = 0;
        current_value = PCA0CP0;
        capture_period = current_value - previous_value;  //捕捉周期等于连续两次 PCA0CP0 计数
                                                          //值之差
        periodvalue[con] = capture_period;                //保存周期值
        con++;
        if(con>=10)
        {
        con=0;
        }
         previous_value = current_value;
    }
    else
    {
        PCA0CN &= ~0x86;                          //清 PCA 中断标志
    }
}
```

### 16.5.6 软件定时器功能应用

用过传统 51 定时器的读者都有这样的体会,要实现长时间定时就需要在定时器的中断服务程序中,利用扩展变量来扩展时长。这一过程中断不可少,同时每次中断还必须有 CPU 的参与,给应用带来了不便。这一过程利用软件定时器可以轻松实现,软件定时器相当于用来扩展时长的变量,这样可以使 CPU 的参与降到最低。方法是将定时器 0 溢出作为软件定时器的时钟源,为了减少 CPU 参与,可将定时器 0 设置为自动重载方式。程序中系统频率为 16 分频,在不扩展变量的情况下实现 10 s 定时。程序如下:

```
#include <C8051F930.h>                                  // SFR declarations
#define FREQUEN    24500000
#define DIVCLK     16
#define SYSCLK   FREQUEN/DIVCLK                         // SYSCLK frequency in Hz
#define TB10uS 245L  //最小时基长度在系统频率为 24.5 MHz 时时长为 10 μs,
                     //其他频率下时长 = 10 * DIVCLK (μs)
sbit LED=P1^6;
#define uint unsigned int
#define uchar unsigned char
#define ulong unsigned  long int
#define nop() _nop_();_nop_();_nop_();_nop_();
//-----------------------------------------------------------------
// 函数声明
//-----------------------------------------------------------------
void OSCILLATOR_Init (void);
void PORT_Init (void);
void PCA0_Init (void);
void PCA0_ISR(void);
```

```
void delay(uint time);
void settimebase();                              //设置时基 10 * DIVCLK (μs)
void settime(uchar time);
//-------------------------------------------------------------------
// 全局变量
//-------------------------------------------------------------------
uint PCA_TIMEOUT;
//-------------------------------------------------------------------
// MAIN 函数
//-------------------------------------------------------------------
void main (void)
{
   bit direcflg = 0;                             // 0 = Decrease; 1 = Increase
   PCA0MD = 0x00;                                // Disable watchdog timer
   settimebase();
   settime(10);
   PORT_Init ();
   OSCILLATOR_Init ();
   PCA0_Init ();
   EA = 1;
        while (1);
   }
//-------------------------------------------------------------------
// 时钟源初始化函数
//-------------------------------------------------------------------
void OSCILLATOR_Init (void)
{
      OSCICN |= 0x80;                            //允许内部精密时钟
      RSTSRC = 0x06;
   CLKSEL = 0x00;
    switch(DIVCLK)
    {
     case 1:
     {     CLKSEL |= 0x00;                       //系统频率 1 分频
     break;}
    case 2:
     {     CLKSEL |= 0x10;                       //系统频率 2 分频
     break;}
     case 4:
     {     CLKSEL |= 0x20;                       //系统频率 4 分频
     break;}
     case 8:
     {     CLKSEL |= 0x30;                       //系统频率 8 分频
     break;}
     case 16:
```

```
        {     CLKSEL |= 0x40;                        //系统频率 16 分频
        break;}
        case 32:
        {     CLKSEL |= 0x50;                        //系统频率 32 分频
        break;}
        case 64:
        {     CLKSEL |= 0x60;                        //系统频率 64 分频
        break;}
        case 128:
        {     CLKSEL |= 0x70;                        //系统频率 128 分频
        break;}
            }
        }
//-------------------------------------------------------------------------
void settimebase()
{
    TMOD &= 0xF0;                                    // 清 T0 控制位
    TMOD |= 0x02;                                    // 8 位自动重载方式
    CKCON |= 0x04;                                   // T0 使用系统频率作为时钟源
    TH0 = (uchar) - TB10uS;                          // 设置重载值,实际周期为 10 * DIVCLK(μs)
    TL0 = (uchar) - TB10uS;                          // 设置初始化值,实际周期为 10 * DIVCLK(μs)
}
void settime(uchar time)
{
     PCA_TIMEOUT = time * 1000000/10/DIVCLK;
}
void delay(uint time)
{
     uint i,j;
     for (i = 0;i<time;i++){
         for(j = 0;j<300;j++);
     }
}
//-------------------------------------------------------------------------
// 端口初始化及功能分配函数
//-------------------------------------------------------------------------
void PORT_Init (void)
{
    XBR0      = 0x00;
    XBR1      = 0x01;                                // 配置 CEX0 到 P0.0 口
    XBR2      = 0x40;
    P0MDOUT |= 0x01;                                 // 设置 P0.0 推挽输出
}
//-------------------------------------------------------------------------
// PCA 初始化函数
```

```
//-------------------------------------------------------------------------------
void PCA0_Init (void)
{
   PCA0CN = 0x00;                                  // 停止 PCA 计数器，清所有标志位
   PCA0MD = 0x04;                                  // 使用定时器 0 的溢出作为 PCA 计数器时基
   PCA0CPM0 = 0x49;                                // 模块 0 工作在软件定时器方式
   PCA0L = 0x00;                                   // PCA 计数器清 0
   PCA0H = 0x00;
   PCA0CPL0 = PCA_TIMEOUT & 0x00FF;                // 设置匹配值
   PCA0CPH0 = (PCA_TIMEOUT & 0xFF00) >> 8;
   EIE1 |= 0x10;                                   // 允许 PCA 中断
   CR = 1;                                         // 启动 PCA 计数器
   TR0 = 1;                                        // 启动定时器 0
}
//-------------------------------------------------------------------------------
// PCA0  中断
//-------------------------------------------------------------------------------
void PCA0_ISR() INTERRUPT_PCA0
{
   if (CCF0)
   {
      CCF0 = 0;                                    // 模块 0 中断标志清 0
      PCA0L = 0x00;                                // PCA 计数器清 0
      PCA0H = 0x00;
      PCA0CPL0 = PCA_TIMEOUT & 0x00FF;             // 设置匹配值
      PCA0CPH0 = (PCA_TIMEOUT & 0xFF00) >> 8;
      LED = !LED;
    }
   else
   {
      PCA0CN &= ~0x86;                             // 清 PCA 中断标志
   }
}
```

# 第17章

# 综合实例应用

## 17.1 USB接口的扩展

USB的全称是Universal Serial Bus，它具有速度快、兼容性好、不占中断、可以串接、支持热插拨的特点。现在USB接口已经成为移动存储与娱乐设备的最主要的接口方式。USB有两个规范，即USB 1.1和USB 2.0。

USB 1.1是USB的规范，其高速方式的传输速率为12 Mbit/s，约合1.5 MB/s；低速方式的传输速率为1.5 Mbit/s。其目前仍是一些低数据传输率设备如鼠标、键盘、游戏操作杆、打印机等的主流接口规范。USB 2.0规范是由USB 1.1规范演变而来的。它的传输速率达到了480 Mbit/s，相当于60 MB/s，满足大多数外设的速率要求。可以用USB 2.0的驱动程序兼容USB 1.1设备。所有支持USB 1.1的设备都可以直接在USB 2.0的接口上使用而不必担心兼容性问题。

USB带来速度的提高，比较明显的例子，是使用USB接口打印文件传输时间大大缩减。12 Mbit/s的传输速率，相比并口速率提高达到10倍以上，在这个速率之下，USB 2.0标准进一步将接口速率提高到480 Mbit/s，是普通USB速度的20倍，更大幅度降低了打印文件的传输时间。图17.1为常见的几种USB接口。

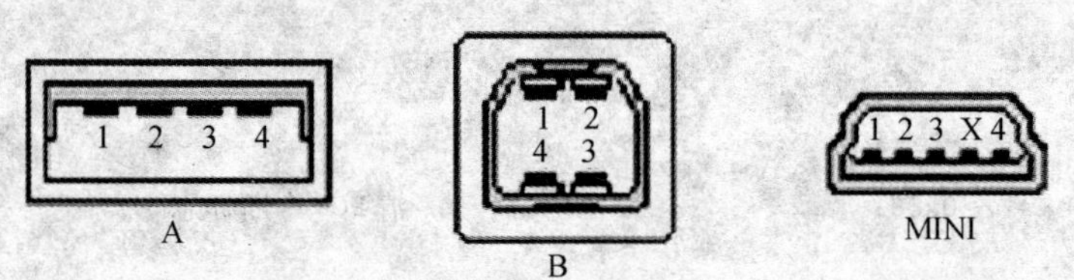


**图17.1 常见的几种USB接口**

### 17.1.1 UART串口应用实际

USB接口具有即插即用的特性，现在所有的计算机都能找到它的身影。以它为接口标准的外设更是层出不穷。过去非常常用的UART串口数量在计算机上越来越少，甚至已经出现只有USB口而没有传统接口的计算机。不管是RS-232、RS-422还是RS-485，UART连接方式数十年来一直是低带宽通信的主流，应用非常广泛。对一般的控制、监控与小容量数据传输而言，UART连接提供了一种成本低廉使用方便的解决方案，就目前的应用情况来说，其性能也是令人感到满意的。许多应用一直采用各种UART接口，既不需要也不希望有什么改变，毕竟任何改变都会增加成本和技术风险。

在无串口的计算机上怎样使用旧式基于串行接口的设备呢？这无外乎有以下两种解决方案：

- 进行全面的系统再设计，使设备本身能够支持 USB 连接。这种方式是有条件的，即需要大量的时间和金钱，这在一些项目中本身就是一个无法消除的弊端。这样的方式需要涉及很多工作，例如很可能你的微处理要变，与之相适应的程序也要改变，这样的改动成本是巨大的。采用具有 USB 总线的嵌入式系统开发方案，可以做到无缝嵌入，可使数据传输速率提高，但对于一些对传输速率不敏感的场合，并没有太大的优势。
- 不改变原有系统，只是在原有系统与 PC 之间扩展 USB—UART 桥。这样的解决思路是大多数人可以接受的，因为它对原有系统不作改动，只是把传输协议进行了适当转换，以使它满足 USB 接口标准，因此这种方案应该是最简单的解决方式了。这能最大限度地利用现有可选设备的优势，并克服其诸多缺点。复杂的 USB 底层协议是不需要应用者开发的，需要的只是扩展级连，这样可节约大量的开发成本。

### 17.1.2 UART 转 USB 功能实现

实现这一强大转换功能可以使用一种高度集成的单芯片——USB 转 UART 桥接器 CP210x 。它提供一个使用最小化的元件和 PCB 空间实现 RS－232 转 USB 的简便解决方案。该芯片包含一个 USB 2.0 全速功能控制器，USB 收发器振荡器和带有全部的调制解调器控制信号的异步串行数据总线(UART)。全部功能集成在一个 5 mm×5 mm MLP－28 封装的 IC 中，无需其他的外部 USB 元件，收发器无需外部电阻，集成的时钟无需外部振荡器，片内 $E^2PROM$ 可以用于定义 USB 供应商代码、产品代码、产品描述文字。这些数据可以包括：功率、标牌、版本号和器件序列号等。该 $E^2PROM$ 可以通过 USB 在应用板上进行编程，这使得在产品制造和调试过程中就可以实现对它进行编程使用。可以很容易地将 CP2101 用于实现一个有效的 COM 口，其物理连接是 USB 方式，但反映给用户的上层则是 UART 串口，这个串口是被虚拟出来的，程序控制使用方式与一般串口无异。

CP210x 的 UART 接口处理所有的 RS－232 信号，包括控制和握手信号，所以现存的系统固件无需改动。在许多现存的 RS－232 设计中，更新 RS－232 到 USB 所要做的，就是用 CP210x 取代 RS－232 级别的转换器。

图 17.2 是 CP2101 的引脚分布图，各引脚说明见表 17.1。采用 28 脚 MLP(5 mm×5 mm)封装，最大化减小了芯片体积。

#### 1. 基于 CP2101 的 USB 转 UART 桥设计

CP2101 的 USB 功能控制器是一个符合 USB 2.0 的全速器件，最大传输速率为 12 Mbit/s，具有 512 字节接收缓冲器及 512 字节发送缓冲器，支持硬件或 X－On/X－Off 握手，支持事件状态，集成了收发器和片内相应的上拉电阻。USB 功能控制器管理 USB 和 UART 间所有的数据传输，管理由 USB 主控制器发出的命令请求及用于控制 UART 功能的命令。USB 挂起和恢复信号的支持功能便于 CP2101 器件以及外部电路的电源管理。当在总线上检测到挂起信号时，CP2101 将进入挂起模式，发出 SUSPEND 和 $\overline{\text{SUSPEND}}$ 信号，该信号在 CP2101 复位后也会发出，直到 USB 要求的器件配置完成。

CP2101 的挂起模式会在下述任何一种情况时出现：

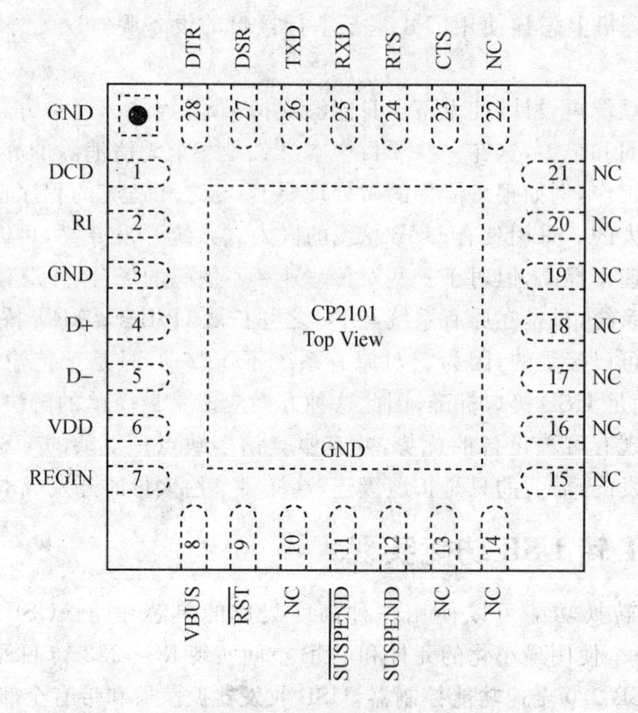


图 17.2　CP2101 引脚图

表 17.1　CP2101 引脚说明

| 引脚名称 | 引脚号 | 类　型 | 说　明 |
|---|---|---|---|
| VDD | 6 | 电源输入 | 2.7～3.6 V 电源电压输入 |
| | | 电源输出 | 3.3 V 电压调节器输出 见表 17.4 |
| GND | 3 | 接地 | |
| RST | 9 | 数字 I/O | 器件复位内部端口或 VDD 监视器的漏极开路输出，外部源可以通过将该引脚驱动为低电平(至少 15 s)来启动一次系统复位 |
| REGIN | 7 | 电源输入 | 5 V 调节器输入，此引脚为片内电压调节器的输入 |
| VBUS | 8 | 数字输入 | VBUS 感知输入，该引脚应连接至一个 USB 网络的 VBUS 信号，当连通到一个 USB 网络时，该引脚上的信号为 5 V |
| D＋ | 4 | 数字 I/O | USBD＋ |
| D－ | 5 | 数字 I/O | USBD－ |
| TXD | 26 | 数字输出 | 异步数据输出(UART 发送) |
| RXD | 25 | 数字输入 | 异步数据输入(UART 接收) |
| CTS | 23 | 数字输入 | 清除发送控制输入(低电平有效) |
| RTS | 24 | 数字输出 | 准备发送控制输出(低电平有效) |
| DSR | 27 | 数字输入 | 数据设置准备好控制输出(低电平有效) |
| DTR | 28 | 数字输出 | 数据终端准备好控制输出(低电平有效) |
| DCD | 1 | 数字输入 | 数据传输检测控制输入(低电平有效) |
| RI | 2 | 数字输入 | 振铃指示器控制输入(低电平有效) |

续表 17.1

| 引脚名称 | 引脚号 | 类　型 | 说　明 |
|---|---|---|---|
| SUSPEND | 12 | 数字输出 | 当 CP2101 进入 USB 挂起状态时，该引脚被驱动为高电平 |
| $\overline{\text{SUSPEND}}$ | 11 | 数字输出 | 当 CP2101 进入 USB 挂起状态时，该引脚被驱动为低电平 |
| NC | 10、13～22 |  | 这些引脚为未连接或接到 VDD 的引脚 |

① 检测到继续信号或产生继续信号时；

② 检测到一个 USB 复位信号；

③ 发生器件复位。

在挂起模式出现时，SUSPEND 和 $\overline{\text{SUSPEND}}$ 信号被取消。**注意：**SUSPEND 和 $\overline{\text{SUSPEND}}$ 在 CP2101 复位期间会暂时处于高电平。如果要避免这种情况出现可以使用一个大的下拉电阻（取值为 10 kΩ）来确保 $\overline{\text{SUSPEND}}$ 在复位期间处于低电平。

CP2101 的虚拟 COM 口驱动程序允许 CP2101 器件以 PC 机应用软件的形式增加一个 COM 口，与现有的硬件 COM 口并不冲突，虚拟的 COM 口标号总是最高。运行在 PC 机上的应用软件可以访问一个 CP2101 的器件，就像访问标准的硬件 COM 口一样。只是 PC 与 CP2101 器件间的数据传输是通过 USB 完成，这样，无需修改现有的基于 UART 方式的 COM 口应用，就可以实现通过 USB 向基于 CP2101 的器件传输数据。

CP2101 转 UART 的接口可处理完整的串口信号，包括 TX（发送）数据信号、RX（接收）数据信号以及完整的 RTS、CTS、DSR、DTR、DCD 和 RI 控制信号。UART 支持 RTS/CTS、DSR/DTR 和 X－On/X－Off 握手。可以通过编程使 UART 支持各种数据格式和波特率，UART 的数据格式和波特率的编程是在 PC 的 COM 口配置期间进行的。可获得的数据格式和波特率见表 17.2。

**表 17.2　UART 可获得的数据格式和波特率**

| | |
|---|---|
| 数据位 | 8 |
| 停止位 | 1 |
| 校验位 | 无校验、偶校验、奇校验 |
| 波特率/band | 300、600、1 200、1 800、2 400、4 800、7 200、9 600、14 400、19 200、28 800、38 400、56 000、57 600、115 200、128 000、230 400、460 800、921 600 |

从表中可以看出该芯片支持的波特率范围很宽。CP2101 内部集成了一个 512 字节 $E^2$PROM，可以用于存储一些 USB 配置数据、厂商信息、产品参数以及产品序列号等，其中 USB 配置数据的定义是可选的，允许在同一个 PC 机连接使用多个基于 CP2101 的器件，但需要每一个器件有专一的序列号。内部的 $E^2$PROM 是通过 USB 进行编程的，这允许将 USB 配置数据和序列号，可以在制造和测试时在系统地写入 CP2101 中。厂家提供一个专门为 CP2101 的内部 $E^2$PROM 编程的工具，同时还提供一个 Windows DLL 格式的程序库，这个程序库可以用于将 $E^2$PROM 编程步骤集成到在制造过程中，进行流水线式测试和序列号的管理。$E^2$PROM 写寿命的典型值为 100 000 次，数据保持时间为 100 年。如果 $E^2$PROM 没有重定义，则 USB 默认的配置数据见表 17.3。

表 17.3　默认的 USB 配置数据

| 名　称 | 值 | 名　称 | 值 |
|---|---|---|---|
| 发行商 ID | 10C4h | 电源参数（最大功率） | 0Fh |
| 产品 ID | EA60h | 版本号 | 0100h |
| 电源参数（属性） | 80h | 序列号 | 0001（最多 123 字符） |

产品说明：Cygnal CP2101 USB 转 UART 桥控制器（最多 126 个字符）。

### 2. CP2101 的供电

CP2101 可以使用由 USB 总线提供的电源，它的片内还集成了一个 5 V 转 3 V 线性稳压器，该电源除了满足芯片自身的需要外，还可以输出给其他外设，在系统设计中可以提供一个最简单的电源供电与调节方案。CP2101 的 VBUS 和 REGIN 引脚都应该总是被连接到 USB 的 VBUS 信号上。如果希望从 VDD 引脚给外部的 3 V 器件供电，推荐在 REGIN 的输入端加去耦电容(0.1 F 与 1.0 F 并联)。电压调节器的电气特性见表 17.4。

表 17.4　电压调节器电气特性

| 参　数 | 条　件 | 最小值 | 典型值 | 最大值 | 单　位 |
|---|---|---|---|---|---|
| 输入电压范围 | | 4.0 | 5.0 | 5.25 | V |
| 输出电压 | 输出电流＝1～100 mA | 3.0 | 3.3 | 3.6 | V |
| VBUS 检测输入阈值 | | 1.0 | 1.8 | 4.0 | V |
| 偏置电流 | | 90 | 待定 | | μA |

注：VDD＝3.0 V；－40～＋85 ℃(除非特殊说明 )。

### 3. CP2101 的硬件电路设计

CP2101 可以很方便地将微处理器的普通串口转变成 USB 形式。CP210x 可以在很高的波特率下工作，理论上可达 921 600 band，通信速度取决于微处理器端的性能，它的软硬件的综合处理能力决定了最终的通信效率。作为一般用途对速度的要求还不是第一位的，更看重的是它带来的即插即用性、热插拔特性及 500 mA 的串口供电能力。图 17.3 是基于 CP2101 的 UART 串口与 USB 桥接的通用模式。连接中包括了串口的完整硬件信号，实际应用中可能并不都需要它们，因为简易通信只需要发送端、接收端、公共端即可，握手可以在软件中实现。

### 4. CP2101 的应用电路

CP2101 片内集成了 3.3 V 线性稳压器，输出可给芯片内部供电，也可给片外的其他器件供电，对于 3.3 V 逻辑的芯片无需进行电平转换，真正做到了即插即用。

本例中的微处理器是 C8051F9xx 系列芯片，这是一种超低功耗单片机，最低工作电压可低至 0.9 V。片上集成了丰富外设，可以单片实现诸如数据采集、计数定时等一系列任务。利用 CP210x 可使通信和供电很方便。

图 17.4 是 C8051F930 与 CP2101 的接口电路。

### 5. CP2101 与 PC 机通信例程

以下给出了 USB—UART 转换芯片 CP2101 应用程序，很容易地实现了单片机系统与

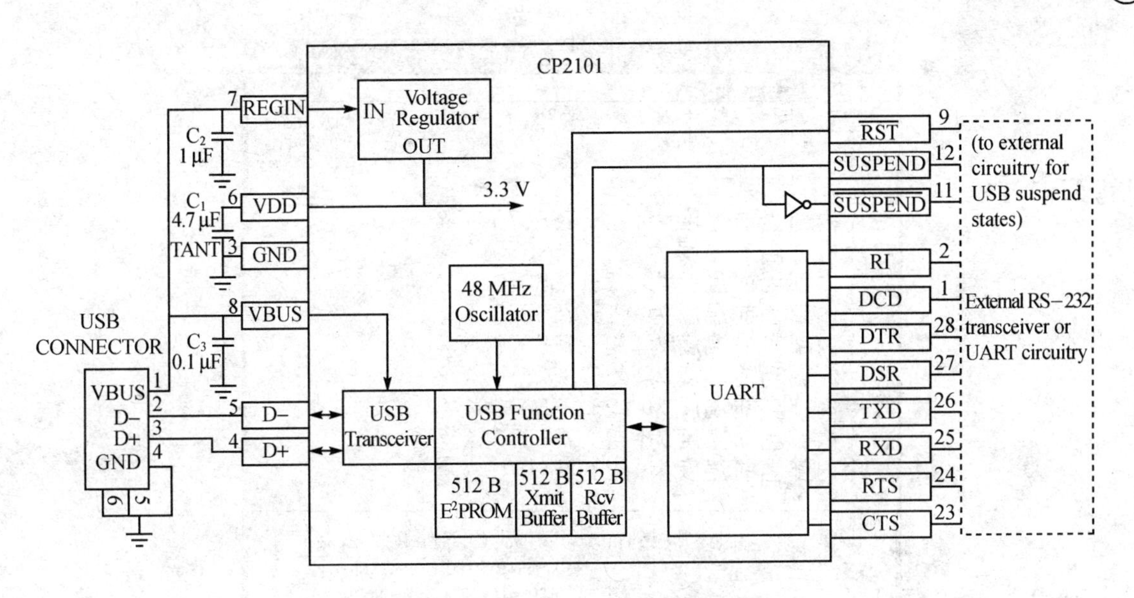


图 17.3　CP2101 与串口连接的通用模式

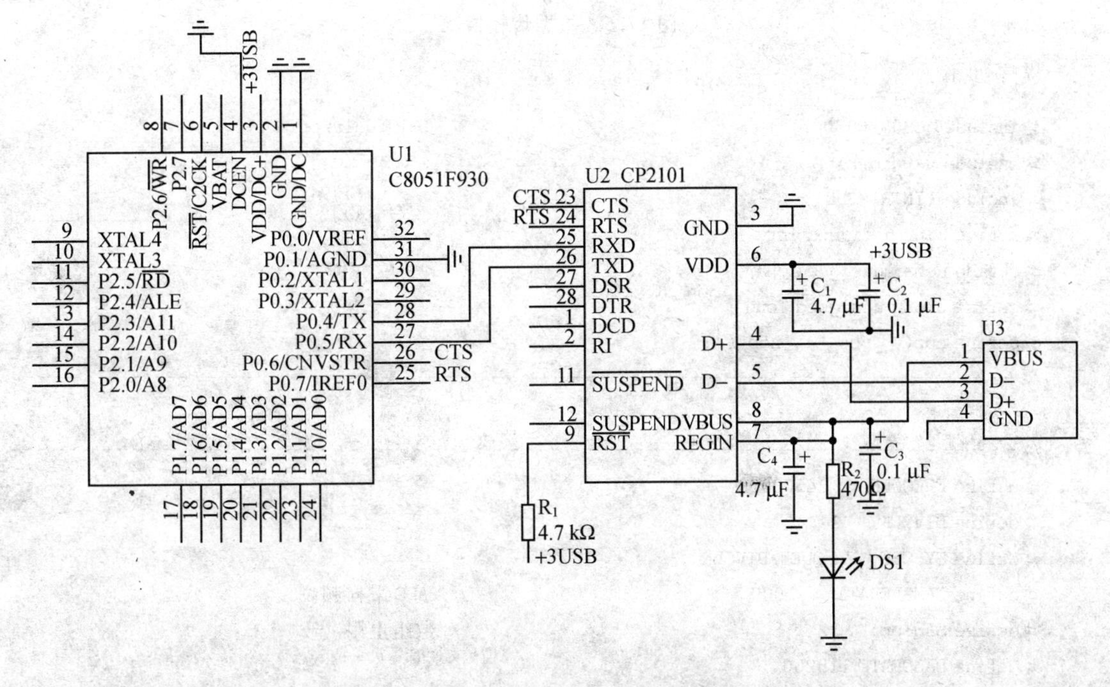


图 17.4　C8051F930 与 CP2101 的接口电路

PC 机的 USB 总线连接。程序的功能是利用 C8051F930 片内的温度传感器，采集片内温度，采集过程使用了数据累加器，数据输出等效位数为 12 位，然后标定为实际物理量值。该值利用 CP2101 通过 USB 口传送到 PC 机端。

数据传送速度很快，传输波特率可以达到 230 400 band，程序中使用了 115 200 band。图 17.5是数据传输情况。其中接收端使用了微软的 MTTTY，该软件功能很强大，并且支持高波特率。

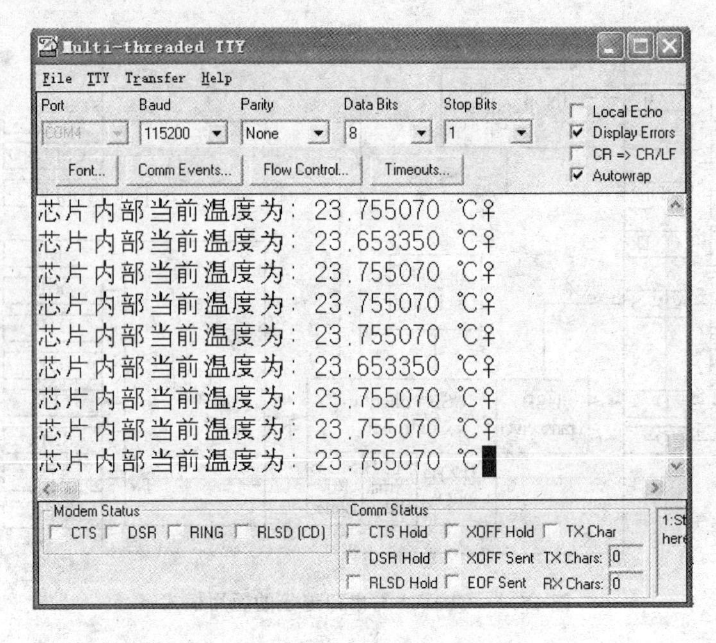


图 17.5　数据传输情况

程序如下：

```
#include <C8051F930.h>                              // SFR declarations
#include <stdio.h>
#include <INTRINS.H>
#define uint unsigned int
#define uchar unsigned char
#define ulong unsigned long
#define nop() _nop_();_nop_();
//------------------------------------------------------------------------
// 全局常量
//------------------------------------------------------------------------
#define FREQUEN    24500000
#define DIVCLK     1
#define SYSCLK  FREQUEN/DIVCLK
#define SAMPLERATE     1000                         // ADC 采样频率
#define SAMlen    32                                //数组上限
#define BAUDRATE 115200
//------------------------------------------------------------------------
// 全局变量
//------------------------------------------------------------------------
uint xdata databuf[SAMlen];
uchar cont;
uchar tempage;
uint addata;
uchar pagesave;
float temp;
```

```
bit adcflg;
//---------------------------------------------------------------
// 函数声明
//---------------------------------------------------------------
void SYSCLK_Init (void);
void PORT_Init (void);
void Timer2_Init(void);
void ADC0_Init(void);
void PCA_Init();
void changdata();
void bufini();
void ADC_ISR(void);
void UART0_Init (void);
//---------------------------------------------------------------
// MAIN 函数
//---------------------------------------------------------------
void main (void)
{
      PCA_Init();
      SYSCLK_Init ();
      PORT_Init ();
      Timer2_Init();
      ADC0_Init();
      UART0_Init ();
      bufini();
      cont = 0;
        ADC0H = 0;
        ADC0L = 0;
        adcflg = 0;
        TR2  =  1;                              //启动 Timer2
        EA = 1;
      while (1) {
        if(adcflg == 1)
     {
     changdata();
     cont = 0;
     printf("\f\n 芯片内部当前温度为: % f℃ ",temp);
     EA = 1;
     TR2  =  1;
     adcflg = 0;
     }
         nop();
   }
}
```

```
//-------------------------------------------------------------------
//PCA 初始化函数
//-------------------------------------------------------------------
 void PCA_Init()
{
    PCA0MD &= ~0x40;
    PCA0MD = 0x00;
  }
//-------------------------------------------------------------------
//时钟源初始化函数
//-------------------------------------------------------------------
void SYSCLK_Init (void)
{
    OSCICN |= 0x80;                                   //允许内部精密时钟
    RSTSRC = 0x06;
    CLKSEL = 0x00;
    switch(DIVCLK)
    {
     case 1:
     {     CLKSEL |= 0x00;                            //系统频率 1 分频
     break;}
     case 2:
     {     CLKSEL |= 0x10;                            //系统频率 2 分频
     break;}
     case 4:
     {     CLKSEL |= 0x20;                            //系统频率 4 分频
     break;}
     case 8:
     {     CLKSEL |= 0x30;                            //系统频率 8 分频
     break;}
     case 16:
     {     CLKSEL |= 0x40;                            //系统频率 16 分频
     break;}
     case 32:
     {     CLKSEL |= 0x50;                            //系统频率 32 分频
     break;}
     case 64:
     {     CLKSEL |= 0x60;                            //系统频率 64 分频
     break;}
     case 128:
     {     CLKSEL |= 0x70;                            //系统频率 128 分频
     break;}
         }
}
```

```
//--------------------------------------------------------------------------
//端口初始化及功能分配函数
//--------------------------------------------------------------------------
void PORT_Init (void)
{
    // Analog Input
    P0MDIN &=  ~0x40;                          // Set P0.6 as an analog input
    P0MDOUT &=  ~0x40;                         // Set P0.6 to open-drain
    P0 |=   0x40;                              // Set P0.6 latch to '1'
    P0SKIP |=   0x40;                          // Skip P0.6 in the Crossbar
    XBR0  =  0x01;
    XBR2  =  0x40;                             // Enable crossbar and weak pull-ups
     }
//--------------------------------------------------------------------------
// Timer2  初始化
//--------------------------------------------------------------------------
void Timer2_Init (void)
{
    TMR2CN  =  0x00;                           //停止 Timer2;TF2 清 0;
    CKCON &=  0x30;                            //使用 SYSCLK/12 作为时基,
                                               // 16 位重载模式
    TMR2RL  =  65535 - (SYSCLK / 12 / SAMPLERATE);  //初始化重载值
    TMR2  =  TMR2RL;                           //初始化定时器值
    //TR2  =  1;                               //启动 Timer2
}
//--------------------------------------------------------------------------
// ADC0  初始化
//--------------------------------------------------------------------------
void ADC0_Init (void)
{
    ADC0CN  =  0x82;                      // ADC0 允许,Timer2 溢出启动转换
    REF0CN  =  0x05;                      // 选择内部高速电压基准 + 温度传感器允许
    ADC0MX  =  0x1b;                      // 选择温度传感器输出作为 ADC 输入
    ADC0CF  =  ((SYSCLK/5000000) - 1)<<3;  // Set SAR clock to 5 MHz
    ADC0CF |= 0x01;                       // 选择增益为 1
    ADC0AC  =  0x53;                 //输出格式为右对齐,数据右移 2 位,经 16 次累加,等效 12 位结果
    EIE1 |=  0x08;                        //允许 ADC0 转换结束中断标志
}
    void changdata()
{
    ulong tempdata;
    tempdata = 0;
    for (cont = 0;cont<SAMlen;cont ++ )
       {
    tempdata = tempdata + databuf[cont];
```

```
    }
    temp = tempdata/SAMlen;
    temp = 1680 * temp/4096;
    temp = (temp - 929.2)/4.032;                          //温度转换
}
void bufini()
{
 for (cont = 0;cont<64;cont ++ )
     {
      databuf[cont] = cont;
     }
}
//-----------------------------------------------------------------------
// UART0 初始化
//-----------------------------------------------------------------------
void UART0_Init (void)
{
    SCON0 = 0x10;                                        // 选择 8 位可变波特率模式,第 9 位是 0,
                                                         // 清接收和发送标志位
    if (SYSCLK/BAUDRATE/2/256 < 1) {
       TH1 = -(SYSCLK/BAUDRATE/2);
       CKCON &= ~0x0B;                                   // T1M = 1; SCA[1:0] = xx
       CKCON |=  0x08;
    } else if (SYSCLK/BAUDRATE/2/256 < 4) {
       TH1 = -(SYSCLK/BAUDRATE/2/4);
       CKCON &= ~0x0B;                                   // T1M = 0; SCA[1:0] = 01
       CKCON |=  0x01;
    } else if (SYSCLK/BAUDRATE/2/256 < 12) {
       TH1 = -(SYSCLK/BAUDRATE/2/12);
       CKCON &= ~0x0B;                                   // T1M = 0; SCA[1:0] = 00
    } else {
       TH1 = -(SYSCLK/BAUDRATE/2/48);
       CKCON &= ~0x0B;                                   // T1M = 0; SCA[1:0] = 10
       CKCON |=  0x02;
    }
       TL1 = TH1;
       TMOD &= ~0xf0;                                    //timer 1 工作在 8 位自动重载模式
       TMOD |=  0x20;
       TR1 = 1;
       TI0 = 1;
}
//-----------------------------------------------------------------------
// ADC0 中断函数
//-----------------------------------------------------------------------
void ADC_ISR(void) INTERRUPT_ADC0_EOC
```

```
{
    AD0INT = 0;                                          //清 ADC0 转换结束标志
    if(cont<SAMlen)
    {
    databuf[cont] = ADC0;
    cont ++ ;
    }
    else
    {EA = 0;
     TR2 = 0;
     adcflg = 1;
    }
     ADC0H = 0;
     ADC0L = 0;
  }
```

## 17.2 基于等效面积法的 SPWM 波发生

一组宽度逐渐变化的脉冲波，其宽度变化的规律符合正弦的变化规律，把这样的脉冲波称为正弦脉冲宽度调制波，简称 SPWM 波。在电源逆变、电机变频调速等场合，SPWM 波技术是应用的核心，这也使得该技术使用非常广泛。SPWM 波在很大程度上减小了谐波的成分，驱动效果较好。

### 17.2.1 SPWM 技术基本原理

SPWM 波的发生原理是：用一组等腰的三角波与一个正弦波进行比较运算，将这组等腰三角波称为载波，而正弦波称为调制波，其中正弦波的频率可变，幅值也可以调节。

SPWM 波的产生和控制技术已发展了许多年。开始的 SPWM 生成技术是采用模拟电路构成三角波和正弦波发生电路，用比较器来确定它们的交点。这种方法电路复杂，精度较差，早已淘汰。后来人们采用单片机和微机或 DSP 生成 SPWM 波，取得了良好的效果。受硬件计算速度和算法计算量的影响，需要兼顾计算的精度和速度。

正弦波的频率改变后可以改变功率输出级的电压频率，从而达到电动机的变频调速目的，正弦波的幅值决定了正弦波与载波的交点，从而改变输出脉冲系列的宽度，进而改变了输出电压。为了更好地理解 SPWM 波的用途，下面以三相感应交流电来说明 SPWM 波的产生和工作过程。

SPWM 波发生需要三相正弦波，其幅值为 $A_1$，频率为 $f_1$，三相正弦相位依次差 120°；三角波的幅值为 $A_2$，频率为 $f_2$，通过三个电压比较器比较（也称调制），每一比较器的输出是一串在 $T_2$（值为 $1/f_1$）周期内脉冲宽度呈正弦分布的脉冲列。

实际应用中，利用每一路脉冲列中的每个脉冲的高、低电平信号分别去控制主回路中同一相的上、下两个功率晶体管的基极，使之交替导通。结果，逆变器输出的便是频率为 $f_2$ 的三相交流电压或电流。如果 $f_2$ 不变，只改变 $f_1$，则逆变器输出的三相交流电的频率也相应随之改变，即变频。如果仅改变三相正弦指令信号的幅值，则输出的基波幅值也随之改变。逆变器的这种工作原理称为正弦脉冲宽度调制(SPWM)。

SPWM 发生原理如图 17.6 所示，其相交时刻(即交点)也就是开关管的“开”和“关”的时刻。

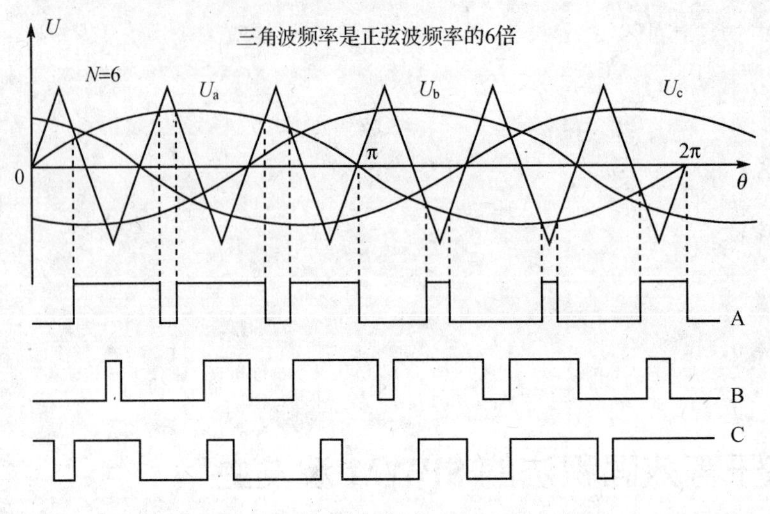


图 17.6　SPWM 发生原理

## 17.2.2　SPWM 波发生算法与方式

SPWM 波发生的模式可以分为以下几个过程：

① 采用分立元件，利用模拟、数字混和电路手段生成 SPWM 波。此方法是硬件最大化导致电路复杂，修改困难。

② 由 SPWM 专用芯片(如 SA828 等)与微处理器直接连接生成 SPWM 波，SA828 是由规则采样法产生 SPWM 波，这种方式简化了硬件电路设计，但也带来了相对谐波较大且较难实现闭环控制的问题。

③ 利用复杂可编程逻辑器件 CPLD 设计 SPWM 波发生，效果也不错，只是成本有所增加。

④ 基于微处理器软硬结合实现 SPWM 波，减小了对硬件的依赖，并且软件控制还可以增加系统的可调整性，但对处理器性能有所要求，以前一般采用 DSP 来完成此任务，随着单片机性能的提高，在一些高性能单片机处理器上也可以实现了。此方法的优点是成本低，受外界干扰小。

目前，生成 SPWM 波的控制算法主要有 4 种：自然采样法、对称规则采样法、不对称规则采样法和面积等效法。单纯从理论分析角度看，自然采样法和面积等效法相对于规则采样法而言，其谐波较小，对谐波的抑制能力较强。同时，单片机运算能力有限，不利于实现较大量的在线运算，因此，自然采样法是不利于系统实现的；而面积等效法运算量较小，尽管精度没有自然法高，但效果也是可以接受的。

下面采用面积等效法实现 SPWM 控制，算法原理如图 17.7 所示(正弦的正负半周原理相同)。

具体实现思路是：利用正弦波小块面积与脉冲面积相等原则，将正弦波的正半周分

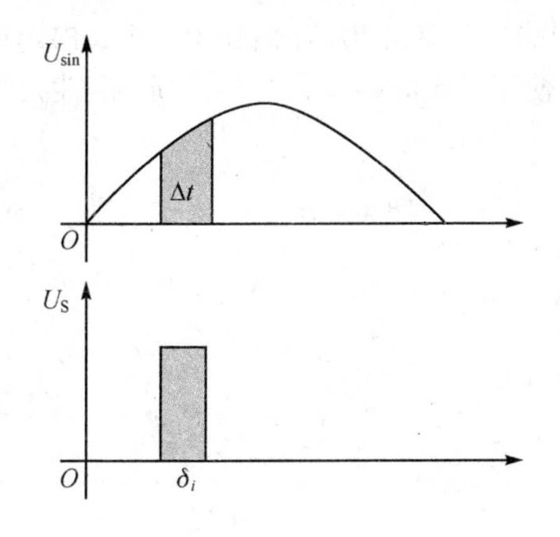


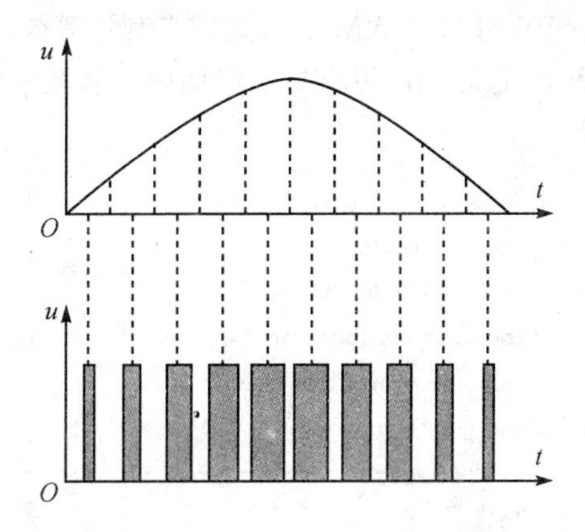


图 17.7 等效面积法原理

为 $N$ 等份，则每一等份的宽度为$(\pi/N)$rad，利用面积等效法计算出半个周期内 $N$ 个不同的脉宽值，在单位时间内更新所需的脉冲宽度即可；负半周在具体电路中只是输出极性不同。

## 17.2.3 SPWM 波在 C8051F9xx 上的实现

SPWM 是用同样数量的等幅而不等宽的矩形脉冲序列代替正弦波，各脉冲的宽度和间隔与正弦波的频率和幅值有关，为了提高效率，可以把这些数据存于处理器的 ROM 中，然后通过查表的方式取数据，生成 PWM 信号来控制开关器件的通断，以达到预期的目的。由于此方法是以 SPWM 控制的基本原理为出发点，可以准确地计算出各开关器件的通断时刻，其所得的波形很接近正弦波。因此，SPWM 波有两个关键，一个是时间间隔的精确控制，另一个与正弦波相对应的脉宽，系统的软硬件设计都是围绕这两点核心进行的。

C8051F 系列产品片内集成有 PCA 单元，包含了 6 个独立的模块单元，可以轻松地实现诸如频率发生、捕捉、PWM 等。一般 C8051 产品可实现的 PWM 位数是 8 位或者 16 位，限于时钟频率的限制，8 位分辨率偏低，16 位的频率偏低从而限制了它的应用。C8051F9xx 可以实现中间位数的 PWM 波，如 9、10、11 位，既提高了分辨率又不至于使频率过低，在最小 24.5 MHz的系统频率下 PWM 的发生频率可以达到 12 kHz，从而扩展了应用范围，毕竟低位数的 SPWM 只能用在要求不高的如逆变、调光之类的场合。

本节所述的系统采用 C8051F930 控制芯片，数据按上面所述的方法，进行等分量化形成数据表。需注意的是等分数的大小与 ROM 空间占用直接相关，还与中断响应速度直接相关，如进行 50 Hz 的 SPWM 波，采用 64 点的数据更新速度为至少要 3 200 次/s 才可以基本满足。把定时器的溢出率设置为 3.2 kHz，这样可以保证时间间隔的准确，脉宽的控制是利用片上 PCA 单元的 PWM 模块实现，需要做的只是在定时器的中断程序中把对应的脉宽数据赋值给 PWM，这一数据已经根据需要的点数，计算并以控制表的方式存储在 ROM 中等待调用。表中的数据是按照小段间隔起始中点值等效的，即将正弦曲线与起始间隔包围的面积等效成梯形的面积。

## 17.2.4 互补 SPWM 波的发生程序

以下给出了互补输出的双路 SPWM 波输出。利用片内的 PCA 单元的模块 0、模块 1 发生 8 位 PWM 波,PWM 的脉宽信息利用等效面积法事先计算出,存储在 ROM 表内。程序执行过程中,定时调用更新单位周期内的脉宽信息,使用了定时器 2 作为单位周期发生之用。程序如下:

```
#include <C8051F930.h>                              // SFR declarations
#include <math.h>
#include <INTRINS.H>
#define uint unsigned int
#define uchar unsigned char
#define nop() _nop_();_nop_();
//--------------------------------------------------------------------
// 全局常量
//--------------------------------------------------------------------
#define FREQUEN     24500000
#define SYSCLK   FREQUEN/1                           // SYSCLK frequency in Hz
#define      SPWMFREQ 50                             //定义 SPWM 频率
 //定义 SPWM 数据
 uchar code sint[64] = {255,230,205,181,157,135,113,93,
                        75,58,43,30,20,11,5,1,0,1,5,11,20,
                        30,43,58,75,93,113,135,
                        157,181,205,230,255,255,255,255,
                        255,255,255,255,255,255,255,255,
                        255,255,255,255,255,255,255,255,
                        255,255,255,255,255,255,255,255,
                        255,255,255,255};
//--------------------------------------------------------------------
// 全局变量
//--------------------------------------------------------------------
float xdata zkbdata[32];
uchar con;
uchar con1;
//--------------------------------------------------------------------
// I/O 定义
//--------------------------------------------------------------------
sbit SPWM0 = P0^0;
sbit SPWM1 = P0^1;
//--------------------------------------------------------------------
//--------------------------------------------------------------------
// 函数声明
//--------------------------------------------------------------------
void SYSCLK_Init (void);
void PORT_Init (void);
void PCA_Init();
void delay(uint time);
void Timer2_Init (void);
```

```
void TIMER2_ISR(void);
float PWMCH(uchar per);
//-----------------------------------------------------------------
// main() Routine
//-----------------------------------------------------------------
void main (void)
{
    uchar i;
    PCA0MD  =  0x00;                          // Disable watchdog timer
    PORT_Init ();
    SYSCLK_Init ();
    Timer2_Init ();
    PCA_Init ();
     //duty = 50;
     //frequout();
     delay(10);
     con = 0;
     con1 = 32;
     for(i = 0;i<32;i++)
     {
      zkbdata[i] = PWMCH(sint[i]);
     }
     TR2  =  1;
     ET2  =  1;
     EA = 1;

    while (1)
    {;}
}

float PWMCH(uchar per)
{
    float zkb;
    zkb = per;
    zkb = 1 - zkb/256;
return zkb;
}
/////////////////////////////////////////////////
void delay(uint time)
{
     uint i,j;
     for (i = 0;i<time;i++){
         for(j = 0;j<300;j++);
     }
}
```

```
//--------------------------------------------------------------------------
//时钟源初始化函数
//--------------------------------------------------------------------------
void SYSCLK_Init (void)
{
   OSCICN |= 0x80;                      //允许内部精密时钟
   RSTSRC = 0x06;                       //允许时钟丢失检测和掉电检测
   if( SYSCLK == FREQUEN   )
   {
  CLKSEL = 0x00;                        //内部晶振 1 分频
   }
  else if(SYSCLK == FREQUEN/2)
  {
    CLKSEL = 0x10;                      //内部晶振 2 分频
    }
    else if(SYSCLK == FREQUEN/4)
    {
    CLKSEL = 0x20;                      //内部晶振 4 分频
    }
    else if( SYSCLK == FREQUEN/8)
    {
    CLKSEL = 0x30;                      //内部晶振 8 分频
    }
    else if( SYSCLK == FREQUEN/16)
    {
    CLKSEL = 0x40;                      //内部晶振 16 分频
    }
    else if( SYSCLK == FREQUEN/32)
    {
    CLKSEL = 0x50;                      //内部晶振 32 分频
    }
    else if( SYSCLK == FREQUEN/64)
    {
    CLKSEL = 0x60;                      //内部晶振 64 分频
    }
    else if( SYSCLK == FREQUEN/128)
    {
    CLKSEL = 0x70;                      //内部晶振 128 分频
    }
}
//--------------------------------------------------------------------------
// 端口初始化
//--------------------------------------------------------------------------
void PORT_Init (void)
{
```

```
    XBR0 = 0x00;
    XBR1 = 0x02;                          //配置 CEX0 到 P0.0,CEX1 到 P0.1
    XBR2 = 0x40;
    P0MDOUT |= 0x03;
}
//-----------------------------------------------------------------
// Timer2  初始化
//-----------------------------------------------------------------
void Timer2_Init (void)
{
     CKCON &= ~0x60;                                  // Timer2 uses SYSCLK/12
     TMR2CN &= ~0x01;

     TMR2RL = 65535 - (SYSCLK / 12 / SPWMFREQ/64);    //初始化重载值
     TMR2 = TMR2RL;                                   // Init the Timer2 register
   }

//-----------------------------------------------------------------
void PCA_Init (void)
{
    PCA0CN = 0x00;
    PCA0MD = 0x08;
    PCA0CPM0 = 0x42;                                  //模块 0 8 位 PWM 模式
    PCA0CPM1 = 0x42;                                  //模块 1 8 位 PWM 模式
    CR = 1;
}
void TIMER2_ISR(void)  INTERRUPT_TIMER2
{ uchar a,b;
 TF2H = 0;
 a = sint[con&0x3f];
 b = sint[con1&0x3f];
 if(a == 0xff)
  PCA0CPM0 &= ~0x40;
  else
  PCA0CPH0 = a;
  if(b == 0xff)
  PCA0CPM1 &= ~0x40;
  else
PCA0CPH1 = b;
con ++ ;
con1 ++ ;
}
```

图 17.8 是互补 SPWM 波在示波器上的输出,图 17.9 是 SPWM 波细节。

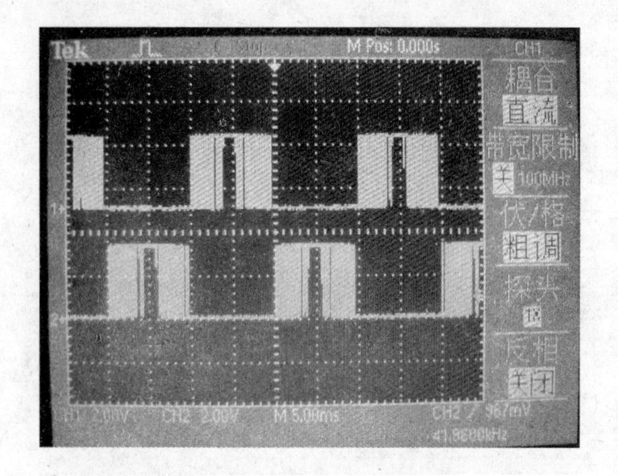

图 17.8　互补 SPWM 波在示波器上的输出

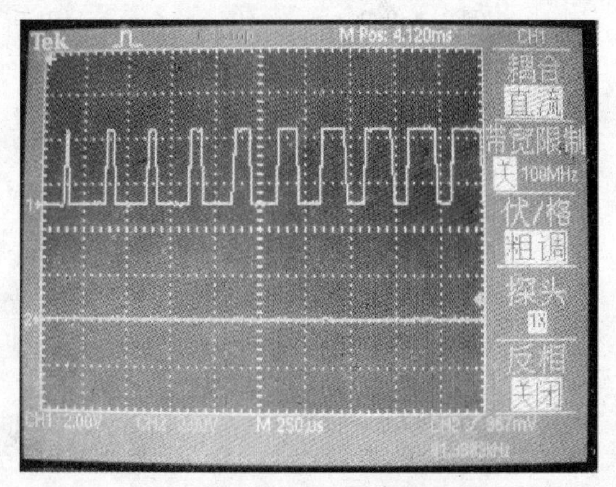


图 17.9　SPWM 波细节

## 17.3　利用 PWM 实现 D/A 输出

D/A 输出在控制上很重要，是输出控制的一种重要形式，可以把它作为一些执行部件的控制信号，比如交直流电机伺服电机闭环控制。许多设备之间的连接或者控制都是由标准的 4～20 mA 或者 1～5 V 直流信号来完成的，现在一些单片机已经将它集成在芯片内，但不是所有的芯片都集成了这一功能。对于不具备 D/A 功能的芯片，就需要在片外扩展所需的芯片。尽管目前满足这类功能的芯片非常多，串口与并口模式的都有。扩展可以方便地实现 D/A 功能，缺点是会增加体积和成本，更重要的是扩展高分辨率转换器，要占用单片机的数字口线，还要扩展相应接口电路，这在一些应用场合几乎是不可容忍的，毕竟这类的单体芯片会带来附加成本。可不可以利用单片机的现有资源结合一些阻容元件实现这一功能呢？这也是本节要讨论的问题。

### 17.3.1　PWM 转 D/A 的技术特点分析

所有的单片机都具有定时器和 I/O 口，现在大多数主流单片机的定时器功能得到扩展，可以实现 PWM 输出，没有的也可以通过定时器结合软件来实现 PWM 输出。利用单片机的 PWM 输出，经过简单的变换电路就可以实现 D/A 转换，这样可以大大降低电子设备的成本、减少体积，并且还可以实现较高的精度。

采用 PWM 转 D/A 方式另一大好处就是方便了信号隔离，这在一些有隔离要求的系统中表现得尤为充分，模拟信号隔离的技术难度以及成本比数字信号要高。无论是采用线性光耦，还是其他方式，体积和成本都要增加。尤其是那些片内集成了 D/A 的单片机芯片，隔离确实增加了难度。采用 PWM 形式后隔离级可以放在数字信号端，既完成了隔离又实现了整形与电平转换，一举两得。

PWM 转 D/A 的另一大好处是方便了多路扩展，系统可能需要多路模拟信号输出，如果采用扩展芯片的方式，成本要增加很多；如果采用本方式，多 1 路只需要增加 1 根 I/O 口线的消耗。C8051F 系列芯片可以独立地输出 6 路 PWM，因此可以扩展出 6 路独立的 D/A。

D/A 的输出数值与 PWM 的输出直接相关，在实际应用中，除了要考虑如何正确控制和调整 PWM 波的占空比，获得达到要求的平均电压的输出外，还需要综合考虑 PWM 的周期、PWM 波占空比调节的精度、滤波器的设计等。

具体要注意以下几点：

① 根据实际情况，确定需要输出的 PWM 波的频率范围。这个频率与控制对象及所需的精度有关。PWM 波的频率越高，经过滤波器输出的电压也就越平滑。

② 还要考虑占空比的调节精度。调节精度越高，理论上 D/A 的输出精度越高。但占空比的调节精度与 PWM 波的频率是一对矛盾因素，提高占空比的调节精度必然是以降低频率为代价的。因此除了要考虑精度还要考虑输出的速度，做到二者的平衡。

③ PWM 波的本身是数字脉冲波，其中含有丰富的谐波，实际使用中需要设计滤波器将高频成分有效地除掉，以便获得平稳的模拟变化信号。根据实际需要可以采用无源简化方案，也可以设计有源多阶滤波器，但这样会增加电路的复杂度，需慎用。

④ 还要考虑阻抗匹配的问题，即驱动能力。

⑤ D/A 输出的极性可以通过运放实现，如果使用 0 点附近的低端值，则必须在硬件上补偿。双极性输出需采用正负电源。

PWM 实现的简易 D/A 转换器的基本原理图如图 17.10 所示，PWM 波由单片机输出，通过整形隔离，然后通过低通滤波器及驱动放大得到模拟信号输出。整形隔离并不是必需的，如果无干扰隔离要求，则该级可以不用。

**图 17.10　PWM 实现的简易 D/A 原理图**

## 17.3.2　简易 PWM 转 D/A 的方案

前面说到无 PWM 输出的处理器可以利用定时器结合 I/O 口实现，这种方式在一些没有 PWM 输出的单片机上是唯一选择，但这种方式的代价是需要很大的软件开销，要占用有限的 CPU 带宽来完成算法，这在大于 8 位的 PWM 波生成中表现得尤为充分。毕竟硬件实现的 PWM 从实时性来说非软件模拟可以比，因此推荐用具有 PWM 输出的单片机来实现 D/A。笔者选用的 MCU 为 C8051F930，这是经过功能扩展的 C8051F 系列芯片，可以硬件实现 8、9、10、11、16 位 PWM 波，在 8 位模式下频率最大可达 100 kHz。

以下具体介绍实现方案。最简单的实现方式为 PWM 波加 RC 滤波器来实现。这样的方案最简单也是成本最低的。该电路没有专门的基准电压，直接取自电源电压，因此它的值会随着负载电流和环境温度的变化而变化，精度很难提高。利用单片机产生 PWM 波，通过由电阻器 R 和电容器 C 构成的简单积分电路，滤掉高频进行平滑后，得到 D /A 转换的输出电压，图 17.11 为简单的 PWM 到 D/A 转换电压输出电路原理图。

这种方法输出阻抗较大，驱动能力差，直接应用只适合一些输入阻抗高的场合。表 17.5 的实验数据是利用图 17.11 的电路测试得出的，其中 $R_2=1\ \text{k}\Omega$，$R_1=2\ \text{k}\Omega$，$C_1=4.7\ \mu\text{F}$。PWM 占空比精度为 16 位。

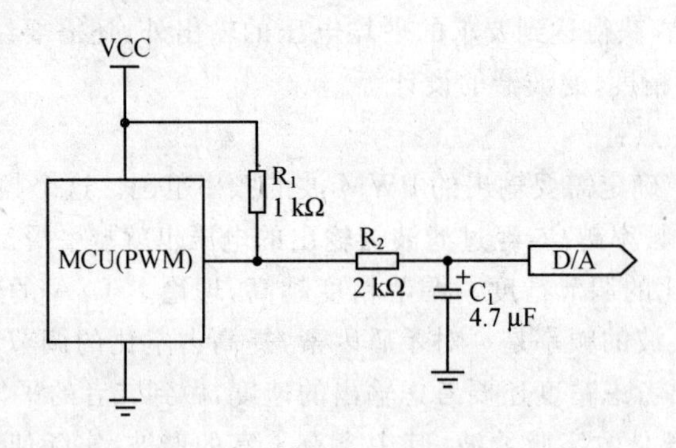


图 17.11　简单的 PWM 到 D/A 转换电压输出电路原理图

表 17.5　D/A 输出实测数据

| 序　号 | 寄存器值 | 理论值/V | 实测值/V | 占空比/% |
|---|---|---|---|---|
| 0 | 0x FFFF | 0 | 0.002 3 | 0 |
| 1 | 0x F800 | 0.102 9 | 0.103 8 | 3.12 |
| 2 | 0x F000 | 0.205 8 | 0.205 5 | 6.25 |
| 3 | 0x E800 | 0.308 7 | 0.307 2 | 9.37 |
| 4 | 0x E000 | 0.411 6 | 0.408 9 | 12.50 |
| 5 | 0x D800 | 0.514 5 | 0.510 6 | 15.62 |
| 6 | 0x D000 | 0.617 4 | 0.612 5 | 18.75 |
| 7 | 0x C800 | 0.720 3 | 0.714 3 | 21.87 |
| 8 | 0x C000 | 0.823 3 | 0.816 3 | 25 |
| 9 | 0x B800 | 0.926 2 | 0.918 3 | 28.13 |
| 10 | 0x B000 | 1.029 1 | 1.020 4 | 31.25 |
| 11 | 0x A800 | 1.132 | 1.122 6 | 34.38 |
| 12 | 0x A000 | 1.234 9 | 1.224 7 | 37.5 |
| 13 | 0x 9800 | 1.337 8 | 1.327 0 | 40.63 |
| 14 | 0x 9000 | 1.440 7 | 1.429 4 | 43.75 |
| 15 | 0x 8800 | 1.543 6 | 1.531 8 | 46.88 |
| 16 | 0x 8000 | 1.646 5 | 1.634 2 | 50 |
| 17 | 0x 7800 | 1.749 4 | 1.736 7 | 53.12 |
| 18 | 0x 7000 | 1.852 3 | 1.839 4 | 56.25 |
| 19 | 0x 6800 | 1.955 2 | 1.942 0 | 59.37 |
| 20 | 0x 6000 | 2.058 1 | 2.044 8 | 62.50 |
| 21 | 0x 5800 | 2.161 | 2.147 4 | 65.62 |
| 22 | 0x 5000 | 2.263 9 | 2.250 4 | 68.75 |
| 23 | 0x 4800 | 2.366 8 | 2.353 3 | 71.87 |
| 24 | 0x 4000 | 2.469 8 | 2.456 3 | 75 |
| 25 | 0x 3800 | 2.572 7 | 2.559 4 | 78.13 |

续表 17.5

| 序　号 | 寄存器值 | 理论值/V | 实测值/V | 占空比/% |
|---|---|---|---|---|
| 26 | 0x 3000 | 2.675 6 | 2.662 5 | 81.25 |
| 27 | 0x 2800 | 2.778 5 | 2.765 8 | 84.38 |
| 28 | 0x 2000 | 2.881 4 | 2.868 8 | 87.5 |
| 29 | 0x 1800 | 2.984 3 | 2.972 2 | 90.63 |
| 30 | 0x 1000 | 3.087 2 | 3.075 5 | 93.75 |
| 31 | 0x 0800 | 3.190 0 | 3.178 9 | 96.87 |
| 32 | 0x 0000 | 3.293 0 | 3.282 3 | 100 |

I/O 口输出设置为推挽输出，电源电压为 3.293 V。从上面数据可以看到，由于数据是原始值，可以看到大于 0.1 V 的数据都偏小，这可能是由于输出内阻较大造成的，可以通过增加输出驱动能力，或者通过软件修正来完善。用这种最简单的方式得到的 D/A 输出精度不会高于 8 位，并且离散性较大，数据 0.1 V 以下的线性不好，大于 0.1 V 线性较好，由于传输的损失，直接输出得不到满量程值，这在应用时要考虑，通过软件补偿的方式可以提高综合精度。由于采用了 16 位 PWM 模式，因此输出频率较低，在最高晶振频率下输出频率只能达到 370 Hz左右，因此只适合于输出速率低的场合。要改善速率低这种状况，可以使用低位数的 PWM，并增加驱动能力。

## 17.3.3　高分辨率 D/A 转换设计

17.3.2 小节介绍的 D/A 转换电路最大的优点就是简单，但其缺点也不少，也正是这些缺点限制了它的应用。要想提高精度及输出的可靠性，要从以下几方面做文章。

### 1. 隔离电路

隔离电路的目的是将控制电路与控制对象隔离开，这样既可避免控制对象对前级的干扰，也可保护控制电路的安全。因为控制系统一般都是一个弱电系统，这样的系统电压较低，对人身不会造成伤害，这在医疗仪器上尤为常见。而控制对象则可能是一个高电压大功率的设备，比如变频电源，这样的设备干扰非常严重，如不采取措施，控制系统是无法正常工作的。在该系统中隔离电路也兼整型电路之用。隔离系统选用高速光耦隔离芯片 6N137，除进行系统隔离外，高速的开关性能使它兼做开关管之用。一般不要使用 TLP521 这类低速光耦，因为它光耦导通速度慢，会使波形失真，影响控制精度。

### 2. 开关基准源设计

所有精度较高的 D/A 转换器，无论是微处理器集成的片内还是片外单体芯片，都包括了基准源。这是高精度的一个前提。

有了基准源，还需要加上一级开关电路，利用它控制基准源的输出，控制信号就取自 PWM 输出。这样就可以得到具有较为精确幅值的脉冲信号，此时如果精确地控制波的脉宽，也就实现了 D/A 转换的第一步。开关电路根据情况可以选择集成的模拟开关，开关的导通电阻就非常重要了，不可太大，否则影响输出的幅值。比较简单的方式是利用分立元件实现，如选择一级 NMOS 开关管，常用的型号可选 IRF530，其典型导通电阻小于 0.16 Ω，而截止电阻可达到 MΩ 级。单片机输出的 PWM 波驱动开关管的栅极，开关管按照 PWM 的周期和占空比进行开关，输出可得到形状较为完整的 PWM 波。如果使用高速光耦可以省去开关管。

### 3. 低通滤波器电路

PWM 波实质上也是一种脉冲波，要得到稳定的输出就必须将其输入到一个低通滤波器。滤波器可以滤除 PWM 波的大部分高频成分。比较简单的方式是采用 RC 滤波电路，RC 电路利用充放电可以把 PWM 波形转化为与 PWM 高电平等效的直流电平。也就是将 PWM 波形的高电平时间转换成系统输出端的电压。要想充分滤除波形的高频成分，从而得到相对平滑的直流电平，所需 RC 滤波器截止频率将相对较低，则 RC 滤波器常数就很大，RC 滤波器建立时间就会加长，输出响应会变慢。因此需要在速度和稳定上作出必要的折中，选择出合适的电阻电容值。为了得到比较好的滤波效果建议用两级 RC，用一级加大参数的方法效果也不理想。RC 的时间常数一般取 $RC \geqslant 2T$，这样两级 RC 加起来可得到纹波小于 3 mV 的直流电压，如果想进一步减小纹波，可适当提高 $RC$ 的乘积，但电路的响应速度也会放慢。

### 4. 阻抗匹配

无源滤波器的内阻较大，驱动能力差，对后级输入电路要求较高，在一些场合是不适用的。这就需要增加一级缓冲驱动，提高输出能力，使线性度得到提高。实验证明，这一级运放的缓冲作用是保证整个 D/A 精度和线性度的重要环节。图 17.12 是精密 PWM 转 D/A 的电路。电路中采用高速光耦承担隔离兼开关的任务，高速光耦的开关速度很快，效果不错。还可以使用廉价的一般光耦，但光耦就不能承担开关任务了，需要在光耦的输出端再扩展一级开关电路（比较简单的如上文说过的 MOS 开关管）。

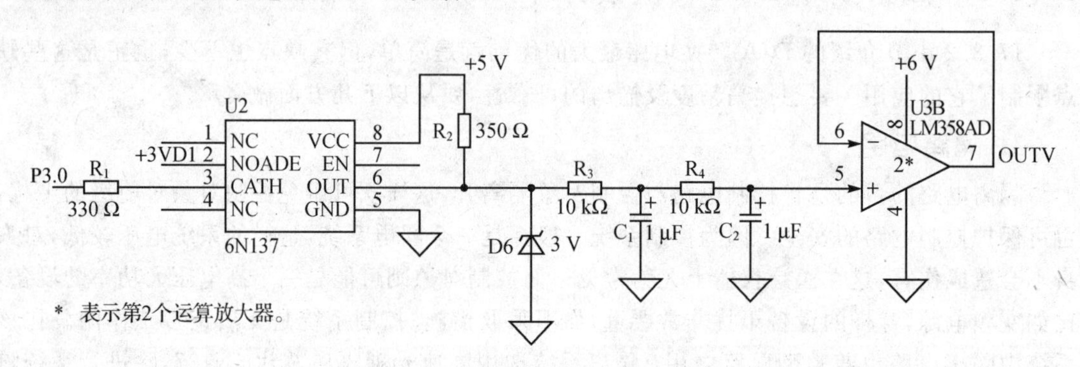


图 17.12　精密 PWM 转 D/A 电路

### 5. D/A 转换的输出调整与选择

上例的 D/A 输出电路精度比简易型有很大提高，但由于电路是单电源供电，使得 0 点附近的值非线性严重。要想改善这一状况可以采用软件补偿的方式，即使这样，图 17.12 的电路也很难输出为 0，可以用在对 0 点不是太关心的场合。另一种方式是引入负电源，补偿 0 点，这个负电源值不需要太高。

基于 PWM 转换的 D/A 原始的输出为电压型，它的输出值随元件的差异有所不同。大多数场合需要一个确定的范围，就需要对输出进行必要的调整，比如可以把电压调整到 0～5 V、1～5 V、0～10 V，以及具有正负电压输出。实现这样的调整任务可以通过图 17.13 所示的电平调整电路进行。这只是个电路模型，实用中可以把 $R_1$，$R_2$ 换成可调电阻，改变 0 点偏移值与输出范围。

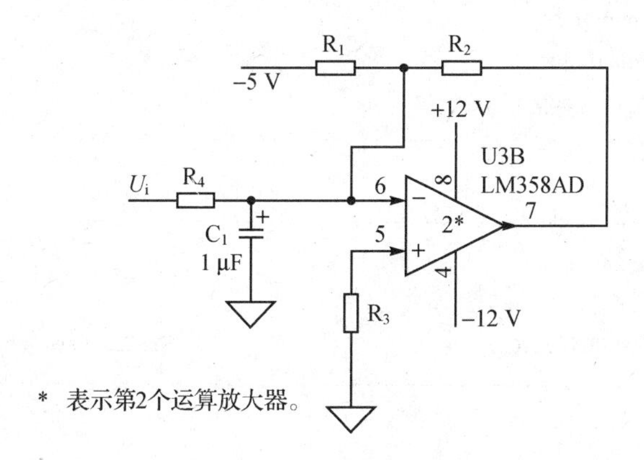


图 17.13　电平调整电路

D/A 转换的输出可以分为电压输出型与电流输出型。0～20 mA，4～20 mA，0～10mA 是工业现场非常常见的几个信号标准，无论是传感器变送还是信号反馈，应用很普遍。为了实现能输出标准信号的 D/A，需要在输出的末级加上一级 V/I 变换来实现。实现这一功能的方案很成熟，可以利用现成的 V/I 变换或利用运放加晶体管电阻搭接。

## 17.3.4　PWM 转 D/A 程序设计

利用片内的 16 位 PWM 功能，输出经过调理，电路变成较为稳定的直流电平。本程序的功能为：除发生 16 位的 PWM 波外，结合同时生成的理论数据，与实测值对比。实践证明，16 位的 PWM 用于 D/A 发生是可行的，效果不错，精度可以达到 13 位左右(取决于片外的调理电路)。要想得到更高精度，外部电路设计就得不偿失了。采用 PWM 方式实验的 D/A 只适合于缓变、中低精度场合。图 17.14 是 D/A 转换前的 PWM 波，图 17.15 是转换后的等效直流电平。

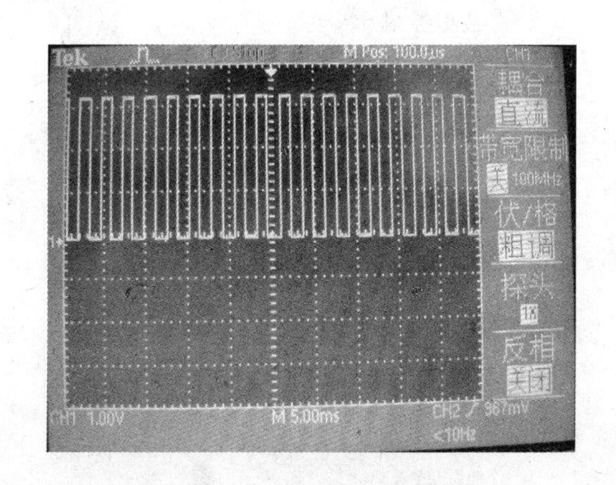


图 17.14　D/A 转换前的 PWM 波

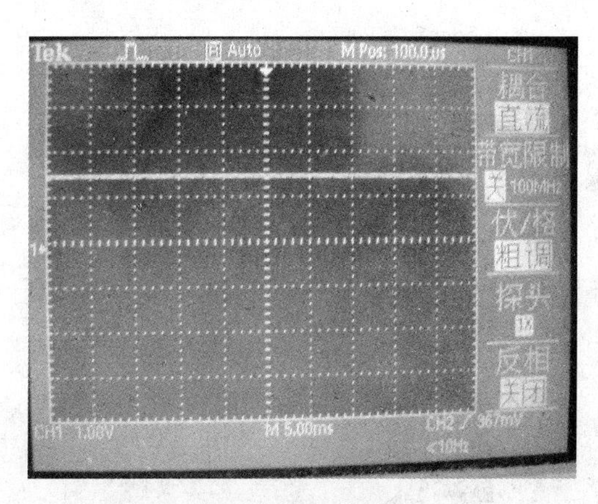


图 17.15　转换后等效直流电平

程序如下：

```
#include <C8051F930.h>                    // SFR declarations
#include <math.h>
```

```
#include <INTRINS.H>
#define uint unsigned int
#define uchar unsigned char
#define nop() _nop_();_nop_();
//-----------------------------------------------------------------
// 全局常量
//-----------------------------------------------------------------
#define FREQUEN    24500000
#define DIVCLK    1
#define SYSCLK   FREQUEN/DIVCLK                          // SYSCLK frequency in Hz
//-----------------------------------------------------------------
// 函数声明
//-----------------------------------------------------------------
void OSCILLATOR_Init (void);
void PORT_Init (void);
void PCA0_Init (void);
void PCA0_ISR(void);
void delay(uint time);
//-----------------------------------------------------------------
// 全局变量
//-----------------------------------------------------------------
uint CEX0_Value;
uchar tempage;
uint xdata testdata[33];
float xdata lilun[33];
//-----------------------------------------------------------------
// I/O定义
//-----------------------------------------------------------------
sbit conpin = P0^7;                                      //数据控制 pin
//-----------------------------------------------------------------
// main() Routine
//-----------------------------------------------------------------
void main (void)
{   uchar i;
    bit duty_direction = 0;
    PCA0MD = 0x00;
    PORT_Init ();
    OSCILLATOR_Init ();
    PCA0_Init ();
    EA = 1;
        for(i=1;i<=32;i++)
    {
     testdata[i]=65536-2048*i;
     lilun[i]=3.293*2048*i/65536;
    }
```

```
    while (1)
    {
    for(i = 0;i< = 32;i++)
    {
    if(i! = 0)
     {  PCA0CPM0 |=  0x40;                              //ECOM0 置 1,以便给 PCA0CPHn 赋值
        CEX0_Value = 65536 - 2048 * i;
    }
    else
    {  CEX0_Value = 65535;
        PCA0CPM0 &=  ~0x40;
    }
    delay(40000);
     while( conpin == 0)
    {;}
    }
    }
}
////////////////////////////////////////////////////
void delay(uint time)
{
     uint i,j;
     for (i = 0;i<time;i++){
         for(j = 0;j<300;j++);
     }
}
//---------------------------------------------------------------
//时钟源初始化函数
//---------------------------------------------------------------
void OSCILLATOR_Init (void)
{
       OSCICN |=  0x80;                                 //允许内部精密时钟
       RSTSRC  =  0x06;
    CLKSEL  =  0x00;
     switch(DIVCLK)
     {
      case 1:
      {     CLKSEL |= 0x00;                              //系统频率 1 分频
      break;}
      case 2:
      {     CLKSEL |=  0x10;                             //系统频率 2 分频
      break;}
      case 4:
      {     CLKSEL |=  0x20;                             //系统频率 4 分频
      break;}
```

```
    case 8:
    {     CLKSEL |= 0x30;                          //系统频率 8 分频
    break;}
    case 16:
    {     CLKSEL |= 0x40;                          //系统频率 16 分频
    break;}
    case 32:
    {     CLKSEL |= 0x50;                          //系统频率 32 分频
    break;}
    case 64:
    {     CLKSEL |= 0x60;                          //系统频率 64 分频
    break;}
    case 128:
    {     CLKSEL |= 0x70;                          //系统频率 128 分频
    break;}
        }
  }
//--------------------------------------------------------------------
// PORT 初始化
//--------------------------------------------------------------------
void PORT_Init (void)
{
   XBR0 = 0x00;
   XBR1 = 0x01;                                    //配置 CEX0 到 P0.0 口
   XBR2 = 0x40;                                    //允许交叉开关和弱上拉
   P0MDOUT |= 0x01;                                //设置 P0.0 推挽输出
   tempage = SFRPAGE;
   SFRPAGE = 0x0f;
   P0DRV |= 0x01;
   SFRPAGE = tempage;
}
//--------------------------------------------------------------------
// PCA 初始化
//--------------------------------------------------------------------
void PCA0_Init (void)
{
   PCA0CN = 0x00;                                  //停止 PCA 计数器,清所有标志位
   PCA0MD = 0x08;                                  //系统频率作为时基
   PCA0CPM0 = 0xCB;                                //模块 0 16 位 PWM 方式,
   PCA0CPL0 = (CEX0_Value & 0x00FF);
   PCA0CPH0 = (CEX0_Value & 0xFF00)>>8;
   EIE1 |= 0x10;                                   //允许 PCA 中断
   CR = 1;
}
```

```
//-----------------------------------------------------------------------
// PCA0  中断
//-----------------------------------------------------------------------
void PCA0_ISR(void) INTERRUPT_PCA0
{
   CCF0 = 0;                                          //清模块 0 中断标志位
   PCA0CPL0 = (CEX0_Value & 0x00FF);
   PCA0CPH0 = (CEX0_Value & 0xFF00)>>8;
}
```

## 17.4 大容量串行 DataFlash 存储器扩展

闪速存储器(Flash Memory)是一种在不加电的情况下能长期保持存储的设备。Flash 存储器由于具有存储容量大、掉电数据不丢失以及可多次擦写等许多优点,因而正逐步取代其他半导体存储器件并广泛应用于嵌入式便携电子产品中。目前除了低成本的掩膜 ROM,大多数的主流非易失存储器都采用 Flash Memory。其中 NOR Flash 和 NAND Flash 是目前两种主要的非易失闪存技术。

### 17.4.1 NOR Flash 和 NAND Flash 技术与性能比较

NOR Flash 和 NAND Flash 技术,是非易失的两种主流技术,可以说各有所长,二者都有自己稳定的应用场合。NOR Flash 存储器的特点是容量较小、写入速度较慢,但它的随机读取速度却很快,常用于小容量程序代码的存储,目前所有含 Flash 的微处理器都采用这种技术。与 NOR Flash 相比,NAND Flash 的优点是容量大,目前最大容量可达到数 GB,同时写速度快、擦除时间短,使它更适合大容量文件存储。

NAND Flash 的缺点是读取速度较慢,主要是因为它的 I/O 端口只有 8 或 16 个,要完成地址和数据的传输就必须让这些信号轮流传送。而 NOR Flash 的操作则是以字或字节为单位进行直接读取数据。所以,在读取数据时,NOR Flash 有明显优势。

NOR Flash 的数据线和地址线是分开的,而且 NOR Flash 的每个存储单元是以并联的方式连接到位线,所以 NOR Flash 可以像 SRAM 一样连在数据线上,方便对每一位进行随机存取,具有随机存取和对字节执行写操作的能力。

NAND Flash 因为共享地址和数据总线的原因,不允许对一个字节甚至一个块进行的数据清空,只能对一个固定大小的区域进行清零操作,而且还需要额外联结一些控制的输入输出,它不太适合于直接随机存取。

一般来说,NOR Flash 的可靠性要高于 NAND Flash,这是因为 NOR Flash 的接口简单,数据操作少,位交换操作少,因而一般用在测试数据存储、嵌入式系统程序存储等对可靠性要求高的地方。相反,NAND Flash 接口和操作均相对复杂,位交换操作也很多,因而出现差错的几率大。NAND Flash 更适用于复杂的文件应用,同时由于 NAND Flash 的使用相对复杂,所以对驱动程序的开发能力有较高的要求。简单地说,NOR Flash 是随机存储介质,用于数据量较小的场合,NAND Flash 是连续存储介质,适合存放大的数据,但需要驱动程序和坏块管理优化等开发技术。

关于选择两种存储解决方案,需明确应用目的。如果用在数据量不大的单片机系统且存储的是重要数据或程序就选择 NOR Flash。相反,系统的数据量巨大,或要实现海量存储就要选用 NAND Flash,如果这两种目的都存在则需要使用两种闪存,用 NOR Flash 存储程序,用 NAND Flash 存储数据。一般大容量应用场合需要处理器的性能较高且此时数据是基于文件系统的。

## 17.4.2 串行 DataFlash

在单片机系统中,数据量一般不是很大,从应用难度上讲,一般使用 NOR Flash 更容易一点,它的应用方法与一般的扩展方法相同,如 SRAM 扩展。目前 Data Flash 按其接口可分为串行和并行两大类。并行 Flash 存储器需要占用大量的 I/O 口线,时序复杂,可移植性差。而串行 Flash 存储器大多采用 $I^2C$ 接口或 SPI 接口进行读写;与并行 Flash 存储器相比,所需引脚少、体积小、易于扩展、可移植性强、工作可靠。正因为如此,目前串行 Flash 存储器越来越多地用在各类电子产品和工业测控系统中。

美国 Atmel 公司生产的大容量串行 DataFlash 存储器产品 AT45DBxxxx,采用 NOR 技术制造,可用于存储数据或程序代码。此系列存储器容量较大,容量为 1~256 Mb,封装尺寸也比并行 Flash 小,由于采用 SPI 串行接口,使扩展更容易,内部采用分页管理,页面尺寸为 264~2 112 字节,其中 8 Mb 容量的页面尺寸为 264 字节,16 Mb 和 32 Mb 容量的页面尺寸为 528 字节,64 Mb 容量的页面尺寸为 1 056 字节,128 Mb 容量和 256 Mb 容量的页面尺寸为 2 112字节。

AT45DBxxxx 系列存储器内部集成了两个与主存页面相同大小的 SRAM 缓存,使操作的灵活性大大提高,简化数据的读写过程。AT45DBxxxx 系列存储器工作电压较低,只需 2.7~3.6 V,整个芯片的功耗也较小,典型的读取电流为 4 mA,待机电流仅为 2 μA。所有这些特点使得此系列存储器非常适合用于微型、低功耗的测控系统。以下就以 AT45DB161B 存储器为例说明该系列存储器的使用和编程。

## 17.4.3 AT45DB161B 芯片引脚和功能简介

### 1. AT45DB161B 引脚分布

AT45DB161B 单片容量为 16 Mb,包括了多种封装,每种封装体积与引脚分布都不同。图 17.16 是 TSSOP 封装的 AT45DB161B 引脚分布图 。表 17.6 是 AT45DB161B 引脚功能描述。

### 2. 芯片内部逻辑与存储结构

AT45DB161B 的内部逻辑结构包括三个组成部分:存储器页阵列(主存)、缓存与 I/O 接口。其中存储页面大小为 528 字节,整个存储器共分为 4 096 页,片内集成了两个 528 字节的 SRAM 缓存。缓存可以和页交换数据,可以把数据从缓存写入页内,也可以把页内的数据读到缓存。具体的内部逻辑结构如图 17.17 所示。

存储器阵列分成扇区、块、页、单元,不同容量的存储器芯片有不同的扇区数和块数。每一个扇区包含若干块,一块中均包含 8 页,每页包含 528 个单元,每个单元为 8 位二进制数。由于扇区数不同,块数不同,因而不同芯片有不同的容量。图 17.18 是 AT45DB161B 的存储体系结构。

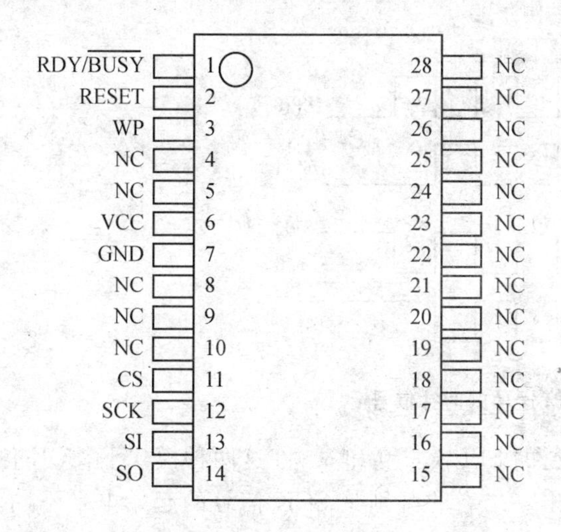


图 17.16 TSSOP 封装的 AT45DB161B 引脚分布图

表 17.6 AT45DB161B 引脚功能

| 引脚号 | 引脚名称 | 功能描述 | 数据流向 |
|---|---|---|---|
| 11 | CS | 片选 | I |
| 12 | SCK | 串行时钟 | I |
| 13 | SI | 串行输入 | I |
| 14 | SO | 串行输出 | O |
| 3 | WP | 页面写保护 | I |
| 2 | RESET | 复位 | I |
| 1 | RDY/$\overline{BUSY}$ | 准备好/忙 | O |
| 其他 | NC | 未使用 | — |

### 3. 存储器接口时序

AT45DB161B 存储器采用 SPI 接口进行读写。SPI 接口是一种通用串行接口总线，字长为 8 位，可以通过它扩展外部设备（例如 $E^2$PROM、A/D 转换器等）。SPI 接口利用 SCK、SI 和 SO 三根线进行数据的读/写。其中，SCK 为时钟信号，SI 和 SO 为数据输入和输出线。其 SCK 引脚的时钟信号必须由外部单片机或控制器输入，读/写命令字由 SI 引脚输入，数据由 SO 引脚输出。

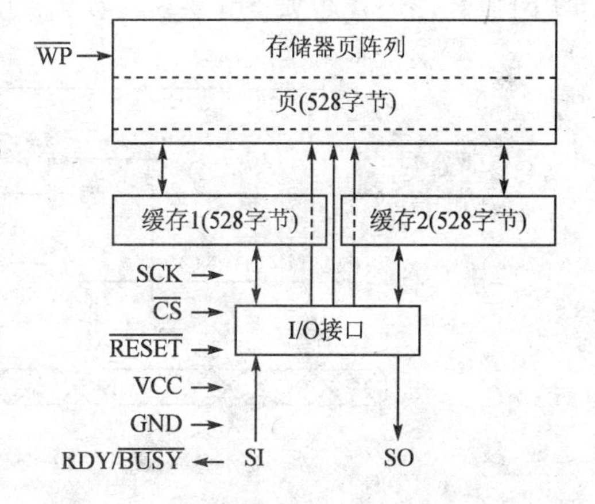


图 17.17 AT45DB161B 的内部逻辑原理图

SPI 接口根据 SCK 信号划分共有四种操作模式，分别为 0、1、2 和 3。SPI 操作模式决定了设备接收和发送数据时的时钟相位和极性，即决定了时钟信号的上升和下降沿与数据流行方向之间的关系，SPI 通信模式如图 17.19 所示。

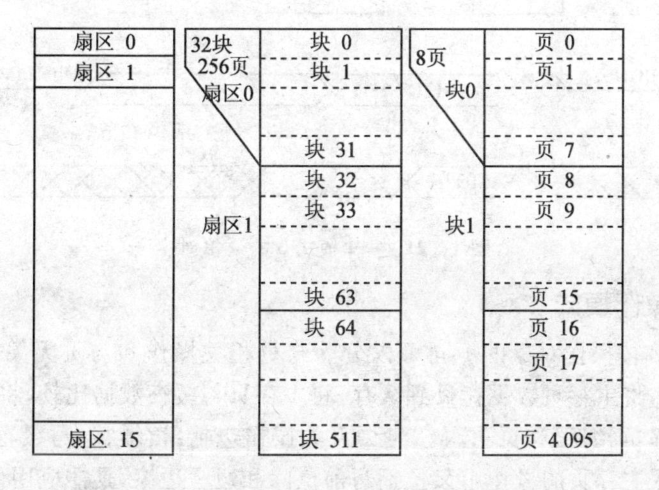


图 17.18 AT45DB161B 的存储体系结构

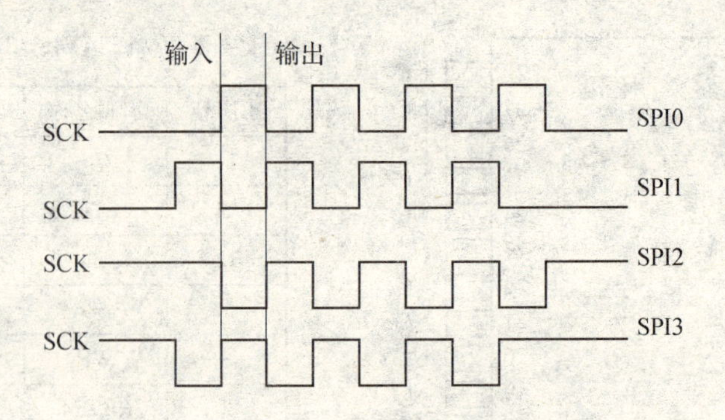


图 17.19　4 种 SPI 通信的时钟信号

DataFlash 系列存储器仅支持使用最为广泛的 SPI 模式 0 和 3。在这两种模式下，SCK 信号的上升沿触发数据输入，下降沿触发数据输出。二者的区别是 SCK 信号的起始电平不同。对于 SPI 模式 3，数据输出和数据输入并不是起始于第一个时钟周期下降沿，而是下一个周期的下降沿。图 17.20 是 SPI 模式 0 的通信时序，图 17.21 是 SPI 模式 3 的通信时序。

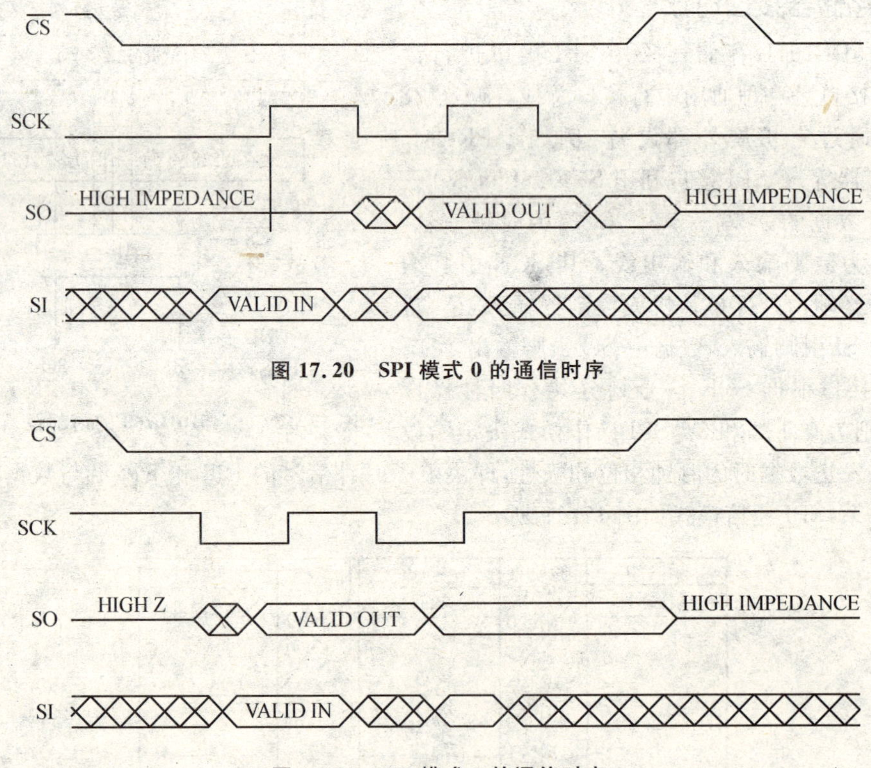


图 17.20　SPI 模式 0 的通信时序

图 17.21　SPI 模式 3 的通信时序

## 4. 存储器操作模式

AT45DB161B 按操作对象的不同可以分为与页相关操作和与页无关操作。与页相关操作包括：读主存页，将主存页数据拷贝到缓存，将主存页与缓存数据比较，将缓存数据写入主存页，页擦除，块擦除，页编程和页重写。与页无关操作包括：读缓存，写缓存和读状态寄存器。其中缓存数据写入主存页的操作中又包括写前擦除和边写边擦，具体应用依据实际的情况：如果写数据前已确保该页被擦除，页面恢复为全 1，可使用写前擦除操作来减少操作时间，提高系统的速度，否则需使用边写边擦操作。

对存储器的访问是以命令形式进行的，不同的操作内容有不同的命令字，如对主存储器进行读操作，命令字为 52H；对缓冲器进行读操作，命令字为 54H 等。表 17.7 列出了 AT45DB161B 的读写命令字及使用规则。

**表 17.7　AT45DB161B 的读写命令字及使用**

| 命令字 | 命令字含义 | 页地址 | 单元地址 |
|---|---|---|---|
| 52H | 主存储器页读 | $PA_{11}$～$PA_0$ | $BA_9$～$BA_0$ |
| 54H | 缓存 1 读 | ×××× ×××× ×××× | $BA_9$～$BA_0$ |
| 56H | 缓存 2 读 | ×××× ×××× ×××× | $BA_9$～$BA_0$ |
| 53H | 主存储器页写入缓存 1 | $PA_{11}$～$PA_0$ | ×× ×××× ×××× |
| 55H | 主存储器页写入缓存 2 | $PA_{11}$～$PA_0$ | ×× ×××× ×××× |
| 60H | 主存储器页和缓存 1 数据比较 | $PA_{11}$～$PA_0$ | ×× ×××× ×××× |
| 61H | 主存储器页和缓存 2 数据比较 | $PA_{11}$～$PA_0$ | ×× ×××× ×××× |
| 84H | 数据写入缓存 1 | ×××× ×××× ×××× | $BA_9$～$BA_0$ |
| 87H | 数据写入缓存 2 | ×××× ×××× ×××× | $BA_9$～$BA_0$ |
| 83H | 带内置擦除主存储器页，然后把缓存 1 数据写入主存储器页 | $PA_{11}$～$PA_0$ | ×× ×××× ×××× |
| 86H | 带内置擦除主存储器页，然后把缓存 2 数据写入主存储器页 | $PA_{11}$～$PA_0$ | ×× ×××× ×××× |
| 88H | 不带内置擦除缓存 1 到主存储器页写 | $PA_{11}$～$PA_0$ | ×× ×××× ×××× |
| 89H | 不带内置擦除缓存 2 到主存储器页写 | $PA_{11}$～$PA_0$ | ×× ×××× ×××× |
| 81H | 页擦除 | $PA_{11}$～$PA_0$ | ×× ×××× ×××× |
| 50H | 块擦除 | $PA_{11}$～$PA_0$ | ×× ×××× ×××× |
| 82H<br>85H | 数据先写入缓存 1、2，再写入带内置擦除的主存储器内 | $PA_{11}$～$PA_0$ | $BA_9$～$BA_0$ |
| 58H<br>59H | 通过缓存 1、2 自动页写 | $PA_{11}$～$PA_0$ | $BA_9$～$BA_0$ |
| 57H | 读状态寄存器 | — | — |

命令字之后紧跟访问存储器的 24 位地址，24 位地址的含义见表 17.8，有的操作命令要求 24 位地址之后，再跟几个字节的无效数字，而有的操作命令不要求跟无效数字。访问存储单元地址的选择由图 17.22 所示存储器的体系结构决定。因每一页包含 528 个单元，需要 528 个地址，最大地址数为 210H，需用 B0～B9 的 10 位数据 D0～D9 作单元地址数。AT45DB161B 芯片共有 4 096 页，采用 B10～B21 共 12 位数据(即 A0～A11)寻址页地址，最大地址数为 FFFH。B22、B23 位为保留位，留给更高容量芯片，如 AT45DB321 芯片共有 8 192页，就要采用 B10～B22 共 13 位数据 A0～A12 用作页地址数，此时最大地址数为 1FFFH，此时保留位就只有一位 B23。

不同容量的芯片页数也不同，则占用的页地址数也不同，根据 AT45D 系列芯片的地址结构，所能占用的最大页地址为 3FFFH。这样也为升级带来了方便，升级到更高容量的芯片时，驱动程序只要修改地址参数即可。

完整的存储器读写操作流程见图 17.22。

表 17.8　24 位地址的含义

| 保留位 | | 页地址 | | | | | | | | | | | | 单元地址 | | | | | | | | | |
|---|---|---|---|---|---|---|---|---|---|---|---|---|---|---|---|---|---|---|---|---|---|---|---|
| B23 | B22 | B21 | B20 | B19 | B18 | B17 | B16 | B15 | B14 | B13 | B12 | B11 | B10 | B9 | B8 | B7 | B6 | B5 | B4 | B3 | B2 | B1 | B0 |
| R | R | A11 | A10 | A9 | A8 | A7 | A6 | A5 | A4 | A3 | A2 | A1 | A0 | D9 | D8 | D7 | D6 | D5 | D4 | D3 | D2 | D1 | D0 |

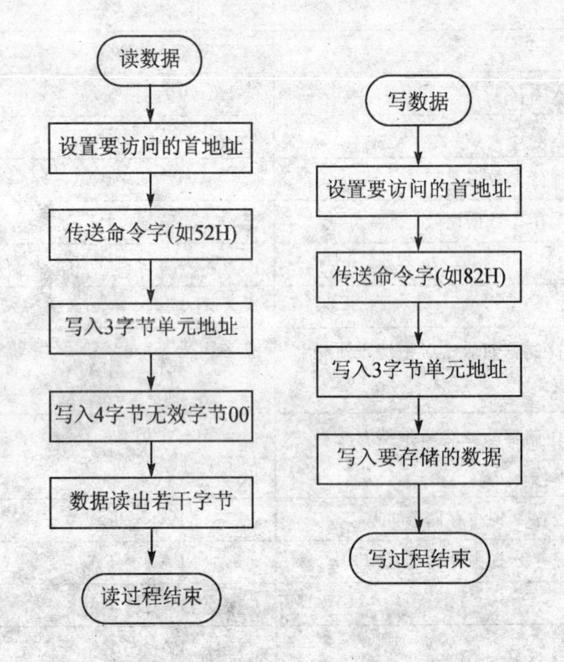


图 17.22　存储器读写操作流程

除读状态寄存器命令外，所有的命令格式为：1 字节操作码＋3 字节地址码。操作码指示了所需的操作，DataFlash 系列地址码用来寻址存储器页阵列或缓存。图 17.23 为 AT45DB161B 的读/写命令格式。

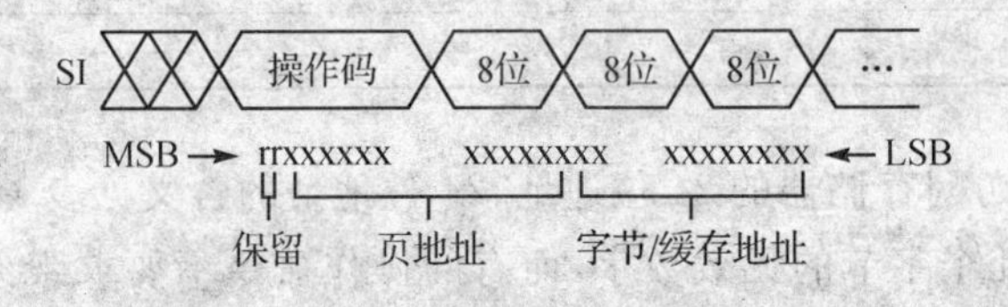


图 17.23　AT45DB161B 的读/写命令格式

除了基本存储单元外，DataFlash 系列存储器内部还包含一个 8 位的状态寄存器，用来指示设备的操作状态。

向存储器输入读状态寄存器命令可将状态寄存器的数据从最高位开始依次读出。状态寄存器各位的定义见表 17.9。

表 17.9 状态寄存器各位定义

| 位　号 | 位 7 | 位 6 | 位 5 | 位 4 | 位 3 | 位 2 | 位 1 | 位 0 |
|---|---|---|---|---|---|---|---|---|
| 定　义 | RDY/$\overline{\text{BUSY}}$ | COMP | 容量选择位 | | | 保留位 | | |

其位功能说明如下：

➢ 位 7　就绪位。

　0：忙。1：准备好。

➢ 位 6　数据比较位。

　0：写入主存储器的数据与缓存数据相同。

　1：写入主存储器的数据与缓存数据不相同。

➢ 位 5～3　不同存储容量芯片选择位。

　011：4 Mb 的 AT45DB041。100：8 Mb 的 AT45DB081。

　101：16 Mb 的 AT45DB161。110：32 Mb 的 AT45DB321。

➢ 位 2～0　保留位。数据任意。

## 17.4.4 存储器与单片机接口实例

DataFlash 系列存储器采用串行扩展，使它几乎可以和任何类型的单片机接口，并不取决于单片机是否有 SPI 接口。当然如果单片机有 SPI 接口，存储器读/写程序效率高，并且处理过程就相对简单。对于没有 SPI 接口的单片机，可以使用软件模拟时序的 SPI 接口与存储器通信，这样可能要占用 CPU 不小的带宽，尤其是数据量大的情况。

### 1. 硬件电路

C8051F9xx 片内含有两个硬件 SPI 接口，可以很方便地扩展该存储芯片。C8051F9xx 是低功耗处理器，而 AT45DB161B 功耗也不高，可以将它应用在低功耗系统中作为大容量数据存储之用。在一些全天候工作的场合可以考虑使用电池，此时就需要进行必要的能源管理以保证功耗的最小化。图 17.24 是存储器与 C8051F9xx 连接的电路原理。

### 2. 基于 C8051F9xx 的 DataFlash 调试例程

本例程是 C8051F9xx 与 AT45DB161B 的接口程序。其中处理器芯片包含了硬件 SPI 总线，使得扩展应用更容易，可以不必过多地考虑信号的时序。使用中采用 3 线方式，由 P1.4 口作为片选，程序包括了常用的读写擦除。使用和调试该芯片时要注意 SPI 时钟信号，由于 AT45DB161B 仅支持模式 0、3。如果 SCK 的极性和相位选择不正确，将造成系统无法调试通过。

```
#include <C8051F930.h>
#include <stdio.h>
#include <intrins.h>
#define uchar unsigned char
#define uint unsigned int
#define ulong unsigned long
#define FREQUEN    24500000
#define DIVCLK    8
```

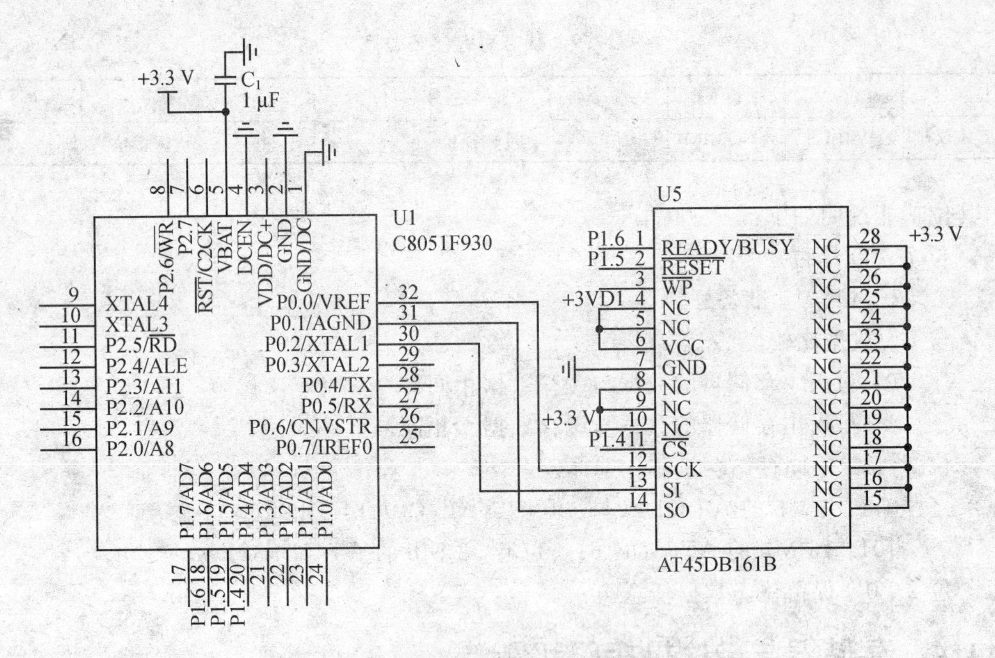


图 17.24　存储器与 C8051F9xx 连接的电路原理

```
#define SYSCLK   FREQUEN/DIVCLK                                  // SYSCLK frequency in Hz
#define FLASH_RESET        RESET = 0;RESET = 0;RESET = 0;  RESET = 1;  // AT45DB161B复位
#define FLASH_BUSY         P1 |= 0x40; while(!(P1&0x40)); //等待 AT45DB161B 准备好
#define FLASH_SELECT       SELECT = 0;                       // AT45DB161B 片选开
#define FLASH_NOSELECT     SELECT = 1;                       // AT45DB161B 片选关
#define SPI_ON                SPI0CN    |=  0x01;            //SPI 允许
#define SPI_OFF               SPI0CN    &=  0xfe;            //SPI 禁止
#define BUFFER_1 0x00                                        // buffer 1
#define BUFFER_2 0x01                                        // buffer 2
#define BUFFER_1_WRITE 0x84                                  //写入缓存 1
#define BUFFER_2_WRITE 0x87                                  //写入缓存 2
#define BUFFER_1_READ   0x54                                 //读取缓存 1
#define BUFFER_2_READ   0x56                                 //读取缓存 2
#define B1_TO_PAGE_WITH_ERASE 0x83                 //将缓存 1 的数据写入主存储器(擦除模式)
#define B2_TO_PAGE_WITH_ERASE 0x86                 //将缓存 2 的数据写入主存储器(擦除模式)
#define B1_TO_PAGE_WITHOUT_ERASE 0x88              //将缓存 1 的数据写入主存储器(不带擦除模式)
#define B2_TO_PAGE_WITHOUT_ERASE 0x89              //将缓存 2 的数据写入主存储器(不带擦除模式)
#define PAGE_PROG_THROUGH_B1 0x82                  //通过缓存 1 进行主存储器编程
#define PAGE_PROG_THROUGH_B2 0x85                  //通过缓存 2 进行主存储器编程
#define AUTO_PAGE_REWRITE_THROUGH_B1 0x58          //通过缓存 1 进行自动页重写
#define AUTO_PAGE_REWRITE_THROUGH_B2 0x59          //通过缓存 2 进行自动页重写
#define PAGE_TO_B1_COMP 0x60                       //主存储指定页与缓存 1 比较
#define PAGE_TO_B2_COMP 0x61                       //主存储指定页与缓存 2 比较
#define PAGE_TO_B1_XFER 0x53                       //将主存储器的指定页数据加载到缓存 1
#define PAGE_TO_B2_XFER 0x55                       //将主存储器的指定页数据加载到缓存 2
#define STATUS_REGISTER 0x57                       //状态寄存器
```

```
#define MAIN_MEMORY_PAGE_READ 0x52          //读取主存储器指定页
#define SECTOR_ERASE 0x7C                   //扇区擦除(每扇区 128 KB)
//#define STATUS_REGISTER 0xD7              //读取状态寄存器新指令
#define PAGE_ERASE 0x81                     //页删除(每页 512/528 字节)
////////////////////////////////////////////////////////////////////////////////
//////////////////////////////函 数 体 声 明//////////////////////////////////
////////////////////////////////////////////////////////////////////////////////
void SendSPIByte(uchar ch);
uchar GetSPIByte(void);
void format161(void);   //整片擦除,格式化主存储器(以扇区<0A,0B,1…15>为单位删除所有
                        //页数据,每页 528 字节)
    //因为 chip erase 命令不可靠,所以用擦除扇区所有页数据的方法代替 chip erase
void FlashBuffer1Read(uint star_addr,uint len, uchar * buffer);
                                            //从缓存 1 的指定位置(0～527)
                                            // 中读入指定字节
void FlashBuffer2Read(uint star_addr,uint len, uchar * buffer);
                                            //从缓存 2 的指定位置(0～527)
                                            // 中读入指定字节
void FlashBuffer1Write(uint start_addr, uint len,uchar * buffer);
                                            //向缓存 1 的指定位置(0～527)写入指定字节
void FlashBuffer2Write(uint start_addr, uint len,uchar * buffer);
                                            //向缓存 2 的指定位置(0～527)写入指定字节
uchar GetFlashStatus();
//通过状态寄存器读 Flash 当前状态。Bit7 = 1 表示 Flash 空闲;当该位是 0 时表示 Flash 忙;Bit6
//是比较位,其为 0 时表示主存储页内数据与缓存中一致,其为 1 时表示数据不一致。
void PageToBuffer1(void);                   //从 Flash 读一页至缓存 1
void PageToBuffer2(void);                   //从 Flash 读一页至缓存 2
void FlashBuffer1ProgNoErase(void);         //直接将缓存 1 写入 Flash 一页(不擦除)
void FlashBuffer2ProgNoErase(void);         //直接将缓存 2 写入 Flash 一页(不擦除)
void FlashBuffer1ProgAutoErase(void);       //直接将缓存 1 写入 Flash 一页(先擦除)
void FlashBuffer2ProgAutoErase(void);       //直接将缓存 2 写入 Flash 一页(先擦除)
void FlashProgViaBuffer1(uint start_addr, uint len,uchar * buffer);
  //将指定数据通过缓存 1 写入 Flash 指定位置(不擦除)写缓存 + 缓存写主存
void FlashProgViaBuffer2(uint start_addr, uint len,uchar * buffer);
  //将指定数据通过缓存 2 写入 Flash 指定位置(不擦除)
void FlashAutoProgViaBuffer1(uint start_addr, uint len,uchar * buffer);
  //将指定数据通过缓存 1 写入 Flash 指定位置(先擦除)
void FlashAutoProgViaBuffer2(uint start_addr, uint len,uchar * buffer);
  //将指定数据通过缓存 2 写入 Flash 指定位置(先擦除)
void PORT_Init (void);
void OSCILLATOR_Init (void);
void SPI_Init();
void PCA_Init();
void SYSCLK_Init (void);
void PORT_Init (void);
```

```
void SPI0_Init (void);
void Timer0_Init (void);
sbit SELECT = P1^4;
sbit RESET = P1^5;
sbit busy = P1^6;
//////////////////////////////////////定  义  变  量//////////////////////////////////
uchar xdata MyBuff[528];
uchar xdata MyBuff1[528];
uchar temppage;
uint Count1ms;
uint FLASH_PageAddr;
//////////////////////////////////////////////////////////////////////////////////////
void main (void) {
uchar xdata * idata MyBuff11;
uint i,j;
 PCA_Init();
 PORT_Init ();
 OSCILLATOR_Init ();
 SPI_Init();
 temppage = SFRPAGE;                        // Save Current SFR page
 SFRPAGE = CONFIG_PAGE;
 SFRPAGE = temppage;
 EA = 1;
 FLASH_RESET;
/*-------------------------------------------------------------------------
缓存 1/2 读写测试
--------------------------------------------------------------------------*/
 for(j = 0;j<528;j++)                       //初始化数组数据为 0～527
  {
     MyBuff[j] = j;
   }
 FlashBuffer1Write(0,528,MyBuff);           //写数据至数据缓存区 1
 _nop_();
 for(j = 0;j<528;j++)                       //初始化数组数据全为 0
  {
     MyBuff[j] = 0;
   }
 FlashBuffer1Read(0,528,MyBuff);            //读数据缓存区 1 数据至数组
 _nop_();
/*-------------------------------------------------------------------------
FLASH 存储页读写测试
--------------------------------------------------------------------------*/
  for(i = 4050;i<4096;i++)                  //4 096
 { MyBuff[0] = i>>8;
   MyBuff[1] = i;                           //将页地址写入数组的前两个字节
```

```
 for(j = 2;j<526;j++)
 {
    MyBuff[j] = i;
   }
                                            //向数组写数据,共 526 个字节
       FLASH_PageAddr = i;                  //指定待写页
       FlashBuffer1Write(0,528,MyBuff);     //将数组的内容写入缓存 1
       FlashBuffer1ProgAutoErase();         //将缓存的内容写入主存(带擦除)
   }
 _nop_();
 for(i = 4050;i<4096;i++)                   //从 4 050 页写到 4 096 页
 {
    FLASH_PageAddr = i;                     //指定待读页
    MyBuff11 = 0x0 + i * 528;               //指定数据放置的 XRAM 的地址(首地址为 0x0)
    PageToBuffer2();                        //将主存内容读入缓存 2
    FlashBuffer2Read(0,528,MyBuff1);        //将缓存 2 的内容读入 XRAM
    _nop_();        //在此设断点,观察 XRAM 中的数据是否与写入的数据相符
 }
    _nop_();        //同时在此设一断点,在全部读完主存后观察 XRAM 中的内容
/*--------------------------------------------------------------------------
其他子模块测试
---------------------------------------------------------------------------*/
 FLASH_PageAddr = 0;
 FlashBuffer1Write(20,14,"abcdefghijklmn");//向缓存 1 的地址 20 后写入"abcdefghijklmn"
 FlashBuffer1Read(0,300,MyBuff1);           //读缓存 1 的 0~300 的数据,存入 MyBuff1
 FlashBuffer1Write(20,14,"1234567890UUAA");
 FlashBuffer1Read(20,14,MyBuff);            //读缓存 1 的地址 20 之后的 14 个字节数,存入 MyBuff
 FlashBuffer1ProgNoErase();                 //将缓存 1 的内容直接写入主存储区,不擦除
 PageToBuffer2();                           //把主存储区的一页读到缓存
 FlashBuffer2Read(20,14,MyBuff);
 Count1ms = 0;                              //清 1 ms 计数,计算操作所需时间
 FlashBuffer2Read(100,14,MyBuff);
 Count1ms = 0;
 FlashBuffer1Write(20,14,"myluckroomdlut");
 Count1ms = 0;
 FlashBuffer1Read(20,14,MyBuff);
 Count1ms = 0;
 FlashBuffer1ProgNoErase();
 Count1ms = 0;
 PageToBuffer2();
 Count1ms = 0;
 FlashBuffer2Read(100,14,MyBuff);
 FlashProgViaBuffer1(100,14,MyBuff);
 FlashBuffer1Read(1,1, MyBuff);             //从缓存 1 的指定位置(0~527)中读入指定字节
 FlashBuffer2Read(1,1,MyBuff);              //从缓存 2 的指定位置(0~527)中读入指定字节
```

```
 FlashBuffer1Write(1,1,"!");
 FlashBuffer2Write(1,1,"1");
 GetFlashStatus();
 PageToBuffer1();
 PageToBuffer2();
 FlashBuffer1ProgNoErase();
 FlashBuffer2ProgNoErase();
 FlashBuffer1ProgAutoErase();
 FlashBuffer2ProgAutoErase();
 FlashProgViaBuffer1(1,1, MyBuff);
 FlashProgViaBuffer2(1,1, MyBuff);
 FlashAutoProgViaBuffer1(1,1, MyBuff);
 FlashAutoProgViaBuffer2(1,1, MyBuff);
 while(1);
}
void SendSPIByte(uchar ch)
{
  SPI_ON;
  SPIF = 0;
  SPI0DAT = ch;
  while (SPIF == 0);                                  //等待写结束
      }
uchar GetSPIByte(void)
{
    SPI_ON;
    SPIF = 0;
    SPI0DAT = 0;
  while (SPIF == 0);
  return  SPI0DAT;                                    //等待读结束
     }
//整片擦除,格式化主存储器(以扇区<0A,0B,1…15>为单位删除所有页数据,每页 528 字节)
//因为 chip erase 命令不可靠,所以用擦除扇区所有页数据的方法代替 chip erase
void format161(void)
{
  uchar i;
  SPI_ON;
FLASH_BUSY;                                           //测芯片准备好
  FLASH_SELECT;                                       //芯片选择
    SendSPIByte(SECTOR_ERASE);                        //0x7C 后跟 3 个页地址字节
    SendSPIByte(0x00);                                //MSB bit first
    SendSPIByte(0x00);                                //擦除 0A 扇区
    SendSPIByte(0x00);                                //LSB bit last
    FLASH_NOSELECT;
 FLASH_BUSY;                                          //测芯片准备好
    FLASH_SELECT;
```

```
    SendSPIByte(SECTOR_ERASE);
    SendSPIByte(0x00);
    SendSPIByte(0x20);                          //擦除0B扇区
    SendSPIByte(0x00);
    FLASH_NOSELECT;
    for (i = 1;i<16;i++)                        //擦除1~15扇区
    {
    FLASH_BUSY;                                 //测芯片准备好
    FLASH_SELECT;
    SendSPIByte(SECTOR_ERASE);
    SendSPIByte(i << 2);
    SendSPIByte(0x00);
    SendSPIByte(0x00);
    FLASH_NOSELECT;
    }
   SPI_OFF;
     }
//从缓存1的指定位置(0~527)中读入指定字节
void FlashBuffer1Read(uint star_addr,uint len, uchar * buffer)
{
     uint i;
     SPI_ON;
  FLASH_BUSY;                                   //测芯片准备好
  FLASH_SELECT;                                 //芯片选择
    SendSPIByte(BUFFER_1_READ);                 //缓存1为54H
    SendSPIByte(0);
    SendSPIByte((uchar)(star_addr>>8));         //起始地址右移8位后在SPI总线上发送
    SendSPIByte((uchar)star_addr);
    SendSPIByte(0);
    for (i = 0;i<len;i++)
  {
  //delay();
      * buffer = GetSPIByte();                  // read data from SPI
      buffer++;
     }
        FLASH_NOSELECT;
        SPI_OFF;
    }
//从缓存2的指定位置(0~527)中读入指定字节
void FlashBuffer2Read(uint star_addr,uint len, uchar * buffer)
{
      uint i;
      SPI_ON;
  FLASH_BUSY;                                   //测芯片准备好
    FLASH_SELECT;                               //芯片选择
```

```
  SendSPIByte(BUFFER_2_READ);              //缓存 2 为 56H
  SendSPIByte(0);
  SendSPIByte((uchar)(star_addr>>8));
  SendSPIByte((uchar)star_addr);
  SendSPIByte(0);
  for (i=0;i<len;i++)
 {
 //delay();
    * buffer = GetSPIByte();               // read data from SPI
    buffer++;
 }
     FLASH_NOSELECT;
     SPI_OFF;
}
//向缓存 1 的指定位置(0~527)写入指定字节
void FlashBuffer1Write(uint start_addr, uint len,uchar * buffer)
{
    uint  i;
    SPI_ON;
  FLASH_BUSY;                              //测芯片准备好
    FLASH_SELECT;                          //芯片选择
    SendSPIByte(BUFFER_1_WRITE);           //缓存 1 为 84H
    SendSPIByte(0x00);
    SendSPIByte((uchar)(start_addr>>8));
    SendSPIByte((uchar)start_addr);
    for (i=0;i<len;i++)
    {
     //delay();
     SendSPIByte( * buffer);
     // FLASH_BUSY;                        //测芯片准备好
   buffer++;
     }
  FLASH_NOSELECT;
  SPI_OFF;

}
//向缓存 2 的指定位置(0~527)写入指定字节
void FlashBuffer2Write(uint start_addr, uint len,uchar * buffer)
{
    uint  i;
    SPI_ON;
  FLASH_BUSY;                              //测芯片准备好
    FLASH_SELECT;                          //芯片选择
    SendSPIByte(BUFFER_2_WRITE);           //缓存 2 为 87H
    SendSPIByte(0x00);
```

```
    SendSPIByte((uchar)(start_addr>>8));
    SendSPIByte((uchar)start_addr);
    for (i=0;i<len;i++)
    {
      //delay();
     SendSPIByte(*buffer);
     buffer++;
     }
   FLASH_NOSELECT;
   SPI_OFF;
    }
//通过状态寄存器读 Flash 当前状态。Bit7 = 1 表示 Flash 空闲,Bit7 = 0 表示 Flash 忙;Bit6 是比较
//位,Bit6 = 0 表示主存储页内数据与缓存中一致,Bit6 = 1 表示数据不一致;Bit5 Bit4 Bit3 是芯片
//标志位,当其为 101 时,表示芯片为 45DB161
uchar GetFlashStatus()
{
        uchar idata ret;
        SPI_ON;
  FLASH_SELECT;                                     //芯片选择
      SendSPIByte(STATUS_REGISTER);
      ret = GetSPIByte();
      FLASH_NOSELECT;
      return ret;
}
//从 Flash 读一页至缓存 1
void PageToBuffer1(void)
{
  SPI_ON;
  FLASH_BUSY;                                       //测芯片准备好
  FLASH_SELECT;                                     //芯片选择
    SendSPIByte(PAGE_TO_B1_XFER);
    SendSPIByte((uchar)(FLASH_PageAddr >> 6));
    SendSPIByte((uchar)(FLASH_PageAddr << 2));
    SendSPIByte(0);
    FLASH_NOSELECT;
    SPI_OFF;
}
//从 Flash 读一页至缓存 2
void PageToBuffer2(void)
{
  SPI_ON;
  FLASH_BUSY;                                       //测芯片准备好
    FLASH_SELECT;                                   //芯片选择
    SendSPIByte(PAGE_TO_B2_XFER);
    SendSPIByte((uchar)(FLASH_PageAddr >> 6));
```

```
    SendSPIByte((uchar)(FLASH_PageAddr << 2));
    SendSPIByte(0);
    FLASH_NOSELECT;
    SPI_OFF;
}
//直接将缓存 1 写入 Flash 一页(不擦除)
void FlashBuffer1ProgNoErase(void)
{
  SPI_ON;
  FLASH_BUSY;                                    //测芯片准备好
    FLASH_SELECT;                                //芯片选择
    SendSPIByte(B1_TO_PAGE_WITHOUT_ERASE);
    SendSPIByte((uchar)(FLASH_PageAddr >> 6));
    SendSPIByte((uchar)(FLASH_PageAddr << 2));
    SendSPIByte(0x00);
    FLASH_NOSELECT;
  SPI_OFF;
}
//直接将缓存 2 写入 Flash 一页(不擦除)
void FlashBuffer2ProgNoErase(void)
{
  SPI_ON;
  FLASH_BUSY;                                    //测芯片准备好
    FLASH_SELECT;                                //芯片选择
    SendSPIByte(B2_TO_PAGE_WITHOUT_ERASE);
    SendSPIByte((uchar)(FLASH_PageAddr >> 6));
    SendSPIByte((uchar)(FLASH_PageAddr << 2));
    SendSPIByte(0x00);
    FLASH_NOSELECT;
  SPI_OFF;
}
//直接将缓存 1 写入 Flash 一页(先擦除)
void FlashBuffer1ProgAutoErase(void)
{
  SPI_ON;
  FLASH_BUSY;                                    //测芯片准备好
    FLASH_SELECT;                                //芯片选择
    SendSPIByte(B1_TO_PAGE_WITH_ERASE);
    SendSPIByte((uchar)(FLASH_PageAddr >> 6));
    SendSPIByte((uchar)(FLASH_PageAddr << 2));
    SendSPIByte(0x00);
    FLASH_NOSELECT;
  SPI_OFF;
}
//直接将缓存 2 写入 Flash 一页(先擦除)
```

```
void FlashBuffer2ProgAutoErase(void)
{
  SPI_ON;
  FLASH_BUSY;                                    //测芯片准备好
    FLASH_SELECT;                                //芯片选择
    SendSPIByte(B2_TO_PAGE_WITH_ERASE);
    SendSPIByte((uchar)(FLASH_PageAddr >> 6));
    SendSPIByte((uchar)(FLASH_PageAddr << 2));
    SendSPIByte(0x00);
    FLASH_NOSELECT;
  SPI_OFF;
}
//将指定数据通过缓存 1 写入 Flash 指定位置(不擦除)
void FlashProgViaBuffer1(uint start_addr, uint len,uchar * buffer)
{  uint  i;
     SPI_ON;
FLASH_BUSY;                                      //测芯片准备好
     FLASH_SELECT;                               //芯片选择
     SendSPIByte(PAGE_PROG_THROUGH_B1);          //缓存 1 为 82H
     SendSPIByte((uchar)(FLASH_PageAddr >> 6));
     SendSPIByte((uchar)(FLASH_PageAddr << 2 + start_addr>>8));
     SendSPIByte((uchar)start_addr);
     for (i = 0;i<len;i++)
     {
      SendSPIByte( * buffer);
      buffer++;
      }
  FLASH_NOSELECT;
  SPI_OFF;
}
//将指定数据通过缓存 2 写入 Flash 指定位置(不擦除)
void FlashProgViaBuffer2(uint start_addr, uint len,uchar * buffer)
{  uint  i;
     SPI_ON;
FLASH_BUSY;                                      //测芯片准备好
     FLASH_SELECT;                               //芯片选择
     SendSPIByte(PAGE_PROG_THROUGH_B2);          //缓存 2 为 85H
     SendSPIByte((uchar)(FLASH_PageAddr >> 6));
     SendSPIByte((uchar)(FLASH_PageAddr << 2 + start_addr>>8));
     SendSPIByte((uchar)start_addr);
     for (i = 0;i<len;i++)
     {
      SendSPIByte( * buffer);
      buffer++;
      }
```

```
  FLASH_NOSELECT;
   SPI_OFF;
}
//将指定数据通过缓存 1 写入 Flash 指定位置(先擦除)
void FlashAutoProgViaBuffer1(uint start_addr, uint len,uchar * buffer)
{   uint  i;
     SPI_ON;
FLASH_BUSY;                                              //测芯片准备好
     FLASH_SELECT;                                       //芯片选择
     SendSPIByte(AUTO_PAGE_REWRITE_THROUGH_B1);          //缓存 1 为 84H
     SendSPIByte((uchar)(FLASH_PageAddr >> 6));
     SendSPIByte((uchar)(FLASH_PageAddr << 2 + start_addr>>8));
     SendSPIByte((uchar)start_addr);
     for (i = 0;i<len;i++)
     {
      SendSPIByte( * buffer);
       buffer++;
      }
  FLASH_NOSELECT;
  SPI_OFF;
}
//将指定数据通过缓存 2 写入 Flash 指定位置(先擦除)
void FlashAutoProgViaBuffer2(uint start_addr, uint len,uchar * buffer)
{
  uint  i;
  SPI_ON;
  FLASH_BUSY;                                            //测芯片准备好
     FLASH_SELECT;                                       //芯片选择
     SendSPIByte(AUTO_PAGE_REWRITE_THROUGH_B2);          //缓存 2 为 87H
     SendSPIByte((uchar)(FLASH_PageAddr >> 6));
     SendSPIByte((uchar)(FLASH_PageAddr << 2 + start_addr>>8));
     SendSPIByte((uchar)start_addr);
     for (i = 0;i<len;i++)
     {
       SendSPIByte( * buffer);
       buffer++;
      }
  FLASH_NOSELECT;
  SPI_OFF;
}
void PORT_Init (void)
{
  char SFRPAGE_SAVE = SFRPAGE;                           // Save Current SFR page
  SFRPAGE = CONFIG_PAGE;
  P0MDOUT = 0x00;
```

```
  XBR0 = 0x02;                                    // Enable SPI0 总线
  XBR2        = 0x40;
  SFRPAGE = SFRPAGE_SAVE;                         // Restore SFR page detector
}
void OSCILLATOR_Init (void)
{
  OSCICN |= 0x80;                                 //允许内部精密时钟
  RSTSRC = 0x06;

CLKSEL = 0x00;
    switch(DIVCLK)
    {
     case 1:
     {      CLKSEL |= 0x00;                       //系统频率 1 分频
     break;}
     case 2:
     {      CLKSEL |= 0x10;                       //系统频率 2 分频
     break;}
     case 4:
     {      CLKSEL |= 0x20;                       //系统频率 4 分频
     break;}
     case 8:
     {      CLKSEL |= 0x30;                       //系统频率 8 分频
     break;}
     case 16:
     {      CLKSEL |= 0x40;                       //系统频率 16 分频
     break;}
     case 32:
     {      CLKSEL |= 0x50;                       //系统频率 32 分频
     break;}
     case 64:
     {      CLKSEL |= 0x60;                       //系统频率 64 分频

     break;}
     case 128:
     {      CLKSEL |= 0x70;                       //系统频率 128 分频
     break;}

    }
}
void SPI_Init()
{
    SPI0CFG    = 0x70;                        //设置 SPI 的 SCK 的极性,以及上升还是下降沿采样
    SPI0CN     = 0x00;
    SPI0CKR = SYSCLK/2/2000000 - 1;           // SPI clock <= 8 MHz (limited by
```

```
                                         // E2 PROM spec.)
}
//---------------------------------------------------------------
//PCA 初始化函数
//---------------------------------------------------------------
 void PCA_Init()
{
    PCA0MD    &= ~0x40;
    PCA0MD     = 0x00;
}
void Timer0_Init (void)
{
   CKCON |= 0x8;
   TMOD |= 0x1;                              //16Bit
   TR0 = 0;                                  // STOP Timer0
   TH0 = (-SYSCLK/1000) >> 8;                // set Timer0 to overflow in 1 ms
   TL0 = -SYSCLK/1000;
   TR0 = 1;                                  // START Timer0
   IE |= 0x2;
}
void Timer0_ISR (void) interrupt 1           //1 ms
{
    TH0 = (-SYSCLK/1000) >> 8;
    TL0 = -SYSCLK/1000;
    Count1ms++;
}
```

## 17.5 温湿度数字传感器应用

温度、湿度、露点是几个常用的气候物理量，在许多场合都需要测试它们，如农业、烟草行业等。针对它们的测试技术较成熟，有许多与之相对应的传感器。本文叙述的是一种数字化传感器，它可以单片测量温度、湿度、露点，具有功耗低、功能强大、精度高、抗干扰能力强等诸多特点。本文介绍该传感器的应用。

### 17.5.1 单片数字温度、湿度传感器 SHT1x /SHT7x

SHTxx 系列单芯片传感器是一款含有已校准数字信号输出的温湿度复合传感器。它具有相对湿度和温度测量以及露点测量功能，可实现全量程校准、数字输出，且无需额外部件，能耗超低。它使用了专利的工业 COMS 微加工技术，确保产品具有极高的可靠性与卓越的长期稳定性。传感器包括一个电容式聚合体测湿元件和一个能带隙式测温元件，并与一个 14 位的 A/D 转换器以及串行接口电路在同一芯片上实现无缝连接。因此，该产品具有品质卓越、响应超快、抗干扰能力强、性价比极高等优点。

每个 SHTxx 传感器都在极为精确的湿度校验室中进行校准。校准系数以程序的形式存储在 OTP 内存中，传感器内部在检测信号的处理过程中要调用这些校准系数。两线制串行接口和内部基准电压，使系统集成变得简易快捷。超小的体积、极低的功耗，使其成为各类应用甚至最为苛刻的应用场合的最佳选择。图 17.25 是传感器的内部结构图。

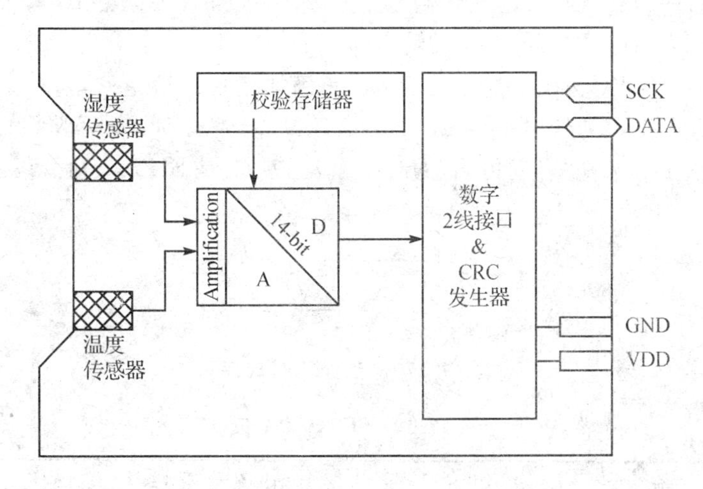


图 17.25　传感器的内部结构图

## 17.5.2　数字传感器 SHT1x 相关内容

### 1. 传感器的接口

SHTxx 的供电电压为 2.4～5.5 V。传感器上电后，要等待 11 ms 以越过"休眠"状态。在此期间无需发送任何指令。电源引脚(VDD，GND)之间可增加一个 100 nF 的电容，用以去耦滤波。

在传感器信号的读取及电源损耗方面，SHTxx 的串行接口都做了优化处理，与 $I^2C$ 接口时序不兼容。SCK 时钟信号由微处理器发出，保证与 SHTxx 之间的通信同步。由于接口包含了完全静态逻辑，因而不存在最小 SCK 频率。DATA 三态门用于数据的读取，在 SCK 时钟下降沿之后改变状态，并仅在 SCK 时钟上升沿有效。数据传输期间，在 SCK 时钟高电平时，DATA 必须保持稳定。为避免信号冲突，作为与 DATA 接口的 I/O 应该工作在漏极开路模式，同时需要一个外部的上拉电阻将信号提拉至高电平，如图 17.26 所示。上拉电阻通常已包含在微处理器的 I/O 电路中，对于 C8051F9xx，则要将该端口驱动为漏极开路模式，并使用 4.7～10 kΩ 的上拉电阻。图 17.26 是 SHTxx 典型应用电路。

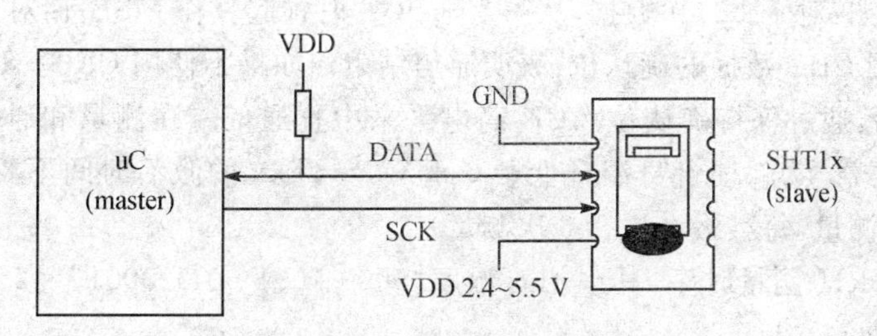


图 17.26　SHTxx 典型应用电路

### 2. 传感器命令

对传感器的操作通过相应的命令进行。其中上电后还要进行必要的启动传输时序来初始化。“启动传输”时序包括:当 SCK 时钟高电平时 DATA 翻转为低电平,紧接着 SCK 变为低电平,随后在 SCK 为高电平时 DATA 翻转为高电平。后续命令包含 3 个地址位(目前只支持 000)和 5 个命令位。SHTxx 以下述方式表示已正确地接收到指令:在第 8 个 SCK 时钟的下降沿之后,将 DATA 下拉为低电平(ACK 位);在第 9 个 SCK 时钟的下降沿之后,释放DATA(恢复高电平)。图 17.27 是“启动传输”的时序。表 17.10 是 SHTxx 命令集。

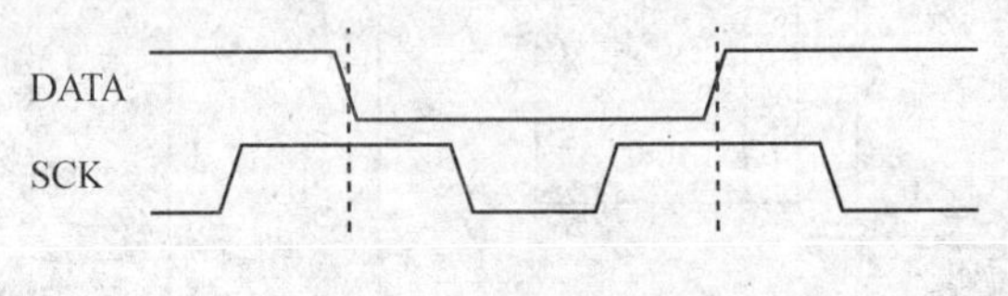


**图 17.27 “启动传输”时序**

**表 17.10 SHTxx 命令集**

| 命　令 | 代　码 | 命　令 | 代　码 |
|---|---|---|---|
| 预留 | 0000x | 写状态寄存器 | 00110 |
| 温度测量 | 00011 | 预留 | 0101x～1110x |
| 湿度测量 | 00101 | 软复位* | 11110 |
| 读状态寄存器 | 00111 | | |

* 复位接口、清空状态寄存器(即清空为默认值)下一次命令前等待至少 11 ms。

### 3. 传感器时序

(1) 测量的时序(相对湿度 RH 与温度 *T*)

发布一组测量命令(00000101 表示相对湿度 RH,00000011 表示温度 *T*)后,控制器要等待测量结束。这个过程所需要的时间与测试所选用 A/D 的位数有关,8 位模式约需 11 ms,12 位模式约需 55 ms,14 位模式约需 210 ms。确切的时间随内部晶振速度最多有±15%变化。SHTxx 通过下拉 DATA 至低电平并进入空闲模式,表示测量结束。控制器在再次触发 SCK 时钟前,必须等待这个“数据准备好”信号来读出数据。检测数据可以先被存储,这样控制器可以继续执行其他任务,在需要时再读出数据。接着传输 2 字节的测量数据和 1 字节的 CRC 奇偶校验。微处理器需要通过下拉 DATA 为低电平,以确认每个字节。所有的数据从 MSB 开始,右端对齐(例如:对于 12 bit 数据,从第 5 个 SCK 时钟起算作 MSB;而对于 8 bit 数据,首字节则无意义)。用 CRC 数据的确认位,表明通信结束。如果不使用 CRC-8 校验,控制器可以在测量值 LSB 后,通过保持确认位 ACK 高电平来中止通信。在测量和通信结束后,SHTxx 自动转入休眠模式。为保证自身温升低于 0.1 ℃,SHTxx 的激活时间不要超过 15%(例如,对应 12 bit 精度测量,每秒最多进行 3 次测量)。

图 17.28 为 RH 测量时序,其中相对湿度“0000 1001 0011 0001”=2 353=75.79%RH(未包含温度补偿)。

图 17.29 为测量数据传输结构(TS 表示启动传输)。

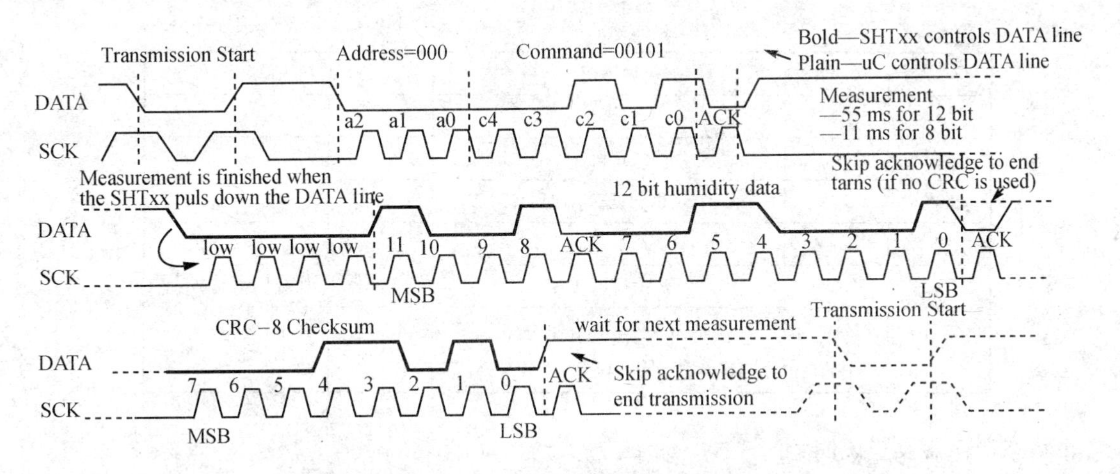


图 17.28 相对湿度(RH)的测量时序

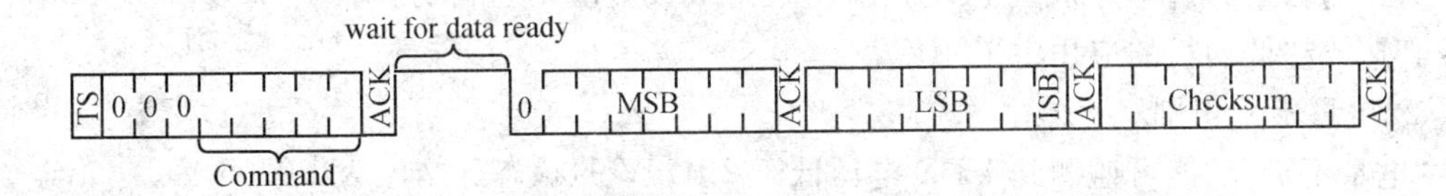


图 17.29 测量数据传输结构

(2) 通信复位时序

如果与 SHTxx 通信错误,可使用下列信号时序复位串口:在 DATA 保持高电平时,触发 SCK 时钟 9 次或更多。在下一次指令前,发送一个"启动传输"时序。这些时序只复位串口,状态寄存器内容仍然保留。

图 17.30 为通信复位时序。

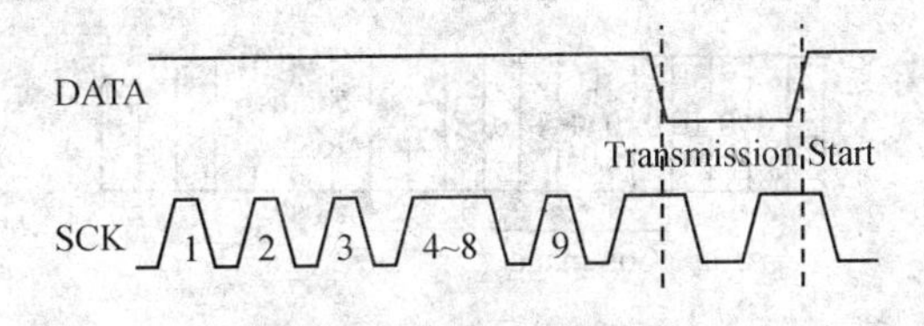


图 17.30 通信复位时序

## 4. 状态寄存器说明

SHTxx 的某些高级功能可以通过状态寄存器实现。本节概括介绍了这些功能。详情可见表 17.11。

表 17.11 状态寄存器

| 位 号 | 类 型 | 说 明 | 默认值 | |
|---|---|---|---|---|
| 7 | | 预留 | 0 | |
| 6 | R | 电量不足(低电压检测)<br>0 对应 VDD>2.47 V<br>1 对应 VDD< 2.47 V | X | 无默认值,此位仅在测量结束后更新 |

续表 17.11

| 位号 | 类型 | 说明 | 默认值 | |
|---|---|---|---|---|
| 5 | | 预留 | 0 | |
| 4 | | 预留 | 0 | |
| 3 | | 仅供测试，不使用 | 0 | |
| 2 | R/W | 加热 | 0 | 关 |
| 1 | R/W | 不从 OTP 加载 | 0 | 加载 |
| 0 | R/W | 1：8 bit RH/12 bit $T$ 分辨率<br>0：12 bit RH/14 bit $T$ 分辨率 | 0 | 12 bit RH<br>14 bit $T$ |

状态寄存器设置说明：

① 测量分辨率

默认的测量分辨率分别为 14 bit(温度)、12 bit(湿度)，也可分别降至 12 bit 和 8 bit。通常在高速或超低功耗的应用中采用后者。

② 电量不足识别

"电量不足"功能可监测到 VDD 电压低于 2.47 V 的状态。精度为±0.05 V。

③ 片上加热

芯片上集成了一个可通断的加热元件。接通后，可将 SHTxx 的温度提高大约 5～15 ℃(9～27 ℉)。功耗在 5 V 时大约增加 8 mA。应用于：比较加热前后的温度和湿度值，可以综合验证两个传感器元件的性能。在高湿度（>95% RH）环境中，加热传感器可防止结露，同时缩短其响应时间，提高测量精度。需注意的是加热后较之加热前，SHTxx 将显示温度值略有升高、相对湿度值稍有降低。

图 17.31 是状态寄存器写，图 17.32 是状态寄存器读。

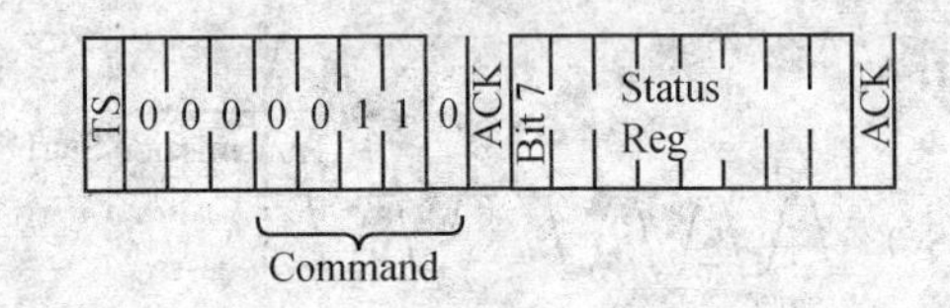


图 17.31 状态寄存器写

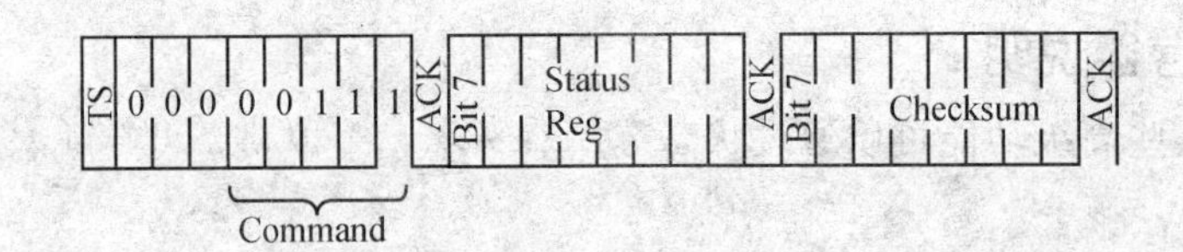


图 17.32 状态寄存器读

## 5. 传感器性能说明

为了更好地使用该传感器，需要更好地了解传感器的性能参数，有关传感器的性能指标请查看表 17.12 及图 17.33～图 17.35 的有关湿度、温度与露点的精度曲线。

表 17.12 传感器性能说明

| | 参 数 | 条 件 | 最小值 | 典型值 | 最大值 | 单 位 |
|---|---|---|---|---|---|---|
| 湿度 | 分辨率① | | 0.5 | 0.03 | 0.03 | %RH |
| | | | 8 | 12 | 12(2) | bit |
| | 重复性 | | | 0.1 | | %RH |
| | 精度①<br>不确定性 | 线性化 | 见图 17.33 | | | |
| | 互换性 | | 可完全互换 | | | |
| | 非线性度 | 原始数据 | | 3 | | %RH |
| | | 线性化 | | ≪1 | | %RH |
| | 量程范围 | | 0 | | 100 | %RH |
| | 响应时间 | 1/e(63%)25 ℃,1 m/s 空气 | 6 | 8 | 10 | s |
| | 迟滞 | | | 1 | | %RH |
| | 长期稳定性 | 典型值 | | <0.5 | | %RH/yr |
| 温度 | 分辨率② | | 0.04 | 0.01 | 0.01 | ℃ |
| | | | 0.07 | 0.02 | 0.02 | ℉ |
| | | | 12 | 14 | 14 | bit |
| | 重复性 | | | 0.1 | | ℃ |
| | | | | 0.2 | | ℉ |
| | 精度③ | | 精度③见图 17.34 | | | |
| | 量程范围 | | −40 | | 123.8 | ℃ |
| | | | −40 | | 254.9 | ℉ |
| | 响应时间 | 1/e (63%) | 5 | | 30 | s |

注:① 默认的测量精度为 14 bit(温度)和 12 bit(湿度),通过状态寄存器可分别降至 12 bit 和 8 bit。

② Bits 的有效数字是 11 bit。

③ 每个 SHTxx 传感器在 25 ℃(77 ℉)和 3.3 V DC 条件下,均进行过全量程标定并完全符合精度指标。

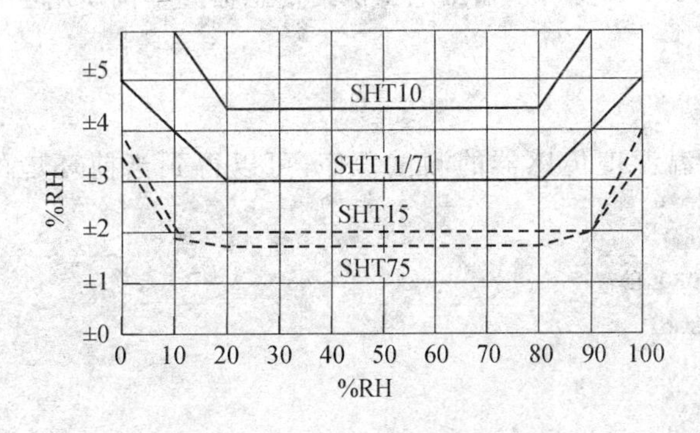


图 17.33 相对湿度绝对精度曲线

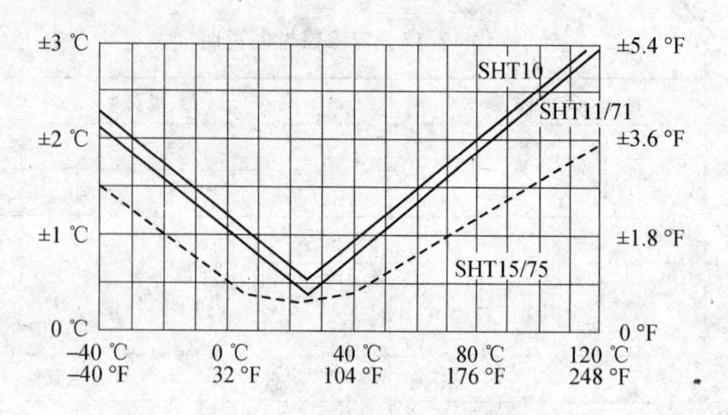


图 17.34　温度精度曲线

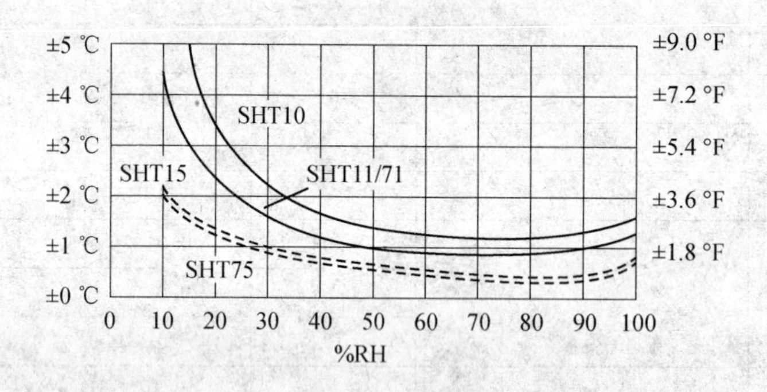


图 17.35　常温露点精度曲线(25 ℃)

## 17.5.3　数字温湿传感器扩展应用

### 1. 基于 C8051F9xx 数字温湿传感器扩展

温湿度数字传感器扩展很容易，只要包括空闲的 I/O 口和足够的代码空间即可，对读写时序要求不高。传感器耗电很低，可以使用电池供电。C8051F9xx 片内集成了 DC/DC 转换器，可以工作在 0.9 V，本身它也是面向低功耗场合开发的新产品。因此系统可以利用单节或双节电池供电，C8051F9xx 本身可以输出电压供给传感器。本例使用了 3.3 V 供电，方便测试。图 17.36 是电路原理图。

### 2. 测试程序

以下给出了数字温湿度传感器的测试程序，可以得到当前环境的温度、湿度以及露点的值。

```
#include <c8051f930.h>
#include <intrins.h>
#include <math.h>
#include <stdio.h>
#define uint unsigned int
#define uchar unsigned char
typedef union
{ uint i;
```

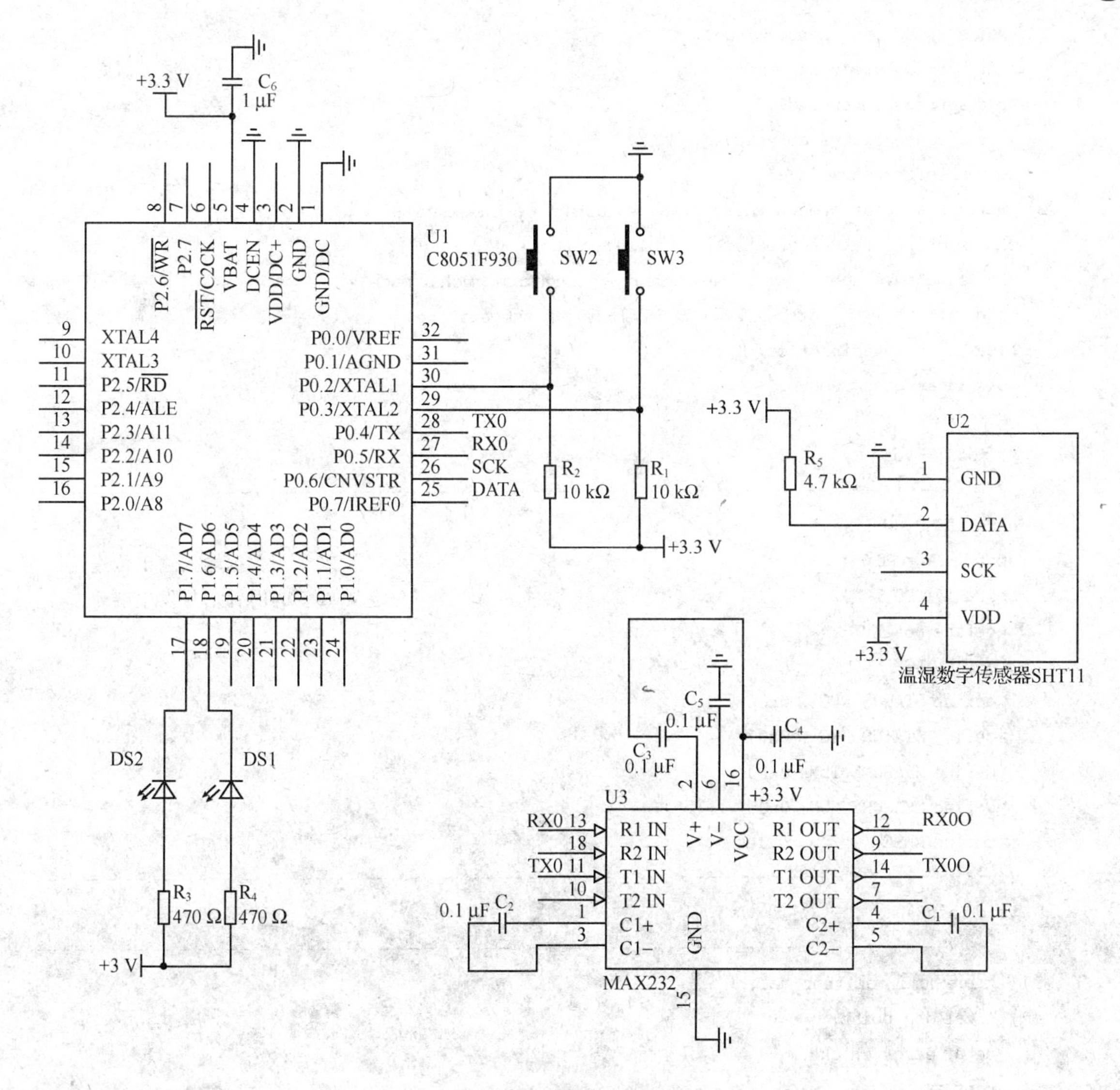


图 17.36 电路原理图

```
    float f;
} value;
#define FREQUEN     24500000
#define DIVCLK      32
#define SYSCLK   FREQUEN/DIVCLK                              // SYSCLK frequency in Hz
#define BAUDRATE    19200                                    // Baud rate of UART in bps
//--------------------------------------------------------------------------
// 函数声明
//--------------------------------------------------------------------------
void OSCILLATOR_Init (void);
void PORT_Init (void);
void PCA_Init();
void UART0_Init (void);
```

```
char s_write_byte(uchar value);
char s_read_byte(uchar ack);
void s_transstart(void);
void s_connectionreset(void);
char s_softreset(void);
char s_read_statusreg(uchar * p_value, uchar * p_checksum);
char s_write_statusreg(uchar * p_value);
char s_measure(uchar * p_value, uchar * p_checksum, uchar mode);
void calc_sth11(float * p_humidity ,float * p_temperature);
float calc_dewpoint(float h,float t);
void delay(uint time);
//----------------------------------------------------------------
// modul - var
//----------------------------------------------------------------
enum {TEMP,HUMI};
sbit DATA = P0^7;                                   //定义 P0^7 为数据输入输出传送端
sbit SCK = P0^6;                                    //定义 P0^6 为时钟信号发生端
#define noACK 0
#define ACK   1
#define STATUS_REG_W 0x06
#define STATUS_REG_R 0x07
#define MEASURE_TEMP 0x03
#define MEASURE_HUMI 0x05
#define RESET        0x1e
//----------------------------------------------------------------
void main()
//----------------------------------------------------------------
{ value humi_val,temp_val;
  float dew_point;
  uchar error,checksum;
  uint i;
   PCA_Init();
   PORT_Init();
   OSCILLATOR_Init ();
   UART0_Init();
     delay(300);
   s_connectionreset();
     delay(300);
  while(1)
  {
   error = 0;
    error += s_measure((uchar * ) &humi_val.i,&checksum,HUMI);     //测量湿度
    error += s_measure((uchar * ) &temp_val.i,&checksum,TEMP);     //测量温度
    if(error != 0) s_connectionreset();                           //一旦有错误则复位连接
    else
```

```
        { humi_val.f = (float)humi_val.i;
          temp_val.f = (float)temp_val.i;
          calc_sth11(&humi_val.f,&temp_val.f);                    //计算湿度与温度数据
          dew_point = calc_dewpoint(humi_val.f,temp_val.f);       //计算露点
          printf("当前温度为：%5.1f℃ 当前湿度为：%5.1f%% 对应露点为：%5.1f℃\n",temp_val.f,
humi_val.f,dew_point);
        }
      delay(100);                          //延时,防止传感器连续工作产生自热效应
    }
  }
//------------------------------------------------------------------------
//向传感器写一个字节
//------------------------------------------------------------------------
char s_write_byte(uchar value)
{
  uchar i,error = 0;
  for (i = 0x80;i>0;i/= 2)               //shift bit for masking
  { if (i & value) DATA = 1;              //masking value with i , write to SENSI - BUS
      else DATA = 0;
      SCK = 1;                            //clk for SENSI - BUS
      _nop_();_nop_();_nop_();            //pulswith approx. 5 μs
      SCK = 0;
  }
  DATA = 1;                               //释放数据线
  SCK = 1;                                //第 9 个 clk 作为应答
  error = DATA;                           //检查 ACK 信号
  SCK = 0;
  return error;                           //一旦没有应答,error = 1
}
//------------------------------------------------------------------------
//从传感器读一个字节
//------------------------------------------------------------------------
char s_read_byte(uchar ack)
{
  uchar i,val = 0;
  DATA = 1;                               //释放数据线
  for (i = 0x80;i>0;i/= 2)                //shift bit for masking
  { SCK = 1;                              //clk for SENSI - BUS
    if (DATA) val = (val | i);            //读位信号
    SCK = 0;
  }
  DATA = !ack;                            //in case of "ack == 1" pull down DATA - Line
  SCK = 1;                                //clk #9 for ack
  _nop_();_nop_();_nop_();                //pulswith approx. 5 μs
  SCK = 0;
```

```
  DATA = 1;                         //release DATA - line
  return val;
}
//-------------------------------------------------------------------------
//启动传输程序
//-------------------------------------------------------------------------
void s_transstart(void)
{
   DATA = 1; SCK = 0;               //Initial state
   _nop_();
   SCK = 1;
   _nop_();
   DATA = 0;
   _nop_();
   SCK = 0;
   _nop_();_nop_();_nop_();
   SCK = 1;
   _nop_();
   DATA = 1;
   _nop_();
   SCK = 0;
}
//-------------------------------------------------------------------------
//通信复位
//-------------------------------------------------------------------------
void s_connectionreset(void)
{
   uchar i;
   DATA = 1; SCK = 0;               //Initial state
   for(i = 0;i<9;i++)               //9 SCK cycles
   { SCK = 1;
     SCK = 0;
   }
   s_transstart();                  //transmission start
}
//-------------------------------------------------------------------------
//传感器软件复位程序
//-------------------------------------------------------------------------
char s_softreset(void)
{
   uchar error = 0;
   s_connectionreset();             //复位通信
   error += s_write_byte(RESET);    //发送复位命令给传感器
   return error;
}
```

```
//-------------------------------------------------------------------
// 读状态寄存器
//-------------------------------------------------------------------
char s_read_statusreg(uchar *p_value, uchar *p_checksum)
{
  uchar error = 0;
  s_transstart();                         //transmission start
  error = s_write_byte(STATUS_REG_R);     //send command to sensor
  *p_value = s_read_byte(ACK);            //read status register (8 - bit)
  *p_checksum = s_read_byte(noACK);       //read checksum (8 - bit)
  return error;                           //error = 1 in case of no response form the sensor
}
//-------------------------------------------------------------------
// 写状态寄存器
//-------------------------------------------------------------------
char s_write_statusreg(uchar *p_value)
{
  uchar error = 0;
  s_transstart();                         //transmission start
  error += s_write_byte(STATUS_REG_W);    //send command to sensor
  error += s_write_byte(*p_value);        //send value of status register
  return error;                           //error >= 1 in case of no response form the sensor
}
//-------------------------------------------------------------------
// 进行 1 次温湿度测量
//-------------------------------------------------------------------
char s_measure(uchar *p_value, uchar *p_checksum, uchar mode)
{
  unsigned error = 0;
  uint i;
  s_transstart();                         //传输开始
  switch(mode){                           //发送命令给传感器
    case TEMP    : error += s_write_byte(MEASURE_TEMP); break;
    case HUMI    : error += s_write_byte(MEASURE_HUMI); break;
    default      : break;
  }
  for (i = 0;i<65535;i++) if(DATA == 0) break;  //wait until sensor has finished the measurement
  if(DATA) error += 1;                    // or timeout (~2 sec.) is reached
  *(p_value)   = s_read_byte(ACK);        //read the first byte (MSB)
  *(p_value + 1) = s_read_byte(ACK);      //read the second byte (LSB)
  *p_checksum  = s_read_byte(noACK);      //read checksum
  return error;
}
```

```
//----------------------------------------------------------------------
//温湿度转换程序,把 A/D 数字量转化为物理量
//----------------------------------------------------------------------
void calc_sth11(float * p_humidity ,float * p_temperature)
{ const float C1 = - 4.0;                    // for 12 Bit
  const float C2 = + 0.0405;                 // for 12 Bit
  const float C3 = - 0.0000028;              // for 12 Bit
  const float T1 = + 0.01;                   // for 14 Bit @ 5 V
  const float T2 = + 0.00008;                // for 14 Bit @ 5 V

  float rh = * p_humidity;                   // rh:Humidity [Ticks] 12 Bit
  float t = * p_temperature;                 // t:Temperature [Ticks] 14 Bit
  float rh_lin;                              // rh_lin:Humidity linear
  float rh_true;                             // rh_true: Temperature compensated humidity
  float t_C;                                 // t_C:Temperature

  t_C = t * 0.01 - 40;                       //calc. temperature from ticks to
  rh_lin = C3 * rh * rh + C2 * rh + C1;      //calc. humidity from ticks to [ %RH]
  rh_true = (t_C - 25) * (T1 + T2 * rh) + rh_lin; //calc. temperature compensated humidity [ %RH]
  if(rh_true>100)rh_true = 100;              //cut if the value is outside of
  if(rh_true<0.1)rh_true = 0.1;              //the physical possible range

  * p_temperature = t_C;                     //return temperature
  * p_humidity = rh_true;                    //return humidity[ %RH]
}
//----------------------------------------------------------------------
//根据温度和湿度计算露点程序
//----------------------------------------------------------------------
float calc_dewpoint(float h,float t)
{ float logEx,dew_point;
  logEx = 0.66077 + 7.5 * t/(237.3 + t) + (log10(h) - 2);
  dew_point = (logEx - 0.66077) * 237.3/(0.66077 + 7.5 - logEx);
  return dew_point;
}
//----------------------------------------------------------------------
//时钟初始化函数
//----------------------------------------------------------------------
void OSCILLATOR_Init (void)
{
    OSCICN |= 0x80;                          //允许内部精密时钟
    RSTSRC = 0x06;                           // Enable missing clock detector and
                                             // leave VDD Monitor enabled.
 CLKSEL = 0x00;
     switch(DIVCLK)
     {
      case 1:
      {      CLKSEL |= 0x00;                 //系统频率 1 分频
```

```
    break;}
    case 2:
    {     CLKSEL |= 0x10;                     //系统频率 2 分频
    break;}
    case 4:
    {     CLKSEL |= 0x20;                     //系统频率 4 分频
    break;}
    case 8:
    {     CLKSEL |= 0x30;                     //系统频率 8 分频
    break;}
    case 16:
    {     CLKSEL |= 0x40;                     //系统频率 16 分频
    break;}
    case 32:
    {     CLKSEL |= 0x50;                     //系统频率 32 分频
    break;}
    case 64:
    {     CLKSEL |= 0x60;                     //系统频率 64 分频
    break;}
    case 128:
    {     CLKSEL |= 0x70;                     //系统频率 128 分频
    break;}
  }
}
 void delay(uint time){                       //最小延迟约为 1 ms
    uint i,j;
    for (i = 0;i<time;i++){
        for(j = 0;j<300;j++);
    }
  }
//----------------------------------------------------------------
//PCA 初始化函数
//----------------------------------------------------------------
 void PCA_Init()
{
    PCA0MD    &= ~0x40;
    PCA0MD     = 0x00;
}
//----------------------------------------------------------------
// PORT 初始化
//----------------------------------------------------------------
void PORT_Init (void)
{
   P0MDOUT |= 0x40;  //设置 P0.6 推挽输出,P0.7 漏极开路输出,P0.7 需接 1 只 4.7 kΩ 上拉电阻
   XBR0      = 0x01;
```

```
    XBR2 = 0x40;                               // Enable crossbar
}
//-----------------------------------------------------------------------------
// UART0 初始化
//-----------------------------------------------------------------------------
 void UART0_Init (void)
{
    SCON0 = 0x10;                              // SCON0: 8-bit variable bit rate
                                               //        level of STOP bit is ignored
                                               //        RX enabled
                                               //        ninth bits are zeros
                                               //        clear RI0 and TI0 bits
    #if (SYSCLK/BAUDRATE/2/256 < 1)
      TH1 = -(SYSCLK/BAUDRATE/2);
      CKCON &= ~0x0B;                          // T1M = 1; SCA[1:0] = xx
      CKCON |=  0x08;
    #elif (SYSCLK/BAUDRATE/2/256 < 4)
      TH1 = -(SYSCLK/BAUDRATE/2/4);
      CKCON &= ~0x0B;                          // T1M = 0; SCA[1:0]= 01
      CKCON |=  0x01;
    #elif (SYSCLK/BAUDRATE/2/256 < 12)
      TH1 = -(SYSCLK/BAUDRATE/2/12);
      CKCON &= ~0x0B;                          // T1M = 0; SCA[1:0]= 00
    #else
      TH1 = -(SYSCLK/BAUDRATE/2/48);
      CKCON &= ~0x0B;                          // T1M = 0; SCA[1:0]= 10
      CKCON |=  0x02;
    #endif
      TL1 = TH1;                               // Init Timer1
    TMOD &= ~0xf0;                             // TMOD: timer 1 in 8-bit autoreload
    TMOD |=  0x20;
    TR1 = 1;                                   // START Timer1
    TI0 = 1;                                   // Indicate TX0 ready
}
```

程序的执行情况如图 17.37 所示。

本例给出了 SHT11 基于 C8051F9xx 完整的温度、湿度以及露点的测试过程。该程序可以直接应用，并可方便地移植到其他处理器上。

应用本程序时需注意，传感器功耗很低，如供电不方便可以考虑使用电池，但要考虑节电（如测试过程尽可能短，测试次数也要相应减少）。最好配合低功耗的处理器，这样可以在进行数据测试时，处理器处在活动状态；不进行测试时，处理器处在休眠或挂起的低功耗态，此时耗电极少。

其实 C8051F9xx 就是这种处理器，除了可以用电池低压供电，外围小功率外设的电源也可以通过芯片输出。可以利用片内的 smaRTClock 作为唤醒源，仅在测试时处理器才处在活动状态，这样的设计可以使系统非常紧凑和简洁。

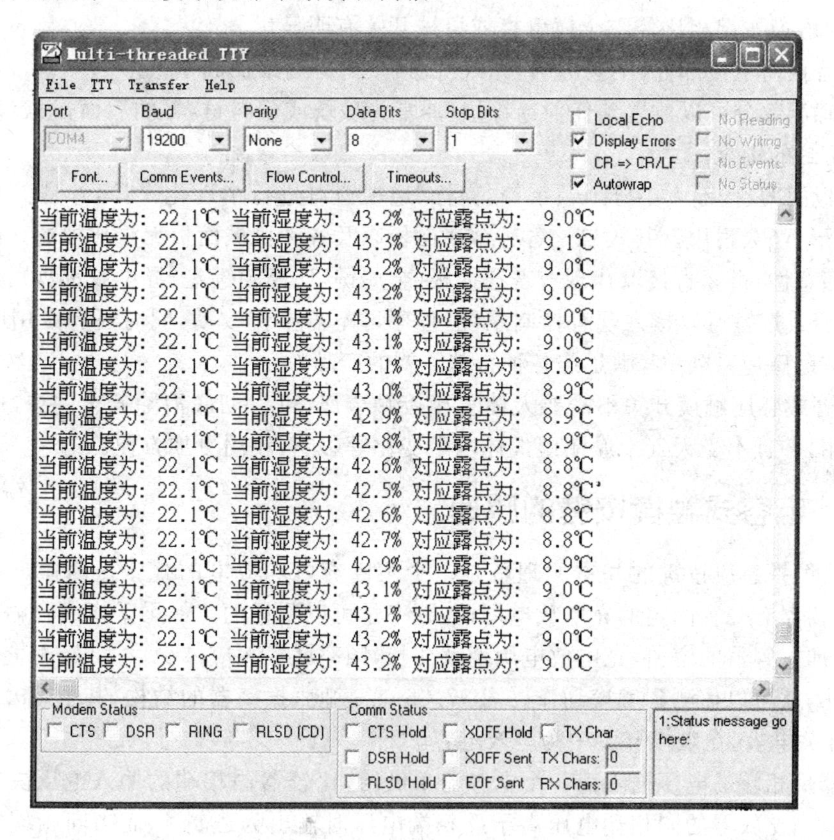


图 17.37　测试结果

## 17.6　电容式触摸按键扩展

### 17.6.1　概　述

按键触摸化现在已经成为人机接口的一个新的应用亮点，应用领域非常广泛，涉及智能家居、灯饰灯具触摸开关控制，音响、功放类设备触摸按键控制，工业控制、家电类、玩具类、PC周边、消费类电子以及新奇特电子产品等。

触摸按键根据工作原理不同，可分为两大类：电阻式触摸按键与电容式感应按键，根据点触方式的不同可分为滑动式按键和点触式按键。

电阻式的触摸按键原理类似于触摸屏技术，需要多块导电薄膜，在薄膜上面根据需要确定按键的形状位置，因此这种按键需要在设备表面贴一张触摸薄膜。电阻式触摸技术由于成本较低而深受厂商的喜爱，多用于触摸屏上。但是由于导电薄膜的耐用性较低，磨损后也会降低透光性，因而也限制了它的应用。

电容式触摸按键克服了电阻屏的耐用性、环境适应性的缺点，二者的结构相似。但电容式按键使用更方便，按键的操作界面可以是一整块普通绝缘体（如有机玻璃一般材料都可），不需要在界面上挖孔，按键在介质下面，当人手接近界面时下面的电极片等效电容发生变化，电容

量的变化作为识别的信息量。

电容式触摸按键相比传统金属触摸或机械开关有明显优势：

① 没有任何机械部件，不会磨损，无限寿命，减少后期维护成本。

② 其感测部分可以放置到任何绝缘层（通常为玻璃或塑料材料）的后面，很容易制成与周围环境相密封的键盘。

③ 面板图案、按键大小、形状、字符、商标、透视窗可进行个性化设计，外型美观、时尚，不褪色，不变形，经久耐用。其效果是各种金属面板以及各种机械面板无法比拟的。由于其可靠性和设计随意性，可以直接取代现有普通面板（金属键盘、薄膜键盘、导电胶键盘）。

④ 电容式按键可以接入现有控制系统，程序可不需要作改动，同时还有专用的特殊接口的触摸式按键感应系列 IC，满足您各种特殊需要的产品。

⑤ 电容式感应触摸开关不需要人体直接接触金属，可以彻底消除安全隐患，即使带手套也可以使用，并且不受天气干燥潮湿人体电阻变化等影响，使用更加方便。

## 17.6.2 电容式触摸按键的原理

电容式触摸感应按键的基本原理就是一个不断充电和放电的弛张振荡器。不触摸按键时，弛张振荡器有一个固定的充电放电周期，频率是可以测量的。如果手指或者触摸笔接触开关，就会增加电容器的容值，充电放电周期就变长，频率就会相应减少。所以，测量弛张振荡器周期的变化，就可以侦测到触摸动作。图 17.38 就是弛张振荡器的结构，其中 $R_1$、$R_2$、$R_3$ 值相等，$C_1$ 是开关电容，在触摸开关中为等效电容。

比较器反相端的电压输入由一个电容器来供给，比较器同相端的输入电压决定了开关的输出状态。当比较器的同相端电压高于反相端电压时输出为逻辑 1，而当同相端电压低于反相端电压时比较器的输出为 0。输出端作为反馈电路的一部分在外部通过对应的电阻连到同相端上，这样导致比较器输出不能稳定在一个特定值上，而只会在一定范围内波动形成弛张波。

目前有专用的触摸按键芯片，但是为了降低产品成本，可以利用微处理器结合部分元件实现触摸按键功能。一般需要微处理器内部有模拟比较器，再配合片外的电阻以及一部分的代码消耗即可实现。下图为触摸按键的组成。以下以 C8051F 系列单片及内部的比较器为例详细分析弛张振荡器的性质。图 17.39 为利用片内比较器组成的弛张振荡器。

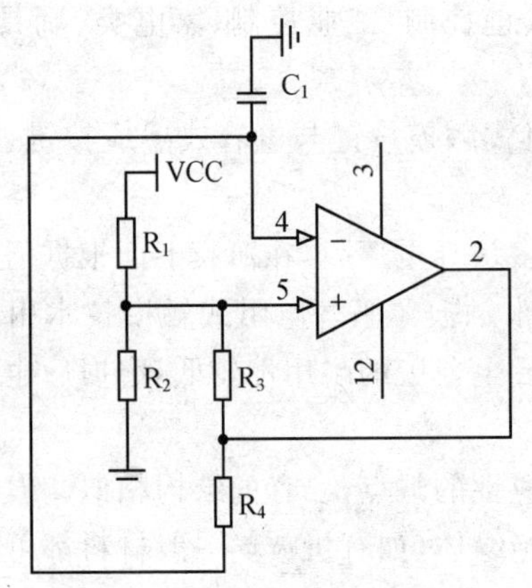


图 17.38 弛张振荡器的结构

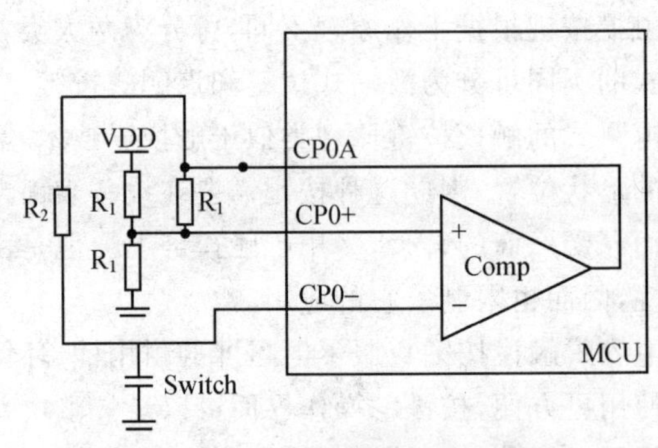


图 17.39 片内比较器的电路连接

当 CP0＋输入电压大于 CP0－输入电压时，比较器的输出为 1 或者 VDD，可以通过电阻分压把 CP0＋脚上的输入电压设置为 VDD 的 2/3。使 CP0－上的开关电容作为控制比较器输出的电压源。当 CP0－的电压上升超过 VDD 的 2/3 时，比较器的输出跳变为 0，开关电容开始放电，直到电压达到 VDD 的 1/3。一旦电容器上的电压降到 VDD 的 1/3 以下，比较器的输出跳变到 1，重新开始充电周期。比较器输出端 CP0A 的波形就是弛张振荡器的频率。图 17.40是弛张振荡器的发生原理图。

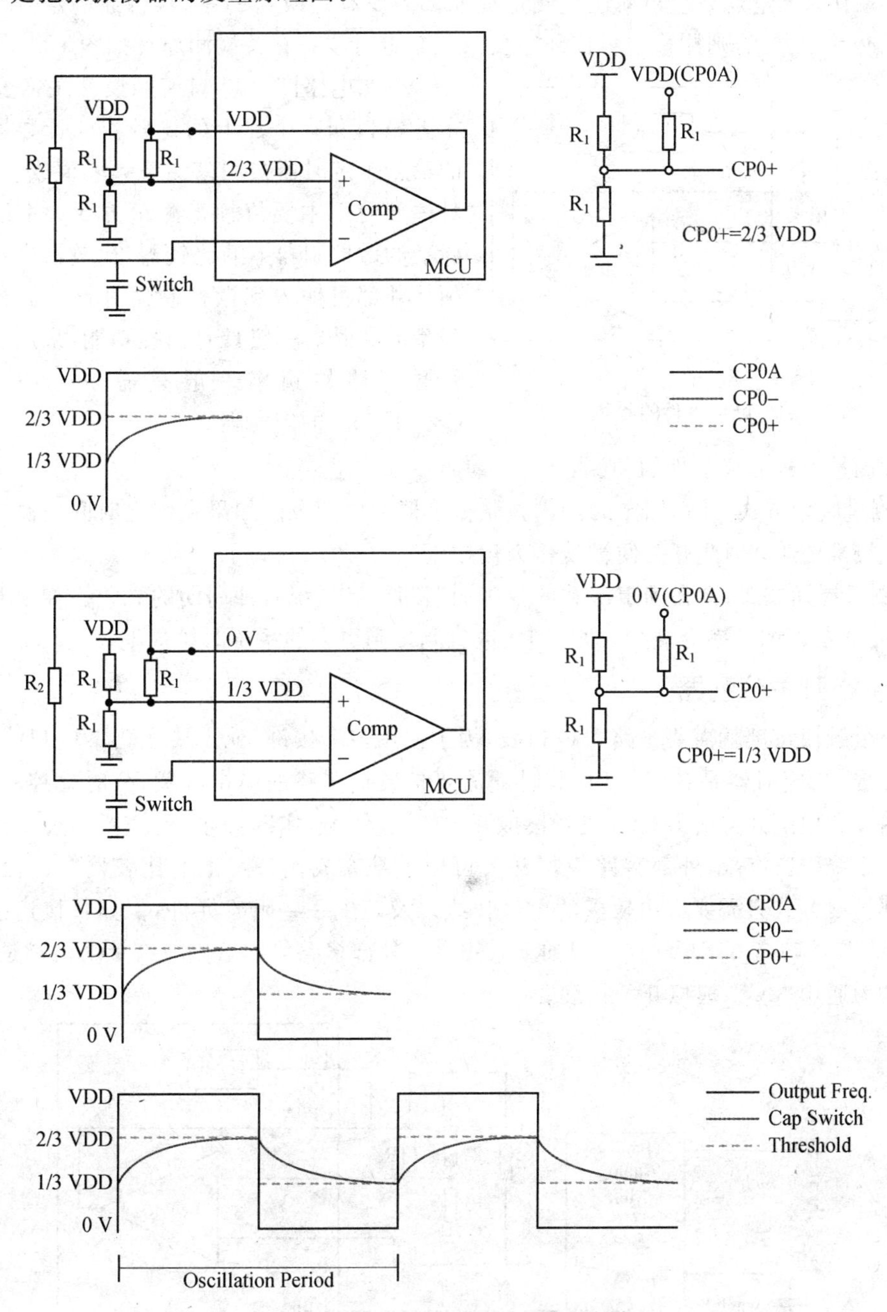


图 17.40　弛张振荡器的发生原理图

### 1. 触摸按键触碰事件检验

电容式触摸感应按键的基本原理就是一个不断地充电和放电的弛张振荡器，其基本原理前面已说过。如果不触摸开关，弛张振荡器有一个固定的充电放电周期，其频率可以测量，这个可以看成已知量。如果我们用手指或者触摸笔接触开关，就会增加电容器的介电常数，等效的电容也将增大，则充电放电周期就变长，频率就会相应减少。所以，测量周期的变化，就可以侦测触摸动作。无论是测量频率还是测量周期都需要有定时器的参与，普通的定时器工作方式一般只有计数方式，则测量中可能还需要第二个定时器。有关检测原理如图 17.41 所示。

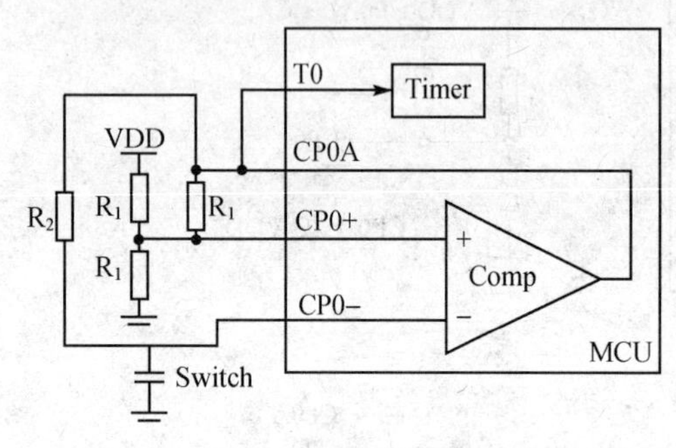


图 17.41 触摸事件的检测

对照电路图可以知道触摸开关需要 4 个数字 I/O 口和一个片上的比较器与计数器。片上的第二个定时器被用来测量频率值或者周期值，具体如何用主要依赖于测量方式。当使用一个标准的微控制器上的比较器，比较器异步输出必须从外部再输入到微控制器进行计算处理。增强型的定时器一般具有捕捉功能，采用它测试弛张振荡器的频率一般只需一个即可，例如 C8051F9xx 的定时器。

两种测量方式触摸事件的侦测：

① 测量频率方式，计算固定时间内弛张振荡器的周期数。如果在固定时间内测到的周期数较原先校准的少，则此开关便被视作为被按压。

② 测量周期方式，即在固定次数的弛张周期间计算系统时钟周期的总数。如果开关被按压，则弛张振荡器的频率会减少，即相同次数会测量到更多的系统时钟周期。

### 2. 多路开关分配器

每一个触摸按键就需要一路 I/O 口线，为了使用多个按键，就需要多路 I/O 口线，但测试需要的比较器、定时器是各路共用，此时就需要扩展更多路的模拟开关，分时地控制比较器。对于片内没有模拟开关的 MCU，或者模拟开关的数量少于实际需求，就需要扩展片外模拟开关。如果系统引脚有限，外部多路模拟开关可用于补充或代替片上的比较器多路模拟开关。采用外部扩展方式只需要占用较少的 I/O 口线以及匹配一些阻容元件，例如直接连接 8 个开关到 CPU 需要 11 个 GPIO 引脚，但如果采用一个外部多路复用器则只有 7 个引脚是必需的。图 17.42 为通用 MCU 模拟开关扩展。

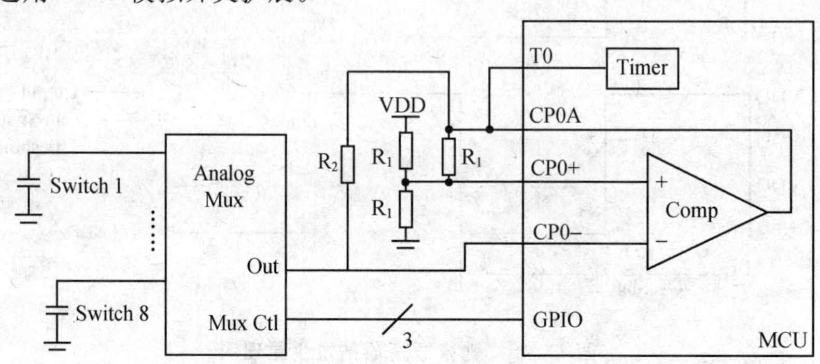


图 17.42 通用 MCU 模拟开关扩展

C8051F系列微控制器片上的比较器一般都扩展了输入多路复用器，不同的芯片扩展的数量有区别。这些模拟开关可为一个系统很方便地添加多个触摸开关。对于标准的比较器，其反相输入(CP0－)的硬件配置是使用多个GPIO引脚的一个作为触发源，例如，C8051F41x的器件支持多达12个独立的反相输入，每个CP0－引脚可直接连接到一个不同的开关，每个额外开关，只需要一个额外的端口引脚与一个外部电阻器。当使用一个具有标准比较器的MCU，与$N$个触摸开关接口所需数字I/O引脚的数量是$3+N$。其中所需那3个引脚是每个系统所需的CP0＋、CP0A以及定时器输入。每一个触摸感开关需要一个额外的数字I/O端口引脚。当使用增强的比较器，每个开关只有一个数字I/O引脚是必需的。图17.43所示为利用片上比较器的模拟开关扩展多路触摸开关。表17.13所列为不同系列的C8051F片内最多实现的触摸开关数目。

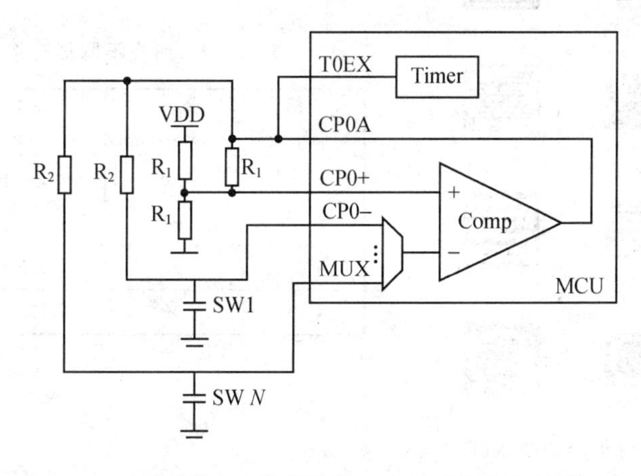


图17.43 利用片上比较器的模拟开关扩展多路触摸开关

表17.13 不同系列的C8051F片内最多实现的触摸开关数目

| MCU系列 | 模拟开关路数 | MCU系列 | 模拟开关路数 |
|---|---|---|---|
| C8051F30x | 4 | C8051F35x | 8 |
| C8051F36x | 8 | C8051F41x | 12 |
| C8051F31x | 8 | C8051F52x/53x | 8 |
| C8051F320/1 | 8 | C8051T60x | 4 |
| C8051F33x | 8 | C8051T61x | 8 |
| C8051F34x | 10 | C8051F93x/92x | 23 |

## 17.6.3 电容式触摸按键的影响因素

触摸按键的本质机理是利用触摸前后电容值的改变，作为按键事件的检测。要侦测电容值的变化，就希望变化幅度越大越好。有一些因素会影响开关电容及变化幅度。它们是：

① PCB上开关的大小、形状和配置；

② PCB走线和使用者手指间的材料种类；

③ 连接开关和MCU的走线特性。

### 1. 开关的形状尺寸对接触状态的影响

如图 17.44 所示，按键的列决定不同的按键形状，用 1、2、3、4 表示。按键的行决定按键的大小与按键线条的距离，其中 A、C 大小相同，均为 20 mm×20 mm，但线条间距不同；A、B 为按键线条间距相同但大小不同，其中 B 的大小为 15 mm×15 mm。这样通过 A 与 B 比较就可以知道按键大小的影响，通过 A 与 C 比较就可以知道线条间距的影响。这种测试的目的就是确定不同几何形状按键的效果，同时找到一个具有更高闲置电容的开关。表 17.14 为对应不同形态按键的空闲电容值。

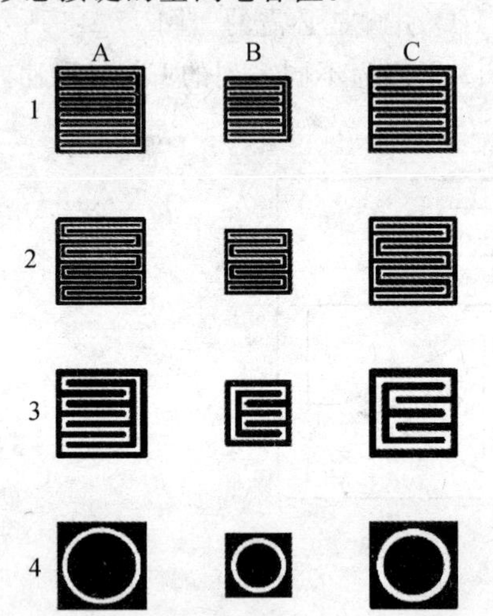


图 17.44　常用的几种形态的触摸按键

表 17.14　对应不同形态按键的空闲电容值

| 行＼列 | A (20 mm×20 mm) | B (15 mm×15 mm) | C (20 mm×20 mm) |
|---|---|---|---|
| 1 | 8.4 pF | 4.8 pF | 6.4 pF |
| 2 | 8.4 pF | 4.8 pF | 6.4 pF |
| 3 | 3.9 pF | 2.5 pF | 3.1 pF |
| 4 | 2.2 pF | 1.1 pF | 1.9 pF |

对照测试结果我们可以发现这样的规律，当区域面积一定时，开关越大且走线越多，则此开关的闲置电容便越高。图中的环状开关具有最低的电容，所以当开关动作时，可显现最大的电容相对变化。

### 2. 面材料的影响

在大多数的应用中，使用者并不能直接接触 PCB 上的开关。面板通常被覆盖着一层玻璃或塑料以达到美观和保护的效果。开关上方材料的种类也会影响闲置电容和电容的变化率。表 17.5 所列为玻璃、有机玻璃、Mylar 聚酯薄膜、ABS 塑料和 FR4 玻璃纤维不同厚度面板的介电常数。

表 17.15　不同材料不同厚度面板的介电常数

| 材　料 | 相对介电常数 | 厚度/mm | 材　料 | 相对介电常数 | 厚度/mm |
|---|---|---|---|---|---|
| 有机玻璃 | 2.8 | 1.6 | 聚酯薄膜 | 3 | 0.35 |
| | | 5.0 | | | 0.7 |
| | | 9.8 | ABS 塑料 | 2.3 | 2 |
| 玻璃 | 7.5 | 3.2 | | | 4 |
| | | 5.9 | FR4 玻璃纤维 | 4.5 | 1.6 |

由表 17.15 会发现，要使电容变化极大化，就要尽可能使用最薄的材料。而且，建议使用具有高介电常数的材料（例如玻璃），以增加开关的绝对电容。

### 3. 布线与供电电源对开关的影响

为了达到最好的识别效果，开关应该布在线路板的顶层，这样不仅是考虑美学及布线。改变按键的布局可能会降低电容的变化，进而使开关变得难于识别。另一个事关按键有效性的重要因素是连接到微控制器的布线，PCB 布线是触摸开关寄生电容的最大来源，而寄生电容太大可能导致开关无法使用。如果寄生电容太高，可能造成电容的相对变化减小，造成当手指触按开关时 MCU 无法检测到开关事件。在设计系统时，触摸按键所遵循的最低标准是，应保证 MCU 可以检测到全部容量变化的 0.5%。因此必须注意尽量减少引线的寄生电容，以便使手指触按时的变化电容大于总电容的 0.5%。

为了防止开关相互耦合，相邻开关之间的距离应至少 10 mm。如果距离小于 10 mm，检测仍然是可能的，但必须使用更为复杂的检测算法，这样会增加软件开发的难度。如果开关覆盖有印有字符的前面板，则必须特别注意采取措施以确保稳定，使前面板和开关紧密联接，以避免它们之间出现间隙，这是因为小的间距也会造成开关电容值的剧烈变化，导致误事件的出现。因而应该降低 PCB 布线带来的寄生电容。

为了减少布线带来的寄生电容，有以下几条建议：

① 布线的线条不大于 0.3 mm；

② 避免信号布线平行于地；

③ 保持信号线之间的间距大于 1 mm；

④ 尽量避免信号线的走线超出接地所确定的区域；

⑤ 信号线的布线要远离高频或高摆率的电路。

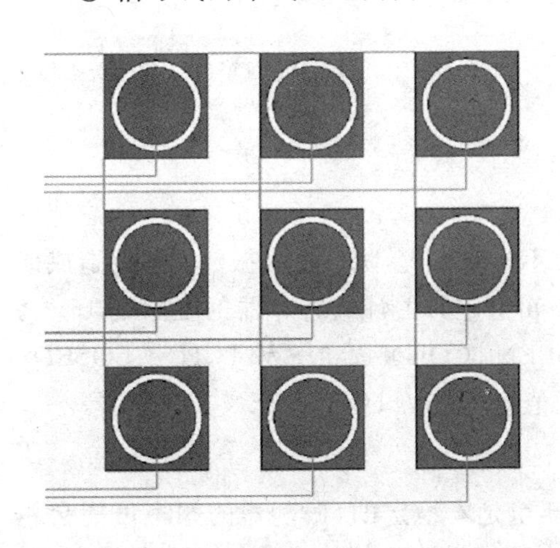

图 17.45　按键合理的布局

图 17.45 是按键排布较为合理的多开关系统的布局。最好采用双面板设计，一般应将按键的本体（也就是触摸按键的两个极）放在线路板的顶层，而两极的信号引出线则要求处在线路板的两个面，并且走线不要平行，最好 90°交叉。以上思路可供设计按键时参考。

还需考虑 MCU 的电压源对开关的影响。MCU 的 VDD 或者 VIO 的值决定了异步比较器输出（CP0A）逻辑高电压，即 CP0＋阈值电压（$\frac{1}{3}$VDD 和$\frac{2}{3}$VDD）。这些电压直接影响开关电容充放电，而这又决定了比较门限放电曲线。在系统中应该具有稳压源，以保证电源波动对开关系统没有影响。对于多电源供给的系统，例如 MCU 供电可能直接来自于电压波动较大的电池，VDD 电压的降低能影响开关的正常运行，可能造成弛张振荡器对按键处理不敏感，因为$\frac{1}{3}$VDD与$\frac{2}{3}$VDD 随着 CP0A 充放电压的减少也是成比例减少的。对于电压可能波动的场合，最可靠的解决方案是补偿与 VDD 电压相关的比较门限的值，有两种方案：

① 存储 VDD 电压变化不同值所对应的门限阈值，VDD 的值可以使用片上 ADC 和绝对的片上电压基准实时监控。

② 定期执行开关阈值校准。

### 17.6.4 触摸开关的校准

无论是采用测频率还是测周期方式作为检测开关事件的方法，这其中用于进行比较的定时器频率计数器门限值是很重要的。正确校准这一门限值，是决定开关灵敏度与可靠性的重要因素。如果空闲值（当开关未触按时的值）阈值设置得太大，则一个开关事件不会发生，除非用户的手指非常用力地触碰开关。而当该值设置得过小，即使身体与印刷电路板接触，都可能引发一个开关事件发生。所有的系统，初始的阈值校准都是必须的。当系统不是在一个固定的环境中使用，周期性的校准也是需要的。

**1. 初始化校准**

初始校准完成所有的开关比较阈值的设置。校准是要为 PCB 上的每一个开关设置与之相适应的门限值。对于每个开关来说，即使是相同的大小和形状，由于开关的相对位置的不同，微控制器影响空闲振荡频率也是不同的。生产过程中初始校准就可以按一些典型的应用场合来进行，以此来确定校准值。或者系统在第一次上电，执行初始校准，阈值可以被写入到闪存微控制器。对于使用的频率测量方法典型的初始校准步骤如下：

① 采集一个固定时间（采样时间）手指未触摸按键时的弛张振荡器周期。此值定义为 SWITCH_OPEN_COUNT。

② 采集相同时间内手指触摸按键弛张振荡器周期数。该值定义为 SWITCH_CLOSED_COUNT。

③ 则对应的阈值表示为（SWITCH_OPEN_COUNT − SWITCH_CLOSED_COUNT）/ 2。

④ 为每个开关重复执行步骤①～③。

⑤ 并把对应的阈值存储在 Flash 中。

执行校准时需要注意：步骤①和②中的采样时间不应该太大，防止弛张振荡器周期造成计数器溢出。增加采样时间可以提高测量的效果，但要知道定时器计数寄存器的上限是 16 位。步骤③中设置的门槛并不一定要取 SWITCH_OPEN_COUNT 和 SWITCH_CLOSED_COUNT 中点值。为了使开关更加敏感，可以设置阈值接近 SWITCH_OPEN_COUNT。

**2. 周期性校准**

在某些系统中，弛张振荡器处在空闲态时周围环境是不稳定的，振荡器的频率可能会飘移，逐渐接近阈值的频率。如果发生这种情况，开关事件可能会误发生，在最不利的情况下，开关会一直处在有效状态。弛张振荡器漂移发生，可能原因如下：

① 开关的 PCB 板覆盖一些其他材料，如石油或水，改变了开关的电容。

② 电池供电系统工作电压大幅下降，导致电容充电时间增加。

③ 环境温度波动，导致系统时钟振荡器频率的漂移，改变了测量。

检测振荡器漂移的一种方法是保持一个开关频率测量的历史记录。如果测量的值连续超出这个门槛，就应该重新进行校准。另一种方法是不必定期校准振荡器漂移检查，而是进行周期性的再校准。如果在户外进行重新调整，设备将只能测量新的闲置态每个开关输出的频率，将无法测量开关被触摸时的频率值，除非用户就在现场。对执行中的现场校准方法是执行在设计阶段针对多种情况的校准值，比如 VDD 和温度的不同情况，这些值存储在单片机的 Flash 内。微控制器可以使用针对目前的条件而预定的不同阈值。

## 17.6.5 触摸按键的软件设计思路

前面讲的触摸按键识别方式是基于普通 C8051F 系列微处理器的，当然其他公司的产品也可以，只要有可用的 I/O 与定时器即可。以定时器 0 与定时器 2 为例，说一下通用的软件设计思路。

首先，初始化例程配置端口引脚、比较器和定时器。当端口引脚和比较器被初始化，弛张振荡器开始工作。定时器 0 由比较器 CP0A 控制，它计数弛张振荡器的边沿。定时器 2 设定为定时中断功能，比较定时器 0 的计数值与比较门限阈值。

其次，必须设置好比较门限值，触摸按键才可以工作，如果没有预先设定，则要执行初始校准。可以先测量按键没有被触碰的常态时定时器 2 定时周期内定时器 0 的计数值，然后再测试手指按住按键(即触摸态)时的计数值。用户触摸开关后，为了测试的准确性与合理性，可以把定时器 0 测试的许多数据值进行平均。这个平均值作为手指触碰开关后的比较阈值。

最后，将测试值与阈值比较，以确定触摸按键的状态，也就是按键的常态和触摸态的区分。定时器 2 中断服务的软件开销是需要设计时就考虑的。它的功能是比较定时器 0 计数值与开关阈值的大小关系。

对于 C8051F9xx 来说，该芯片是面向低功耗应用场合开发的超低压产品。在芯片设计之初就已经考虑了触摸按键的扩展问题，因此许多需要用户考虑的技术细节，已考虑在内。比如说按键开关的匹配电阻，按键事件的识别问题，都已经考虑了。普通处理器在处理按键时需要 2 个定时器，当然如果只用一个计数器，单位时长是不好控制的。C8051F9xx 产品扩展了定时器和比较器，可以使定时器工作在比较器输出捕捉方式下，这样可使按键识别难度和复杂度大大将低，应用更方便。

图 17.46 是采用 C8051F9xx 实现触摸按键的程序流程图。

## 17.6.6 触摸按键软硬件设计实例

### 1. C8051F930 触摸按键硬件电路

C8051F9xx 系列微控制器，通过芯片上比较器和定时器可实现触摸感应按键识别功能，连接最多 23 个感应按键，通过外部模拟多路复用器可连接更多开关。而且无需外部器件，通过 PCB 走线/开关作为电容部分，由内部触摸感应按键电路进行测量以得知电容值的变化。C8051F 其他 MCU 系列，也可以实现触摸按键功能，但需搭配无源器件。所需的外部器件是 $(3+N)$ 电阻器，其中 $N$ 是开关的数目，以及 3 个提供反馈的额外端口接点。图 17.47、图 17.48分别是 C8051F9xx 片内触摸按键功能原理图和模拟开关分配图。

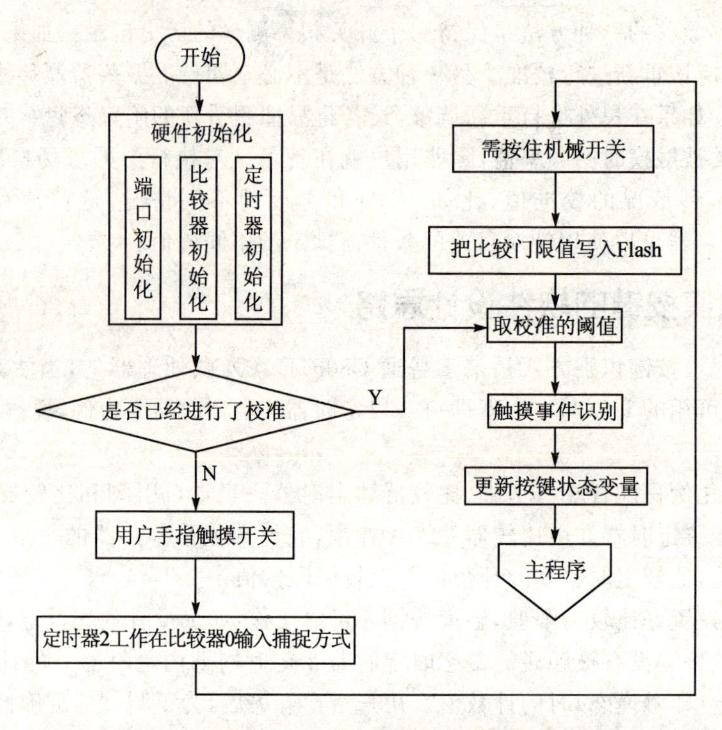


图 17.46　C8051F9xx 触摸按键程序流程图

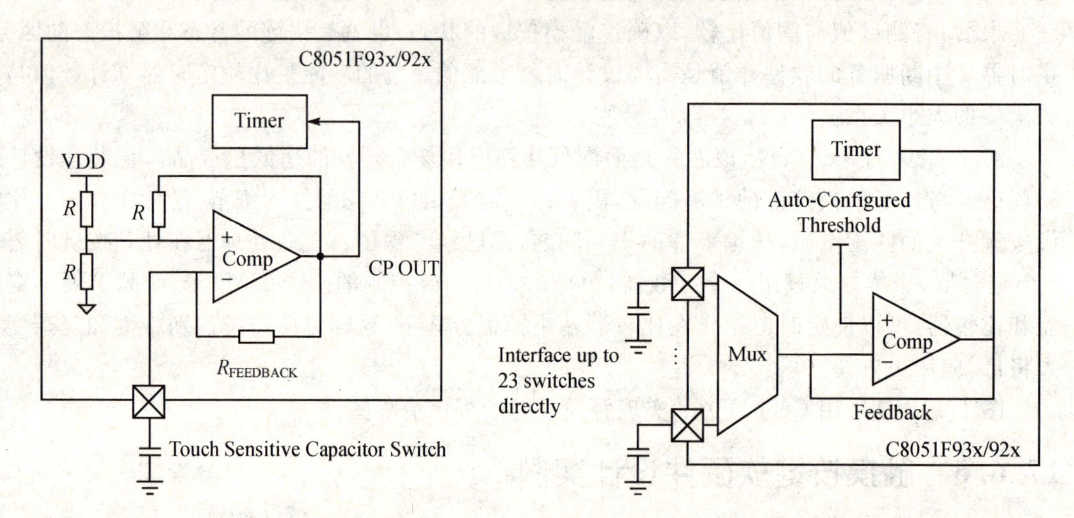


图 17.47　C8051F9xx 片内触摸按键功能原理图　　图 17.48　C8051F9xx 片内模拟开关触感分配图

当使用 C805192x/93x 的增强比较器时，比较器的输出在内部已经连到了定时器，同时所需的电阻也不需要再连接，触摸按键可直接与 MCU 端口引脚相连，无需其他外部的反馈电阻器或电容器。按键事件的识别是通过片内模拟开关的切换进行。此外，C8051F9xx 系列单片机还具有休眠功能，支持 sleep、suspend 睡眠状态，可以通过 I/O、外部中断、比较器等唤醒，而且芯片配置也很简单。无论开关使用何种材料，完成都很容易。由于使用电容模式触摸开关，按键的侦测不易受到 50/60 Hz 噪声和供电电压的影响，也不需要精密电压源(VDD)。

图 17.49 是基于 C8051F9xx 进行的触摸按键设计，其中机械式按键是为了配合初始校准

与周期性校准而设。其中一个指示灯是指示触摸事件的发生情况，当有事件发生时指示灯亮。另一个指示灯是指示 CPU 任务量，当任务量较轻时指示灯观察状态是常亮。同时还扩展了串行通信，实时地将按键事件识别情况传送到上位机。

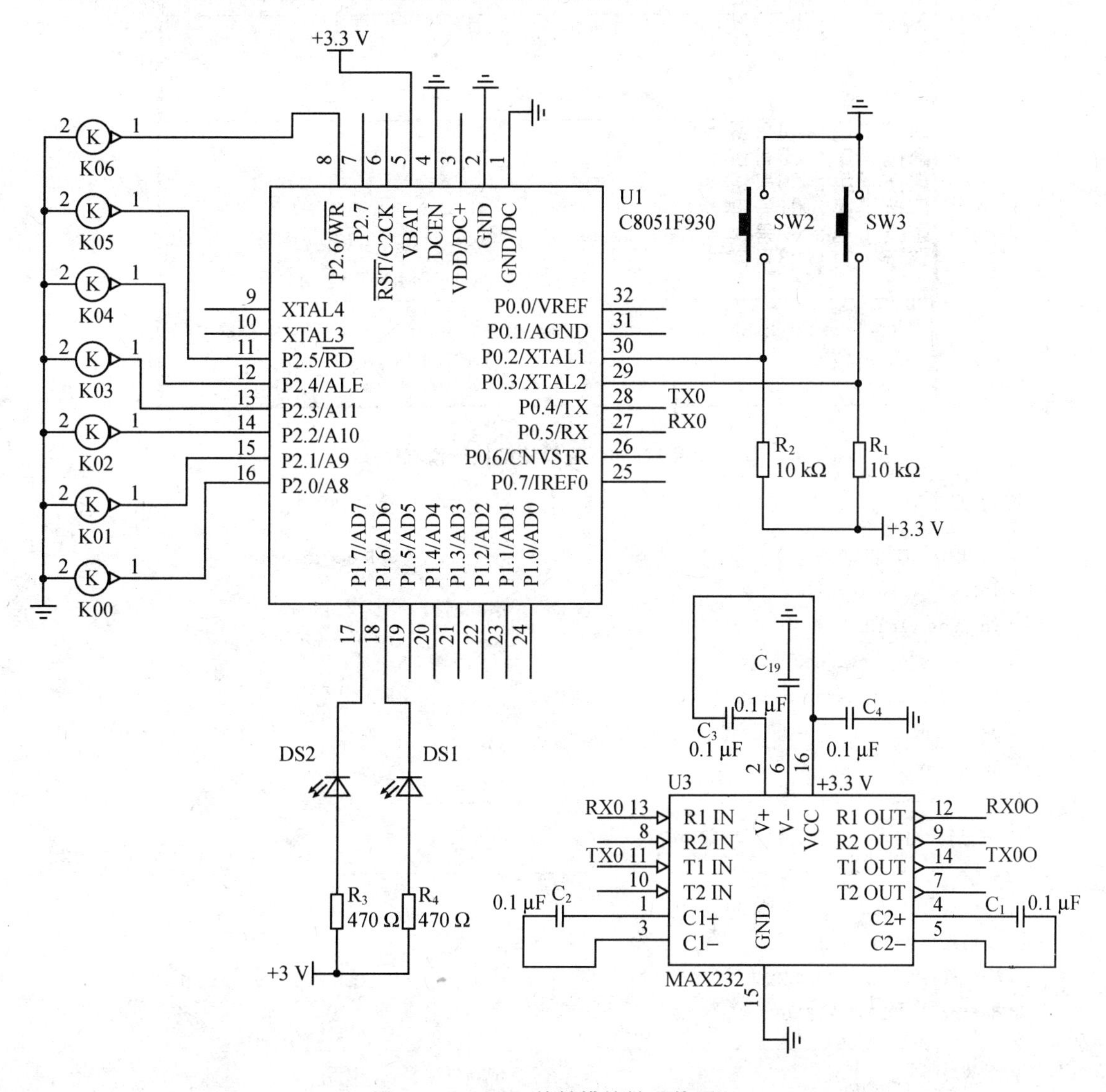


图 17.49　F9xx 的触摸按键硬件原理

## 2. C8051F930 触摸按键控制软件设计

利用 C8051F9xx 进行电容式触摸感应按键扩展的优点很多，除了可以使外围元件大大减少，还带来了处理方式的简化。只需要很少的微控制器开销，较少的代码空间；硬件资源只需要一个比较器和定时器。还可以采用高效率算法，让微控制器可以进入低功耗模式，并能定期唤醒以侦测开关动作。总体只占用低于 0.05％的 CPU 资源。

程序设计中使用了最大化原则，即保证按键识别速度与可靠性，每个按键均专用一个事件记录变量，这样可提高扫描速度，对多按键有利，但占用 RAM 较多。实际上可以根据系统任务量设置公用变量，运行程序可以看到，按键的扫描速度非常快没有延迟，即使同时触碰 6 个按键。图 17.50 是触摸按键程序执行情况。

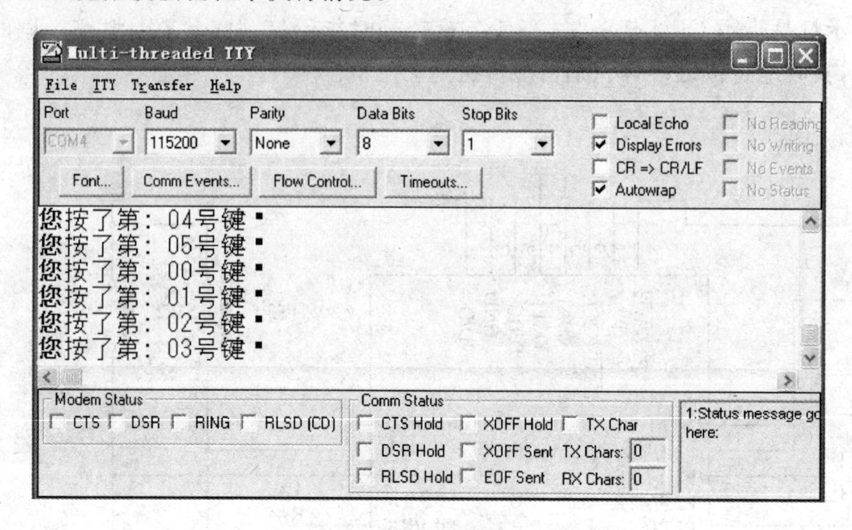


图 17.50 触摸按键执行情况

程序如下：

```
#include <C8051F930.h>                                  // SFR declarations
#include <stdio.h>
#include <INTRINS.H>
#define uint unsigned int
#define uchar unsigned char
#define ulong unsigned long
#define nop() _nop_();_nop_();
//-----------------------------------------------------------------------------
// 全局常量
//-----------------------------------------------------------------------------
#define FREQUEN     24500000
#define DIVCLK     1
#define SYSCLK   FREQUEN/DIVCLK                         // SYSCLK frequency in Hz
#define BAUDRATE 115200
//-----------------------------------------------------------------------------
// Pin Declarations
//-----------------------------------------------------------------------------
sbit SCAN_LED = P1^5;
sbit KEY_LED = P1^6;
sbit SW2 = P0^2;
sbit SW3 = P0^3;
//-----------------------------------------------------------------------------
// Global CONSTANTS
//-----------------------------------------------------------------------------
#define LED_ON              0                          // Macros to turn LED on and off
#define LED_OFF             1
#define SW_SENSITIVITY    250                          // 按键的灵敏度阈值
```

```
#define SCRATCHPAD          1                    // Flash临时存储区指示位
#define CAL_ADDR      100                        //阈值保存地址
//-----------------------------------------------------------------------
// 全局变量
//-----------------------------------------------------------------------
// Timer2 count of SW20 relaxation oscillator transitions
uint Calib;
uint SW20_Timer_Count;
uint SW21_Timer_Count;
uint SW22_Timer_Count;
uint SW23_Timer_Count;
uint SW24_Timer_Count;
uint SW25_Timer_Count;
// 触摸按键状态标志 0 为按下
bit SW20_Status;
bit SW21_Status;
bit SW22_Status;
bit SW23_Status;
bit SW24_Status;
bit SW25_Status;
bit SW26_Status;
bit SW2X_Status;
//-----------------------------------------------------------------------
// 函数声明
//-----------------------------------------------------------------------
void SYSCLK_Init (void);
void PORT_Init (void);
void TouchSense_Init (void);
void PCA_Init();
void Wait_MS(unsigned int ms);
void Touch_scan(void);
void Calibrate (void);
uint Get_Calibration(void);
void UART0_Init (void);
void FLASH_ByteWrite (uint addr, uchar byte, uchar SFLE);
uchar FLASH_ByteRead (uint addr, uchar SFLE);
void FLASH_PageErase (uint addr, uchar SFLE);
void keysand();
uint TEST_PRO(uchar KEYIO);
void set_Status();
//-----------------------------------------------------------------------
// MAIN  函数
//-----------------------------------------------------------------------
void main (void)
{
```

```
    PCA_Init();
    PORT_Init();
    SYSCLK_Init ();
    TouchSense_Init();
    UART0_Init ();
    if( Calib == 0xFFFF)
    {
        Calibrate ();
    }
    Calib = Get_Calibration();
    while(1)
    {
        Wait_MS(5);
        if(!SW2 || !SW3)                                   //按下 SW2 进行触摸按键校准
        {
            Calibrate();
        }
        Touch_scan();
        KEY_LED = SW2X_Status;
        SCAN_LED = !SCAN_LED;
        keysand();
    }
}
//-----------------------------------------------------------------------------
//PCA 初始化函数
//-----------------------------------------------------------------------------
void PCA_Init()
{
    PCA0MD    &= ~0x40;
    PCA0MD     = 0x00;
}
//-----------------------------------------------------------------------------
//识别触摸事件,按键扫描
//-----------------------------------------------------------------------------
void Touch_scan (void)
{
    SW20_Timer_Count = TEST_PRO(0xc8);
    SW21_Timer_Count = TEST_PRO(0x8c);
    SW22_Timer_Count = TEST_PRO(0xc9);
    SW23_Timer_Count = TEST_PRO(0x9c);
    SW24_Timer_Count = TEST_PRO(0xca);
    SW25_Timer_Count = TEST_PRO(0xac);
    set_Status();
}
//-----------------------------------------------------------------------------
```

```
// 延时数毫秒
//--------------------------------------------------------------------
void Wait_MS(unsigned int ms)
{
   char i;
   TR0 = 0;                                  // Stop Timer0
   TMOD &= ~0x0F;                            // Timer0 in 8-bit mode
   TMOD |= 0x02;
   CKCON &= ~0x03;                           // Timer0 uses a 1:48 prescaler
   CKCON |= 0x02;
   TH0 = -SYSCLK/48/10000;                   // Set Timer0 Reload Value to
                                             // overflow at a rate of 10 kHz
   TL0 = TH0;                                // Init Timer0 low byte to the
                                             // reload value
   TF0 = 0;                                  // Clear Timer0 Interrupt Flag
   ET0 = 0;                                  // Timer0 interrupt disabled
   TR0 = 1;                                  // Timer0 on
   while(ms--)
   {
      for(i = 0; i < 10; i++)
      {
         TF0 = 0;
         while(!TF0);
      }
   }
   TF0 = 0;
}
//--------------------------------------------------------------------
//设定按键状态
//--------------------------------------------------------------------
void set_Status()
{
   if(SW20_Timer_Count > (Calib - SW_SENSITIVITY))
   {
      SW20_Status = 0;
   } else
   {
      SW20_Status = 1;
   }
   // Update the status variable for SW21
   if(SW21_Timer_Count > (Calib - SW_SENSITIVITY))
   {
      SW21_Status = 0;
   } else
   {
```

```
    SW21_Status = 1;
  }
  if(SW22_Timer_Count > (Calib - SW_SENSITIVITY))
  {
    SW22_Status = 0;
  } else
  {
    SW22_Status = 1;
  }
  if(SW23_Timer_Count > (Calib - SW_SENSITIVITY))
  {
    SW23_Status = 0;
  } else
  {
    SW23_Status = 1;
  }
  if(SW24_Timer_Count > (Calib - SW_SENSITIVITY))
  {
    SW24_Status = 0;
  } else
  {
    SW24_Status = 1;
  }
  if(SW25_Timer_Count > (Calib - SW_SENSITIVITY))
  {
    SW25_Status = 0;
  } else
  {
    SW25_Status = 1;
  }
  if(( SW20_Status == 0)||(SW21_Status == 0)||(SW22_Status == 0)|| (SW23_Status == 0)||(SW24_
Status == 0)||(SW25_Status == 0)||(SW26_Status == 0))
   {
  SW2X_Status = 0;
   }
  else
   {
  SW2X_Status = 1;
   }
}
//---------------------------------------------------------------
//测试弛张振荡器周期以识别触摸事件
//---------------------------------------------------------------
uint TEST_PRO(uchar KEYIO)
{
```

```
    uint  count,timer_count_A, timer_count_B;
    CPT0MX = KEYIO;
    // Prepare Timer2 for the first TouchSense reading
    TMR2CN &= ～0x80;                                    // 清溢出标志
    while(!(TMR2CN & 0x80));                             // 等待溢出
    timer_count_A = TMR2RL;                              //记录数值
    // Prepare Timer2 for the second TouchSense reading
    TMR2CN &= ～0x80;                                    // 清溢出标志
    while(!(TMR2CN & 0x80));                             // 等待溢出
    timer_count_B = TMR2RL;                              //记录数值
    // Calculate the oscillation period
   count = timer_count_B - timer_count_A;
return count;
}
//------------------------------------------------------------------------
//将被按键号发送给上位机
//------------------------------------------------------------------------
void keysand()
{
  if(SW20_Status == 0)
    {
     printf("\f\n 您按了第:00 号键");
     }
      if(SW21_Status == 0)
      {
     printf("\f\n 您按了第:01 号键");
     }
      if(SW22_Status == 0)
      {
     printf("\f\n 您按了第:02 号键");
     }
      if(SW23_Status == 0)
      {
     printf("\f\n 您按了第:03 号键");
     }
      if(SW24_Status == 0)
      {
     printf("\f\n 您按了第:04 号键");
     }
      if(SW25_Status == 0)
      {
     printf("\f\n 您按了第:05 号键");
     }
      if(SW26_Status == 0)
      {
```

```
    printf("\f\n您按了第：06 号键")；
    }
}
//---------------------------------------------------------------
// 按键阈值校准
//---------------------------------------------------------------
void Calibrate (void)
{
   uchar  EA_Save;
   uchar  switch_number;
   KEY_LED = LED_ON;
   SCAN_LED = LED_ON;
   while (SW2 && SW3);                        // Wait till any switch is pressed
   if(!SW2)                                   // Decode which switch was pressed
   {
      switch_number = 0;
   } else
   {
      switch_number = 1;
   }
   while (!SW2 || !SW3);                      // Wait till switches released
   EA_Save = IE;                              // Preserve EA
   EA = 0;                                    // Disable interrupts
   Touch_scan();                              // Update switch variables
   // Erase the scratchpad
   FLASH_PageErase (CAL_ADDR, SCRATCHPAD);
   if(switch_number == 0)
   {
      // Write the expected switch value to the scratchpad
      FLASH_ByteWrite (CAL_ADDR, SW20_Timer_Count/256, SCRATCHPAD);
      FLASH_ByteWrite (CAL_ADDR + 1, SW20_Timer_Count % 256, SCRATCHPAD);
   } else
   {
      // Write the expected switch value to the scratchpad
      FLASH_ByteWrite (CAL_ADDR, SW21_Timer_Count/256, SCRATCHPAD);
      FLASH_ByteWrite (CAL_ADDR + 1, SW21_Timer_Count % 256, SCRATCHPAD);
   }
   if ((EA_Save & 0x80) != 0)                 // Restore EA
   {
      EA = 1;
   }
}
//---------------------------------------------------------------
// 读取校准值
//---------------------------------------------------------------
```

```
uint Get_Calibration(void)
{
   uint cal_value;
   cal_value = 256 * FLASH_ByteRead (CAL_ADDR,  SCRATCHPAD);
   cal_value = cal_value + FLASH_ByteRead (CAL_ADDR + 1,  SCRATCHPAD);
   return cal_value;
}
//-----------------------------------------------------------------
// Flash 字节写
//-----------------------------------------------------------------
void FLASH_ByteWrite (uint addr, uchar byte, uchar SFLE)
{
   uchar EA_Save = IE;                           // 保存 EA
   unsigned char xdata * data pwrite;            // Flash 写指针
   EA = 0;                                       // 禁止中断
   VDM0CN = 0x80;                                // 允许 VDD 监视器
   RSTSRC = 0x06;
   pwrite = (char xdata * ) addr;
   FLKEY  = 0xA5;                                // 第一个关键码
   FLKEY  = 0xF1;                                // 第二个关键码
   PSCTL |= 0x01;                                // PSWE = 1
   if(SFLE)
   {
      PSCTL |= 0x04;                             // 临时存储区有效
   }
   VDM0CN = 0x80;                                // 允许 VDD 监视器
   RSTSRC = 0x02;                                // 允许 VDD 监视器作为复位源
   * pwrite = byte;                              // 写入数据
   PSCTL &= ~0x05;                               // SFLE = 0; PSWE = 0
   if ((EA_Save & 0x80) ! = 0)
   {
      EA = 1;
   }
}
//-----------------------------------------------------------------
// Flash 字节读
//-----------------------------------------------------------------
uchar FLASH_ByteRead (uint addr, uchar SFLE)
{
   uchar EA_Save = IE;
   char code * data pread;
   unsigned char byte;
   EA = 0;
   pread = (char code * ) addr;
   if(SFLE)
   {
```

```
        PSCTL |= 0x04;
    }
    byte =  * pread;
    PSCTL &= ~0x04;
    if ((EA_Save & 0x80) ! = 0)
    {
        EA = 1;
    }
    return byte;
}
//-----------------------------------------------------------------------------
// Flash 页擦除
//-----------------------------------------------------------------------------
void FLASH_PageErase (uint addr, uchar SFLE)
{
    uchar EA_Save = IE;
    unsigned char xdata * data pwrite;
    EA = 0;
    VDM0CN = 0x80;
    RSTSRC = 0x06;
    pwrite = (char xdata *) addr;
    FLKEY   = 0xA5;
    FLKEY   = 0xF1;
    PSCTL |= 0x03;
    if(SFLE)
    {
        PSCTL |= 0x04;
    }
    VDM0CN = 0x80;
    RSTSRC = 0x02;
    * pwrite = 0;
    PSCTL &= ~0x07;
    if ((EA_Save & 0x80) ! = 0)
    {
        EA = 1;
    }
}
//-----------------------------------------------------------------------------
// 触摸按键初始化
//-----------------------------------------------------------------------------
void TouchSense_Init (void)
{
    // Initialize Comparator0
    CPT0CN = 0x8F;                    //允许比较器 0,清标志位,选择最大回差电压 20 mV
    CPT0MD = 0x0F;                    //比较器中断禁止,选择低功耗模式
    CPT0MX = 0xC8;                    //比较器 0 同相端选择 P2.0,反相端选择容性触感输入
```

```
    CKCON |= 0x10;                    //定时器 2 计数系统时钟频率
    TMR2CN = 0x16;                    //捕捉模式允许,时钟源来自比较器 0,启动定时器 2
    SW20_Status = 1;                  //设定开关状态
    SW21_Status = 1;
    SW22_Status = 1;
    SW23_Status = 1;
    SW24_Status = 1;
    SW25_Status = 1;
    SW26_Status = 1;
}
//--------------------------------------------------------------------
// PORT 初始化
//--------------------------------------------------------------------
void PORT_Init (void)
{
    P2MDIN = 0x80;                    //P2 口为模拟输入
    P0MDIN |= 0x0C;
    P0MDOUT &= ~0x0C;
    P0      |= 0x0C;
    P1MDIN |= 0x60;                   // P1.5, P1.6 are digital
    P1MDOUT |= 0x60;                  // P1.5, P1.6 are push-pull
    XBR0     = 0x01;                  // Enable UART on P0.4(TX) and P0.5(RX)
    XBR2     = 0x40;                  // Enable crossbar and weak pull-ups
}
//--------------------------------------------------------------------
//时钟源初始化函数
//--------------------------------------------------------------------
void SYSCLK_Init (void)
{
    OSCICN |= 0x80;                   //允许内部精密时钟
    RSTSRC = 0x06;
CLKSEL = 0x00;
     switch(DIVCLK)
     {
      case 1:
      {     CLKSEL |= 0x00;           //系统频率 1 分频
      break;}
     case 2:
      {     CLKSEL |= 0x10;           //系统频率 2 分频
      break;}
      case 4:
      {     CLKSEL |= 0x20;           //系统频率 4 分频
      break;}
      case 8:
      {     CLKSEL |= 0x30;           //系统频率 8 分频
      break;}
```

```
    case 16:
    {     CLKSEL |= 0x40;             //系统频率 16 分频
    break;}
    case 32:
    {     CLKSEL |= 0x50;             //系统频率 32 分频
    break;}
    case 64:
    {     CLKSEL |= 0x60;             //系统频率 64 分频
    break;}
    case 128:
    {     CLKSEL |= 0x70;             //系统频率 128 分频
    break;}
   }
}
//-----------------------------------------------------------------------------
// UART0  初始化
//-----------------------------------------------------------------------------
void UART0_Init (void)
{
   SCON0 = 0x10;                      // SCON0: 8-bit variable bit rate
                                      //         level of STOP bit is ignored
                                      //         RX enabled
                                      //         ninth bits are zeros
                                      //         clear RI0 and TI0 bits
   if (SYSCLK/BAUDRATE/2/256 < 1) {
      TH1 = -(SYSCLK/BAUDRATE/2);
      CKCON &= ~0x0B;                 // T1M = 1; SCA[1:0] = xx
      CKCON |=  0x08;
   } else if (SYSCLK/BAUDRATE/2/256 < 4) {
      TH1 = -(SYSCLK/BAUDRATE/2/4);
      CKCON &= ~0x0B;                 // T1M = 0; SCA[1:0] = 01
      CKCON |=  0x01;
   } else if (SYSCLK/BAUDRATE/2/256 < 12) {
      TH1 = -(SYSCLK/BAUDRATE/2/12);
      CKCON &= ~0x0B;                 // T1M = 0; SCA[1:0] = 00
   } else {
      TH1 = -(SYSCLK/BAUDRATE/2/48);
      CKCON &= ~0x0B;                 // T1M = 0; SCA[1:0] = 10
      CKCON |=  0x02;
   }
   TL1 = TH1;                         // Init Timer1
   TMOD &= ~0xf0;                     // TMOD: timer 1 in 8-bit autoreload
   TMOD |=  0x20;
   TR1 = 1;                           // START Timer1
   TI0 = 1;                           // Indicate TX0 ready
}
```

# 附录A

# CIP51 指令集

CIP51 指令集的详细介绍见表 A.1 所列。

**表 A.1　CIP51 指令集一览表**

| 助记符 | 功能说明 | 字节数 | 时钟周期数 |
|---|---|---|---|
| 算术操作类指令 | | | |
| ADD　A,Rn | 寄存器 Rn 的值加到累加器 | 1 | 1 |
| ADD　A,direct | 直接寻址字节的值加到累加器 | 2 | 2 |
| ADD　A,@Ri | Ri 所指 RAM 内容加到累加器 | 1 | 2 |
| ADD　A,#data | 立即数加到累加器 | 2 | 2 |
| ADDC　A,Rn | Rn 寄存器的值加到累加器(带进位) | 1 | 1 |
| ADDC　A,direct | 直接寻址字节的值加到累加器(带进位) | 2 | 2 |
| ADDC　A,@Ri | Ri 所指 RAM 的值加到累加器(带进位) | 1 | 2 |
| ADDC　A,#data | 立即数加到累加器(带进位) | 2 | 2 |
| SUBB　A,Rn | 累加器减去寄存器 Rn 的值(带借位) | 1 | 1 |
| SUBB　A,direct | 累加器减去直接寻址字节的值(带借位) | 2 | 2 |
| SUBB　A,@Ri | 累加器减去 Ri 所指 RAM 的值(带借位) | 1 | 2 |
| SUBB　A,#data | 累加器减去立即数(带借位) | 2 | 2 |
| INC　A | 累加器加 1 | 1 | 1 |
| INC　Rn | 寄存器加 1 | 1 | 1 |
| INC　direct | 直接寻址字节加 1 | 2 | 2 |
| INC　@Ri | 间址 RAM 加 1 | 1 | 2 |
| DEC　A | 累加器减 1 | 1 | 1 |
| DEC　Rn | 寄存器减 1 | 1 | 1 |
| DEC　direct | 直接寻址字节减 1 | 2 | 2 |
| DEC　@Ri | 间址 RAM 减 1 | 1 | 2 |
| INC　DPTR | 数据地址加 1 | 1 | 1 |
| MUL　A B | 累加器与寄存器 B 相乘 | 1 | 4 |
| DIV　A B | 累加器除以寄存器 B | 1 | 8 |
| DA　A | 累加器十进制调整 | 1 | 1 |
| 逻辑操作类指令 | | | |
| ANL　A,Rn | 寄存器与累加器“与”,操作后的结果存入累加器 | 1 | 1 |

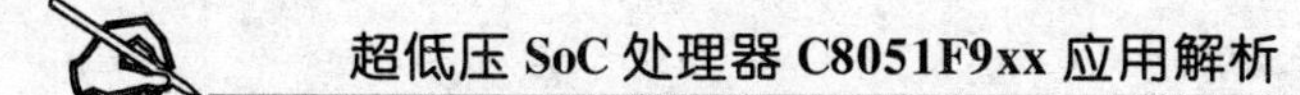

续表 A.1

| 助记符 | 功能说明 | 字节数 | 时钟周期数 |
|---|---|---|---|
| ANL A,direct | 直接寻址字节与累加器“与”,操作后的结果存入累加器 | 2 | 2 |
| ANL A,@Ri | 间址 RAM 与累加器“与”,操作后的结果存入累加器 | 1 | 2 |
| ANL A,#data | 立即数与累加器“与”,操作后的结果存入累加器 | 2 | 2 |
| ANL direct,A | 直接寻址字节与累加器“与”,操作后的结果存入直接寻址字节 | 2 | 2 |
| ANL direct,#data | 直接寻址字节与立即数“与”,操作后的结果存入直接寻址字节 | 3 | 3 |
| ORL A,Rn | 寄存器与累加器“或”,操作后的结果存入累加器 | 1 | 1 |
| ORL A,direct | 直接寻址字节与累加器“或”,操作后的结果存入累加器 | 2 | 2 |
| ORL A,@Ri | 间址 RAM 与累加器“或”,操作后的结果存入累加器 | 1 | 2 |
| ORL A,#data | 立即数与累加器“或”,操作后的结果存入累加器 | 2 | 2 |
| ORL direct,A | 直接寻址字节与累加器“或”,操作后的结果存入直接寻址字节 | 2 | 2 |
| ORL direct,#data | 直接寻址字节与立即数“或”,操作后的结果存入直接寻址字节 | 3 | 3 |
| XRL A,Rn | 寄存器与累加器“异或”,操作后的结果存入累加器 | 1 | 1 |
| XRL A,direct | 直接寻址字节与累加器“异或”,操作后的结果存入累加器 | 2 | 2 |
| XRL A,@Ri | 间址 RAM 与累加器“异或”,操作后的结果存入累加器 | 1 | 2 |
| XRL A,#data | 立即数与累加器“异或”,操作后的结果存入累加器 | 2 | 2 |
| XRL direct,A | 直接寻址字节与累加器“异或”,操作后的结果存入直接寻址字节 | 2 | 2 |
| XRL direct,#data | 直接寻址字节与立即数“异或”,操作后的结果存入直接寻址字节 | 3 | 3 |
| CLR A | 累加器清 0 | 1 | 1 |
| CPL A | 累加器求反 | 1 | 1 |
| RL A | 累加器循环左移 | 1 | 1 |
| RLC A | 带进位的累加器循环左移 | 1 | 1 |
| RR A | 累加器循环右移 | 1 | 1 |
| RRC A | 带进位的累加器循环右移 | 1 | 1 |
| SWAP A | 累加器内高低半字节交换 | 1 | 1 |
| | 数据传送类指令 | | |
| MOV A,Rn | 寄存器传送到累加器 | 1 | 1 |
| MOV A,direct | 直接寻址字节传送到累加器 | 2 | 2 |
| MOV A,@Ri | 间址 RAM 传送到累加器 | 1 | 2 |
| MOV A,#data | 立即数传送到累加器 | 2 | 2 |
| MOV Rn,A | 累加器传送到寄存器 | 1 | 1 |
| MOV Rn,direct | 直接寻址字节传送到寄存器 | 2 | 2 |
| MOV Rn,#data | 立即数传送到寄存器 | 2 | 2 |
| MOV direct,A | 累加器传送到直接寻址字节 | 2 | 2 |
| MOV direct,Rn | 寄存器传送到直接寻址字节 | 2 | 2 |
| MOV direct,direct | 直接寻址字节传送到直接寻址字节 | 3 | 3 |
| MOV direct,@Ri | 间址 RAM 传送到直接寻址字节 | 2 | 2 |

续表 A.1

| 助记符 | 功能说明 | 字节数 | 时钟周期数 |
|---|---|---|---|
| MOV direct,#data | 立即数传送到直接寻址字节 | 3 | 3 |
| MOV @Ri,A | 累加器传送到间址 RAM | 1 | 2 |
| MOV @Ri,direct | 直接寻址字节传送到间址 RAM | 2 | 2 |
| MOV @Ri,#data | 立即数传送到间址 RAM | 2 | 2 |
| MOV DPTR,#data16 | 16 位常数装入 DPTR | 3 | 3 |
| MOVC A,@A+DPTR | 相对于 DPTR 的代码字节传送到累加器 | 1 | 4 ～ 7 |
| MOVC A,@A+PC | 相对于 PC 的代码字节传送到累加器 | 1 | 4 ～ 7 |
| MOVX A,@Ri | 外部 RAM(8 位地址)传送到累加器 | 1 | 3 |
| MOVX @Ri,A | 累加器传到外部 RAM(8 位地址) | 1 | 3 |
| MOVX A,@DPTR | 外部 RAM(16 位地址)传送到累加器 | 1 | 3 |
| MOVX @DPTR,A | 累加器传到外部 RAM(16 位地址) | 1 | 3 |
| PUSH direct | 直接寻址字节压入栈顶 | 2 | 2 |
| POP direct | 栈顶数据弹出到直接寻址字节 | 2 | 2 |
| XCH A,Rn | 寄存器和累加器交换 | 1 | 1 |
| XCH A,direct | 直接寻址字节与累加器交换 | 2 | 2 |
| XCH A,@Ri | 间址 RAM 与累加器交换 | 1 | 2 |
| XCHD A,@Ri | 间址 RAM 和累加器交换低半字节 | 1 | 2 |
| 位操作类指令 | | | |
| CLR C | 清进位位 | 1 | 1 |
| CLR bit | 清直接寻址位 | 2 | 2 |
| SETB C | 进位位置 1 | 1 | 1 |
| SETB bit | 直接寻址位置 1 | 2 | 2 |
| CPL C | 进位位取反 | 1 | 1 |
| CPL bit | 直接寻址位取反 | 2 | 2 |
| ANL C,bit | 直接寻址位“与”到进位位 | 2 | 2 |
| ANL C,/bit | 直接寻址位的反码“与”到进位位 | 2 | 2 |
| ORL C,bit | 直接寻址位“或”到进位位 | 2 | 2 |
| ORL C,/bit | 直接寻址位的反码“或”到进位位 | 2 | 2 |
| MOV C,bit | 直接寻址位传送到进位位 | 2 | 2 |
| MOV bit,C | 进位位传送到直接寻址位 | 2 | 2 |
| JC rel | 若进位位为 1 则跳转 | 2 | 2/4 |
| JNC rel | 若进位位为 0 则跳转 | 2 | 2/4 |
| JB bit,rel | 若直接寻址位为 1 则跳转 | 3 | 3/5 |
| JNB bit,rel | 若直接寻址位为 0 则跳转 | 3 | 3/5 |
| JBC bit,rel | 若直接寻址位为 1 则跳转,并清除该位 | 3 | 3/5 |

续表 A.1

| 助记符 | 功能说明 | 字节数 | 时钟周期数 |
| --- | --- | --- | --- |
| 控制转移类指令 | | | |
| ACALL addr11 | 绝对调用子程序 | 2 | 4 |
| LCALL addr16 | 长调用子程序 | 3 | 5 |
| RET | 从子程序返回 | 1 | 6 |
| RETI | 从中断返回 | 1 | 6 |
| AJMP addr11 | 绝对转移 | 2 | 6 |
| LJMP addr16 | 长转移 | 3 | 5 |
| SJMP rel | 短转移(相对地址) | 2 | 4 |
| JMP @A+DPTR | 相对 DPTR 的间接转移 | 1 | 4 |
| JZ rel | 累加器为 0 则转移 | 2 | 2 |
| JNZ rel | 累加器为非 0 则转移 | 2 | 2 |
| CJNE A,direct,rel | 比较直接寻址字节与累加器,不相等则转移 | 3 | 3 |
| CJNE A,#data,rel | 比较立即数与累加器,不相等则转移 | 3 | 3 |
| CJNE Rn,#data,rel | 比较立即数与寄存器,不相等则转移 | 3 | 3 |
| CJNE @Ri,#data,rel | 比较立即数与间接寻址 RAM,不相等则转移 | 3 | 4 |
| DJNZ Rn,rel | 寄存器减 1,不为 0 则转移 | 2 | 2 |
| DJNZ direct,rel | 直接寻址字节减 1,不为 0 则转移 | 3 | 3 |
| NOP | 空操作 | 1 | 1 |

# 附录 B

# 特殊功能寄存器

特殊功能寄存器的详细介绍见表 B.1 所列。

**表 B.1 特殊功能寄存器名称及定义**

| 寄存器 | 地 址 | 说 明 | 索引页码 |
|---|---|---|---|
| ACC | 0xE0 | 累加器 | 20 |
| ADC0AC | 0xBA | ADC0 累加器配置寄存器 | 74 |
| ADC0CF | 0xBC | ADC0 配置寄存器 | 70 |
| ADC0CN | 0xE8 | ADC0 控制寄存器 | 69 |
| ADC0H | 0xBE | ADC0 数据字高字节 | 70 |
| ADC0L | 0xBD | ADC0 数据字低字节 | 71 |
| ADC0GTH | 0xC4 | ADC0 下限(大于)比较字高字节 | 79 |
| ADC0GTL | 0xC3 | ADC0 下限(大于)比较字低字节 | 79 |
| ADC0LTH | 0xC6 | ADC0 上限(小于)比较字高字节 | 79 |
| ADC0LTL | 0xC5 | ADC0 上限(小于)比较字低字节 | 79 |
| ADC0MX | 0xBB | ADC0 通道选择寄存器 | 72 |
| ADC0PWR | 0xBA | ADC0 突发模式上电时间寄存器 | 76 |
| ADC0TK | 0xBD | ADC0 跟踪控制寄存器 | 77 |
| B | 0xF0 | B 寄存器 | 20 |
| CKCON | 0x8E | 时钟控制寄存器 | 273 |
| CLKSEL | 0xA9 | 时钟选择寄存器 | 188 |
| CPT0CN | 0x9B | 比较器 0 控制寄存器 | 55 |
| CPT0MD | 0x9D | 比较器 0 方式选择寄存器 | 56 |
| CPT0MX | 0x9F | 比较器 0 MUX 选择寄存器 | 59 |
| CPTlCN | 0x9A | 比较器 1 控制寄存器 | 57 |
| CPTlMD | 0x9C | 比较器 l 方式选择寄存器 | 57 |
| CPTlMX | 0x9E | 比较器 1MUX 选择寄存器 | 60 |
| CRC0AUTO | 0x96 | CRC0 自动控制寄存器 | 146 |
| CRC0CN | 0x92 | CRC0 控制寄存器 | 145 |
| CRC0IN | 0x93 | CRC0 数据输入寄存器 | 145 |
| CRC0DAT | 0x91 | CRC0 数据输出寄存器 | 146 |
| CRC0CNT | 0x97 | CRC0 Flash 扇区自动计数器 | 146 |

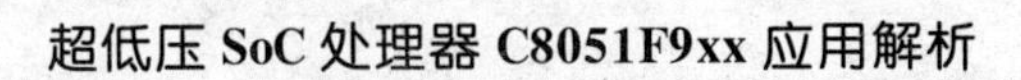

续表 B.1

| 寄存器 | 地 址 | 说 明 | 索引页码 |
|---|---|---|---|
| CRC0FLIP | 0x94 | CRC0 位反转寄存器 | 147 |
| DPH | 0x83 | 数据指针高字节 | 20 |
| DPL | 0x82 | 数据指针低字节 | 20 |
| EIEl | 0xE6 | 扩展中断允许寄存器 1 | 10 |
| EIE2 | 0xE7 | 扩展中断允许寄存器 2 | 11 |
| EIP1 | 0xF6 | 扩展中断优先级寄存器 1 | 10 |
| EIP2 | 0xF7 | 扩展中断优先级寄存器 2 | 12 |
| EMI0CF | 0xAB | 外部存储器接口配置寄存器 | 164 |
| EMI0TC | 0xAF | 外部存储器接口时序控制寄存器 | 164 |
| EMI0CN | 0xAA | 外部存储器接口控制寄存器 | 163 |
| FLKEY | 0xB7 | Flash 锁定和关键码寄存器 | 126 |
| FLSCL | 0xB6 | Flash 存储器读定时控制寄存器 | 131 |
| IE | 0xA8 | 中断允许寄存器 | 9 |
| IP | 0xB8 | 中断优先级寄存器 | 9 |
| IT01CF | 0xE4 | INT0/INTl 配置寄存器 | 12 |
| IREF0CN | 0xB9 | 电流基准 IREF 控制寄存器 | 49 |
| OSCICL | 0xB3 | 内部振荡器校准寄存器 | 189 |
| OSCICN | 0xB2 | 内部振荡器控制寄存器 | 188 |
| OSCXCN | 0xB1 | 外部振荡器控制寄存器 | 189 |
| P0 | 0x80 | 端口 0 锁存器 | 38 |
| P0DRV | 0xA4 | 端口 0 驱动强度寄存器 | 39 |
| P0MASK | 0xC7 | 端口 0 屏蔽寄存器 | 37 |
| P0MAT | 0xD7 | 端口 0 匹配寄存器 | 36 |
| P0MDIN | 0xFl | 端口 0 输入方式配置寄存器 | 38 |
| P0MDOUT | 0xA4 | 端口 0 输出方式配置寄存器 | 39 |
| P0SKIP | 0xD4 | 端口 0 跳过寄存器 | 39 |
| P1 | 0x90 | 端口 1 锁存器 | 40 |
| P1DRV | 0xA5 | 端口 1 驱动强度寄存器 | 41 |
| P1MASK | 0xBF | 端口 1 屏蔽寄存器 | 37 |
| PlMAT | 0xCF | 端口 1 匹配寄存器 | 37 |
| P1MDIN | 0xF2 | 端口 1 输入方式配置寄存器 | 40 |
| P1MDOUT | 0xA5 | 端口 1 输出方式配置寄存器 | 40 |
| P1SKIP | 0xD5 | 端口 1 跳过寄存器 | 41 |
| P2 | 0xA0 | 端口 2 锁存器 | 41 |
| P2DRV | 0xA6 | 端口 2 驱动强度寄存器 | 42 |
| P2MDIN | 0xF3 | 端口 2 输入方式配置寄存器 | 41 |

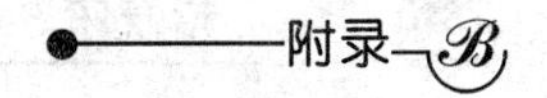

续表 B.1

| 寄存器 | 地　址 | 说　明 | 索引页码 |
|---|---|---|---|
| P2MDOUT | 0xA6 | 端口 2 输出方式配置寄存器 | 42 |
| P2SKIP | 0xD6 | 端口 2 跳过寄存器 | 42 |
| PCA0CN | 0xD8 | PCA0 控制寄存器 | 306 |
| PCA0CPH0 | 0xFC | PCA0 捕捉模块 0 高字节 | 309 |
| PCA0CPH1 | 0xEA | PCA0 捕捉模块 1 高字节 | 309 |
| PCA0CPH2 | 0xEC | PCA0 捕捉模块 2 高字节 | 309 |
| PCA0CPH3 | 0xEE | PCA0 捕捉模块 3 高字节 | 309 |
| PCA0CPH4 | 0xFE | PCA0 捕捉模块 4 高字节 | 309 |
| PCA0CPH5 | 0xD3 | PCA0 捕捉模块 5 高字节 | 309 |
| PCA0CPL0 | 0xFB | PCA0 捕捉模块 0 低字节 | 309 |
| PCA0CPLl | 0xE9 | PCA0 捕捉模块 1 低字节 | 309 |
| PCA0CPL2 | 0xEB | PCA0 捕捉模块 2 低字节 | 309 |
| PCA0CPL3 | 0xED | PCA0 捕捉模块 3 低字节 | 309 |
| PCA0CPL4 | 0xFD | PCA0 捕捉模块 4 低字节 | 309 |
| PCA0CPL5 | 0xD2 | PCA0 捕捉模块 5 低字节 | 309 |
| PCA0CPM0 | 0xDA | PCA0 模块 0 方式寄存器 | 307 |
| PCA0CPM1 | 0xDB | PCA0 模块 1 方式寄存器 | 307 |
| PCA0CPM2 | 0xDC | PCA0 模块 2 方式寄存器 | 307 |
| PCA0CPM3 | 0xDD | PCA0 模块 3 方式寄存器 | 307 |
| PCA0CPM4 | 0xDE | PCA0 模块 4 方式寄存器 | 307 |
| PCA0CPM5 | 0xCE | PCA0 模块 5 方式寄存器 | 307 |
| PCA0H | 0xFA | PCA0 计数器高字节 | 308 |
| PCA0L | 0xF9 | PCA0 计数器低字节 | 308 |
| PCA0MD | 0xD9 | PCA0 方式寄存器 | 306 |
| PCA0PWM | 0xDF | PCA0 的 PWM 配置寄存器 | 309 |
| PCON | 0x87 | 电源控制寄存器 | 18 |
| PMU0CF | 0xB5 | PMU0 配置寄存器 | 18 |
| PSCTL | 0x8F | 程序存储读/写控制寄存器 | 126 |
| PSW | 0xD0 | 程序状态字 | 20 |
| REF0CN | 0xDl | 电压基准控制寄存器 | 52 |
| DC0CF | 0x96 | DC/DC 转换器配置寄存器 | 122 |
| DC0CN | 0x97 | DC/DC 转换器控制寄存器 | 121 |
| REG0CN | 0xC9 | 稳压器(VREG0)控制寄存器 | 123 |
| RSTSRC | 0xEF | 复位源寄存器 | 173 |
| RTC0ADR | 0xAC | smaRTClock 全局地址寄存器 | 205 |
| RTC0AAT | 0xAD | smaRTClock 全局数据寄存器 | 205 |
| RTC0KEY | 0xAE | 加锁和关键字寄存器 | 204 |
| SBUF0 | 0x99 | UART0 数据缓冲器 | 251 |
| SCON0 | 0x98 | UART0 控制寄存器 | 250 |

续表 B.1

| 寄存器 | 地 址 | 说 明 | 索引页码 |
|---|---|---|---|
| SMB0ADM | 0xF5 | SMBus 从地址掩码 | 228 |
| SMB0ADR | 0xF4 | SMBus 从地址 | 228 |
| SMB0CF | 0xC1 | SMBus 配置寄存器 | 224 |
| SMB0CN | 0xC0 | SMBus 控制寄存器 | 226 |
| SMB0DAT | 0xC2 | SMBus 数据寄存器 | 229 |
| SP | 0x81 | 堆栈指针 | 20 |
| SPI0CFG | 0xA1 | SPI 配置寄存器 | 262 |
| SPI0CKR | 0xA2 | SPI 时钟频率控制寄存器 | 264 |
| SPI0CN | 0xF8 | SPI 控制寄存器 | 263 |
| SPI0DAT | 0xA3 | SPI 数据寄存器 | 264 |
| SPI1CFG | 0x84 | SPI1 配置寄存器 | 264 |
| SPI1CKR | 0x85 | SPI1 时钟速率寄存器 | 266 |
| SPI1CN | 0xB0 | SPI1 控制寄存器 | 265 |
| SPI1DAT | 0x86 | SPI1 数据寄存器 | 266 |
| TCON | 0x88 | 计数器/定时器控制寄存器 | 272 |
| TH0 | 0x8C | 计数器/定时器 0 高字节 | 275 |
| TH1 | 0x8D | 计数器/定时器 1 高字节 | 275 |
| TL0 | 0x8A | 计数器/定时器 0 低字节 | 274 |
| TL1 | 0x8B | 计数器/定时器 1 低字节 | 275 |
| TMOD | 0x89 | 计数器/定时器方式寄存器 | 272 |
| TMR2CN | 0xC8 | 计数器/定时器 2 控制寄存器 | 278 |
| TMR2H | 0xCD | 计数器/定时器 2 高字节 | 280 |
| TMR2L | 0xCC | 计数器/定时器 2 低字节 | 279 |
| TMR2RLH | 0xCB | 计数器/定时器 2 重载值高字节 | 279 |
| TMR2RLL | 0xCA | 计数器/定时器 2 重载值低字节 | 279 |
| TMR3CN | 0x91 | 计数器/定时器 3 控制寄存器 | 283 |
| TMR3H | 0x95 | 计数器/定时器 3 高字节 | 284 |
| TMR3L | 0x94 | 计数器/定时器 3 低字节 | 284 |
| TMR3RLH | 0x93 | 计数器/定时器 3 重载值高字节 | 284 |
| TMR3RLL | 0x92 | 计数器/定时器 3 重载值低字节 | 284 |
| TOFFH | 0x86 | 温度偏移高字节 | 82 |
| TOFFL | 0x85 | 温度偏移低字节 | 82 |
| VDM0CN | 0xFF | VDD 监视器控制寄存器 | 173 |
| XBR0 | 0xE1 | 端口 I/O 交叉开关控制 0 | 34 |
| XBR1 | 0xE2 | 端口 I/O 交叉开关控制 1 | 35 |
| XBR2 | 0xE3 | 端口 I/O 交叉开关控制 2 | 36 |

# 附录 C

# C8051F9xx 引脚定义及说明

C8051F9xx 引脚定义如图 C.1 所示，引脚详细说明见表 C.1 所列。

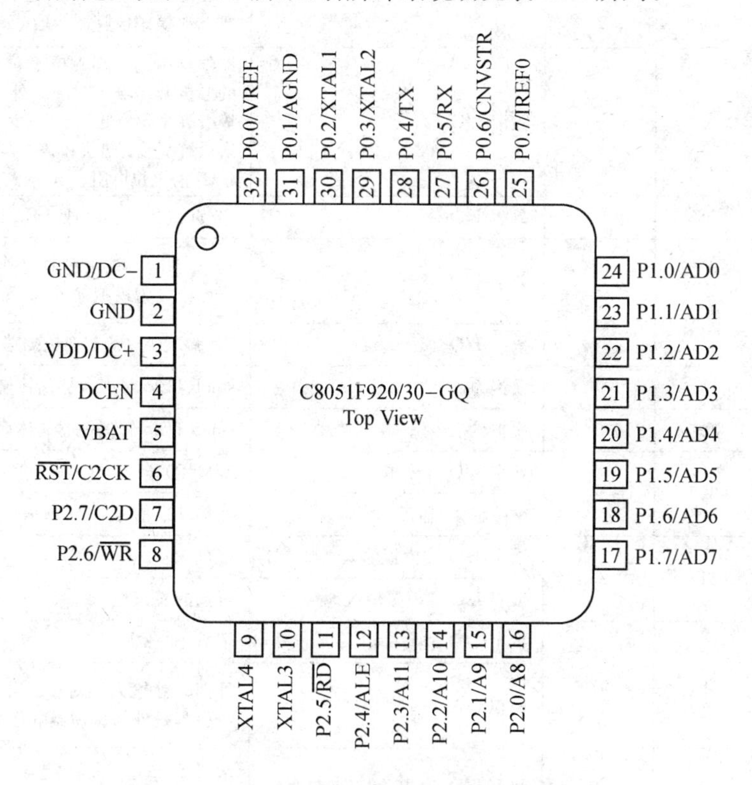


**图 C.1　C8051F9xx 引脚定义**

**表 C.1　C8051F9xx 引脚说明**

| 引脚名称 | 引脚号(F920/930) | 引脚号(F921/931) | 引脚类型 | 说　明 |
|---|---|---|---|---|
| VBAT | 5 | 5 | 电源输入 | 电池电源的电压，单节为 0.9～1.8 V，双节为 1.8～3.6 V |
| VDD | 3 | 3 | 电源输入 | 电源电压。必须满足 1.8～3.6 V。此电压在低功耗模式时不需要 |
| DC＋ | 3 | 3 | 电源输出 | DC/DC 转换器的正输出。当工作在单节电池模式时，该引脚为外部器件供电，同时需在 DC＋与 DC－之间连一个 1 μF 的陶瓷电容 |

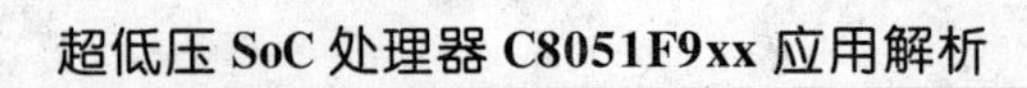

续表 C.1

| 引脚名称 | 引脚号(F920/930) | 引脚号(F921/931) | 引脚类型 | 说　明 |
| --- | --- | --- | --- | --- |
| DC− | 1 | 1 | 电源输入 | DC/DC 转换器电流回路。单节电池模式时该引脚不可接地 |
| GND | | | 地 | 在双节电池模式,该引脚必须直接接地 |
| GND | 2 | 2 | 地 | 电源地 |
| DCEN | 4 | 4 | 电源输入 | DC/DC 使能引脚,单节电池模式该引脚必须通过一个 0.68 μH 电感连接到 VBAT;双电池模式该脚需接地 |
| $\overline{RST}$ | 6 | 6 | 数字 I/O | 器件复位。内部上电复位或 VDD 监视器的漏极开路输出。一个外部源可以通过将该引脚驱动为低电平(至少 15 μs)来启动一次系统复位。建议在该引脚与 VDD 之间接 1 kΩ 的上拉电阻 |
| C2CK | | | 数字 I/O | C2 调试接口的时钟信号 |
| P2.7 | 7 | 7 | 数字 I/O | 端口 P2.7。该引脚只可作为 GPIO 使用,不可配置为模拟输入 |
| C2D | | | 数字 I/O | C2 调试接口的双向数据信号 |
| XTAL3 | 10 | 9 | 模拟输入 | smaRTClock 振荡器晶体输入 |
| XTAL4 | 9 | 8 | 模拟输出 | smaRTClock 振荡器晶体输出 |
| P0.0 | 32 | 24 | 数字 I/O 或模拟输入 | 端口 P0.0 |
| VREF | | | 模拟输入/输出 | 外部基准信号输入,或内部基准信号输出 |
| P0.1 | 31 | 23 | 数字 I/O 或模拟输入 | 端口 P0.1 |
| AGND | | | 数字 I/O 或模拟输入地 | 可选的模拟地 |
| P0.2 | 30 | 22 | 数字 I/O 或模拟输入 | 端口 P0.2 |
| XTAL1 | | | 模拟输入 | 外部时钟输入。对于晶体或陶瓷谐振器,该引脚是外部振荡器电路的反馈输入 |
| P0.3 | 29 | 19 | 数字 I/O,模拟 I/O 或数字输入 | 端口 P0.3<br>外部时钟输出。该引脚是晶体或陶瓷谐振器的激励驱动器 |
| XTAL2 | | | 模拟输出<br>数字输入<br>模拟输入 | 对于 CMOS 时钟为外部时钟输入<br>电容或 RC 振荡器配置,该引脚是外部时钟输入 |
| P0.4 | 28 | 20 | 数字 I/O 或模拟输入 | 端口 P0.4 |
| TX | | | 数字输出 | UART TX 引脚 |
| P0.5 | 27 | 19 | 数字 I/O 或模拟输入 | 端口 P0.5 |
| RX | | | 数字输入 | UART RX 引脚 |
| P0.6 | 26 | 18 | 数字 I/O 或模拟输入 | 端口 P0.6 |
| CNVSTR | | | 数字输入 | ADC0 的外部转换启动输入 |

续表 C.1

| 引脚名称 | 引脚号 (F920/930) | 引脚号 (F921/931) | 引脚类型 | 说 明 |
|---|---|---|---|---|
| P0.7 | 25 | 17 | 数字 I/O 或模拟输入 | 端口 P0.7 |
| IREF0 | | | 模拟输出 | IREF0 输出 |
| P1.0 | 24 | 16 | 数字 I/O 或模拟输入 | 端口 P1.0,可用作 SPI1 的 SCK |
| AD0* | | | 数字 I/O | 地址/数据 0 |
| P1.1 | 23 | 15 | 数字 I/O 或模拟输入 | 端口 P1.1,可用作 SPI1 的 MISO |
| AD1* | | | 数字 I/O | 地址/数据 0 |
| P1.2 | 22 | 14 | 数字 I/O 或模拟输入 | 端口 P1.2 |
| AD2* | | | 数字 I/O | 地址/数据 2 |
| P1.3 | 21 | 13 | 数字 I/O 或模拟输入 | 端口 P1.3 |
| AD3* | | | 数字 I/O | 地址/数据 3 |
| P1.4 | 20 | 12 | 数字 I/O 或模拟输入 | 端口 P1.4 |
| AD4* | | | 数字 I/O | 地址/数据 4 |
| P1.5 | 19 | 11 | 数字 I/O 或模拟输入 | 端口 P1.5 |
| AD5* | | | 数字 I/O | 地址/数据 5 |
| P1.6 | 18 | 10 | 数字 I/O 或模拟输入 | 端口 P1.6 |
| AD6* | | | 数字 I/O | 地址/数据 6 |
| P1.7 | 17 | — | 数字 I/O 或模拟输入 | 端口 P1.7 |
| AD7* | | | 数字 I/O | 地址/数据 7 |
| P2.0 | 16 | — | 数字 I/O 或模拟输入 | 端口 P2.0 |
| A8* | | | 数字输出 | 地址 8 |
| P2.1 | 15 | — | 数字 I/O 或模拟输入 | 端口 P2.1 |
| A9* | | | 数字输出 | 地址 9 |
| P2.2* | 14 | — | 数字 I/O 或模拟输入 | 端口 P2.2 |
| A10* | | | 数字输出 | 地址 10 |
| P2.3* | 13 | — | 数字 I/O 或模拟输入 | 端口 P2.3 |
| A11* | | | 数字输出 | 地址 11 |
| P2.4* | 12 | — | 数字 I/O 或模拟输入 | 端口 P2.4 |
| ALE* | | | 数字输出 | 地址锁存使能信号 |
| P2.5* | 11 | — | 数字 I/O 或模拟输入 | 端口 P2.5 |
| $\overline{RD}$* | | | 数字输出 | 读选通信号 |
| P2.6* | 8 | — | 数字 I/O 或模拟输入 | 端口 P2.6 |
| $\overline{WR}$* | | | 数字输出 | 写选通信号 |

* 仅限于 C8051F920/930。

# 参考文献

[1] C8051F9xx 应 用 手 册. http://www. silabs. com/products/mcu/lowpower/Pages/C8051F92x - 3x. aspx,2007.

[2] C8051F9xx_FAQ. http://www. silabs. com/pages/search. aspx? k = C8051F9xx _ FAQ%20&searchtypeid=1,2007.

[3] CAPACITIVE TOUCH SENSE SOLUTION. http://www. silabs. com/pages/search. aspx? k = KeyCAPACITIVE% 20TOUCH% 20SENSE% 20SOLUTIONword% 20Search&searchtypeid=1&start1=20,2007.

[4] 包海涛. 嵌入式 SoC 系统开发与工程实例. 北京：北京航空航天大学出版社,2009.

[5] 童长飞. C8051F 系列单片机开发与 C 语言编程. 北京：北京航空航天大学出版社,2005.

[6] 徐爱钧,彭秀华. 单片机高级语言 C51 Windows 环境编程与应用. 北京:电子工业出版社,2001.

[7] 潘琢金,施国君. C8051Fxxx 高速 SoC 单片机原理及应用. 北京:北京航空航天大学出版社,2002.